中国南方电网有限责任公司 编

配电作业现场安全知识问答

中国电力出版社
CHINA ELECTRIC POWER PRESS

内 容 提 要

本系列书包括《电力作业现场安全基础知识问答》《发变电作业现场安全知识问答》《输电作业现场安全知识问答》《配电作业现场安全知识问答》4 本，本书是《配电作业现场安全知识问答》，针对电力基础知识、现场安全基础、各类作业现场场景等安全生产相关内容，采用问答的形式，从实用性出发，将配网现场作业中可能遇到的问题进行逐一解答。

本书共分为 4 章，分别为电力基础知识、配电网主要设备、现场安全基础知识和配电网典型作业现场。

本书可作为电力作业现场人员的安全学习材料和安全知识查询的工具书，也可以作为高等院校电力相关专业的教材，还可以作为各类电网企业在职职工的岗位自学和培训教材。

图书在版编目（CIP）数据

配电作业现场安全知识问答/中国南方电网有限责任公司编 . —北京：中国电力出版社，2022.8
（2022.10重印）
ISBN 978-7-5198-6739-3

Ⅰ．①配… Ⅱ．①中… Ⅲ．①配电系统－电力工程－安全技术－问题解答 Ⅳ．①TM7-44

中国版本图书馆 CIP 数据核字（2022）第 073707 号

出版发行：中国电力出版社
地　　址：北京市东城区北京站西街 19 号（邮政编码 100005）
网　　址：http://www.cepp.sgcc.com.cn
责任编辑：王杏芸（010-63412394）
责任校对：黄　蓓　郝军燕　王海南
装帧设计：赵姗姗
责任印制：杨晓东

印　　刷：北京雁林吉兆印刷有限公司
版　　次：2022 年 8 月第一版
印　　次：2022 年 10 月北京第四次印刷
开　　本：787 毫米×1092 毫米　16 开本
印　　张：25
字　　数：555 千字
定　　价：98.00 元

编　写　组

主　　编　龚建平　王科鹏　葛馨远

副主编　王　照　詹　驰　孙　峥

　　　　姜　浩　徐　奎

编写人员　李贵亮　郭志伟　张贵鹏

　　　　苗　宇　陈　丹　梁海锋

序

我多年来从事电力系统继电保护工作，将电力系统继电保护、大电网安全稳定控制、特高压交直流输电和柔性交直流输电及保护控制等多个领域作为研究课题，致力于推进我国电力二次设备科技进步和重大电力装备国产化，构建电力系统的安全保护防线。

电力行业的一些领导和专家经常和我探讨如何从源头防控安全风险，从根本消除电网及设备事故隐患，使人、物、环境、管理各要素具有全方位预防和全过程抵御事故的能力。快速可靠的继电保护是电力系统安全的第一道防线，是保护电网安全的最有效的武器，而训练有素的一线员工，是守护电网安全的决定因素，也是作业现场安全的最重要防线。作业现场是风险聚集点和事故频发点，人是其中最活跃、最难控的因素。如何让生产一线员工不断提升安全意识和安全技能，成为想安全、会安全、能安全的人，是需要深入探讨和研究的重要课题。

当我看到南方电网公司组织编写的《电力作业现场安全基础知识问答》《发变电作业现场安全知识问答》《输电作业现场安全知识问答》《配电作业现场安全知识问答》系列书时，和我们思考的如何全面提升电网安全的想法非常契合。该系列书以安全、技术和管理为主线，融合了南方电网公司多年来的安全管理实践成果，涵盖了发变电、输电、配电等专业的作业现场知识，对电力作业现场可能遇到的情形进行了深入细致的分析和解答。期待本系列书的出版能够推动电力现场作业安全管理的提升，更好地为生产一线人员做好现场安全工作提供帮助。

中国工程院院士　沈国荣

前　言

安全生产是电力企业永恒的主题，也是一切工作的前提和基础。从电力生产特点来看，作业现场是关键的安全风险点以及事故多发点，基层员工是最核心的要素，安全意识和安全技能提升是最重要一环。

为提高电力行业相关从业者的安全意识、知识储备和技能水平，规范现场作业的安全行为，推动安全生产管理水平的提升，南方电网公司聚焦作业现场、聚焦一线员工、聚焦基本技能，组织各相关专业有经验的安全生产管理人员和技术人员编写了本系列书。

本系列书共 4 本，分别为《电力作业现场安全基础知识问答》《发变电作业现场安全知识问答》《输电作业现场安全知识问答》《配电作业现场安全知识问答》。编写过程中始终将安全和技术作为主线，内容涵盖了电力基础知识、现场安全基础、各类作业现场场景等，采用一问一答的形式，将相关知识点写得通俗易懂、简明扼要，容易被现场人员接受。

本系列书由南方电网公司安全监管部（应急指挥中心）组织，由龚建平、王科鹏、葛馨远负责整体的构思和组织工作，各分公司、子公司相关专家参与。《配电作业现场安全知识问答》作为该系列书的配电线路专业分册，由葛馨远负责全书的构思、撰写和统稿工作。本书共 4 章，其中，第一章主要由徐奎编写并统稿，葛馨远、詹驰参与编写；第二章主要由葛馨远编写并统稿，孙峥参与编写；第三章主要由徐奎编写并统稿，姜浩、张贵鹏参与编写；第四章第一、十七小节主要由姜浩、苗宇编写并统稿；第二、十一、十五小节主要由梁海锋编写并统稿；第三、五、七、十二、十三小节主要由葛馨远、詹驰、王照、孙峥编写并统稿；第四节主要由徐奎、王照编写并统稿，孙峥参与编写；第六节主要由孙峥、李贵亮编写并统稿；第八、十小节主要由王照编写并统稿，孙峥参与编写；第九节主要由徐奎编写并统稿，王照、孙峥参与编写；第十四节主要由李贵亮编写并统稿；第十六节主要由张贵鹏、郭志伟编写并统稿。同时，也感谢胡正伟、李仕章、李金辉、陈丹、李绍坚、陶凯、谭景超、甘向锋、赖嘉源、夏志雄、刘访、崔成勋、陈浩翔等专家在书籍编写过程中协助进行资料查找和整理工作。

本系列书可作为电力作业现场人员的重要安全学习材料和疑问解答知识查询的工具

书，也可以作为高等学校的培训教材。期待本系列书的出版能有效帮助各级安全生产人员增强安全意识、增长安全知识和提升安全技能，培育一批安全素质过硬的安全生产队伍，为打造本质安全型企业作出更大的贡献。与此同时，感谢南方电网公司各相关部门和单位对本书编写工作的大力支持和帮助，以及中国电力出版社的大力支持，在此致以最真挚的谢意。

本书在编写过程中，参考了国内外数十位专家、学者的著作，在此向这些作者表示由衷的感谢！鉴于编者水平有限，谬误疏漏之处在所难免，请广大读者和同仁不吝批评和指正。

本书编写组

2022 年 8 月

目　录

第一章　电力基础知识

第一节　配电网及典型接线方式

1．什么是电力系统？电力系统有哪些特点？

答：由发电厂内的发电机、电力网内的变压器和输电线路及用户的各种用电设备，按照一定的规律连接而组成的统一整体，称为电力系统，如图 1-1 所示。

电能的生产、变换、输送、分配及使用与其他工业不同，它具有以下特点：

（1）电能不能大量存储。

（2）过渡过程十分短暂。

（3）电能生产与国民经济各部门和人民生活有着极为密切的关系。

（4）电力系统的地区性特点较强。

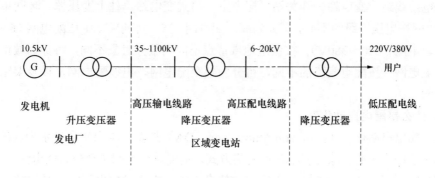

图 1-1　电力系统示意图

2．什么是电力网？按照电压等级和供电范围，电力网可以分为哪几类？

答：电力网是由变电站和不同电压等级输电线路组成的网络。按照电压等级和供电范围，电力网可以分为地方电力网、区域电力网和超高压远距离输电网。

电压 35kV 及以下，供电半径在 20～50km 以内的电力网，称为地方电力网。一般企业、工矿和农村乡镇配电网络属于地方电力网。

电压等级在 35kV 以上，供电半径超过 50km，联系较多发电厂的电力网，称为区域电力网，电压等级为 110～220kV 的网络，就属于这种类型的电力网。

电压等级为 330kV 及以上的网络，一般是由远距离输电线路连接而成的，通常称为超高压远距离输电网，它的主要任务是把远处发电厂生产的电能输送到负荷中心，同时还联系若干区域电力网形成跨省、跨地区的大型电力系统，如我国的东北、华北、华东、华中、西北、西南和南方等网络，就属于这一类型的电力网。

3．电力系统的电压等级有哪些？

答：根据《电工术语发电、输电及配电通用术语》（GB/T 2900.50—2008），电力系统中的电压等级由低到高划分为低压、高压、超高压、特高压、高压直流、特高压直流。

低压（Low Voltage，LV）：电力系统中 1kV 及以下电压等级；

高压（High Voltage，HV）：电力系统中高于 1kV、低于 330kV 的交流电压等级；

超高压（Extra High Voltage，EHV）：电力系统中 330kV 及以上，并低于 1000kV 的交流电压等级；

特高压（Ultra High Voltage，UHV）：电力系统中交流 1000kV 及以上的电压等级；

高压直流（High Voltage Direct Current，HVDC）：电力系统中直流±800kV 以下的电压等级；

特高压直流（Ultra High Voltage Direct Current，UHVDC）：电力系统中直流±800kV 及以上的电压等级。

4．什么是配电网？配电网的分类有哪些？

答：配电网是从电源侧（输电网、发电设施、分布式电源等）接受电能，并通过配电设施就地或逐级配送电能给各类用户的电力网络。配电网主要由相关电压等级的架空线路、电缆线路、变电站、开关站、配电室、箱式变电站、柱上变压器、环网单元等组成。配电网按电压等级的不同，可分为高压配电网（35~110kV）、中压配电网（6~10kV）和低压配电网（220~380V）；按供电地域特点不同或服务对象不同，可分为城市配电网和农村配电网；按配电线路的不同，可分为架空配电网、电缆配电网，以及架空电缆混合配电网。

5．什么是配电自动化？

答：配电自动化（Distribution Automation，DA）是以一次网架和设备为基础，以配电自动化系统为核心，综合利用多种通信方式，实现对配电网（含分布式电源、微网等）的监测与控制，并通过与相关应用系统的信息集成，实现对配电网的科学管理。

6．电力系统接线方式有几种？各有何优缺点？

答：电力系统的接线方式从供电可靠性角度，分为有备用接线方式和无备用接线方式两种。有备用接线方式是指负荷至少可以从两条路径获得电能的接线方式，它包括双回路的放射式、干线式、链式、环式和两端供电网络。无备用接线方式是指负荷只能从一条路径获得电能的接线方式，它包括单回路放射式、干线式和链式网络。

有备用接线的主要优点是供电可靠性高，主要缺点是不够经济运行调度复杂。无备用接线的主要优点是简单、经济、运行操作方便，主要缺点是供电可靠性差，在线路较长时，末端电压往往偏低。

7．常见的配电网典型接线方式有哪些？

答：常见的配电网接线包括：单电源辐射接线、双电源"手拉手"环网接线、多分段多联络、多供一备接线、双射电缆网、对射电缆网和双环网电缆网等接线方式。

8．什么是单电源辐射型接线方式？

答：单电源辐射接线方式是由互不连接的辐射状配电馈线构成，每条馈线都是以变电站 10kV 出线开关为电源点，呈树枝状分布的配网接线方式。

该接线方式可以过渡到单环网、对射式或 N 供一备等接线方式。

9．单电源辐射型接线方式的特点有哪些？

答：其特点主要是接线简单，馈线之间相互不连接，没有联络开关，由于不存在线路故障后的负荷转移，馈线可以不考虑线路备用容量，满载运行。

缺点是馈线只有一个电源点，不满足 $N-1$ 要求；当线路故障时，故障区段下部分线路将停电，当电源点故障时，将导致整条线路停电，供电可靠性差。

10．辐射型接线方式包括哪几种？

答：辐射型接线方式包括为辐射状架空网和单射电缆网。辐射状架空网可以采用分段开关分为许多馈线段。单射电缆网的构成与辐射状架空网类似，只是其馈线开关一般由环网柜构成。

典型的辐射状架空网与单射电缆网接线图如图 1-2 和图 1-3 所示。

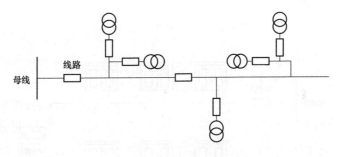

图 1-2　辐射状架空网

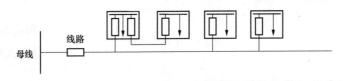

图 1-3　单射电缆网

11．什么是双电源"手拉手"环网接线？

答：双电源"手拉手"环网接线是通过一个联络开关将来自不同变电站或相同变电站不同母线的两条馈线连接起来的接线方式。

12．双电源"手拉手"环网接线的特点有哪些？

答：其特点主要是环网接线一条馈线上发生永久故障后，可以将故障区域两侧的开关断开以隔离故障，然后由故障所在馈线的电源恢复故障区域上游区域供电，再合上联络开关，由对侧馈线电源恢复故障区域下游区域供电。因此，环网接线的供电可靠性比辐射状接线方式要高。同时因为需考虑线路故障后的负荷转移问题，为了满足 $N-1$ 安全准则，每条馈线必须留有对侧馈线全部供电能力作为备用容量，线路利用率最高只能达到 50%，也就是每条馈线不能满载运行。

13．双电源"手拉手"环网接线包括哪几种方式？

答：双电源"手拉手"环网接线包括"手拉手"环状架空网和单环电缆网。"手拉手"环状架空网是指其主干线呈"手拉手"状，但是馈线上仍然可以存在分支。单环电缆网的构成与"手拉手"环状架空网类似，只是其馈线开关一般由环网柜构成。典型双电源"手拉手"环状架空网和单环电缆网接线图如图 1-4 和图 1-5 所示。

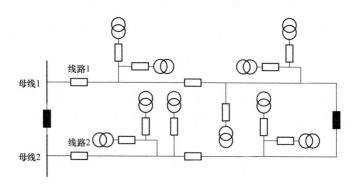

图 1-4 "手拉手"环状架空网

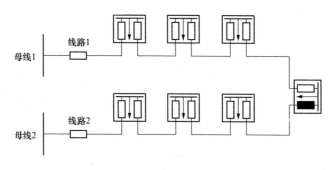

图 1-5 单环电缆网

14．什么是多分段多联络接线方式？

答：多分段多联络接线方式是通过将一条馈线分为 N 段，各馈线段分别经过联络开关与各不相同的备用电源联络的接线方式。当任何一段出现故障时，均不影响另一段正常供电，可使每条线路的故障范围缩小，提高了供电可靠性。

15．多分段多联络接线方式的特点有哪些？

答：其特点主要是对于构成 N 分段 N 联络配电网，一般每条馈线只需要留有对侧线路负荷的 $1/N$ 作为备用容量就可以满足 $N-1$ 准则的要求，因此 N 分段 N 联络配电网的最大利用率可达到 $[N/(N+1)]\%$。比如 2 分段 2 联络线路最大利用率为 67%，3 分段 3 联络线路最大利用率为 75%。

多分段多联络的接线方式提高了架空线的利用率，但由于需要在线路间建立联络线，加大了线路投资，3 分段 3 联络的接线图如图 1-6 所示。

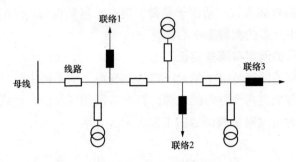

图 1-6　3 分段 3 联络接线图

16．什么是多供一备（$N-1$）接线方式？

答：多供一备（$N-1$）接线方式是指 N 条线路正常工作，互相连接形成环网，与其均相连的另外 1 条线路平常处于停运状态，作为总备用，其他线路都可以满载运行的接线方式。若某 1 条运行线路出现故障，则可以直接切换至备用线路，因此，最大利用率可达到 $[(N-1)/N]\%$。

17．多供一备（$N-1$）接线有哪些特点？

答：其特点主要是随着 N 值的不同，其接线的运行灵活性、可靠性和线路的平均负载率均有所不同。一般以"3－1"和"4－1"模式比较理想，总的线路理论利用率分别为 67% 和 75%。"4－1"以上的模式接线比较复杂，操作也比较烦琐，同时联络线的长度较长，投资较大，线路载流量的利用率提高也不明显。典型的 3 供 1 备电缆网接线图如图 1-7 所示。

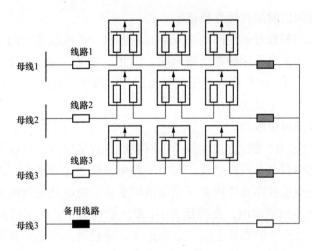

图 1-7　3 供 1 备电缆网接线图

18．什么是双射电缆网？

答：双射电缆网的接线方式是从同一座变电站的不同母线引出两回线路，其中一路母线作为空载备用设备，正常情况下，不对负荷供电。该接线方式可以过渡到双环式、

对射式或 N 供一备等接线方式，适用于负荷密度高、容量较大、供电可靠性要求高、需双电源供电的重要用户多的大城市中心区。

19．双射电缆网的网架有哪些特征？

答： 双射电缆网的网架特征主要是：自一座变电站的不同中压母线引出双回线路，每一用户均可以获得来自两个方向的电源，具有较高的可靠性，但线路的最大利用率只有50%，典型的双射电缆网接线图如图1-8所示。

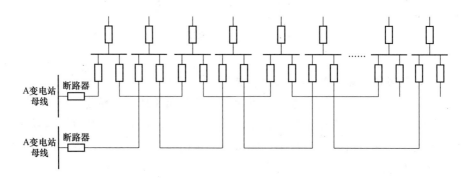

图 1-8　双射电缆网接线图

20．什么是对射电缆网？

答： 对射电缆网的接线方式与双射电缆网的接线方式类似，只是两条线路的电源分别取自不同变电站的母线。其中一路母线作为空载备用设备，正常情况下不对负荷供电。

21．对射电缆网的网架有哪些特征？

答： 对射电缆网和双射电缆网均为双环网或多供一备接线方式的过渡方式，区别仅在于对射网的电源点来自不同的两个变电站，因此，供电可靠性要比双射电缆网的高。其能够满足 $N-1$ 要求，但是要求主干线正常运行时最大负载率不能大于50%，适用于容量较大对可靠性有一定要求的用户。

22．什么是双环网电缆网？

答： 双环网电缆网的接线方式类似单环网接线方式的组合，可以为每个用户提供两路电源，并且每路电源都有两路进线，其中一路电源作为冗余设备，正常情况下不对负荷供电，当任一段电缆线路或环网单元发生故障或检修时，通过倒闸操作，由备用电源供电，可保障用户不间断供电。在满足 $N-1$ 要求的前提下，主干线正常运行时的负载率为50%～75%。适用于城市核心区、繁华地区，重要用户供电以及负荷密度较高、可靠性要求较高的区域。

23．双环网电缆网的网架有哪些特征？

答： 双环网电缆网的网架特征主要是：自两座变电站不同中压母线引出4回线路，构成相互联络的两个双射网，网架结构满足 $N-2$ 准则，典型的双环网电缆网接线图如图1-9所示。

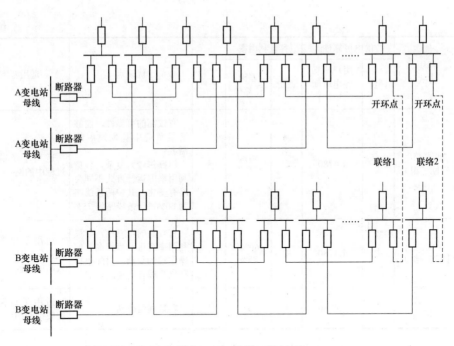

图 1-9 双环网电缆网接线图

24．架空线路各典型接线方式有哪些优缺点？适用范围有何不同？

答：架空线路各典型接线方式的供电可靠性、容量利用率以及优缺点、适用范围见表 1-1。

表 1-1   架空线路典型接线方式对比分析

类别	接线方式	供电可靠性		容量利用率		冗余设备	优缺点	适用范围
		评价	用户平均停电时间（h/年）	评价	理论计算值			
架空网	单辐射	低	2.9561	高	100%	无	接线简单清晰，运行维护方便，建设投资小，可根据负荷的发展随时扩展，就近接电，容量利用率高； 当线路或设备故障、检修时，用户停电范围大，供电可靠性较差	辐射接线方式适用于负荷密度不高、用户分布较分散或负荷等级较低的用户和地区
	双辐射	高	0.913	低	50%	有	可为重要用户提供双路电源，供电可靠性高。但投资大，容量利用率低，经济性差	需要双电源接入的重要用户
	单联络	中	1.4780	低	50%	无	单联络接线方式的结构简单清晰，其供电可靠性较单辐射接线有较大提高，同时投资相对较小；但线路容量利用率低，经济性较差	适用于负荷密度较大、可靠性要求较高的大城市边缘以及中小城市

7

续表

类别	接线方式	供电可靠性		容量利用率		冗余设备	优缺点	适用范围
		评价	用户平均停电时间（h/年）	评价	理论计算值			
架空网	两联络（三回一组）	中	1.4780	中	60%/75%	无	有较高的可靠性，能够满足负荷中长期发展的需要；但操作较为复杂，容量利用率因运行方式不同会略有变化，其中两条线路为60%，一条线路为75%	适用于负荷发展过程中的网
	两联络（四回一组）	中	1.4780	中	60%/75%	无	有较高的可靠性，容量利用率有进一步提高。但操作较为复杂，对配电自动化管理有更高的要求	适用于电源分布较密集，且供电要求较高的地区
	三分段三联络	中	1.4780	中	75%	无	容量利用率高	适用于负荷发展比较饱和的区域

25．电缆网各典型接线方式有哪些优缺点？适用范围有何不同？

答：电缆网各典型接线方式的供电可靠性、容量利用率以及优缺点、适用范围见表1-2。

表1-2　　　　　　　　　　　　电缆典型接线方式对比分析

类别	接线方式	供电可靠性		容量利用率		冗余设备	优缺点	适用范围
		评价	用户平均停电时间（h/年）	评价	理论计算值			
电缆网	单环网	高	0.4175	低	50%	无	接线方式简单，其不足之处是容量利用率较低，仅为50%	适用于城市一般区域（负荷密度不高、可靠性要求一般的区域）
	双环网	极高	0.1523	低	25%	有	运行灵活、负荷转供易于实现，供电可靠性高；不足之处是投资高（比单环网接线方式增加一倍），且容量利用率很低，仅为25%	一般适用在城市中心区繁华地段、需要双电源供电的重要用户或供电可靠性要求高的配电网络
	"3-1"环网（三回一组）	高	0.4175	中	60%/75%	无	与架空网情况相同，但供电可靠性、维护成本高于架空网	中心城区和负荷密度大，电源分布较集中，供电可靠性要求高的其他地区
	"3-1"环网（四回一组）	高	0.4175	中	60%/75%	无	与架空网情况相同，但供电可靠性、维护成本高于架空网	中心城区和负荷密度大，电源分布较集中，供电可靠性要求高的其他地区

类别	接线方式	供电可靠性		容量利用率		冗余设备	优缺点	适用范围
		评价	用户平均停电时间(h/年)	评价	理论计算值			
电缆网	三供一备	高	0.4175	中	75%	有	网架清晰、操作方便,容量利用率高,供电可靠性高; 正常情况下,作为备用电源的线路不宜接入负荷供电,一定程度上造成了资源的浪费	是设计电缆网络时优先考虑的结构
	双射式(对射式)	极高	0.2356	低	50%	有	可为重要用户提供双电源,但投资大且容量利用率也只有50%	用于负荷密度高、需双电源供电的重要用户多的大城市中心

26. 区域电网互联的意义与作用是什么?

答: 区域电网互联的意义与作用是:

(1)可以合理利用能源,加强环境保护,有利于电力工业和社会可持续发展。

(2)可以在更大范围内进行水、火及新能源发电调度,取得更大的经济效益。

(3)可以安装大容量、高效能火电机组、水电机组和核电机组,有利于降低造价,节约能源,加快电力建设速度。

(4)可以利用时差、温差,错开用电高峰,利用各地区用电的非同时性进行负荷调整,减少备用容量和装机容量。

(5)可以在各地区之间互供电力、互为备用,可减少事故备用容量,增强抵御事故能力,提高电网安全水平和供电可靠性。

(6)有利于改善电网频率特性,提高电能质量。

第二节 继电保护基础

1. 什么是继电保护?

答: 继电保护是指研究电力系统故障和危及安全运行的异常工况,以探讨其对策的反事故自动化措施。因在其发展过程中曾主要用有触点的继电器来保护电力系统及其元件(发电机、变压器、输电线路等),使之免遭损害,所以也称继电保护。

2. 继电保护的作用是什么?

答: 电力系统发生故障后,故障将以近光速的速度影响其他非故障设备,甚至造成故障影响范围扩大。继电保护能够利用继电保护装置正确区分被保护元件是处于正常运行状态还是故障状态,是保护区内故障还是区外故障,并动作于相应保护出口,使故障元件及时从系统中断开,切除故障设备,降低对电力系统安全供电的影响。通常,为了满足电力系统稳定性要求,继电保护装置需要在几十至几百毫秒内准确地识别并切除故障。

3．继电保护的"四性"原则是什么？

答：继电保护的"四性"原则是指选择性、速动性、灵敏性、可靠性。

（1）选择性。当电力系统中的设备或线路发生短路时，其继电保护仅将故障的设备或线路从电力系统中切除，当故障设备或线路的保护或断路器拒动时，应由相邻设备或线路的保护将故障切除，使无故障部分继续运行，以尽量缩小停电范围。

（2）速动性。是指继电保护装置应能尽快地切除故障，以减少设备及用户在大电流、低电压运行的时间，降低设备的损坏程度，提高系统并列运行的稳定性。动作速度越快，为防止误动采取的措施越复杂，成本也相应地提高，因此，在配电网中，往往根据故障及其影响的严重性允许带有一定的延时动作。

（3）灵敏性。电气设备或线路在被保护范围内发生短路故障或不正常运行情况时，保护装置的反应能力，通常用灵敏系数衡量。

（4）可靠性。包括安全性和信赖性，是对继电保护最根本的要求。安全性要求继电保护在不需要它动作时可靠不动作，即不发生误动。信赖性要求继电保护在规定的保护范围内发生了应该动作的故障时可靠动作，即不拒动。

4．电力系统继电保护的基本任务是什么？

答：电力系统继电保护的基本任务主要是：

（1）自动、迅速、有选择性地将故障元件从电力系统中切除，使故障元件免于继续遭到破坏，保证其他无故障部分迅速恢复正常运行。

（2）反映电气元件的不正常运行状态，并根据运行维护的条件（如有无经常值班人员）而动作于信号，以便值班员及时处理，或由装置自动进行调整，或将那些继续运行就会引起损坏或发展成为事故的电气设备予以切除。此时一般不要求保护迅速动作，而是根据对电力系统及其元件的危害程度规定一定的延时，以免暂时波动造成不必要的动作和干扰而引起的误动。

（3）继电保护装置还可以与电力系统中的其他自动化装置配合，在条件允许时，采取预定措施，缩短事故停电时间，尽快恢复非故障区域供电，从而提高电力系统运行的可靠性。

5．继电保护的常用类型有哪些？

答：继电保护的常用类型有电流保护、电压保护（包括低电压保护、过电压保护）、阻抗保护（也称距离保护）、方向保护、差动保护（包括纵差保护、横差保护）、高频保护、序分量保护（零序电流、电压保护，负序电流、电压保护等）、瓦斯保护、行波保护、平衡保护。

按保护类型分类：

（1）反应电流变化的保护有电流差动保护、过流保护、零序电流保护、不平衡电流保护。

（2）反应电压变化的保护有过压保护、低压保护、不平衡电压保护。

（3）反应电压电流变化的保护有距离保护、方向保护。

（4）反应油中气体含量变化有气体保护。

按保护功能分类：

（1）主保护，满足系统稳定和设备安全要求，能以最快速度有选择地切除被保护设备和线路故障的保护。

（2）后备保护，主保护或断路器拒动时，用以切除故障的保护。

（3）辅助保护，为补充主保护和后备保护的性能不足、需要加速切除严重故障或在主、后备保护退出运行时而增设的简单保护。

（4）异常运行保护，反应被保护电力设备或线路异常运行状态的保护。

6．什么是继电保护装置？

答：继电保护装置是指装设于整个电力系统的各个元件上，能在指定区域快速准确地对电气元件发生的各种故障或不正常运行状态做出反应，并在规定时限内动作，使断路器跳闸或发出信号的一种反事故自动装置。

7．继电保护装置由哪些部分组成？

答：整套继电保护装置主要由测量元件、逻辑环节和执行输出三部分组成。

（1）测量元件。测量通过被保护的电气元件的物理参量，并与给定的值进行比较，根据比较的结果，给出"是""非""大于""不大于""等于'0'或'1'"性质的一组逻辑信号，从而判断保护装置是否应该启动。

（2）逻辑环节。使保护装置按一定的逻辑关系判定故障的类型和范围，最后确定是应该使断路器跳闸、发出信号或是否动作及是否延时等，并将对应的指令传给执行输出部分。

（3）执行输出。根据逻辑部分传送的信号，最后完成保护装置所承担的任务。如在故障时动作于跳闸，不正常运行时发出信号，而在正常运行时不动作等。

8．什么是继电保护的"远后备"和"近后备"？

答：继电保护的"远后备"是指当元件故障而其保护或断路器拒绝动作时，由电源侧的相邻元件保护装置将故障切开。

继电保护的"近后备"是指用双重化配置方式加强元件本身的保护，使之在区内故障时，保护无拒绝动作的可能。同时装设断路器失灵保护，当断路器拒动时切除同一变电站母线的高压断路器，或遥控切除对侧断路器。

9．什么是零序保护？

答：在大短路电流接地系统中发生接地故障后，就有零序电流、零序电压和零序功率出现，利用这些电气量构成保护接地短路的继电保护装置统称为零序保护。

10．零序保护动作后，应重点检查哪些设备？

答：导致零序电流保护动作的故障类型一般是接地故障。可能的故障原因根据重合成功与否分两种典型情况：

（1）当零序保护动作重合失败时，应重点检查线路有无单相断线，避雷器、绝缘子、10kV电流互感器等设备内部对地击穿。

（2）当零序保护动作重合成功时，应重点检查绝缘子是否存在绝缘强度降低而发生间歇性对地放电，树木、蔓藤接近、触碰导线等情况。

11．电力系统继电保护的配置原则主要有什么？

答：电力系统继电保护配置原则主要有：

（1）对于电力系统的电力设备和线路，应装设反应各种短路故障和异常运行的保护装置。

（2）反应电力设备和线路短路故障的保护应有主保护和后备保护，必要时可再增设辅助保护。

（3）重要的设备要求配置双重主保护。

（4）各个相邻元件保护区域之间需有重叠区，不允许有无保护的区域。

（5）必要时线路应装设自动重合闸装置。

12．电力系统短路有什么后果？

答：电力系统短路故障发生后，由于网络总阻抗大为减少，将在系统中产生几倍甚至几十倍于正常工作电流的短路电流。强大的短路电流将造成严重的后果，主要有以下几方面：

（1）强大的短路电流通过电气设备使发热急剧增加，短路持续时间较长时，足以使设备因过热而损坏甚至烧毁。

（2）巨大的短路电流将在电气设备的导体间产生很大的电动力，可能使导体变形、扭曲或损坏。

（3）短路将引起系统电压的突然大幅度下降，系统中主要负荷异步电动机将因转矩下降而减速或停转，造成设备损坏。

（4）短路将引起系统中功率分布的突然变化，可能导致并列运行的发电厂失去同步，破坏系统的稳定性，造成大面积停电，是短路所导致的最严重的后果。

（5）巨大的短路电流将在周围空间产生很强的电磁场，尤其是不对称短路时，不平衡电流所产生的不平衡交变磁场，对周围的通信网络、信号系统、晶闸管触发系统及自动控制系统产生干扰。

13．10kV 线路常见的保护有哪些？

答：10kV 线路常见的保护有过流速段保护、过流Ⅰ段保护、过流Ⅱ段保护、零序电流保护。

14．配电线路一般有哪几种故障形式？

答：配电线路的故障形式一般有单相接地短路、两相短路、两相短路接地和三相短路等四种典型情况，如图 1-10 所示。

15．什么是电流保护？有哪些常见的电流保护类型？

答：电流保护是根据电力系统的线路或元件发生故障时，故障点越靠近电源，短路电流就越大这一原理，利用电流参数形成的保护叫作电流保护。常见的电流保护类型主要有：电流速断保护、限时电流速断、过电流保护和零序电流保护。

16．什么是三段式电流保护？

答：电流速断保护（第一段）、限时电流速断保护（第二段）和过电流保护（第三段）

都是反应电流增大而动作的保护，它们相互配合构成一整套保护，称作三段式电流保护。三段电流保护的主要区别主要在于启动电流的选择原则不同，其中电流速断保护和限时电流速断保护是按照躲开某一点的最大短路电流来整定的，而过电流保护是按照躲开最大负荷电流来整定的。

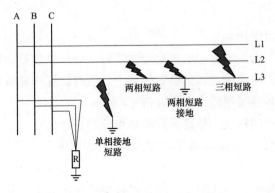

图 1-10　常见电力系统故障示意图

17. 三段式电流保护如何配合及其应用范围是什么？

答： 电流速断保护和限时电流速断保护作为本线路的主保护；定时限过流保护作为本线路的近后备和相邻线路的远后备。优点是简单可靠、保护范围大、动作灵敏等，一般情况下能满足速动性的要求，但保护的灵敏度受系统运行方式的影响。

18. 电流速断动作可能的故障类型是什么？

答： 电流速断动作最有可能发生的故障类型为两相短路和三相短路，且故障点在主干线或靠变电站较近的线路可能性较大。因为速断或限时速断保护动作的启动电流较大，故这种故障对线路及设备的损害较大，如线路金属性短路或雷击短路等。

19. 发生电流速断动作的故障原因主要有哪些方面？

答： 根据重合成功与否分两种典型情况考虑：

（1）电流速断动作的重合成功时，线路一般发生瞬时故障，如雷击、鸟害、大风、飘挂物等造成相间短路。故障巡视时应重点检查架空导线是否烧伤损坏、沿线查找故障情况，检查有无小动物触碰配电变压器高压端子、电缆终端头情况。

（2）当电流速断动作重合不成功时，线路一般发生永久性故障，如架空线路断线、倒杆等，电缆故障（中间接头击穿、外力破坏电缆绝缘）、配电变压器高压侧的故障，也可能是开关等一次设备内部故障。

20. 什么是定时限过流保护？

答： 继电保护的动作时间固定不变，与短路电流的大小无关，具有这种动作时限特性的过电流保护称为定时限过流继电保护。定时限过流继电保护的时限是由时间继电器设定的，时间继电器在一定的范围内连续可调，使用时可根据给定时间进行整定。

21. 定时限过流保护的整定原则和特点分别是什么？

答： 定时限过流保护的整定原则是：动作电流按躲过最大负荷电流整定。特点是能

13

保护本线路全长，但越靠近电源端，保护动作时限反而越长，可作为本线路的近后备以及相邻线路短路故障的远后备。

22．定时限过流保护动作可能的故障原因是什么？

答： 导致定时限过流保护动作可能的故障原因是本线路后段发生相间短路或者本线路发生馈线过载情况。

23．什么是过电流保护？

答： 过电流保护是指当电流超过预定最大值时，使保护装置动作的一种保护方式。当流过被保护元件中的电流超过预先整定的某个数值时，保护装置启动，并用时限保证动作的选择性，使断路器跳闸或给出报警信号。

24．电流速断保护的特性、整定原则和特点分别是什么？

答： （1）保护特性：电流速断保护是反应电流升高而不带时限动作的一种电流保护。

（2）整定原则：按短路电流整定。按躲过被保护元件外部短路时流过本保护的最大短路电流进行整定，以保证它有选择性地动作的无时限电流保护。

（3）特点：接线简单，动作可靠，切除故障快，但不能保护线路的全长。保护范围受系统运行方式变化的影响较大。

电流速断保护动作特性如图 1-11 所示。

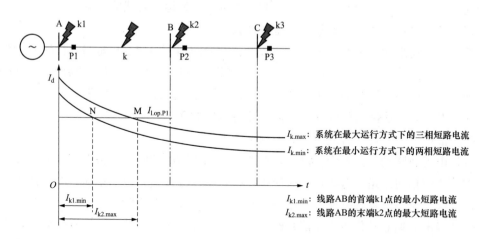

图 1-11　电流速断保护动作特性

25．限时电流速断保护特性、整定原则和特点分别是什么？

答： 限时电流速断保护的保护特性是限时电流速断保护反应电流升高，带一定延时。整定原则是按短路电流整定。动作电流应与下一段相邻线路电流速断保护的动作电流配合整定。特点是能保护线路全长，动作时限比下一段电流速断保护大。

限时电流速断动作时限的配合关系和限时电流速断保护的单相原理接线图分别如图 1-12 和图 1-13 所示。

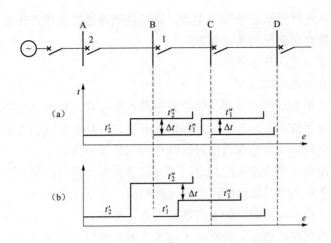

图 1-12　限时电流速断动作时限的配合关系

（a）和下一条线路的速断保护相配合；（b）和下一条线路的限时速断保护相配合

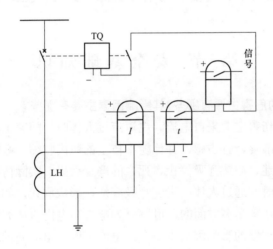

图 1-13　限时电流速断保护的单相原理接线图

26．什么是自动重合闸？为什么要采用自动重合闸？

答：自动重合闸是指将因故障跳开后的断路器按需要自动投入的一种保护功能。架空线路绝大多数的故障都是瞬时性的，因此，在继电保护动作切除短路故障后，电弧将自动熄灭，绝大多数情况下短路处的绝缘可以自动恢复。自动将断路器重合，不仅提高了供电的安全性和可靠性，减少了停电损失，而且还提高了电力系统的暂态稳定水平，增大了架空线路的送电容量，也可纠正由于断路器或继电保护装置造成的误跳闸。因此，架空线路要采用自动重合闸装置。

27．在什么情况下，采用自动重合闸会有不利影响？

答：采用自动重合闸后，当重合于永久性故障时，会带来一些不利影响：

（1）电力系统将再次受到短路电流的冲击，对超高压系统还可能降低并列运行的稳定性，可能引起系统振荡。

（2）短时间内连续两次切断故障电流，这就使断路器的工作条件更加恶劣。

28．对自动重合闸有什么基本要求？

答：对自动重合闸的基本要求如下：

（1）自动重合闸动作应迅速。

（2）由运行人员手动或通过遥控装置将断路器断开时，自动重合闸装置不应动作。

（3）手动合闸于故障线路时，继电保护跳开后，自动重合闸装置不应动作。

（4）对于双侧电源，应考虑合闸时两侧电源间的同步问题。

（5）动作的次数应符合预先的规定，不允许任意多次重合。如一次重合闸就只能重合一次；当重合于永久性故障而断路器再次跳闸后，就不应再重合。

（6）动作后应能自动复归，为下一次动作做好准备。

（7）重合闸时间应能整定，并有可能在重合闸以前或重合闸以后加速继电保护的动作，以便更好地与继电保护相配合，加速故障切除。

（8）当断路器处于不正常状态时（如操动机构中使用的气压、液压异常等），应将自动重合闸装置闭锁。

第三节　安　全　基　础　知　识

1．电流对人体的危害主要有哪些?其影响因素主要有哪些?

答：电对人体的伤害主要来自电流。电流流过人体时，随着电流的增大，人体会产生不同程度的刺麻、酸疼、打击感，并伴随不自主的肌肉收缩、心慌、惊恐等症状，直至出现心律不齐、昏迷、心跳呼吸停止、死亡的严重后果。实际情况表明，50mA 以上的工频交流电，较长时间通过人体会引起呼吸麻痹，形成假死，如不及时抢救就有生命危险。电流对人体的伤害是多方面的，可以分为电击和电伤两种类型。

电流对人体伤害程度的影响因素主要有：电流强度、电流通过人体的持续时间、电流的频率、电流通过人体的路径、人体状况、作用于人体的电压等。

2．什么是触电？触电有哪几种情况？

答：触电通常是指人体直接触及电源或高压电，经过空气或其他导电介质传递电流通过人体时引起的组织损伤和功能障碍。触电有以下三种情况：

（1）与带电部分直接接触，包括感应电、静电和漏电（由于绝缘损坏使金属外壳、构件带电）等。

（2）发生接地故障时，人处于接触电压和跨步电压的危险区。

（3）与带电部分间隔小于安全距离。

3．人体所能耐受的安全电压是多少？

答：人体所能耐受的电压与人体所处的环境有关。在一般环境中流过人体的安全电流可按 30mA 考虑，人体电阻在一般情况下可按 1000～2000Ω 计算。这样一般环境下的安全电压范围是 30～60V。我国规定的安全电压等级是 42、36、24、12、6V，当设备采用超过 24V 安全电压时，应采取防止直接接触带电体的安全措施。对于一般环境的安全电压可取 36V，但在比较危险的地方、工作地点狭窄、周围有大面积接地体、环境湿热场所，如电缆沟、煤斗、油箱等地，则采用的电压不准超过 12V。

4．什么是跨步电压？

答：当电力系统一相接地或者电流自接地点流入大地时，地面上将会出现不同的电位分布。通常用接地故障电流流过接地装置时，地面上水平距离为 1.0m 的两点间点位差来表征。当人的双脚站立在不同的电位点上时，双脚之间将承受一定的电位差，这种电位差就称之为跨步电压。距离接地点越近，跨步电压越大；距离接地点越远，跨步电压越小。

5．什么是接触电压？

答：当电气设备因绝缘损坏而发生接地故障时，如人体的两个部分（通常是手和脚）同时触及漏电设备的外壳和地面，人体两部分分别处于不同的电位，其间的电位差即为接触电压。通常用接地故障电流流过接地装置时，在地面上到设备水平距离为 1.0m 处与设备外壳、架构或墙壁离地面的垂直距离 2.0m 处两点的电位差来表征。接触电压的大小，随人体站立点的位置而异。人体距离接地极越远，受到的接触电压越高。

6．防止触电的基本措施有哪些？

答：防止直接接触触电的措施有：

（1）利用绝缘物防止电气工作人员触及带电体。

（2）利用屏障或围栏作为屏护，防止工作人员触及带电体。

（3）设置障碍，防止无意触及带电体。

（4）工作人员与带电体，应保持电气安全工作规程要求的安全距离。

（5）保护接地。

（6）使用漏电保护装置。

（7）使用安全电压。

防止间接接触触电的常用方法有：自动切断供电电源（接地故障保护）、采用双重绝缘或加强绝缘的电气设备、将有触电危险的场所绝缘，构成不导电环境、采用不接地的局部等电位连接保护，或采取等电位均压措施、采用安全电压。

7．电网的接地方式有哪几种？

答：电网的接地方式主要有大电流接地方式和小电流接地方式。当发生单相接地短路时，出现很大的零序电流的接地方式为大电流接地方式，又称为中性点有效接地方式，主要包括中性点直接接地和经小电阻接地。接地电流可自熄弧的为小电流接地方式，又称中性点非有效接地方式，主要包括中性点不接地方式、中性点经高阻接地和经消弧线圈接地。

8．电气设备为什么要接地？其主要类型有哪几种？

答：电气设备接地主要是为了保证电力网或电气设备的正常运行和工作人员的人身安全，人为地使电力网及其某个设备的某一特定地点通过导体与大地作良好的连接。这种接地包括工作接地、保护接地、保护接零、防雷接地和防静电接地等。

（1）工作接地。为了保证电气设备在正常或发生故障情况下可靠工作而采取的接地，称为工作接地。工作接地一般都是通过电气设备的中性点来实现的，所以又称为电力系统中性点接地。例如，电力变压器或电压互感器的中性点接地就属于工作接地。

（2）保护接地。将一切正常工作时不带电而在绝缘损坏时可能带电的金属部分（如各种电气设备的金属外壳、配电装置的金属构架等）接地，以保证工作人员接触时的安全，这种接地为保护接地。保护接地是防止触电事故的有效措施。

（3）保护接零。在中性点直接接地的低压电力网中，把电气设备的外壳与接地中性线（也称零线）直接连接，以实现对人身安全的保护作用，称为保护接零或简称接零。

（4）防雷接地。为消除大气过电压对电气设备的威胁，而对过电压保护装置采取的接地措施称为防雷接地。把避雷针、避雷线和避雷器通过导体与大地直接连接均属于防雷接地。

（5）防静电接地。对生产过程中有可能积蓄电荷的设备，如油罐、天然气罐等所采取的接地，称为防静电接地。

9. 什么是电力系统的中性点？电力系统中性点的接地方式有哪些？

答：电力系统的中性点是指变压器或发电机星形接线的公共点。中性点的接地方式涉及系统绝缘水平、通信干扰、接地保护方式、保护整定、电压等级及电力网结构等方面，是一个综合性的复杂问题。

我国电力系统的中性点接地方式根据系统中发生单相接地故障时，按其接地故障电流的大小来划分主要有 4 种，即不接地（中性点绝缘）、中性点经消弧线圈接地、中性点直接接地和经电阻接地。前两种接地方式称为小电流接地，后两种接地方式称为大电流接地。确定电力系统中性点接地方式时，应从供电可靠性、内部过电压、对通信线路的干扰、继电保护及确保人身安全诸方面综合考虑。

10. 配电网一般采用什么样的中性点接地方式？

答：我国城市配电网中性点接地方式大多为不接地或经过消弧线圈接地的运行方式。但随着城网中电缆线路的大量增加，单相接地故障时电容电流很大，采用消弧线圈已经难以满足接地熄弧的要求，给补偿工作带来困难，故许多城市采用了中性点经小电阻接地的方式。其单相接地故障电流具有一定的幅值（一般大于 300A），长时故障对电网部件安全存在影响。

11. 保护接地分为几类？其作用是什么？

答：保护接地就是将正常不带电的电气设备等的金属外壳、金属构件接地。保护接地按电源的中性点接地方式不同，又分 IT、TT 接地和 TN 接地三种。

（1）IT 接地方式。其中字母 I 为电源中性点不接地或经高阻抗接地，T 为设备的金属外壳接地。假若设备外壳不接地，带电线圈碰壳故障时，外壳体带上了电压，若此时有人触摸外壳，接地电流流经人体与对地分布电容而构成回路，对人身是危险的；若外壳保护接地后，由于人体电阻远比接地装置的接地电阻大，流经人体的电流很小，对人身是相对安全的，如图 1-14 所示。IT 系统适用于环境条件不良、易发生单相接地故障及易燃、易爆的场所，如煤矿、化工厂、纺织厂等。

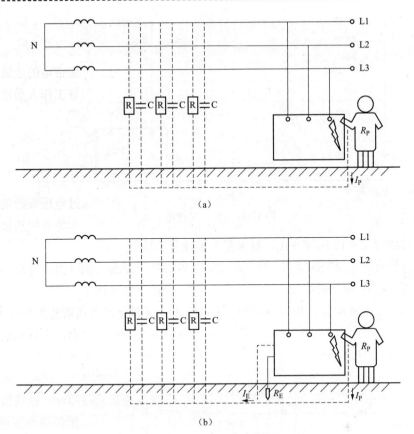

图 1-14 IT 系统接地方式

（a）无接地；（b）有接地

（2）TT 接地方式。其中第一个字母 T 表示电源中性点接地，第二个字母 T 是设备金属外壳接地，TT 接地方式在高压系统普遍采用，如图 1-15 所示。对于具有大容量电气设备的系统，发生碰壳故障时，按正常负荷电流整定的熔断器或保护装置不动作，这样金属外壳将长期带电，增加了人员触电的可能性。

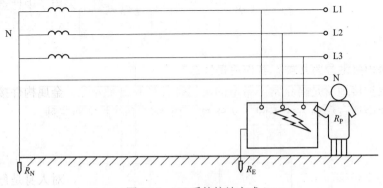

图 1-15 TT 系统接地方式

（3）TN 接地方式。TN 接地方式将金属外壳经公共的保护线 PE 与电源的接地中性点 N 连接，故 TN 方式又称保护接零，常用于低电压系统，如图 1-16 所示。

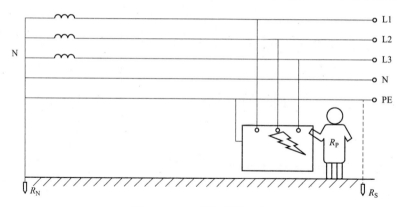

图 1-16　TN 系统接地方式

12. 保护接零有哪几种方式？有哪些主要注意事项？

答：保护接零是保护接地的一种，即 TN 接地方式。T 表示电源中性点接地，N 表示零线（在低压三相四线制系统中由于电源中性点接地，出的中性线就处于零电位，故称为零线，相应的电源相线称为火线），PE 表示保护线。有三种保护接零的方式，如图 1-17 所示。

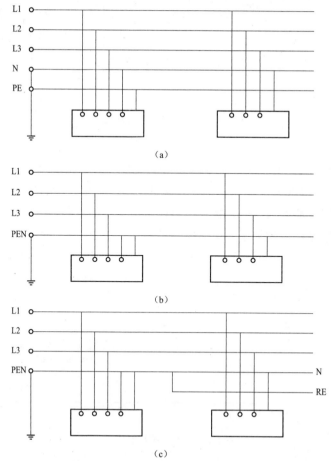

（a）

（b）

（c）

图 1-17　TN 接地方式

（a）TN–S 系统；（b）TN–C 系统；（c）TN–C–S 系统

（1）TN-S 系统。字母 S 表示 N 与 PE 分开，设备金属外壳与 PE 相连接，设备中性点与 N 连接，即采用五线制供电。其优点是 PE 中没有电流，故设备金属外壳对地电位为零，主要用于数据处理、精密检测、高层建筑的供电系统。

（2）TN-C 系统。字母 C 表示 N 与 PE 合并成为 PEN，实际上是四线制供电方式。设备中性点和金属外壳都与 N 连接。由于 N 正常时流通三相不平衡电流和谐波电流，故设备金属外壳正常对地带有一定电压，通常用于一般供电场所。

（3）TN-C-S 系统。一部分 N 与 PE 合并，另一部分 N 与 PE 分开，是四线半制供电方式。应用于环境较差的场所。当 N 与 PE 分开后不允许再合并。

采用 TN 接地方式时，若设备发生碰壳故障就形成火线、金属外壳和 N 或 PE（当引自电源中性点时）的一个金属闭合回路，短路电流较大，能使保护装置迅速将故障切除。

应当指出在同一台变压器供电的电网中，不允许 TT 和 TN 方式混用，因为 TT 方式碰壳故障后，引起中性线电位升高，若故障不能及时切除，TN 方式的外壳有触电的危险，否则 TT 需安装灵敏的漏电保护装置。

13．小电阻接地的优点和缺点分别是什么？

答：小电阻接地的优点主要是单相接地时，健全相电压升高接续时间短，对设备绝缘等级要求较低，一次设备的耐压水平可按相电压来选择；单相接地时，由于流过故障线路的电流较大，零序过流保护有较好的灵敏度，可比较容易地切除接地线路。

缺点是由于接地点的电流较大，零序保护如动作不及时，将使接地点及附近的绝缘受到更大的危害，导致相间故障的发生；永久性及非永久性的单相接地线路的跳闸次数均明显增加。

目前大中型城市 10kV 配电网主要采用地下电缆，使对地电容电流大大增加。如果采用消弧线圈接地，则需要较大的补偿容量，而且要配置多台。10kV 配电网线路在运行中操作较多，消弧线圈的分接头及时调整有困难，容易出现谐振过电压现象。因此，中国许多大城市 10kV 配电网采用了中性点经小电阻接地方式。

14．消弧线圈接地的优点和缺点分别是什么？

答：消弧线圈接地的优点主要是单相接地时，由于消弧线圈的电感电流可抵消接地点流过的电容电流，使流过接地点的电流较小，可带单相接地故障运行 2h。对于配电网中日益增加的电缆馈电回路，虽然接地故障的发生概率有上升的趋势，但因接地电容电流得到补偿，所以单相接地故障并不会发展为相间故障。

缺点是系统有可能因运行方式改变造成欠补偿从而引发谐振过电压。目前运行在配电网中的消弧线圈的结构多为手动调匝，必须退出运行才能调整，且在线实时检测电网单相接地电容电流的设备很少，因此，消弧线圈在运行中不能根据电容电流的变化及时地进行调节，不能很好地起到补偿作用。计算电容电流和实际电容电流误差较大，对于电缆和架空线混合的出线，单位长度的电容电流也不尽相同，消弧线圈补偿的正确性难以保证。此外，中性点经消弧线圈接地系统仅能降低弧光接地过电压发生的概率，并不能降低弧光接地过电压的幅值，将使系统设备长时间承受过电压作用，对设备绝缘造成威胁。

15．什么是曲折变？

答：电网中变压器配电电压侧一般为△接线，没有可供接地电阻的中性点，人为通过接地变压器来制造一个中性点，并在中性线处引出中性点套管，以加装消弧线圈或接地电阻。接地变压器常采用 Z 型连接方式，也称为曲折变，曲折变典型接线如图 1-18 所示。

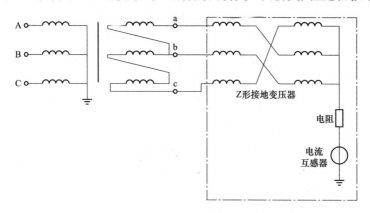

图 1-18　曲折变典型接线图

16．曲折变运行电气接线及其特点是什么？

答：曲折变三相铁芯的每个芯柱上的绕组被平均分成两段，两段绕组极性相反，三相绕组按 Z 型联结法接成星形接线，如图 1-19 所示。其特点如下：

（1）正常运行是空载，短路时过载。

（2）电网发生故障时，只在短时间内通过故障电流，对正序负序电流呈高阻抗，对零序电流呈低阻抗性使接地保护可靠动作。

（3）零序阻抗低。当系统发生单相接地故障时，曲折变绕组对正序、负序都呈现高阻抗，而对零序电流则呈低阻抗，这一零序电流经过曲折变中性点电阻或消弧线圈起到减小电网的接地电流和抑制过电压的发生。

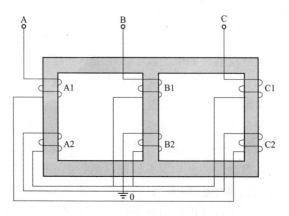

图 1-19　曲折变绕组接线图

17．什么是过电压？过电压分为哪几类？

答：过电压是指超过正常运行电压并可使电力系统绝缘或保护设备损坏的电压升高。

过电压可以分为内部过电压和外部（雷电）过电压两大类。内部过电压可按其产生原因分为操作过电压和暂时过电压（包括谐振过电压和工频过电压）。

18．什么是操作过电压？常见的操作过电压有哪些？

答：因操作引起的暂态电压升高，称为操作过电压。常见的操作过电压有：中性点绝缘电网中的电弧接地过电压，切除电感性负载（空载变压器、消弧线圈、并联电抗器、电动机等）过电压，切除电容性负载（空载长线路、电缆、电容器组等）过电压，空载线路合闸（包括重合闸）过电压及系统解列过电压等。

19．什么是谐振过电压？电力系统中谐振的类型有哪些？常见的谐振过电压有哪些？

答：因系统中电感、电容参数配合不当，在系统进行操作或发生故障时出现的各种持续时间很长的谐振现象及其电压升高，称为谐振过电压。

在不同电压等级、不同结构的系统中可以产生不同类型的谐振过电压。一般可认为电力系统中电容和电阻元件的参数是线性的，而电感元件则不然。因此，随着振荡回路中电感元件的特性不同，谐振将呈现三种不同的类型：线性谐振、铁磁谐振（非线性谐振）、参数谐振。

常见的谐振过电压有：断线谐振过电压、中性点不接地系统中电压互感器饱和过电压、中性点直接接地系统中电压互感器饱和过电压、传递过电压与其超高压系统中出现的工频谐振过电压、高频谐振过电压、分频谐振过电压。

20．什么是工频过电压？产生工频过电压的主要原因有哪些？

答：电力系统中在正常或故障时可能出现幅值超过最大工作相电压、频率为工频或接近工频的电压升高，统称为工频过电压。产生工频过电压的主要原因：空载长线路的电容效应、不对称接地故障的不对称效应、发电机突然甩负荷的甩负荷效应等。

21．雷电过电压分为哪几种？什么是反击？什么是绕击？

答：雷电过电压可以分为三种：直击雷过电压，是雷电直接击中杆塔、避雷线或导线引起的线路过电压；感应雷过电压，是雷击线路附近大地，由于电磁感应在导线上产生的过电压；高电位侵入，是由于架空线路或金属管道遭受直击雷或感应雷而引起的过电压波，沿线路或管道侵入建筑物，称为雷电波侵入或高电位侵入。

按照雷击线路部位的不同，直击雷过电压又分为两种情况：一种是雷击线路杆塔或避雷线时，雷电流通过雷击点阻抗使该点对地电位大大升高，当雷击点与导线之间的电位差超过线路绝缘的冲击放电电压时，会对导线发生闪络，使导线出现过电压，因为杆塔或避雷线的电位（绝对值）高于导线，故通常称为反击；另一种是雷电直接击中导线（无避雷线时）或绕过避雷线（屏蔽失效）击于导线，直接在导线上引起过电压，后者通常称为绕击。

22．什么是绝缘？

答：所谓绝缘，是指使用不导电的物质将带电体隔离或包裹起来，以对触电起保护作用的一种安全措施。良好的绝缘是保证电气设备与线路的安全运行，防止人身触电事故的发生最基本的和最可靠的手段。

23．绝缘可分为哪几类？各有哪些特点？

答：绝缘通常可分为气体绝缘、液体绝缘和固体绝缘三类。

（1）气体绝缘是能使有电位差的电极间保持绝缘的气体。气体绝缘遭破坏后有自恢复能力，它具有电容率稳定，介质损耗极小，不燃、不爆、化学稳定性好，不老化，价格便宜等优点，是极好的绝缘材料。常用的气体绝缘材料有空气、氮气、氢气、二氧化碳和六氟化硫等。

（2）液体绝缘是指用以隔绝不同电位导电体的液体，又称绝缘油。它主要取代气体，填充固体材料内部或极间的空隙，以提高其介电性能，并改进设备的散热能力。例如，在油浸纸绝缘电力电缆中，它不仅显著地提高了绝缘性能，还增强散热作用；在电容器中提高其介电性能，增大每单位体积的储能量；在开关中除绝缘作用外，更主要起灭弧作用。液体绝缘材料按材料来源可分为矿物绝缘油、合成绝缘油和植物油 3 大类。

（3）固体绝缘是用以隔绝不同电位导电体的固体，一般还要求固体绝缘材料兼具支撑作用。与气体绝缘材料、液体绝缘材料相比，固体绝缘材料由于密度较大，因而击穿强度也高得多，这对减少绝缘厚度有重要意义。在实际应用中，固体绝缘仍是最为广泛使用，且最为可靠的一种绝缘物质。固体绝缘材料可以分成无机的和有机的两大类。

24．提高绝缘的主要措施有哪些？

答：提高气体绝缘、液体绝缘和固体绝缘的方法不同，具体如下：

（1）提高气体绝缘的措施主要有：

1）从改善电场方面主要有改进电极形状、利用空间电荷及采用屏障。

2）从限制游离方面主要有采用高气压、采用高真空、采用高电气强度气体。

（2）提高液体绝缘的措施主要有：

1）通过过滤、防潮、脱气、防尘及采用油和固体介质组合如覆盖、绝缘、屏障等，以减小杂质的影响提高并保持绝缘。

2）改进绝缘结构以减小杂质的影响。

（3）提高固体绝缘的措施主要有：

1）改进绝缘设计。

2）改进制造工艺。

3）改善运行条件。

4）对多孔性、纤维性材料经干燥后浸油、浸漆，以防止吸潮，提高局部放电起始电压。

5）加强冷却，提高热击穿电压。

6）调整多层绝缘中各层电介质所承受的电压。

7）改善电场分布，如电极边缘的固体电介质表面涂半导电漆。

25．电气设备有哪些工作状态？其区别是什么？

答：电气设备的工作状态有下面四种：运行状态、热备用状态、冷备用状态、检修状态。

（1）运行状态：设备或电气系统带有电压，其功能有效。母线、线路、开关、变压器、电抗器、电容器及电压互感器等一次电气设备的运行状态，是指从该设备电源至受电端的电路接通并有相应电压（无论是否带有负荷），且控制电源、继电保护及自动装置正常投入。

（2）热备用状态：设备已具备运行条件，经一次合闸操作即可转为运行状态的状态。母线、变压器、电抗器、电容器及线路等电气设备的热备用是指连接该设备的各侧均无安全措施，各侧的开关全部在断开位置，且至少一组开关各侧隔离开关处于合上位置，设备继电保护投入，开关的控制、合闸及信号电源投入。开关的热备用是指其本身在断开位置、各侧隔离开关在合闸位置，设备继电保护及自动装置满足带电要求。

（3）冷备用状态：设备的断路器及隔离开关（接线中有的话）都在断开位置。

（4）检修状态：当设备的所有断路器、隔离开关均断开，并且已验电、装设接地线、悬挂标示牌和装好临时遮栏时，该设备即处在"检修状态"。

26. 如何正确扑灭电气设备着火？

答：扑灭着火的电气设备时应注意：

（1）带电设备应首先断开电源，使用干式灭火器、二氧化碳灭火器进行灭火，不能使用泡沫灭火器。

（2）注油设备外部局部着火，而设备容器并未受到损坏，可应用干式灭火器、二氧化碳灭火器、L211 灭火器。若火势较大，对临近设备有威胁时，应切断该设备的电源。如果设备的容器已受到破坏，向外喷油燃烧，应考虑将油放入事故储油柜，池内和地上的油火应用泡沫灭火器扑灭。

（3）防止注油设备的油流入电缆沟内，电缆沟的油火只能用泡沫、土沙等物覆盖堵塞，严禁用水喷射防止火势扩散。

（4）灭火时注意与带电设备保持安全距离，正确使用灭火器材，在电缆沟内灭火时，应戴防毒面具并使用绝缘手套。

27. 设备不停电时的安全距离有什么要求？

答：设备不停电时的安全距离要求见表 1-3。

表 1-3   设备不停电时的安全距离要求

电压等级（kV）	安全距离（m）
10 及以下	0.7
20、35	1.0
66、110	1.5
220	3.0
330	4.0
500	5.0
750	7.2
1000	8.7
±50 及以下	1.5

续表

电压等级（kV）	安全距离（m）
±500	6.0
±660	8.4
±800	9.3

注　1．表中未列电压等级按高一挡电压等级安全距离。

　　2．13.8kV 执行 10kV 的安全距离。

　　3．750kV 数据按海拔 2000m 校正，其他等级数据按海拔 1000m 校正。

28．工作中与设备带电部分的安全距离有什么要求？

答：工作中与设备带电部分的安全距离要求见表 1-4。

表 1-4　　　　　　　　　工作中与设备带电部分的安全距离要求

电压等级（kV）	安全距离（m）
10 及以下	0.35
20、35	0.6
66、110	1.5
220	3.0
330	4.0
500	5.0
750	8.0
1000	9.5
±50 及以下	1.5
±500	6.8
±660	9.0
±800	10.1

注　1．表中未列电压等级按高一挡电压等级安全距离。

　　2．13.8kV 执行 10kV 的安全距离。

　　3．750kV 数据按海拔 2000m 校正，其他等级数据按海拔 1000m 校正。

29．什么是安全色？

答：安全色是通过安全标示的不同颜色告诫人们执行相应的安全要求，以防事故的发生。红色：传递禁止、停止、危险或提示消防防备、设施的信息；蓝色：传递必须遵守规定的指令性信息；黄色：传递注意、警告的信息；绿色：传递安全的提示性信息。

第二章 配电网主要设备

第一节 一 次 设 备

1．什么是配电网一次设备？

答：配电网一次设备是指用来接受、输送和分配电能的电气设备，包括生产和变换电能的设备、接通或断开电路的开关电器、限制故障电流和防御过电压的电器、接地装置及载流导体。

2．常见的电力一次设备有哪些？

答：常见的一次设备主要分为六类：

（1）生产、变换电能的设备，如发电机、变压器、换流阀等。

（2）开关电器，如断路器、隔离开关、负荷开关、接触器、刀闸开关等。它们的作用是在正常运行时控制电路投退或隔离电源，在发生故障时断开电路，以满足操作和生产运行的要求。

（3）限制故障电流和过电压的设备，如限制短路电流的电抗器及限制过电压的避雷器等。

（4）接地装置。无论是电力系统中性点的工作接地或是各种安全保护接地，均采用金属接地体埋入地中并连接成接地网，组成接地装置。

（5）载流导体，如母线、电力电缆等。它们按设计要求，将有关电气设备连接起来。

（6）用电设备，如电动机、电热器、电力电子设备、照明设备等。

3．什么是开闭所（开关站）？它的组成和特点是什么？

答：开闭所是为便于分配同一电压等级的电力而在线路中间设置的配电设施，也称开关站。开闭所是由断路器、隔离开关、电流互感器、电压互感器、母线、相应的控制保护和自动装置以及辅助设施组成，同时也可安装必要的补偿装置，如图2-1所示。

母线的接线方式一般是单母线分段，多采用两进多出（常用4-6出线，视实际情况），它与电缆线路配合实现区域性的电力分配，在城区配网中得到广泛应用。

图 2-1 开闭所（开关站）

4．什么是配电开关站？其作用是什么？

答：配电开关站是指在中压配电网中，设有母线及其进出线设备，以相同电压等级接受并分配电力，能开断电流的配电设备。

配电开关站设有中压配电进出线、对功率进行再分配的配电装置。配电开关站相当于变电站母线的延伸，能够加强电网联络，可用于解决变电站进出线间隔有限或进出线走廊受限的问题，并在区域中起到电源支撑的作用，提高配电网供电的可靠性。

5．什么是配电室？其分类有哪些？

答：配电室是为低压用户配送电能，设有中压进线（可有少量出线）、配电变压器和低压配电装置，带有低压负荷的户内配电场所。10kV 及以下电压等级设备的设施，分为高压配电室和低压配电室。高压配电室一般指 6～10kV 高压开关室；低压配电室一般指10kV 或 35kV 站用变出线的 400V 配电室。配电室是最后一级变压场所，如图 2-2 所示。

图 2-2　配电室

6．按导线类型划分，配电网的构成形式分为哪几种？

答：按导线类型来分，配电网的构成形式可以分为以下 3 种：

（1）架空网，由纯架空线路架设组成。

（2）电缆网，由纯电缆线路架设组成。

（3）架空与电缆混合网，由部分架空线路和部分电缆线路混合架设组成。

7．什么是架空线路？架空线路由哪些部件组成？

答：架空线路主要指架空线架设在地面之上，用绝缘子将导线固定在直立于地面的杆塔上以传输电能的线路。架空线路一般由导线和避雷线（架空地线）、杆塔、横担、绝缘子、金具、杆塔基础、拉线和接地装置等组成。

8．架空线路的特点和要求是什么？

答：架空线路的特点是无绝缘、裸露的金属导体（根据需要，可更换为具有绝缘护层的绝缘架空导线）在空中架设，以绝缘子串固定在电杆或铁塔上，以空气为绝缘。为了有效利用架空走廊，多采用同杆架设的方式，有双回、四回同杆架设，也有 10kV 与 380V 上下排同杆架设。按照在网架的位置，架空线路可分为主干线路和分支线路，在主干线路中间可以直接 T 接形成大分支线路（通常称为分线），在分支线路中间可以直接 T 接形成小分支线路（通常称为支线）。主干线路的导线截面一般为 150～240mm^2，分支线截面一般不小于 70mm^2。主干线和较大的分支线应装设分段开关。

架空线路的要求有：

（1）架空线路应广泛采用钢芯铝绞线或铝绞线。从导线机械强度方面考虑，敷设在绝缘子上的裸导体铝导体截面不小于 16mm^2，铜导体不小于 10mm^2。

（2）导线截面应满足最大负荷时的需要。

（3）截面的选择还应满足电压损失不大于额定电压的 5%（高压架空线）或 2%～3%（对视觉要求较高的照明线路），并应满足一定的机械强度。

9. 架空线路的优点和缺点分别是什么？

答： 架空线路的主要优点是：

（1）结构简单，架设方便，投资少。

（2）施工周期短。

（3）成本低，容易维护与检修，便于查找故障。

架空线路的主要缺点是：

（1）安全可靠性比电缆线路低，容易受自然灾害（风、雨、雪、盐、树、鸟等）和人为因素（外力撞杆、风筝、抛物）等外部环境影响。

（2）占用空间走廊，影响美观。

10. 什么是杆塔？杆塔可以分为哪几种？

答： 杆塔是支撑架空线路导线，并使导线与导线之间，导线与杆塔之间，以及导线对大地和交叉跨越物之间有足够的安全距离的构筑物。

按照杆塔的材质进行分类，杆塔主要分为钢筋混凝土杆、木杆、钢管杆和铁塔。按照杆塔的用途进行分类，杆塔主要分为直线杆、耐张杆、转角杆、终端杆、分支杆和跨越杆等。

11. 不同类型杆塔的适用范围都有哪些？

答： 按照杆塔的用途，不同类型的杆塔的适用范围如下：

（1）直线杆，用在线路的直线段上耐张段的中间，以支持导线、绝缘子、金属等重量，并能够承接导线的重量和水平风力荷载，但不能承受线路方向的导线张力；它的导线用线夹和悬式绝缘子串挂在横担下或用针式绝缘子固定在横担上，如图 2-3 所示。

（2）耐张杆，也叫承力杆塔，用于线路的分段承力处。主要承受导线或架空线地线的水平张力，同时将线路分隔成若干耐张段（耐张段长度一般不超过 2km），以便于线路的施工和检修，并可在事故情况下限制倒杆断线的范围；导线用耐张线夹和耐张绝缘子串或用蝶式绝缘子固定在电感上，电杆两边的导线用引流线连接起来，如图 2-4 所示。

（3）转角杆，在线路方向需要改变的转角处，正常情况下除承受导线等垂直载荷和内角平分线方向的水平风力荷载外，还要承受内角平分线方向导线全部拉力的合力，在事故情况下还要能承受线路方向导线的重量，它有直角型和耐张型两种型式，具体采用哪种型式可根据转角的大小来确定，图 2-5 所示的架空线路就是转角杆。

（4）终端杆，用在线路首末的两终端处，是耐张杆的一种，正常情况下除承受导线的重量和水平风力荷载外，还要承受顺线路方向导线全部拉力的合力，如图 2-6 所示。

（5）分支杆，用在分支线路与配电线路的连接处，在主干线方向上它可以是直线型或耐张型杆，在分支线方向上时是终端杆；分支杆除承受直线杆塔所承受的载荷外，还要承受分支导线等垂直荷重、水平风力荷重和分支方向导线的全部拉力，如图 2-7 所示。

（6）跨越杆，用在跨越公路、铁路、河流和其他电力线等大跨越的地方，为保证导线必要的悬挂高度，一般要加高电杆。为加强线路安全，保证足够的强度，还需加装拉线，如图 2-8 所示。

图 2-3　直线杆

图 2-4　耐张杆

图 2-5　转角杆

图 2-6　终端杆

图 2-7　分支杆

图 2-8　跨越杆

12．什么是杆塔的基础？杆塔基础的作用是什么？杆塔基础都包括哪些？

答：将杆塔固定在地下部分的装置和杆塔自身埋入土壤中起固定作用部分的整体统称为杆塔的基础。杆塔的基础起着支撑塔杆全部荷载的作用，并保证杆塔在受外力作用时不发生倾倒或变形。杆塔基础包括电杆基础和铁塔基础。

13．什么是导线？配电线路的导线都包括哪些？

答：导线指的是用作电线、电缆的材料，一般由铜或铝制成，是用以传导电流、输送电能，通过绝缘子串长期悬挂在杆塔上。配电线路的导线包括裸导线和绝缘导线，分别如图 2-9 和图 2-10 所示。裸导线是指仅有导体而无绝缘层的产品，其中包括铜、铝等各种金属和复合金属圆单线，各种结构的架空输电线用的绞线、软接线、型线和型材。绝缘导线是指在导线外围均匀而密封地包裹一层不导电的材料，如：树脂、塑料、硅橡胶、PVC 等，形成绝缘层，防止导电体与外界接触造成漏电、短路、触电等事故发生。

图 2-9　裸导线

图 2-10　绝缘导线

14．什么是横担？根据材质的不同，横担可以分为哪些类？

答：横担是杆塔中重要的组成部分，是电线杆顶部横向固定的角铁，上面有瓷瓶，用来安装绝缘子及金具，以支撑导线、避雷线，并使之按规定保持一定的安全距离，因此，横担要有一定的强度和长度。

横担按用途可分为：直线横担；转角横担；耐张横担。按材料可分为：铁横担、木横担、陶瓷横担、绝缘横担四种。

15．什么是金具？按照性能和用途，金具可以分为哪些类？

答：在架空配电线路中，用于连接、紧固导线的金属器具，具备导电、承载、固定的金属构件，统称为金具。

按照性能和用途，金具可分为悬吊金具、耐张金具、接触金具、连接金具、接续金具、拉线金具和防护金具等，如图 2-11～图 2-16 所示。

图 2-11　悬吊金具（悬垂线夹）

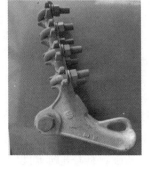

图 2-12　耐张金具（耐张线夹）

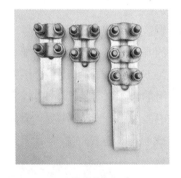

图 2-13　接触金具（设备线夹）

图 2-14　连接金具（U 形挂环）

图 2-15　接续金具（导线压接管）

图 2-16　拉线金具（UT 线夹）

16．什么是绝缘子？常见的都有哪几种绝缘子？对于绝缘子的要求有哪些？

答：绝缘子是指安装在不同电位的导体或导体与接地构件之间的能够耐受电压和机械应力作用的器件。不同类型绝缘子的结构和外形虽有较大差别，但都是由绝缘件和连接金具两大部分组成。按安装方式不同，可分为悬式绝缘子和支柱绝缘子；按使用的绝缘材料不同，分为瓷绝缘子、玻璃绝缘子和复合绝缘子（也称合成绝缘子）；按电压等级不同，可分为低压绝缘子和高压绝缘子；按使用的环境条件不同，由于绝缘子的主要作用是提升电力设备工作中的安全性和爬电距离，因此，对于绝缘子的要求主要是有良好的绝缘性能，能够耐腐蚀、耐污秽，高密度且具有良好的防雷能力。常用的绝缘子如图 2-17 和图 2-18 所示。

图 2-17 悬式绝缘子（玻璃绝缘子）

图 2-18 柱式绝缘子（瓷绝缘子）

17．什么是拉线？其作用是什么？

答：拉线是承受张力的钢索或杆，连接杆塔上一点与地锚或连接杆塔上两点起到平衡和支撑作用。拉线用来平衡作用于杆塔的横向荷载和导线张力、可减少杆塔材料的消耗量，降低线路造价。一方面提高杆塔的强度，承担外部荷载对杆塔的作用力，以减少杆塔的材料消耗量，降低线路造价；另一方面，连同拉线棒和托线盘，一起将杆塔固定在地面上，以保证杆塔不发生倾斜和倒塌。

18．简述架空线路拉线的分类及用途。

答：拉线的作用是为平衡导线、避雷线的张力，保证杆塔的稳定性，一般用于终端杆、转角杆、跨越杆。为了增加直线电杆的稳定性，预防电杆受侧向力，直线电杆应视情况加装拉线，例如，受强大风力荷载的破坏或立在土质松软地区时。

拉线可分为普通拉线、人字拉线、十字拉线、水平拉线、共同拉线、V（Y）形拉线、弓形拉线。各类拉线的应用范围如下：

（1）普通拉线。应用在终端杆、转角杆、分支杆和耐张杆等处，主要作用是用来平衡固定性的不平衡荷载。

（2）人字拉线。由两条普通拉线组成，装设于垂直线路方向两侧，用来加强电杆防风抗倾倒能力，多用于直线杆。

（3）十字拉线。一般用于耐张杆，装设在顺线路和横线路方向，用来加强耐张杆的稳定性。

（4）水平拉线。又称高桩拉线、拉桩，电杆附近有交通道路，不宜装设斜拉线时，可安装跨道路的水平拉线。

（5）V 形拉线。在电杆较高、横担层数较多、架设多条导线之处，可在单电杆受力点上下两处装设 V 形拉线。

（6）弓形拉线。受周围地形、建筑物的限制，且受力不大的电杆，若不能装设斜拉线，可装设弓形拉线。

19．配电网的防雷设备主要有哪些？各种防雷设备都有哪些应用场景？

答：配电网的防雷设备主要包括避雷针、避雷线（架空地线）、线路避雷器，以及其他措施等。配电网防雷措施是综合考虑防雷效果及方案经济性的前提下制定的。常见的防雷措施及适用场景见表2-1。

表2-1　　　　　　　　　　　　　配电网防雷措施及适用场景

防雷措施	架空地线	线路避雷器	
		无间隙避雷器	带间隙避雷器
保护原理	通过耦合降低导线感应过电压水平	抑制绝缘子两端雷电过电压，避免雷击闪络和断线	
技术特点	对直击雷过电压抑制作用有限，宜配合采用降阻和加强绝缘措施	电阻片长期承受运行电压易老化，需定期检测	电阻片长期承受电压很低，基本免维护
综合效果	一定程度上降低雷击闪络和断线的概率	安装相可避免线路雷击闪络和断线，但可能增大未安装相及相邻未安装塔的雷击闪络率，合理配置避雷器或配合降阻可减小影响	
安装要求	高，需校核杆塔强度和塔头的距离	一般，安装较简单	较高，需控制好外串联间隙的距离
经济成本	高，需配合采取降低接地电阻措施	一般	较高

20．什么是避雷器？其作用是什么？常见的避雷器都有哪些？

答：避雷器是用于保护电气设备免受高瞬态过电压危害并限制续流时间也常限制续流幅值的一种保护设备。避雷器连接在导线和地之间，通常与被保护设备并联。避雷器可以有效地保护电力设备，一旦出现不正常电压，避雷器产生作用，起到保护作用，当电压值正常后，避雷器又迅速恢复原状，以保证系统正常供电。避雷器不仅可用来防护大气高电压，也可用来防护操作高电压。常见的避雷器有氧化锌避雷器、金阀型避雷器、管型避雷器等几种类型，目前常用的是氧化锌避雷器。10kV避雷器按结构主要分为带跌落带自动化脱离型、非跌落带自动脱离型、非跌落非自动脱离型三种。

21．什么是电缆线路？电缆线路由哪些部件组成？

答：电缆线路是指由电缆、附件、附属设备及附属设施所组成的整个系统。电缆线路包括电力电缆本体、电缆终端头、电缆中间头、电缆通道（电缆沟、电缆管道、电缆隧道、电缆槽盒、工井、盖板等）

22．电缆都由哪些部件组成？电缆线路的特点和要求是什么？

答：电缆主要由线芯（导体）、绝缘层、屏蔽层和保护层四部分组成。电缆线路主要是指沿地下走廊敷设，无须杆塔支撑，但需要电缆沟（管道）等设施支持的配电线路。电缆线路一般为多台开关（开闭所、环网柜等）设置，线路中间不可以随意T接，要通过电缆分接箱或开闭所等设备才可以形成分支线路。由于电缆主要处于地下的复杂环境，故对电缆本体运行可靠性有较高的要求，有可靠的绝缘和防护。10kV三芯交联聚乙烯电缆结构如图 2-19 所示。

图 2-19　10kV 三芯交联聚乙烯电缆结构

1—导体；2—导体半导电屏蔽层；3—主绝缘；4—绝缘半导电屏蔽层；5—金属屏蔽层（铜）；

6—填料；7—包扎带；8—内护套；9—钢甲铠装；10—外护套

23. 电缆接头一般都有哪些方式？

答： 按照用途和使用场所不同，电缆接头可分为电缆户外终端、电缆户内终端（敞开式，如与室内变压器连接）、设备终端（封闭式，如肘型终端）和电缆中间头。按照材质和工艺的不同，电缆接头可分为热缩式、冷缩式、预制式、绕包式、浇注式。

24. 电缆可以分为哪几种类型？

答： 按安装电缆芯线分类，电缆分为单芯电缆和多芯电缆；按电缆的绝缘工艺不同分类，电缆分为挤包绝缘电缆和油纸绝缘电缆，分别如图 2-20 和图 2-21 所示。

图 2-20　挤包绝缘电缆

图 2-21　油纸绝缘电缆

25. 与架空线路相比，电缆线路的优点和缺点分别有哪些？

答： 电缆线路的主要优点有：

（1）安全可靠，运行过程中受自然气象条件和周围环境影响较小，不存在架空线路常见的断线倒杆和因导线摆动所造成的短路和接地事故。

（2）寿命长，维护工作量小。

（3）不需要在路面架设杆塔和导线，使市容更美观，对外界环境的影响小、不影响人身安全，也不容易暴露。

（4）同一通道可以容纳多根电缆（供电能力强）。

（5）维护工作量小，无须频繁地巡视检查。

（6）电力电缆的充电功率为容性功率，有利于提高功率因数。

主要缺点有：

（1）建设成本高，施工周期长，一次性投资费用高。

（2）电缆发生故障时故障点查找困难，修复难度较大，导致复电时间较长。

（3）敷设后电缆线路不易变动与分支。

26．什么是电缆分接箱？其特点是什么？

答： 电缆分接箱主要由电缆和电缆附件构成的电缆连接设备，用于配电系统中电缆线路的汇集和分接，完成电能的分配和配送，电缆分接箱主要用于城市电网供电末端，多数用于户外。

电缆分接箱的特点是：电缆分接箱一般不含开关设备，箱体内仅有对电缆端头进行处理和连接的附件，不能对其进行相关操作以切断和隔离分支线路，它不具备控制、测量和保护等二次功能，其结构比较简单，体积较小，功能较单一。

27．什么是熔断器？其原理是什么？

答： 熔断器是当电流超过规定值并经一定时间后，以它本身产生的热量使一个或几个特殊设计的熔体熔断，从而分断电路的一种开关电器。熔断器是一种简单的电路保护电器，其原理是当流经熔断器的电流达到或超过定值一定时间后，熔体熔化，切断电路。其动作原理简单，安装方便，一般不单独使用，主要用来配合其他电器使用。

28．什么是跌落式熔断器？其特点是什么？

答： 跌落式熔断器是指当电流超过规定值时，以本身产生的热量使熔体熔断跌落，断开电路的一种电气设备，如图 2-22 所示。跌落式熔断器是 10kV 配电线路分支线和配电变压器最常用的一种短路保护设备。

跌落式熔断器的特点是：跌落式熔断器具有简单、经济、操作方便、适应户外环境性强等特点，被广泛应用于 10kV 配电线路和配电变压器一次侧，进行设备投、切操作及起保护作用。跌落式熔断器取下后，能为设备检修提供一个明显的断开点。

图 2-22　跌落式熔断器

29．什么是开关类设备？

答：开关类设备是一类可以使电路开路、使电流中断或使其流到其他电路的电气设备，按照安装环境分类，开关内设备分为户内型和户外型，分别如图 2-23 和图 2-24 所示。

图 2-23　户内负荷开关

图 2-24　户外真空断路器

30．10kV 户外柱上开关主要包括什么？

答：10kV 户外柱上开关主要包括 10kV 柱上断路器和柱上负荷开关，如图 2-25 和图 2-26 所示。柱上开关常用作 10kV 架空线路的主干线、支线的分段开关，用以缩小停电检修的范围。

图 2-25　柱上断路器

图 2-26　柱上负荷开关

31．什么是断路器？其作用是什么？

答：断路器是指能够关合、承载和开断正常回路条件下的电流，并能关合、在规定时间内承载和开断异常回路条件（包括短路条件）下的电流的开关装置。断路器是一次电力系统中控制和保护电路的关键设备。

断路器的作用主要有两个方面：

（1）控制作用，既可以手动关合和开断配电线路，也可以通过其他动力进行关合电路。

（2）保护作用，当配电线路过载或短路时，可以通过继电保护装置的动作自动化断开故障部分，以保证系统中无故障部分的正常运行。

32. 断路器的技术参数有哪些？分别有什么含义？

答：断路器的技术参数主要有额定电压、额定电流、额定（短路）开断电流、额定峰值耐受（动稳定）电流、额定短时耐受（热稳定）电流、额定短路关合电流、分闸时间、开断时间、合闸时间、金属短接时间、分（合）闸不同期时间、额定充气压力、相对漏气率和无电流间隔时间等 14 个。

（1）额定电压（kV），指断路器正常工作时，系统的额定（线）电压。这是断路器的标称电压，断路器应能保持在这一电压的电力系统中使用，最高工作电压可超过额定电压 15%。

（2）额定电流（kA），指断路器在规定使用和性能条件下可以长期通过的最大电流（有效值）。当额定电流长期通过高压断路器时，其发热温度不应超过国家标准中规定的数值。

（3）额定（短路）开断电流（kA），指在额定电压下，断路器能可靠切断的最大短路电流周期分量有效值，该值表示断路器的断路能力。

（4）额定峰值耐受（动稳定）电流（kA），指在规定的使用和性能条件下，断路器在合闸位置时所能承受的额定短时耐受电流第一个半波达到电流峰值。它反映设备受短路电流引起的电动效应能力。

（5）额定短时耐受（热稳定）电流（kA），指在规定的使用和性能条件下，在额定短路持续时间内，断路器在合闸位置时所能承载的电流有效值。它反应设备经受短路电流引起的热效应能力。

（6）额定短路关合电流（kA），指在规定的使用和性能条件下，断路器保证正常关合的最大预期峰值电流。

（7）分闸时间（ms），断路器分闸时间是指从接到分闸指令开始到所有极弧触头都分离瞬间的时间间隔。在以前的有关标准中，分闸时间又称为固分时间。

（8）开断时间（ms），指断路器从分闸线圈通电（发布分闸命令）起至三相电弧完全熄灭为止的时间。开断时间为分闸时间和电弧燃烧时间（燃弧时间）之和。

（9）合闸时间（ms），合闸时间是指从合闸命令开始到最后一极弧触头接触瞬间的时间间隔。在以前的有关标准中，合闸时间又称为固合时间。

（10）金属短接时间（ms），指断路器在合闸操作时从动、静触头刚接触到刚分离时的一段时间。这个时间如果太长，则当重合于永久故障时持续时间长，对电网稳定不利；如果太短，会影响断路器灭弧室断口间的介质恢复，而导致不能可靠地开断。

（11）分（合）闸不同期时间（ms），指断路器各相间或同相各断口间分（合）的最大差异时间。

（12）额定充气压力（表压，MPa），指标准大气压下设备运行前或补气时要求充入气体的压力。

（13）相对漏气率（简称漏气率），指设备（隔室）在额定充气压力下，在一定时间间隔内测定的漏气量与总气量之比，以年漏百分率表示。

（14）无电流间隔时间（ms），指由断路器各相中的电弧完全熄灭到任意相再次通过电流为止的所用时间。

33．按照灭弧介质的不同，一般都有哪些类型的断路器？

答：按照灭弧介质的不同，通常断路器可分为油断路器、压缩空气断路器、SF_6 断路器、真空断路器和 GIS 全封闭组合电器。

34．什么是负荷开关？其作用是什么？

答：负荷开关是指用来关合和开断额定短路电流或规定过载电流的开关设备。负荷开关以电路的接通和开断为目的，具有短路电流关合功能、短时短路电流耐受能力和负荷电流开断功能。

35．什么是隔离开关（刀闸）？其特点是什么？

答：隔离开关（刀闸），是指在分闸位置时触头间有符合规定要求的绝缘距离和明显的断开标示，在合位置时，能承载正常回路条件下的电流及在规定时间内异常条件（例如短路）下的电流的开关设备，如图 2-27 所示。隔离开关的工作原理及结构比较简单，维护方便，在配电网中得到大量应用。

隔离开关的特点是：隔离开关一般配合柱上断路器、柱上负荷开关以及跌落式熔断器使用，在电气设备检修时，隔离开关可以提供一个电气间隔，有一个明显可见的断开点，用以保障维护人员的人身安全。隔离开关不能开断负荷电流及故障电流。

图 2-27　柱上隔离开关

36．什么是重合器？其作用是什么？

答：重合器是一款具有断路器功能的智能化成套设备，满足实现就地保护功能的馈线自动化应用，如图 2-28 所示。重合器在开断性能上与断路器相类似，但具有多次重合闸功能。

图 2-28　重合器

37．重合器和断路器在功能上的区别在哪里？

答：重合器开关本体和断路器完全相同，区别在于控制器的功能上，断路器的控制功能简单，仅具备控制和保护功能，其他功能靠馈线终端装置实现。而重合器的控制器除具备断路器控制器的所有功能外，还具有三次以上的重合闸、多种特性曲线、相位判断、运行程序储存、程序恢复、自主判断、与自动化系统的连接等功能。

38．重合器分为哪几类？

答：重合器分为电流型重合器和电压型重合器。电流型重合器是检测到短路故障电流后跳闸，再自动重合的重合器；电压型重合器是检测到线路失压后即跳闸、来电后延时重合的重合器。

39．什么是接地开关？其作用是什么？

答：接地开关俗称地刀，是指释放被检修设备和回路的静电以及为保证停电检修时检修人员人身安全的一种机械接地装置。它可以在异常情况下（如短路）耐受一定时间的电流，但在正常情况下不通过负荷电流。

40．什么是接触器？其作用是什么？

答：接触器是用来远距离接通或断开电路中负荷电流的低压开关，广泛用于频繁启动及控制电动机的电路，如图 2-29 所示，主要控制对象是电动机、照明、电容器组等。

图 2-29　接触器

41．什么是分段器？其作用是什么？

答：分段器实质上是一种带智能装置的负荷开关，具有负荷开关的开断、关合等性能，与重合器或断路器配合实现馈线自动化功能。

42．什么是环网柜？其作用是什么？一般都分为哪几类？

答：环网柜从本质上来说就是采用负荷开关柜、负荷开关—熔断器组合电器柜或断路器柜组成的交流金属封闭开关设备，如图 2-30 所示。由于较多应用于 10kV 及以下电缆线路环网供电，因此称之为环网柜。环网柜的作用是联系环网线路、用户分支割接，以提高线路供电可靠性，主要由进线柜、电压互感器柜、出线柜、变压器出线柜等组成。根据采用开关的不同，可分为负荷环网柜、断路器环网柜、负荷开关—熔断器环网柜等；根据灭弧介质的不同，分为真空环网柜和 SF_6 环网柜；根据使用位置的不同，可分为进线环网柜、出线环网柜和联络环网柜。

图 2-30　环网柜

43．什么是电容器？其作用是什么？

答：电容器是指金属板之间存在绝缘介质的电路元件，可以通过两导体之间的电场来储存能量。电容器的基本作用就是充电和放电，广泛应用于隔直、耦合、旁路、滤波、调谐回路、能量转换、控制电路等方面。

44．什么是开关柜？其作用是什么？

答：开关柜是一种成套开关设备和控制设备，是将断路器、负荷开关、高压熔断器、隔离开关、互感器、套管、母线等电气元件，按接线要求以一定顺序成套布置在金属柜内的配电装置。柜内还可装设控制、测量、保护和调节装置，主要用于配电系统接受和分配电能，并能保护电源和计量用电量。开关柜分为高压开关柜和低压开关柜，开关柜及配电柜其实都是一种统称，没有什么具体的区别，真正要区分的是应用于各种功能的柜子，比如进线柜、出线柜、电容补偿柜、计量柜、PT 柜、联络柜等。

45．什么是低压开关柜？其作用是什么？

答：低压成套开关设备和控制设备俗称低压开关柜，也叫低压配电柜，它是指交、直流电压在 1000V 以下的成套电气装置，是将低压电能按需分配的装置。其作用是控制、保护用电设备，补偿线路无功损耗，对电能进行计量和分配。

46．什么是 PT 柜？其作用是什么？

答： PT 柜即电压互感器柜，一般是直接装设到母线上，以检测母线电压和实现保护功能。PT 柜内部主要安装电压互感器、隔离开关、熔断器和避雷器等，中、低压适用的 PT 柜如图 2-31 和图 2-32 所示。

PT 柜的作用主要有：

（1）提供测量用电压，提供测量表计用的电压、保护用的电压；

（2）提供计量用电压，为功率表提供用的电压；

（3）可提供相关设备的操作和控制电源（电源 PT）；

（4）继电保护装置的需要，为综保装置提供电压回路，如母线绝缘、过压、欠压、备自投条件等。

图 2-31　中压 PT 柜　　　　　　　　图 2-32　低压 PT 柜

47．什么是站用变压器？

答： 站用变压器是指为辅助设备供电的降压变压器，干式变压器和油浸式变压器如图 2-33 和图 2-34 所示。

图 2-33　站用干式变压器　　　　　　图 2-34　站用油浸式变压器

48．配电开关设备的机构由哪几种机构组成？

答： 配电开关设备的机构主要由操动机构、锁扣机构、脱扣动力装置和自由脱扣机构等组成。操动机构是开关设备合分闸的原动力，被称为配电开关设备的神经中枢。

49．配电开关设备有哪几种常用的操动机构？其原理分别是什么？

答： 目前在配电开关设备领域使用较多的操作机构是电磁操动机构、弹簧操动机构，近年来永磁操动机构也得到了更多的关注和应用，常见的配电开关设备的操动机构如图 2-35 所示。

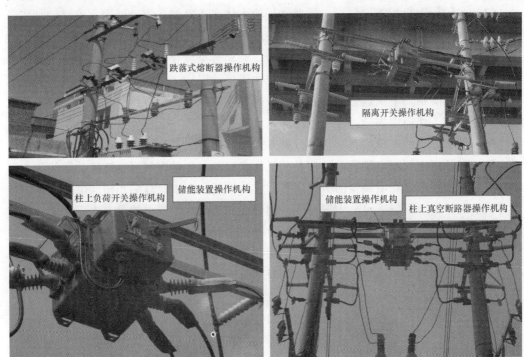

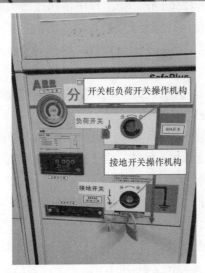

图 2-35 配电各类开关设备的操动机构

（1）电磁操动机构的工作原理有两种：①依靠合闸电流流过合闸线圈产生的电磁吸力来驱动合闸，同时压紧弹簧跳闸，依靠跳闸弹簧实现分闸；②依靠电磁线圈流过控制电流合闸，失去控制电流即分闸。

（2）弹簧操动机构是一种以弹簧作为储能元件的机械式操作机构，其原理是利用被压缩或拉长的弹簧释放弹性势能所产生的拉力，使开关合闸、分闸。弹簧操动机构动作大致可分为弹簧储能、维持储能、合闸与分闸 4 个部分，弹簧储能通过储能电机压紧弹簧储能，合闸与分闸依靠弹簧来提供能量。

（3）永磁操动机构的原理同电磁操动机构大体有点类似，主动轴为永磁材料制成，永磁体周围有电磁线圈。正常情况下电磁线圈不带电，当开关要分闸或合闸时，通过改变线圈的极性，利用磁力相吸或排斥的原理，驱动分闸或合闸。永磁操动主要可以分为两个类型，即单稳态永磁操动机构和双稳态永磁操动机构。单稳态永磁操动机构的原理为在储能弹簧的帮助下快速分闸，并保持分闸位置，只有合闸保持靠永磁力；双稳态永磁操动机构的工作原理为分、合闸保持都靠永磁力。

50．什么是母线？母线有哪几种分类方式？

答： 在各级电压配电装置中，将发动机、变压器与各种电气设备连接的导线称为母线。母线是各级电压配电装置的中间环节，它的作用是汇集、分配和传送电能。

按使用材料分，母线可分为铜母线、铝母线和钢母线。铜母线具有电阻率低、机械强度高、抗腐蚀性强等特点，是很好的导电材料。但铜储藏量少，在国防工业上应用很广，因此，在电力工业中尽量以铝代铜，除技术上要求必须应用铜母线外，一般采用铝母线。铝母线储量多价格便宜。钢母线电阻率比铜大 7 倍多，机械强度高且价格低廉，仅适用于高压小容量电路。

按截面形状分，主要分为矩形、槽形和管形母线三种。

矩形母线：散热条件好，便于固定和连接，集肤效应较大；为避免集肤效应过大，单条母线的截面最大不超过 $1250mm^2$。当工作电流超过最大截面单条母线允许电流时，可用 2～4 条矩形母线并列使用。但由于集肤效应的影响，多条母线并列的允许载流量并不成比例增加，故一般避免采用 4 条矩形母线。矩形导体一般只用于 35kV 及以下，电流在 4000A 及以下的配电线路中。

槽形母线：槽形母线机械强度较好，载流量较大，集肤效应系数也较小。槽形母线一般用于 4000～8000A 的配电装置中。

管形母线：管形母线集肤效应系数小，机械强度高，管内可以通水和通风，因此，可用于 8000A 以上的大电流母线。另外，由于圆管形表面光滑，电晕放电电压高，可用作 110kV 及以上电力装置母线。

51．什么是配电变压器？变压器主要由哪些部分组成？

答： 配电变压器是指电系统中根据电磁感应定律变换交流电压和电流而传输交流电能的一种静止电器。配电变压器通常装在电杆上或配电所中，一般能将电压从 6～10kV 降至 380V 左右输入到用户，如图 2-36 所示。

图 2-36 配电变压器

52．配电变压器的原理和作用分别是什么？

答：配电变压器是一种静止的电气设备，是用来将某一数值的交流电压（电流）变成频率相同的另一种或几种数值不同的电压（电流）的设备。当一次绕组通以交流电时，就产生交变的磁通，交变的磁通通过铁芯导磁作用，就在二次绕组中感应出交流电动势。二次感应电动势的高低与一、二次绕组匝数的多少有关，即电压大小与匝数成正比。

配电变压器的主要作用是传输电能，因此，额定容量是它的主要参数。额定容量是一个表现功率的惯用值，它是表征传输电能的大小，以 kVA 或 MVA 表示，当对变压器施加额定电压时，根据它来确定在规定条件下不超过温升限值的额定电流。

53．配电变压器的主要技术参数有哪些？

答：配电变压器的主要技术参数包括：相数、额定频率、额定容量、额定电压、额定电流、阻抗电压、负载损耗、空载电流、空载损耗和连接组别。

54．常见的配电变压器有哪些分类方式？

答：根据用户性质、绝缘介质、铁芯材料、结构型式等不同，配电变压器常用的分类方法见表 2-2。

表 2-2　　　　　　　　　　配电变压器常用的分类方法

分类方法	名称	特　　点
按用户性质分	公用配电变压器	主要供给公用事业、商业和居民生活用电的配电变压器。特点是分散安装在各处，数量多；容量的大小不一，主要有 80、100、250、315、400、630 等规格（单位均为 kVA）
	专用配电变压器	指供给工矿企业、重要事业单位的配电变压器。特点是分布在各企事业单位处，与公用变压器相比数量少，但单台容量一般较大
按绝缘介质分	油浸式变压器	将变压器铁芯浸泡在变压器油中，以油作为冷却和绝缘介质。优点是造价低，制造工艺简单，缺点是容易漏油，不利于消防
	干式变压器	将变压器铁芯浇铸在环氧树脂中，以环氧树脂作为绝缘介质。优点是无油化，使用安全，缺点是造价高

续表

分类方法	名称	特点
按铁芯材料分	普通型变压器	以硅钢材料为铁芯
	非晶合金变压器	以非晶合金材料为铁芯
结构型式分	单相变压器	用于单相负荷和三相变压器组
	三相变压器	用于三相系统的升、降电压

55. 什么是高过载配电变压器？高过载变压器的主要适用范围是什么？

答： 高过载配电变压器，就是为解决用电负荷短时急剧增长而研发的一种配电变压器，如图 2-37 所示。高过载变压器能够耐受短时过载负荷，特点主要是：针对区域内年平均负载率低、在度夏等用电高峰期负荷短时增长的这种特殊适用状况，在保证基本用电容量的前提下，既满足小负荷长期用电的需求，又兼顾过负荷短期用电的需求。

56. 什么是有载调压变压器？它的适用范围有哪些？

答： 有载调压变压器是指变压器高压侧配有载调压开关，可以在不中断供电的情况下，根据二次侧电压的波动调整电压比使得二次侧电压始终稳定在所期望的电压附近，适用于供电质量较差，或对电压的稳定性要求较高的场合，如图 2-38 所示。

图 2-37　高过载配电变压器

图 2-38　有载调压变压器

57. 什么是有载调容配电变压器？它的适用范围有哪些？

答： 有载调容配电变压器是一种在同一变压器中具有两种不同额定容量，可根据负荷变化情况，在变压器励磁或带负载下，改变高压绕组及低压绕组的联结方式，实现容量转换。有载调容变压器可根据负荷的变化情况，实时自动调节配电变压器容量，改善配电变压器的运行工况，提高功率因数，进而降低配电变压器的空载损耗。它适用于负荷变化很大的场合，比如农网，农忙季节用电需求增多，其他时间用电需求较少，那么应用有载调容配电变压器可以在保证用电需求高的季节供电前提下，也能够尽可能降低用电需求少的季节的变压器空载损耗，但不适用于易出现过载地区。和高过载配电变压器相比，常规、有载调容配电变压器在负荷过载时性能明显下降，导致故障概率显著增大。

58．干式变压器的特点是什么？主要适用于什么场合？

答：干式变压器指的是变压器冷却方式的一种，也代指使用这种冷却方式的变压器。不采取其他介质而使用空气作为变压器冷却介质的变压器，就是干式变压器（简称"干变"），如图 2-39 所示。干式变压器是依靠空气对流进行冷却，一般用于局部照明、电子线路等领域的小容量变压器，用环氧树脂等固体绝缘材料和空气作为绝缘，成本高，没有渗漏风险。由于空气的绝缘程度和散热性能都比油差，耐受恶劣环境的能力差，

图 2-39　干式变压器

干式变压器大多应用在需要防火、防爆的如地下铁道、高层建筑物等防火要求较高的场所使用。

59．什么是油浸式变压器？主要适用于什么场合？

答：油浸式变压器是以油作为变压器主要绝缘手段，并依靠油作冷却介质，如油浸自冷、油浸风冷、油浸水冷、强迫油循环等。油浸式变压器成本低，散热性能优异，损耗小，耐受恶劣环境的能力强，但有渗透、燃烧、爆炸的风险，因此，油浸式变压器主要应用在室外，如独立建设的配电站内的变压器和户外台架上的变压器等。

60．什么是箱式变电站？目前主要的箱式变电站有哪几种？

答：箱式变电站指由中压开关、配电变压器、低压出线开关、无功补偿装置和计量装置等设备共同安装于一个封闭箱体内的户外配电装置。箱式变电站由于结构紧凑、外观整洁、移动安装方便、维护量小等优点，在城市电网建设中被大量采用。箱式变电站一般由高压室、变压器室、低压室组成，根据产品结构不同和采用元器件的不同，分为欧式箱式变电站和美式箱式变电站两种典型风格，分别如图 2-40 和图 2-41 所示。

图 2-40　欧式箱式变电站

图 2-41　美式箱式变电站

61. 什么是欧式箱式变电站？什么是美式箱式变电站？二者之间的区别在哪里？

答： 欧式箱式变电站是从结构上采用高、低压开关柜、变压器组成方式，将变压器及普通的高压电气设备装于同一个金属外壳箱体中，箱体中采用普通的高压负荷开关和熔断器、低压开关柜，所以欧式箱式变电站体积较大。欧式箱式变电站是低压室、变压器室、高压室为目字型布置。美式箱式变电站是指将变压器及高压部分采用油箱绝缘组成、低压部分采用箱体组合形式组合而成的成套设备。

欧式箱式变压器的优点是因为欧式箱式变压器的变压器是放在金属的箱体内起到屏蔽作用，因此辐射较美式箱式变压器低；同时可以配置配电自动化。缺点是体积较大，不利于安装，不利于小区环境的布置。欧式箱式变压器适用于多层住宅、高层和其他较重要的建筑物用电。

美式箱式变压器的优点是体积小、结构紧凑，仅为国内同容量欧式箱式变压器的 1/3 左右，便于安放，容易与小区环境相协调，可以缩短低压电缆长度，降低线路损耗，全密封、全绝缘结构，无须绝缘距离，可靠保护人身安全。缺点是供电可靠性低，无电动机构，无法增设配电自动化装置，无用电容器装置，对降低线损不利。同时，由于不同容量美式箱式变压器的土建基础不同，当美式箱式变压器过载或需要增容时，需要重新进行土建，耗时长，不利于扩展。美式箱式变压器适用于对供电要求相对较低的地方用电。

62. 常见的配网储能装置都有哪些？其适用范围都有哪些？其原理是什么？

答： 配网储能装置主要有移动式和固定式两种，指的是装拆方式的不同。配网储能装置主要是应用在由于电房用地紧张且区域内负荷增长过快，有季节性用电需求的地区，通过电能的大规模存储和快速释放功能，能够填补电网常规控制方法的盲区，实现电能灵活调节和精准控制。这样不仅使得配电台区时段性重过载问题得到解决、保证居民用电，同时也能够避免浪费，发挥最大的效益。和固定式储能装置相比，移动式储能装置的优点是接入拆除都比较方便，即插即用，占地面积小，布点灵活，可以多台串并联、灵活组网。

配网储能装置的原理主要是系统测控装置实时采集用电负载功率，作为储能系统充放电的控制依据，当负载功率超过设定的启动放电阈值时，储能系统开始放电和市电共同为负载供电，当负载功率低于设定的停止放电阈值时，储能系统停止放电；当负载功率低于设定的启动充电阈值时，储能系统开始充电运行，充电功率可调节，确保储能系统充电功率和负载功率不超过变压器的总功率，当负载功率高于设定的停止充电阈值时，储能系统停止充电。同时，将储能系统实时运行状态信息传送给远端监控中心，实现储能系统信息的远程监测。常见的储能装置电气系统的接线如图 2-42 所示。

63. 什么是带电指示器？其作用是什么？

答： 带电指示器是一种直接安装在室内电气设备上，直观显示出电气设备是否带有运行电压的提示性安全装置。当设备带有运行电压时，该显示器显示窗发出闪光，警示高压设备带电，无电时则无指示。带电指示器作为中压开关柜里不可缺少的必要元件之一，主要作用是用来检测该设备是否带电，避免操作人员触电，它能够简洁明了地显示出中压开关柜的带电情况，能够有效避免操作人员的失误，对带电合接地开关、误触带电设备等方面可以充分发挥重要的预警作用。

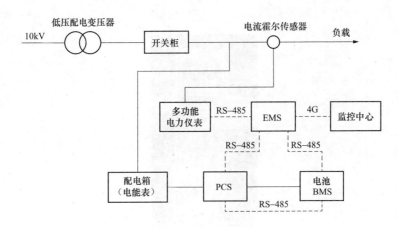

图 2-42 储能装置电气系统接线图

64. 什么是用户分界开关？其作用是什么？

答：用户分界开关可分为户内断路器和柱上断路器，如图 2-43 和图 2-44 所示，目的是避免用户侧故障对配网主干线的影响（即"用户出门"）造成事故扩大。用户分界开关安装在 10kV 配电线路用户进户线的责任分界点处或符合要求的分支线 T 接处，实现对分界点后用户故障的快速隔离，形象地被称为电力系统的"看门狗"。用户分界开关可实现自动切除单相接地故障、自动隔离相间短路故障、快速查找故障点以及监视用户负荷等功能。

图 2-43 用户分界开关（户内断路器）

图 2-44 用户分界开关（柱上断路器）

65. 什么是充电桩？它的作用是什么？

答：充电桩的功能类似于加油站里面的加油机，可以固定在地面或墙壁，安装于公共建筑（公共楼宇、商场、公共停车场等）和居民小区停车场或充电站内，可以根据不同的电压等级为各种型号的电动汽车充电，如图 2-45 所示。充电桩的输入端与交流电网直接连接，输出端都装有充电插头用于为电动汽车充电。充电桩一般提供常规充电和快速充电两种充电方式，人们可以使用特定的充电卡在充电桩提供的人机交互操作界面上刷卡使用，进行相应的充电方式、充电时间、费用数据打印等操作，充电桩显示屏能显示充电量、费用、充电时间等数据。

图 2-45 充电桩

第二节 二 次 设 备

1. 什么是电力二次设备？

答：电力二次设备是指为确保电网和一次设备的安全、稳定运行，对电力系统内一次设备进行监察，测量、控制、保护、调节设备的总称，该类设备一般不直接和电能产生联系。

2. 常用的二次设备有哪几类？配电网常用的二次设备有哪些？

答：常用的二次设备可以分为以下几类：

（1）测量仪表。如电压表、电流表、功率表、功率因数表等，它们用于测量一次电路中的运行参数。

（2）继电保护及安全自动设备。它们用以迅速反应电气故障或不正常运行情况，并根据要求进行切除故障或作相应的调节。其中，继保设备包括保护装置、保护通道、数据交换接口、保护故障信息管理系统及合并单元、智能终端等设备及二次回路。

（3）直流设备。如直流发电机组、蓄电池、整流装置等，它们为保护、操作、信号以及事故照明等提供电源。

（4）自动化设备。用以构成配电自动化系统的相关设备，包括但不限于配电自动化主站、配电自动化终端（含故障指示器）、配电自动化成套开关设备和相关附属设备、设施等。

（5）信号设备及控制电缆等。信号设备给出信号或显示运行状态标示，控制电缆用于连接二次设备。

配电网常用的二次设备有用于线路监测、控制的配电终端（包括 DTU 和 FTU）、控制电缆、蓄电池等。

3．什么是电压互感器？其作用是什么？都有哪些类型的电压互感器？

答：电压互感器（Potential Transformer，PT，电气图纸多用 TV 表示）是一种能将系统高电压转换为二次系统所需的低电压的电气设备，主要由一、二次绕组，铁芯和绝缘组成，实物如图 2-46 所示。电压互感器相当于一个小型的变压器，能将高电压转换成 100V 或更低等级电压，供二次系统使用，是不可缺少的电气设备。电压互感器一次侧接在一次系统，二次侧接测量仪表、继电保护装置等。按工作原理划分，还可分为电磁式电压互感器、电容式电压互感器和电子式电压互感器等。

图 2-46　电压互感器

4．什么是电流互感器？其作用是什么？

答：电流互感器（Current Transformer，CT，电气图纸多用 TA 表示）是一种能将系统大电流转换为二次系统所需的小电流的电气设备，能够采集到 10kV 线路电流的实时信息，如图 2-47 所示。它的工作原理与变压器相同，也是按电磁感应原理工作的，电流互感器是由闭合的铁芯和绕组组成。它的一次侧绕组匝数很少，串入需要测量的电流的线路中，经常有线路的全部电流流过，二次侧绕组匝数比较多，串接在测量仪表和保护回路中。电流互感器在工作时，它的二次侧回路始终是闭合的，因此，测量仪表和保护回路串联线圈的阻抗很小，电流互感器的工作状态接近短路。电流互感器的主要作用是将大电流变为适合于电气测量仪表和继保装置用的小电流。

图 2-47　电流互感器

5．电流互感器有哪几种常见的接线方式？

答：电流互感器的二次绕组与测量仪器、继电器等常用的接线方式有单相接线、星形接线和不完全星形接线三种，如图 2-48～图 2-50 所示。单相接线常用于三相对称负载电路；星形接线可测量三相电流；不完全星形接线，流过公共导线上的电流为 A、C 两相的相量和，可以节省一个电流互感器，故被广泛采用。

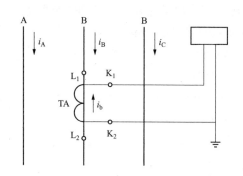

图 2-48　单相接线

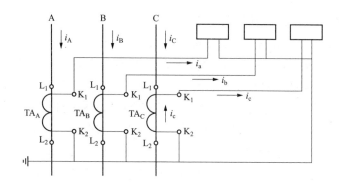

图 2-49　星形接线

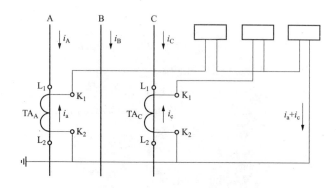

图 2-50　不完全星形接线

6．什么是电压表？

答：电压表是测量电压的一种仪器，由永磁体、线圈等构成。电压表是个相当大的电阻器，理想认为是断路，常用电压表—伏特表的符号为"V"。

7．什么是电流表？

答：电流表是测量电路中交、直流电流的指示仪表。在电路图中，电流表的符号为"A"。

8．什么是功率表？它和电能表的区别是什么？

答：功率表指示的是瞬时的发、供、用电设备所发出、传送和消耗的电功数。而电能表的数值是累计某一段时间内所发出、传送和消耗的电能数。

9．什么是功率因数表？

答：功率因数表是指单相交流电路或电压对称负载平衡的三相交流电路中测量功率因数的仪表。常见的功率因数表有电动式、铁磁电动式、电磁式和变换器式等。

10．什么是电能表？分为哪几类？

答：电能表俗称电度表，是用于测量、记录发电量、供电量、厂用电量、线损电量和用户用电量的计量器具，能够为制定生产计划、降低线路损耗、电费贸易结算计收电量等提供依据。电能表从感应式电能表发展到机电一体化电能表，再到全电子式电能表，然后到多功能电子电能表，最后到目前的智能电能表。

（1）按照采样原理分为机械式电能表、电子式电能表和机电一体式电能表。

（2）根据相数分为单相电能表和三相电能表。

（3）按安装接线方式分为直接接入式和间接接入式。

11．什么是电能计量装置？

答：电能计量是对电能参数进行的计量，通常将电能表、与其配合使用的互感器以及电能表到互感器的二次回路连接线统称为电能计量装置。

12．什么是负荷管理终端？

答：负荷管理终端是以计算机应用技术、现代通信技术、电力自动控制技术为基础，安装于专用变压器客户现场，实现对专用变压器客户的远程抄表、对电能计量设备工况以及客户的用电负荷和电能量进行监控的终端设备。

13．什么是配电自动化终端？配电自动化终端主要包括哪几种？

答：配电自动化终端（简称配电终端）是安装在配电网的各类远方监测、控制单元的总称，完成数据采集、控制、通信等功能。

配电自动化终端主要包括开关站和公用及客户配电所的监控终端（Distribution Terminal Unit，DTU，简称站所终端）、配电开关监控终端（Feeder Terminal Unit，FTU，简称馈线终端）、配电变压器监测终端（Transformer Terminal Unit，TTU，简称配变终端）、故障指示器等。

14．什么是站所终端？

答：站所终端是指安装在配电网开关站、配电室、环网柜、箱式变电站等处的数据采集于监控终端装置，按照功能分为"三遥"终端和"二遥"终端。从结构上可分为壁挂式和机柜式，如图 2-51 和图 2-52 所示。站所终端 DTU 主要应用于开闭所、配电房等处。

图 2-51　壁挂式终端

图 2-52　机柜式终端

15．什么是馈线终端？

答：馈线终端是装设在配电网架空线路开关旁的开关监控装置。这些馈线开关指的是户外的柱上开关，如 10kV 线路的断路器、负荷开关等。按照功能分为"三遥"终端和"二遥"终端。通常从结构上可以分为罩式终端和箱式终端，分别如图 2-53 和图 2-54 所示，馈线终端 FTU 主要应用于架空线路。

图 2-53　罩式终端

图 2-54　箱式终端

16．什么是配变终端？它的一般原理是什么？

答：配变终端是指装设在配电变压器旁监测配电变压器运行状态的终端装置，如图 2-55 所示。它实时监测配电变压器的运行工况，并能将采集的信息传送到主站或其他的智能装置，提供配电系统运行控制及管理所需的数据。

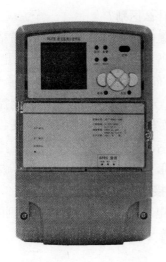

图 2-55 配变终端

17. 什么是单相电能表？什么是三相电能表？

答：单相电能表是一种用来测量一般民用家庭电路用电量的装置，家庭电路用于给各种家用电器供电。单相电能表具有能耗低、可靠性好等特点，一般采用 220V 单相电压供电，电流规格为 5（60）A，测量精度为 2 级。

三相电能表是以检测三相交流电为主的电能表。根据三相电路接线形式的不同，三相电能表有三相三线制和三相四线制之分。它的用途很广，在工业中主要应用于交流用电设备，例如，电动机都采用三相交流电。

18. 柱上成套自动化开关各部分之间是怎么连接的？

答：柱上成套自动化开关与馈线终端（FTU）通过二次电缆进行连接，包括控制电缆和电流电缆，接口处采用航空插头。TV 一次侧取自线路隔离开关内侧，TV 二次侧通过二次电缆连接至馈线终端（FTU），常见连接图如图 2-56 所示，负荷开关与断路器的连接方式都一样，只是开关本体不一样而已。

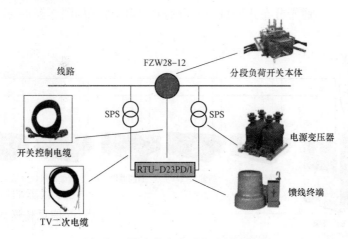

图 2-56 柱上成套自动化开关连接图

19．DTU 有哪两种不同的结构形式？有什么区别？

答：DTU 有集中式和分布式两种结构。集中式机构 DTU 多采用插箱式测控单元，对站所进出线进行集中测控。一般情况下，开管所、配电所空间较为充足，DTU 通常采用标准屏柜安装，有壁挂式、机柜式之分。分布式 DTU 面向站所间隔层一次设备配置，即每回路开关设备配置一个测控单元，主控单元负责采集每一回路的测控单元的数据并与主站通信。其安装方式可以面向间隔层分散安装，也可以集中组屏安装（将所有测控单元安装在一个屏柜里）。分布式结构配置灵活，安装维护方便，任一测控单元故障不会影响其他单元，可以节约二次电缆与安装空间，但相对于集中式结构，成本较高。

20．集中式 DTU 与环网柜之间是怎么连接的？

答：集中式 DTU 与环网柜之间通过二次电缆进行连接，把环网柜侧的遥信、遥测、遥控信号通过二次电缆送至 DTU，DTU 再通过无线、载波、光纤等通信通道与主站进行通信。

通常集中式 DTU 与环网柜之间的连接方式如图 2-57 所示。

图 2-57　集中式 DTU 与环网柜间的连接方式

21．分布式 DTU 与环网柜之间是怎么连接的？

答：分布式 DTU 的配置为每一回路都配置一个测控单元，主控单元负责给测控单元提供工作电源，并通过 CAN 总线与测控单元通信，采集每一回路测控单元的数据，然后与主站进行通信。通常分布式 DTU 与环网柜之间的连接如图 2-58 所示。

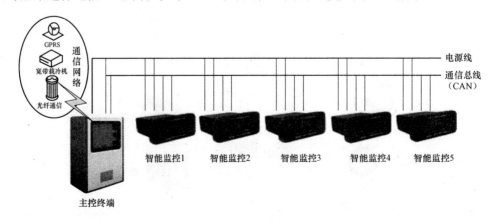

图 2-58　分布式 DTU 与环网柜之间的连接

22．什么是无功补偿装置？

答： 无功补偿全称是无功功率补偿，在电力供电系统中起到提高电网功率因数，降低供电变压器及输送线路的损耗的作用，提高了供电效率，是一种改善供电环境的技术。常见的无功补偿装置有并联电容器，在电力系统中占据不可或缺的位置。

23．什么是 UPS 装置？

答： UPS 装置即不间断电源，是一种含有储能装置的不间断电源。主要给部分对电源稳定性要求较高的设备，提供不间断的电源。当市电输入正常时，UPS 将市电稳压后供应给负载使用，此时的 UPS 就是一台交流式电稳压器，同时它还向机内电池充电；当市电中断（事故停电）时，UPS 立即将电池的直流电能通过逆变器切换转换的方法向负载继续供应 220V 交流电，使负载维持正常工作并保护负载软、硬件不受损坏。UPS 设备通常对电压过高或电压过低都能提供保护。

24．什么是故障指示器？故障指示器由哪几部分组成？故障指示器在配网中的作用是什么？

答： 故障指示器是指安装于电力线路上，用于在线检测和指示短路故障和零序故障的装置。故障指示器由传感器和显示器两部分组成，传感器负责探测线路通过的电流，通常包括 3 个短路故障传感器和 1 个零序故障传感器；显示器负责对传感器传送来的电流信息进行判断及做出故障指示动作。传感器和显示器之间通过电缆或光缆连接。

在线路安装上故障指示器后，当系统发生故障时，由于从故障点到电源点的线路都出现了故障电流，导致从故障点到电源点之间线路上所有的故障指示器动作，指示灯就会闪亮。从电源点开始，沿着故障指示灯闪亮的线路一直查找，最后一个闪亮点就是故障点。使用故障指示器，有助于以较短的时间找到故障点，是提高配电网运行水平和事故处理效率的一条有效途径。

25．故障指示器有哪几种类型？与配电自动化终端相比，故障指示器有哪些优势？

答： 按照应用对象的不同，故障指示器可分为架空型、电缆型和面板故障指示器三种类型。架空型故障指示器传感器和显示（指示）部分集成于一个单元内，通过机械方式固定于架空线路（包括裸导线和绝缘导线），架空型故障指示器一般由三个相序故障指示器组成，且可带电装卸，装卸过程中不误报警。电缆型故障指示器传感器和显示（指示）部分集成于一个单元内，通过机械方式固定于电缆线路（母排）上，通常安装在电缆分支箱、环网柜、开关柜等配电设备上，由三个相序故障指示器和一个零序故障指示器组成。面板型故障指示器由传感器和显示单元组成，通常显示单元镶嵌于环网柜、开关柜的操作面板上的指示器传感器和硅示单元采用光纤或无线等方式通信，一、二次侧之间可靠绝缘。与配电自动化终端相比，故障指示器具有以下优势：设备成本较低，安装位置灵活，投资受限或现场安装位置不足时，可以通过安装故障指示器的方式实现故障指示功能。

根据是否具备通信功能故障指示器分为就地型故障指示器和带通信故障指示器。就地型故障指示器检测到线路故障并就地翻牌或闪光告警，不具备通信功能，故障查找仍需人工介入。带通信故障指示器由故障指示器和通信装置（又称集中器）组成，故障指示器检测到线路故障不仅可就地翻牌或闪光告警，还可通过短距离无线方式将故障信息传至通信装置，通信装置再通过无线公网或光纤方式将故障信息送至主站。带通信故障指示器还可选配遥测、遥信功能，并将遥测信息以及开关开合、储能等状态量报至主站。

　　根据故障指示器实现的功能可分为短路故障指示器、单相接地故障指示器和接地及短路故障指示器。短路故障指示器（又称二合一故障指示器）是用于指示短路故障电流流通的装置。其原理是利用线路出现故障时电流正突变及线路停电来检测故障。根据短路时的特征，通过电磁感应方法测量线路中的电流突变及持续时间判断故障。因而它是一种适应负荷电流变化，只与故障时短路电流分量有关的故障检测装置。它的判据比较全面，可以大大减少误动作的可能性。单相接地故障指示器可用于指示单相接地故障，其原理是通过接地检测原理，判断线路是否发生了接地故障。接地短路故障指示器在设计上，综合考虑了接地和短路时配电线路的特点。

第三节　智　能　设　备

1. 什么是智能配电房？

　　答：智能配电房是运用先进的传感技术，依靠互联网、物联网、数字化、云计算等信息化技术集成的配电房。通过融入电力场景智能算法对数据进行分析、识别、预警，智能电房能实现对电房内环境监控、安防监控、视频监控、设备状态监测、预警联动、远程巡检和智能运维等功能，解决配电房点多面广、人工巡检存在盲区等诸多痛点，有效改善电房设备运行环境、支持智能化巡维、提升供电可靠性，如图 2-59 所示。

图 2-59　智能配电房

2．什么是传感器？

答：传感器是一种检测装置，能感受到被测量的信息，并能将感受到的信息，按一定规律变换成为电信号或其他所需形式的信息输出，以满足信息的传输、处理、存储、显示、记录和控制等要求的器件或装置。

3．智能配电房常用的传感器主要有哪些？

答：目前智能配电房常用的传感器主要有 SF_6/O_3 传感器、温湿度传感器、水浸传感器、烟雾传感器和特高频局放传感器等。

4．智能配电房中的 SF_6/O_3 传感器的功能及安装要求有哪些？

答：SF_6/O_3 传感器是通过检测空气中 SF_6、O_3 的浓度，根据一定规则转换成电气量。一般安装在靠近中压柜区域墙上安装，离地 0.1～0.2m。

5．智能配电房中的温湿度传感器的功能及安装要求有哪些？

答：智能配电房中的温湿度传感器，通过热敏电阻等感受元件，将房内环境温湿度按一定比例规则转换成电气量，一般安装在靠近门口侧墙上，离地 1.5m。

6．智能配电房中的水浸传感器的功能及安装要求有哪些？

答：水浸传感器主要用于监测、预警电房标高或标高一下水位情况，并在水位到达传感器安装位置时发送告警信号。水浸传感器一般装设在电缆沟入口处离地面 0.03m 处。部分特殊工况下，可根据运行经验调整水浸传感器安装高度。

7．智能配电房中的烟雾传感器的功能及安装要求有哪些？

答：烟雾传感器主要用于在火灾发生时进行烟尘探测，可与消防传感器共用，宜安装在天花板中央或墙上靠近设备处。

8．智能配电房中的特高频局放传感器的功能及安装要求有哪些？

答：特高频局放传感器用于监测电房内的局部放电过程中产生的特高频信号，进而监测房内设备运行状态。特高频局放传感器根据检测需要可置于中压开关柜前或电房面高处，便于接收局放过程中特高频信号。

9．什么是智能配电台区？其特征主要是什么？

答：智能配电台区是以配电智能网关为关键边缘节点的台区设备集合，包含低压分支回路监测单元、智能塑壳开关、电能质量综合治理装置、低压线路调压器、智能换相开关、水浸传感器、网络摄像头、智能电能表等，如图 2-60 所示。智能配电台区实现台区低压侧配网自动化、设备状态及运行工况监控、集抄和线损监测、台区拓扑识别、台区电能质量的综合治理、三相不平衡治理、用户互动管控等功能，支撑低压调度、低压主动抢修、低电压和三相不平衡闭环管控等业务开展，做到营配信息流的全域感知、业务流的全向贯通、数据流的共享融合，具有"标准化、信息化、自动化、互动化"的智能化特征。

10．什么是配电智能网关？

答：配电智能网关是安装在智能配电站、台架变压器侧的本地监控设备，具备对台区内相关设备的电气量、状态量等数据的监测、分析处理、通信和控制等功能，实现低压配电网可观、可测、可控。配电智能网关具备边缘计算、容器技术、即插即用、数据多向转发等多种功能，可对本地数据进行采集、规约转换，数据就地分析计算等操作，可根据业务需求实现单独容器部署。

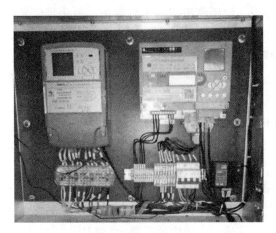

图 2-60　智能台区数据采集及控制装置

11．什么是低压分支回路监测单元？

答：低压分支回路监测单元对应低压分支线路，用于实时监测各分支回路电流、电压、功率等信息，具备低压故障判断等功能。

12．什么是智能换相开关？

答：智能换相开关是指能够根据控制指令，通过控制局部负荷进行自动相间转移切换的方式，负荷转移切换过程无短时中断发生，实现台区内部负荷的自动调度，解决三相负荷不平衡带来的变压器发热、单相过载、末端电压低、高线损等问题的一种开关。

13．什么是低压线路调压器？

答：低压线路调压器是根据当前线路电压大小，计算出需要补偿的电压，并进行电压调节，最终起到升压（或降压）、稳压的作用，用来解决线路过长、负荷变化大而造成的末端电压低问题的一种调压装置。

14．什么是电能质量综合治理装置？

答：电能质量综合治理装置是一种有源型装置，它可以利用电力电子变流技术主动补偿负载的基波不平衡电流（负序电流或零序电流），以降低电网中的三相电流不平衡度，同时该装置具备谐波滤波和基波无功功率补偿功能。

15．什么是配电变压器监测计量终端？

答：配变监测计量终端是公用配电变压器综合监测终端，它可以实现公变侧电能信息采集，包括电能量数据采集，配电变压器运行状态监测，供电电能质量监测，并对采集的数据实现管理和远程传输，同时还可以集成计量、台区电压监测等功能。

16．什么是智能管廊？

答：智能管廊是使用配网光缆空余纤芯作为测温光纤，接入变电站内光纤测温装置，实现配网管廊温度状态实时监测，异常状态实时报警，如图 2-61 所示。

图 2-61 智能管廊

17．什么是 3D 打印配电房？

答：3D 打印配电房是 3D 打印技术的一种应用。基于 3D 打印技术，让机器根据事先设定的参数和路径完成配电房缆坑、设备基础以及墙体等建设，如图 2-62 所示。3D 打印配电房比传统框架结构工艺缩短 30%，施工人员数量减少约 50%。废料产生量减少 60% 以上，还能降低建筑粉尘污染，现场更干净整洁。

图 2-62 3D 打印配电房

第三章　现场安全基础知识

第一节　现场安全基础知识

1. 什么是作业现场目视化管理？

答：目视化管理就是通过安全色、标签、标牌等方式，结合企业作业现场中对人员、工器具、设备设施、作业环境、安全标识、安全看板等的要求，利用形象直观而又色彩适宜的视觉感知信息来组织现场生产活动，达到提高劳动生产率的一种管理手段。它具有视觉化、透明化和界限化的特点，通过简单、明确、易于辨别的安全管理模式或方法，强化现场安全管理，确保工作安全，并通过外在状态的观察，达到发现人、设备、现场的不安全状态的目的。

2. "四不伤害"指的是什么？

答："四不伤害"是指不伤害他人、不伤害自己、不被他人伤害、保护他人不被伤害。

3. "三违"指的是什么？

答："三违"是"违章指挥，违规作业，违反劳动纪律"的简称。"三违"行为是指在生产作业和日常工作中出现的盲目性违章、盲从性违章、无知性违章、习惯性违章、管理性违章以及施工现场违章指挥、违章操作和违反劳动纪律等行为。

4. "三不一鼓励"管理是什么？

答："三不一鼓励"是指对员工在电力生产过程主动报告的未遂事件和不安全行为，实行"不记名、不处罚、不责备，鼓励主动暴露和管理"，引导和鼓励员工主动报告未遂事件，自主查找未遂事件和的根本原因并及时纠正，消除风险并制定预防措施的管理过程。

5. 安全工作中的"三交三查"是指什么？

答："三交"是指交任务、交技术、交安全，"三查"是指查衣着、查"三宝"个人防护（"三宝"指安全帽、安全带、安全鞋），查精神状态。

6. 本质安全型企业建设"三管三必须"指的是什么？

答："三管三必须"指的是管行业必须管安全，管业务必须管安全，管生产经营必须管安全。

7. 本质安全型企业建设"四不伤害"指的是什么？

答："四不伤害"指的是不伤害自己，不伤害他人，不被他人伤害，保护他人不受伤害。

8．本质安全型企业建设"三篇文章"指的是什么？

答：本质安全型企业建设"三篇文章"指的是安全可靠的城市保底电网建设、更高标准的对港澳供电保障能力建设、差异化标准的沿海电网建设。

9．本质安全型企业建设"三同时"指的是什么？

答：本质安全型企业建设"三同时"指的是建设项目的安全设施必须与主体工程同时设计、同时施工、同时投入生产和使用。

10．本质安全型企业建设"四个能力"指的是什么？

答：本质安全型企业建设"四个能力"指的是检查消除火灾隐患能力，扑救初期火灾能力，组织人员疏散逃生能力，消防宣传教育培训能力。

11．保障电力作业安全的措施主要有哪些？

答：保障电力作业安全主要有"十个规定动作"，主要指凭票工作、凭票操作、戴安全帽、穿工作服、系安全带、停电、验电、接地、挂牌装遮栏、现场交底。

12．施工作业风险有哪些主要控制措施？

答：施工作业风险控制主要措施有：施工前开展作业风险评估，编制作业指导书，开具施工作业票，组织召开施工班组"站班会"，常称为"四步法"。

13．施工现场应注意什么？

答：施工现场应确保任务清楚、程序清楚、管理清楚、安全措施清楚，也称"四清楚"。同时确保是人员到位、措施到位、执行到位、监督到位，也称"四到位"。

14．施工现场安全管理有哪些严禁事项？

答：施工现场安全管理的严禁事项有：

（1）严禁非法转包、违规分包；

（2）严禁以包代管；

（3）严禁"皮包公司"、挂靠和借用资质施工队伍承包工程和入网施工；

（4）严禁未落实安全风险控制措施开工作业；

（5）严禁未经安全教育培训并合格的人员上岗作业。

15．施工机具（含特种设备）管理要求主要有哪些？

答：施工机具（含特种设备）管理要求主要有建立施工机具清册、记录维护保养项目和周期、执行维护保养作业指导书、做好维护保养台账、配置机具操作手册、政府规定的年检资料齐全、三证合法合规、重点作业前的专项检查且资料齐全，又称施工机具管理"八步骤"。

16．保证安全的组织措施有哪些？

答：保证安全的组织措施主要有以下 9 种：现场勘察、工作票组织、工作票启用、工作许可、工作监护、工作间断、工作转移、工作变更和延期、工作终结。

17．配电作业现场勘察主要包括哪些内容？

答：配电作业现场勘察主要包括：查看检修（施工）作业需要停电的范围、保留的带电部位、装设接地线的位置、邻近线路、交叉跨越、多电源、自备电源、地下管线设施和作业现场的条件、环境及其他影响作业的危险点。

18．什么是工作票？什么是操作票？

答：工作票是指为电网发电、输电、变电、配电、调度等生产作业安全有序实施而设计的一种组织性书面形式控制依据。

操作票是指为改变电气设备及相关因素的运用状态进行逻辑性操作和有序沟通而设计的一种组织性书面形式控制依据。

19．现场实际情况与原勘察结果发生变化时应如何处理？

答：为防止不适用的措施、不充分的管控手段带来的风险，工作负责人必须检查现场实际情况与原勘察结果是否一致。如果发现现场实际情况与原勘察结果发生变化，按现场实际进行修正和完善；若施工方案不满足的，需要进行修编履行审批手续；若施工方案满足，而具体某项工作的安全不满足现场工作要求的，已经开具工作票的，应重新办理工作票。

20．施工方案编制主要包括哪些内容？

答：施工方案编制应根据现场勘察结果制定具有针对性、可操作性的措施，严禁未经现场勘察提前编写、套用，主要包括以下内容：

（1）施工组织措施应明确施工管理组织架构和应急组织架构，包含项目业主方和承包商方相关人员，并明确需履行的管理职责。

（2）施工安全措施应根据作业任务，从环网柜、开闭所、电缆沟、作业周围环境等方面的安全措施进行考虑。

（3）施工技术措施应明确各施工作业步骤的施工作业方法、使用的作业机械及作业工具，对各作业步骤中的人身风险、电网风险、设备风险、环境及职业健康风险进行识别评估，并制定预控措施。

21．安全交代主要包括哪些内容？

答：安全交代主要包括工作任务及分工、作业地点及范围、作业环境及风险、安全措施及注意事项。

22．工作票涉及人员应该具备哪些基本要求？

答：工作票涉及人员应该具备以下基本要求：

（1）工作票签发人、工作票会签人应由熟悉人员安全技能与技术水平，具有相关工作经历、经验丰富的生产管理人员、技术人员、技能人员担任。

（2）工作负责人（监护人）应由熟悉工作班人员安全意识与安全技能及技术水平，具有充分与必要的现场作业实践经验，及相应管理工作能力的人员担任。

（3）工作许可人应具有相应且足够的工作经验，熟悉工作范围及相关设备的情况。

（4）专责监护人应具有相应且足够的工作经验，熟悉并掌握相关规程内容，能及时发现作业人员身体和精神状况的异常。

（5）工作班人员应具有较强的安全意识、相应的安全技能及必要的作业技能；清楚并掌握工作任务和内容、工作地点、危险点、存在的安全风险及应采取的控制措施。

23．工作票签发人主要包括哪些职责？

答：工作票签发人主要包括以下职责：

（1）确认工作必要性和安全性。

（2）确认工作票所列安全措施是否正确完备。

（3）确认所派工作负责人和工作班人员是否适当、充足。

24．工作票会签人主要包括哪些职责？

答：工作票会签人主要包括以下职责：

（1）审核工作必要性和安全性。

（2）审核工作票所列安全措施是否正确完备。

（3）审核外单位工作人员资格是否具备。

25．工作负责人（监护人）主要包括哪些职责？

答：工作负责人（监护人）主要包括以下职责：

（1）亲自并正确完整地填写工作票。

（2）确认工作票所列安全措施正确、完备，符合现场实际条件，必要时予以补充。

（3）核实已做完的所有安全措施是否符合作业安全要求。

（4）正确、安全地组织工作，工作前应向工作班全体人员进行安全交代。关注工作人员身体和精神状况是否正常以及工作班人员变动是否合适。

（5）监护工作班人员执行现场安全措施和技术措施、正确使用劳动防护用品和工器具，在作业中不发生违章作业、违反劳动纪律的行为。

26．值班负责人主要包括哪些职责？

答：值班负责人主要包括以下职责：

（1）审查工作的必要性。

（2）审查检修工期是否与批准期限相符。

（3）对工作票所列内容有疑问时，应向工作票签发人（或工作票会签人）询问清楚，必要时应作补充。

（4）确认工作票所列安全措施是否正确、完备，必要时应补充安全措施。

（5）负责值班期间的电气工作票、检修申请单或规范性书面记录过程管理。

27．工作许可人主要包括哪些职责？

答：工作许可人主要包括以下职责：

（1）接受调度命令，确认工作票所列安全措施是否正确、完备，是否符合现场条件。

（2）确认已布置的安全措施符合工作票要求，防范突然来电时安全措施完整可靠，应以手触试的停电设备应实施以手触试。

（3）在许可签名之前，应对工作负责人进行安全交代。

（4）所有工作结束时，确认工作票中本厂站所负责布置的安全措施具备恢复条件。

28．线路工作许可人主要指哪些人员？包括哪些职责？

答：线路工作许可人指值班调度员、厂站值班员、配电（监控中心）值班员或线路运行单位指定的许可人。主要职责包括以下两方面：

（1）确认调度负责的安全措施已布置完成或已具备恢复条件。

（2）对许可命令或报告内容的正确性负责。

29．专责监护人有哪些注意事项？

答：专责监护人需要注意以下事项：

（1）专责监护人由工作负责人指派，从事监护工作，不得直接参与工作，以免工作失去监护。

（2）工作负责人在开工前必须向专责监护人明确监护的人员、安全措施的布置情况、工作中的注意事项、存在危险点与带电部位以及工作内容。

（3）作业前，专责监护人对被监护人员交代监护内容涉及的作业风险、安全措施及注意事项；作业中，不得从事与监护无关的事情，确保被监护人员遵章守纪；监护内容完成后，监督将作业地点的安全措施恢复至作业前状态，并向工作负责人汇报。

30．工作班（作业）人员主要包括哪些职责？

答：工作班（作业）人员主要包括以下职责：

（1）熟悉工作内容、流程，掌握安全措施，明确工作中的危险点，并履行签名确认手续。

（2）遵守各项安全规章制度、技术规程和劳动纪律。

（3）服从工作负责人的指挥和专责监护人的监督，执行现场安全工作要求和安全注意事项。

（4）发现现场安全措施不适应工作时，应及时提出异议。

（5）相互关心作业安全，不伤害自己，不伤害他人，不被他人伤害和保护他人不受伤害。

（6）正确使用工器具和劳动防护用品。

31．工作票成员兼任有哪些要求？

答：工作票成员兼任需满足以下要求：

（1）保证工作票安全的组织措施，必须保证三种人（工作负责人、工作票签发人、工作许可人）各司其职，工作的安全措施完备和正确。

（2）工作票签发人、工作负责人禁止相互兼任，工作许可人不得兼任工作票签发人（会签人）、工作班成员。

（3）配电作业运检一体，工作票签发人可由工作许可人兼任，但工作许可人和工作负责人不得相互兼任。除此情况外，工作许可人不应签发工作票或担任工作班成员。

32．哪些工作需选用带电作业工作票？

答：以下工作需选用带电作业工作票：

（1）高压设备带电作业。

（2）与带电设备距离小于规定的作业安全距离，但需采用带电作业措施开展的邻近带电体的不停电工作。

33．哪些作业无须办理工作票，但应以书面形式布置和做好记录？

答：无须办理工作票，但应以书面形式布置和做好记录的作业有以下几种：

（1）测量线路接地电阻工作。

（2）树木倒落范围与导线距离大于表 3-1 规定的距离且存在人身风险的砍剪树木

工作。

（3）涂写杆塔号、装拆标示牌、补装塔材、非接触性仪器测量工作等。

（4）高压线路作业位置在最下层导线以下，且与带电导线距离大于规定的塔上工作。

（5）作业位置距离工作基面大于 2m 的坑底、临空面附近的工作。

（6）设备运维单位进行低压配电网停电的工作。

（7）存在人身风险的低压配电网不停电的工作。

（8）对高压配电网配电开关柜进行带电局部放电测试工作。

（9）客观确实不具备办理紧急抢修工作票条件，经地市级单位负责人批准，在开工前应做好安全措施，并指定专人负责监护的紧急抢修工作。

表 3-1　　　　　　　　　邻近或交叉其他电力线路工作的安全距离

电压等级（kV）	10 及以下	20、35	66、110	220	500	±50	±500	±660	±800
安全距离（m）	1	2.5	3	4	6	3	7.8	10	11.1

注　1. 表中未列电压等级按高一挡电压等级安全距离。

　　2. 表中数据是按海拔 1000m 校正的。

34. 工作许可有哪些命令方式？

答：工作许可一般有以下命令方式：

（1）当面下达。

（2）电话下达。

（3）派人送达。

（4）信息系统下达。

35. 工作许可有哪些基本要求？

答：工作许可基本要求如下：工作票按设备调度、运维权限办理许可手续。涉及线路的许可工作，应按照"谁调度，谁许可；谁运行，谁许可"的原则。

36. 工作延期有哪些注意事项？

答：工作需要延期时，应经工作许可人同意并办理工作延期手续。工作票应在工作批准期限前 2h（特殊情况除外），由工作负责人向工作许可人申请办理延期手续，除紧急抢修工作票之外的只能延期一次。

37. 保证安全的技术措施有哪些？

答：保证安全的技术措施主要有停电、验电、接地、悬挂标示牌和装设遮栏（围栏）。

38. 检修设备停电时应做好哪些措施？

答：检修设备停电时应做好以下措施：

（1）各方面的电源完全断开。任何运行中的星形接线设备的中性点，应视为带电设备。不应在只经断路器断开电源或只经换流器闭锁隔离电源的设备上工作。

（2）拉开隔离开关，手车开关应拉至"试验"或"检修"位置，使停电设备的各端有明显的断开点。无明显断开点的，应有能反映设备运行状态的电气和机械等指示，无明显断开点且无电气、机械等指示时，应断开上一级电源。

（3）与停电设备有关的变压器和电压互感器，应将其各侧断开。

39．对停电设备的操动机构或部件，应采取哪些措施？

答：对停电设备的操动机构或部件应采取以下措施：

（1）可直接在地面操作的断路器、隔离开关的操动机构应加锁，有条件的隔离开关宜加检修隔离锁。

（2）不能直接在地面操作的断路器、隔离开关应在操作部位悬挂标示牌。

（3）对跌落式熔断器熔管，应摘下或在操作部位悬挂标示牌。

40．线路停电工作前，应采取哪些停电措施？

答：线路停电工作前应采取以下停电措施：

（1）断开厂站和用户设备等的线路断路器和隔离开关。

（2）断开工作线路上需要操作的各端（含分支）断路器、隔离开关和熔断器。

（3）断开危及线路停电作业且不能采取措施的交叉跨越、平行和同杆塔架设线路（包括用户线路）的断路器、隔离开关和熔断器。

（4）断开可能反送电的低压电源断路器、隔离开关和熔断器。

（5）高压配电线路上对无法通过设备操作使得检修线路、设备与电源之间有明显断开点的，可采取带电作业方式拆除其与电源之间的电气连接，禁止在只经断路器断开电源且未接地的高压配电线路或设备上工作。

（6）两台及以上配电变压器低压侧共用一个接地引下线时，其中任一台配电变压器停电检修，其他配电变压器也应停电。

41．在哪些情况下应停电开展低压配电网作业？

答：以下情况应停电开展低压配电网作业：

（1）检修的低压配电线路或设备。

（2）危及线路停电作业安全且不能采取相应安全措施的交叉跨越、平行或同杆塔架设线路。

（3）工作地段内有可能反送电的各分支线。

（4）其他需要停电的低压配电线路或设备。

42．电气设备验电有哪些基本要求？

答：电气设备验电应满足以下基本要求：

（1）在停电的电气设备上接地（装设接地线或合接地开关）前，应先验电，验明电气设备确无电压。高压验电时应戴绝缘手套并有专人监护。

（2）验电前，应先在相应电压的带电设备上确证验电器良好，后立即在停电设备上实施验电。无法在带电设备上进行试验时，可用工频高压发生器等确证验电器良好。

（3）直接验电时，应使用相应电压等级的验电器在设备的预接地处逐相（直流线路逐极）验电。

（4）验电器的伸缩式绝缘棒长度应拉足，保证绝缘棒的有效绝缘长度符合，见表3-2，验电时手应握在手柄处，不应超过护环。

（5）验电时人体与被验电设备的距离应大于作业安全距离。

（6）雨雪天气时不应使用常规验电器进行室外直接验电，可采用雨雪型验电器验电。

表 3-2 有效绝缘长度表

电压等级（kV）	有效绝缘长度（m）	
	绝缘操作杆	绝缘承力工具、绝缘绳索
10	0.7	0.4
20	0.8	0.5

43．哪些情况可采用间接验电？

答：以下情况可采用间接验电：

（1）在恶劣气象条件时的户外设备。

（2）厂站内 330kV 及以上的电气设备。

（3）其他无法直接验电的设备。

44．电气设备接地应满足哪些基本要求？

答：电气设备接地应满足以下基本要求：

（1）验明设备确无电压后，应立即将检修设备接地并三相短路，电缆及电容器接地前应逐相充分放电。

（2）装拆接地线应有人监护。

（3）人体不应碰触未接地的导线。

（4）工作地段有邻近、平行、交叉跨越及同杆塔线路，需要接触或接近停电线路的导线工作时，应装设接地线或使用个人保安线。

（5）装设接地线、个人保安线时，应先装接地端，后装导体（线）端，拆除接地线的顺序与此相反。

（6）接地线或个人保安线应接触良好、连接可靠。

（7）装拆接地线导体端应使用绝缘棒或专用的绝缘绳，人体不应碰触接地线。

（8）带接地线拆设备接头时，应采取防止接地线脱落的措施。

（9）在厂站、高压配电线路和低压配电网装拆接地线时，应戴绝缘手套。

（10）不应采用缠绕的方法进行接地或短路。接地线应使用专用的线夹固定在导体上。

45．成套接地线由哪些部分组成，需满足哪些要求？

答：成套接地线由有透明护套的多股软铜线和专用线夹组成，接地线截面不应小于 25mm²，并应满足装设地点短路电流的要求。

46．哪些情况应悬挂标示牌？

答：以下情况应悬挂相应的标示牌：

（1）厂站工作时的隔离开关或断路器操作把手、电压互感器低压侧空气开关（熔断器）操作处，应悬挂"禁止合闸，有人工作!"的标示牌。

（2）线路工作时，厂站侧或线路上的隔离开关或断路器的操作把手、电压互感器低压侧空气开关（熔断器）操作处、配电机构箱的操作把手及跌落式熔断器的操作处，应悬挂"禁止合闸，线路有人工作！"标示牌。

（3）通过计算机监控系统进行操作的隔离开关或断路器，在其监控显示屏上的相应操作处，应设置相应标示。

47．高处作业"五必有"是什么？

答：高处作业"五必有"是指：

（1）有边必有栏。

（2）有洞必有盖。

（3）有栏无盖必有网。

（4）有电必有防护措施。

（5）电梯必有门。

48．高处作业"六不准"是什么？

答：高处作业"六不准"是指：

（1）安全带未挂牢不准作业。

（2）不准乱抛物件。

（3）不准穿拖鞋、高跟鞋、硬底鞋等。

（4）不准嬉戏、睡觉、打闹、攀爬。

（5）不准骑坐栏杆、扶手。

（6）不准背向竖梯上下。

49．高处作业"十不登高"是什么？

答：高处作业"十不登高"是指：

（1）患登高禁忌症者不登高。

（2）操作者未经安全教育、脚手架工无证不登高。

（3）无安全防护不登高。

（4）脚手架等设施不牢不登高。

（5）携带笨重物件不登高。

（6）石棉瓦等屋面无垫板不登高。

（7）恶劣天气不登高。

（8）照明不足不登高。

（9）身体不适、情绪反常、酒后不登高。

（10）无正规通道不冒险登高。

50．电力行业涉及的特种作业有哪些？

答：特种作业人员必须按照国家有关规定经专门的安全作业培训，取得相应资格，方可上岗作业。电力行业涉及的特种作业主要有以下作业：

（1）电工作业。

（2）焊接与热切割作业。

（3）高处作业。

（4）应急管理部认定的其他作业。

第二节　电力安全事故事件

1. 什么是电力安全事故？

答：《电力安全事故应急处置和调查处理条例》（国务院令第 599 号）所称的电力安全事故，是指电力生产或者电网运行过程中发生的影响电力系统安全稳定运行或者影响电力正常供应的事故（包括热电厂发生的影响热力正常供应的事故）。

2. 电力安全事故等级如何划分？

答：电力安全事故包括特别重大事故、重大事故、较大事故、一般事故，主要根据发生人身伤亡或直接经济损失情况进行认定：

（1）特别重大事故，是指造成 30 人以上死亡，或者 100 人以上重伤（包括急性工业中毒，下同），或者 1 亿元以上直接经济损失的事故。

（2）重大事故，是指造成 10 人以上 30 人以下死亡，或者 50 人以上 100 人以下重伤，或者 5000 万元以上 1 亿元以下直接经济损失的事故。

（3）较大事故，是指造成 3 人以上 10 人以下死亡，或者 10 人以上 50 人以下重伤，或者 1000 万元以上 5000 万元以下直接经济损失的事故。

（4）一般事故，是指造成 3 人以下死亡，或者 10 人以下重伤，或者 1000 万元以下直接经济损失的事故。

3. 什么是电力生产安全事故事件？

答：电力生产安全事故事件是指在电力生产工作中或在电力生产区域发生的，且不属于自然灾害造成的人员伤亡、直接经济损失、电网负荷损失或用户停电、热电厂停止对外供热、设备故障损坏、人员失职直接导致设备非计划停运、生产经营场所火灾火警、工程建设项目的设施、物资损坏或质量不合格、发输变配电设备非计划停运、电网安全水平降低、二次系统不正确动作、调度自动化系统功能失灵、调度通信功能失效、电力监控系统遭受攻击或侵害造成无法正常运作、关键数据被篡改或非法访问、交通运行中断及重大社会影响等后果，并达到相应定义标准的安全事故或安全事件，分为电力人身事故事件、电力安全事故事件、电力设备事故事件。

4. 什么是电力人身事故事件？

答：电力人身事故事件是指在电力生产工作过程中或在电力生产区域发生的，电力企业员工或承包商员工，因人员失职失责、非突发疾病等造成的死亡或受伤的生产安全事故事件。根据伤亡人员的用工关系、项目合同关系等确定事故事件归属单位。

5. 什么是电力设备事故事件？

答：电力设备事故事件是指在电力生产、电网运行中发生的发输变配电设备故障造成直接经济损失、设备故障损坏、水工设施损坏、发电机组检修超时限、人员失职导致设备非计划停运或状态改变、火灾火警的事故和事件，以及电力建设过程中发生的施工作业设备设施损坏、质量不合格、物资损坏或造成直接经济损失的事故和事件。

6．什么是电力安全事故事件？

答：电力安全事故事件是指在电力生产、电网运行过程中发生的电网减供负荷或用户停电、电能质量降低、影响电力系统安全稳定运行或者影响电力（或热力）正常供应的事故（包括热电厂发生的影响热力正常供应的事故）和发输变配电设备非计划停运、电网安全水平降低、二次系统不正确动作、调度业务或生产实时通信功能中断等后果的事件。

7．电力非生产安全事件主要包括哪些？

答：电力非生产安全事件主要包括电力自然灾害事件、电力人身意外事件、电力交通事件和涉电公共安全事件。

（1）电力自然灾害事件：在电力生产工作中或在电力生产区域发生的，由不能预见或者不能抗拒的自然灾害直接造成人身伤亡、直接经济损失（含设备损坏）、设备停运等情形。

（2）电力人身意外事件：在电力生产工作中或在电力生产区域发生的，电力企业员工或承包商员工，因突发疾病（县级以上医疗机构诊断结果）、非过失等情形和行为造成死亡或重伤，且经县级以上安全生产监督管理部门认定为非生产安全事故。

（3）电力交通事件：在电力生产区域、进厂、进变电站等专用道路上或水域发生的，或交警和其他交通管理部门不处理的其他情形，由电力企业资产或实际使用的生产性交通工具造成的人员死亡或重伤。

（4）涉电公共安全事件：由于电力企业所管辖的设备、设施、人员等原因，造成社会人员死亡或重伤。

8．生产经营单位的安全生产责任主要有哪些？

答：生产经营单位的安全生产责任主要有生产经营单位必须遵守《中华人民共和国安全生产法》和其他有关安全生产的法律、法规，加强安全生产管理，建立、健全安全生产责任制和安全生产规章制度，改善安全生产条件，推进安全生产标准化建设，提高安全生产水平，确保安全生产。

9．生产经营单位需要提供哪些安全生产保障？

答：为保障安全生产，生产经营单位应当从以下几方面提供必要的保障：

（1）生产经营单位应当具备《中华人民共和国安全生产法》和有关法律、行政法规和国家标准或者行业标准规定的安全生产条件；不具备安全生产条件的，不得从事生产经营活动。

（2）生产经营单位应当建立相应的机制，加强对安全生产责任制落实情况的监督考核，保证安全生产责任制的落实。

（3）有关生产经营单位应当按照规定提取和使用安全生产费用，专门用于改善安全生产条件；安全生产费用在成本中据实列支。

（4）矿山、金属冶炼、建筑施工、道路运输单位和危险物品的生产、经营、储存单位，应当设置安全生产管理机构或者配备专职安全生产管理人员。除此以外的其他生产经营单位，从业人员超过一百人的，应当设置安全生产管理机构或者配备专职安全生产管理人员；从业人员在一百人以下的，应当配备专职或者兼职的安全生产管理人员；生产经营单位的主要负责人和安全生产管理人员必须具备与本单位所从事的生产经营活动相应的安全生产知识和管理能力。

（5）生产经营单位应当建立安全生产教育和培训档案，如实记录安全生产教育和培训的时间、内容、参加人员以及考核结果等情况；生产经营单位的特种作业人员必须按照国家有关规定经专门的安全作业培训，取得相应资格，方可上岗作业。

10. 生产经营单位的安全生产责任制应当如何确定？

答： 根据《中华人民共和国安全生产法》，生产经营单位的安全生产责任制应当明确各岗位的责任人员、责任范围和考核标准等内容。生产经营单位应当建立相应的机制，加强对安全生产责任制落实情况的监督考核，保证安全生产责任制的落实。

11. 生产经营单位的主要负责人对安全生产工作负有哪些职责？

答： 根据《中华人民共和国安全生产法》，生产经营单位的主要负责人对本单位安全生产工作负有下列职责：

（1）建立、健全本单位安全生产责任制。

（2）组织制定本单位安全生产规章制度和操作规程。

（3）组织制定并实施本单位安全生产教育和培训计划。

（4）保证本单位安全生产投入的有效实施。

（5）督促、检查本单位的安全生产工作，及时消除生产安全事故隐患。

（6）组织制定并实施本单位的生产安全事故应急救援预案。

（7）及时、如实报告生产安全事故。

（8）生产经营单位发生生产安全事故时，单位的主要负责人应当立即组织抢救，并不得在事故调查处理期间擅离职守。

12. 生产经营单位应当给从业人员提供哪些基本保障？

答： 根据《中华人民共和国安全生产法》，生产经营单位应当给从业人员提供以下保障：

（1）生产经营单位应当对从业人员进行安全生产教育和培训，保证从业人员具备必要的安全生产知识，熟悉有关的安全生产规章制度和安全操作规程，掌握本岗位的安全操作技能，了解事故应急处理措施，知悉自身在安全生产方面的权利和义务。未经安全生产教育和培训合格的从业人员，不得上岗作业。

（2）生产经营单位使用被派遣劳动者的，应当将被派遣劳动者纳入本单位从业人员统一管理，对被派遣劳动者进行岗位安全操作规程和安全操作技能的教育和培训。

（3）生产经营单位接收中等职业学校、高等学校学生实习的，应当对实习学生进行相应的安全生产教育和培训，提供必要的劳动防护用品。学校应当协助生产经营单位对实习学生进行安全生产教育和培训。

（4）生产经营单位采用新工艺、新技术、新材料或者使用新设备，必须了解、掌握其安全技术特性，采取有效的安全防护措施，并对从业人员进行专门的安全生产教育和培训。

13. 从业人员有哪些安全生产的权利和义务?

答: 根据《中华人民共和国安全生产法》,从业人员依法享有以下安全生产的权利和义务:

(1) 生产经营单位与从业人员订立的劳动合同,应当载明有关保障从业人员劳动安全、防止职业危害的事项,以及依法为从业人员办理工伤保险的事项。

(2) 生产经营单位不得以任何形式与从业人员订立协议,免除或者减轻其对从业人员因生产安全事故伤亡依法应承担的责任。

(3) 从业人员有权了解其作业场所和工作岗位存在的危险因素、防范措施及事故应急措施,有权对本单位的安全生产工作提出建议从业人员有权对本单位安全生产工作中存在的问题提出批评、检举、控告;有权拒绝违章指挥和强令冒险作业。

(4) 从业人员发现直接危及人身安全的紧急情况时,有权停止作业或者在采取可能的应急措施后撤离作业场所。

(5) 因生产安全事故受到损害的从业人员,除依法享有工伤保险外,依照有关民事法律尚有获得赔偿的权利的,有权向本单位提出赔偿要求。

(6) 从业人员在作业过程中,应当严格遵守本单位的安全生产规章制度和操作规程,服从管理,正确佩戴和使用劳动防护用品。

(7) 从业人员应当接受安全生产教育和培训,掌握本职工作所需的安全生产知识,提高安全生产技能,增强事故预防和应急处理能力。

(8) 从业人员发现事故隐患或者其他不安全因素,应当立即向现场安全生产管理人员或者本单位负责人报告;接到报告的人员应当及时予以处理。

14. 电力生产安全事故发生后,电力企业应当如何进行事故处理?

答: 根据《电力安全事故应急处置和调查处理条例》(国务院令第599号),事故发生后,电力企业和其他有关单位应当按照规定及时、准确报告事故情况,开展应急处置工作,防止事故扩大,减轻事故损害。电力企业应当尽快恢复电力生产、电网运行和电力(热力)正常供应。

15. 发生电力事故后应当如何汇报?

答: 根据《电力安全事故应急处置和调查处理条例》(国务院令第599号),事故发生后,事故现场有关人员应当立即向发电厂、变电站运行值班人员、电力调度机构值班人员或者本企业现场负责人报告。有关人员接到报告后,应当立即向上一级电力调度机构和本企业负责人报告。本企业负责人接到报告后,应当立即向国务院电力监管机构设在当地的派出机构(以下称事故发生地电力监管机构)、县级以上人民政府安全生产监督管理部门报告;热电厂事故影响热力正常供应的,还应当向供热管理部门报告;事故涉及水电厂(站)大坝安全的,还应当同时向有管辖权的水行政主管部门或者流域管理机构报告。电力企业及其有关人员不得迟报、漏报或者瞒报、谎报事故情况。

16. 电力事故发生后应提交哪些资料?

答: 根据《电力安全事故应急处置和调查处理条例》(国务院令第599号),事故发生后,有关单位和人员应当妥善保护事故现场以及工作日志、工作票、操作票等相关材料，及时保存故障录波图、电力调度数据、发电机组运行数据和输变电设备运行数据等相关资料，并在事故调查组成立后将相关材料、资料移交事故调查组。

因抢救人员或者采取恢复电力生产、电网运行和电力供应等紧急措施，需要改变事故现场、移动电力设备的，应当做出标记、绘制现场简图，妥善保存重要痕迹、物证，并作出书面记录。

任何单位和个人不得故意破坏事故现场，不得伪造、隐匿或者毁灭相关证据。

17．电力事故调查由哪些机构组织开展？

答：根据《电力安全事故应急处置和调查处理条例》（国务院令第 599 号），特别重大事故由国务院或者国务院授权的部门组织事故调查组进行调查；重大事故由国务院电力监管机构组织事故调查组进行调查；较大事故、一般事故由事故发生地电力监管机构组织事故调查组进行调查。国务院电力监管机构认为必要的，可以组织事故调查组对较大事故进行调查；未造成供电用户停电的一般事故，事故发生地电力监管机构也可以委托事故发生单位调查处理。

18．电力事故调查组由哪些人员组成？

答：根据《电力安全事故应急处置和调查处理条例》（国务院令第 599 号），按照事故的具体情况，事故调查组由电力监管机构、有关地方人民政府、安全生产监督管理部门、负有安全生产监督管理职责的有关部门派人组成；有关人员涉嫌失职、渎职或者涉嫌犯罪的，应当邀请监察机关、公安机关、人民检察院派人参加。根据事故调查工作的需要，事故调查组可以聘请有关专家协助调查。事故调查组组长由组织事故调查组的机关指定。

19．电力事故报告包括哪些内容？

答：根据《电力安全事故应急处置和调查处理条例》（国务院令第 599 号），事故报告应当包括下列内容：

（1）事故发生的时间、地点（区域）以及事故发生单位。

（2）已知的电力设备、设施损坏情况，停运的发电（供热）机组数量、电网减供负荷或者发电厂减少出力的数值、停电（停热）范围。

（3）事故原因的初步判断。

（4）事故发生后采取的措施、电网运行方式、发电机组运行状况以及事故控制情况。

（5）其他应当报告的情况。

（6）事故报告后出现新情况的，应当及时补报。

20．电力生产安全事故调查报告提交时间期限有哪些要求？

答：电力生产安全事故调查报告提交时间期限有以下要求：

（1）重大以上事故的调查期限为 60 日。

（2）较大事故的调查期限为 45 日。

（3）一般事故的调查期限为 30 日。

（4）事故事件调查中需要进行技术鉴定的，调查组应当委托具有国家规定资质的单位进行技术鉴定，技术鉴定所需时间不计入调查期限。

（5）调查期限自事故事件发生之日算起，特殊情况下经批准可适当延长，但延长期限不超过原调查期限时长。

21．参与事故调查的人员在哪些情况下会被追究责任？

答：根据《生产安全事故报告和调查处理条例》规定，参与事故调查的人员在事故调查中有下列行为之一的，依法给予处分；构成犯罪的，依法追究刑事责任：

（1）对事故调查工作不负责任，致使事故调查工作有重大疏漏的。

（2）包庇、袒护负有事故责任的人员或者借机打击报复的。

22．电力事故调查的期限是多长时间？

答：根据《电力安全事故应急处置和调查处理条例》（国务院令第 599 号），按照事故的具体情况，事故调查组由电力监管机构、有关地方人民政府、安全生产事故调查组应当按照国家有关规定开展事故调查，并在下列期限内向组织事故调查组的机关提交事故调查报告：

（1）特别重大事故和重大事故的调查期限为 60 日；特殊情况下，经组织事故调查组的机关批准，可以适当延长，但延长的期限不得超过 60 日。

（2）较大事故和一般事故的调查期限为 45 日；特殊情况下，经组织事故调查组的机关批准，可以适当延长，但延长的期限不得超过 45 日。

事故调查期限自事故发生之日起计算。

23．什么是电力安全生产隐患？

答：电力安全生产隐患是指电力生产和建设施工过程中产生的可能造成人身伤害，或影响电力（热力）正常供应，或对电力系统安全稳定运行构成威胁的设备设施不安全状态、不良工作环境以及安全管理方面的缺失。

24．根据隐患的危害程度，电力安全生产隐患如何分类？

答：根据隐患的危害程度，隐患分为重大隐患和一般隐患。

重大隐患，是指可能造成一般以上人身伤亡事故、电力安全事故，直接经济损失 100 万元以上的电力设备事故和其他对社会造成较大影响事故的隐患。重大隐患分为Ⅰ级重大隐患和Ⅱ级重大隐患。

一般隐患是指可能造成电力安全监管机构规定的电力安全事件，直接经济损失 10 万元以上、100 万元以下的电力设备事件，人身轻伤和其他对社会造成影响事件的隐患。

25．根据隐患的产生原因和可能导致电力事故事件的类型，电力安全生产隐患如何分类？

答：根据隐患的产生原因和可能导致电力事故事件的类型，隐患可分为人身安全隐患、电力安全隐患、设备设施隐患、大坝安全隐患、安全管理隐患和其他安全隐患六类。

26．发现重大事故隐患应向上级报告的内容有哪些？

答：当发现重大事故隐患的时候，应当报告的内容有：

（1）隐患的现状及其产生的原因。

（2）隐患的危害程度和整改的难易程度分析。

（3）隐患的治理方案。

27．重大事故隐患治理方案包含哪些内容？

答：当发现重大事故隐患的时候，应当由单位主要负责人组织制定并实施事故隐患治理方案。主要包括：

（1）负责重大事故隐患治理的机构和人员。

（2）采取的方法和措施。

（3）治理的目标和任务。

（4）治理的时限和要求。

（5）安全措施和应急预案。

（6）重大事故隐患治理需要的经费和物资的落实。

28．什么是双重预防机制？

答：双重预防机制是指"安全生产风险分级管控和隐患排查治理双重预防体系"，建立实施双重预防体系，核心是树立安全风险意识，关键是全员参与、全过程控制，目的是通过精准、有效管控风险，切断隐患产生和转化成事故的源头，实现关口前移、预防为主。

29．什么是"一线三排"？

答："一线"是指坚守发展决不能以牺牲人的生命为代价这条不可逾越的红线。"三排"包括事故隐患的排查、排序、排除。排查是组织安全管理人员、工程技术人员和其他相关人员对本单位的隐患进行排查，并按隐患等级进行登记，建立隐患信息档案的过程。排序是按照隐患整改、治理的难度及其影响范围，分清轻重缓急，对隐患进行分级分类的过程。排除是消除或控制隐患的过程。

第三节　配电安全相关的法律法规

1．我国的安全生产方针是什么？

答：我国的安全生产方针是：安全第一，预防为主，综合治理。

"安全第一"是安全生产方针的基础，当安全和生产发生矛盾时，必须首先解决安全问题，确保劳动者生产劳动时必备的安全生产条件。

"预防为主"是安全生产方针的核心和具体体现，是保障安全生产的根本途径，除自然灾害等人力不可抗拒原因造成的事故以外，任何事故都可以预防，必须把可能导致事故发生的所有的机理或因素，消除在事故发生之前。

事故源于隐患，只有实施"综合治理"，主动排查、综合治理各类隐患，把事故消灭在萌芽状态，才能有效防范事故，把"安全第一"落到实处。

2．《中央企业安全生产禁令》的内容是什么？

答：《中央企业安全生产禁令》的内容如下：

（1）严禁在安全生产条件不具备、隐患未排除、安全措施不到位的情况下组织生产。

（2）严禁使用不具备国家规定资质和安全生产保障能力的承包商和分包商。

（3）严禁超能力、超强度、超定员组织生产。

（4）严禁违章指挥、违章作业、违反劳动纪律。

（5）严禁违反程序擅自压缩工期、改变技术方案和工艺流程。

（6）严禁使用未经检验合格、无安全保障的特种设备。

（7）严禁不具备相应资格的人员从事特种作业。

（8）严禁未经安全培训教育并考试合格的人员上岗作业。

（9）严禁迟报、漏报、谎报、瞒报生产安全事故。

3. 《中华人民共和国刑法修正案（十一）》修改了哪些安全生产有关的内容？

答：《中华人民共和国刑法修正案（十一）》（中华人民共和国主席令第66号）修改的安全生产内容主要如下：

（1）修改了强令违章冒险作业罪，增加了"明知存在重大事故隐患而不排除，仍冒险组织作业"的行为。

（2）增加了关闭破坏生产安全设备设施和篡改、隐瞒、销毁数据信息的犯罪。

（3）增加了拒不整改重大事故隐患的犯罪。

（4）增加了擅自从事高危生产作业活动的犯罪。

（5）修改了提供虚假证明文件罪，增加了"保荐、安全评价、环境影响评价、环境监测等职责的中介组织的人员"为犯罪主体。

4. 国家对保护电力设施有哪些要求？

答：根据《中华人民共和国电力法》规定，应当从以下几方面做好电力设施保护：

（1）电力管理部门应当按照国务院有关电力设施保护的规定，对电力设施保护区设立标示。

（2）任何单位和个人不得在依法划定的电力设施保护区内修建可能危及电力设施安全的建筑物、构筑物，不得种植可能危及电力设施安全的植物，不得堆放可能危及电力设施安全的物品。

（3）在依法划定电力设施保护区前已经种植的植物妨碍电力设施安全的，应当修剪或者砍伐。

5. 哪些危及电力设施安全的作业行为将被处罚？

答：根据《中华人民共和国电力法》规定，未经批准或者未采取安全措施在电力设施周围或者在依法划定的电力设施保护区内进行作业，会危及电力设施安全，将会被电力管理部门责令停止作业、恢复原状并赔偿损失。

6. 破坏电力设备将受到哪些处罚？

答：根据《中华人民共和国刑法修正案（十一）》（中华人民共和国主席令第66号）第一百一十八条破坏电力设备罪规定：破坏电力、燃气或者其他易燃易爆设备，危害公共安全，尚未造成严重后果的，处三年以上十年以下有期徒刑。第一百一十九条破坏交通工具罪规定：破坏交通工具、交通设施、电力设备、燃气设备、易燃易爆设备，造成严重后果的，处十年以上有期徒刑、无期徒刑或者死刑。过失犯前款罪的，处三年以上七年以下有期徒刑；情节较轻的，处三年以下有期徒刑或者拘役。

根据最高人民法院《关于审理破坏电力设备刑事案件具体应用法律若干问题的解释》（法释〔2007〕15 号）第一条 破坏电力设备 以破坏电力设备罪判处十年以上有期徒刑、无期徒刑或者死刑：

（一）造成一人以上死亡、三人以上重伤或者十人以上轻伤的；

（二）造成一万以上用户电力供应中断六小时以上，致使生产、生活受到严重影响的；

（三）造成直接经济损失百万元以上的；

（四）造成其他危害公共安全严重后果的。

第二条 过失损坏电力设备 以过失损坏电力设备罪判处三年以上七年以下有期徒刑；情节较轻的，处三年以下有期徒刑或者拘役。

7. 盗窃、损毁电力设备将受到哪些处罚？

答：根据《中华人民共和国治安管理处罚法》（中华人民共和国主席令第 67 号）第三十三条规定：盗窃、损毁油气管道设施、电力电信设施、广播电视设施、水利防汛工程设施或者水文监测、测量、气象测报、环境监测、地质监测、地震监测等公共设施的，处 10 日以上 15 日以下拘留。

8. 在有电力设施的区域施工前，施工方应该做哪些工作？

答：任何单位和个人需要在依法划定的电力设施保护区内进行可能危及电力设施安全的作业时，应当经电力管理部门批准并采取安全措施后，方可进行作业，同时做好以下工作：

（1）施工前进行交底，明确施工范围和电力设施保护要求，针对前期交过底但由于各种原因延迟开工、后期突然进场施工和主要施工单位更换情况，进行再次交底。

（2）交底不能代替物探，地埋电缆走向不清晰的，须委托有资质的单位进行物探，实施电力设施保护或者迁改。

（3）加强吊车、钩机、打桩机等特种车辆管理，持证上岗，针对性开展安全文明施工和电力安全意识培训，严格执行特种车辆作业监护制度。

（4）临近电力线路施工，须落实相关技防措施，包括现场警示标语、电力走向标准、画线，车辆限高龙门架、杆塔基础护墩等。

（5）施工方是落实技防措施的责任主体，相应技防措施必须经我局运行人员验收合格后方可施工。

9. 哪些影响电力生产运行的行为将会被追究责任？

答：根据《中华人民共和国电力法》规定，有下列行为之一，应当给予治安管理处罚的，由公安机关依照治安管理处罚法的有关规定予以处罚；构成犯罪的，依法追究刑事责任：

（1）阻碍电力建设或者电力设施抢修，致使电力建设或者电力设施抢修不能正常进行的。

（2）扰乱电力生产企业、变电所、电力调度机构和供电企业的秩序，致使生产、工作和营业不能正常进行的。

（3）殴打、公然侮辱履行职务的查电人员或者抄表收费人员的。

（4）拒绝、阻碍电力监督检查人员依法执行职务的。

10.按照《中华人民共和国电力法》规定,电力生产与电网运行应当遵循什么原则?

答:根据《中华人民共和国电力法》规定,电力生产与电网运行应当遵循安全、优质、经济的原则。电网运行应当连续、稳定,保证供电可靠性。

11.按照《中华人民共和国电力法》规定,供电企业对用户供电负有哪些职责?

答:按照《中华人民共和国电力法》规定,供电企业应当保证供给用户的供电质量符合国家标准。对公用供电设施引起的供电质量问题,应当及时处理。用户对供电质量有特殊要求的,供电企业应当根据其必要性和电网的可能,提供相应的电力。供电企业在发电、供电系统正常的情况下,应当连续向用户供电,不得中断。因供电设施检修、依法限电或者用户违法用电等原因,需要中断供电时,供电企业应当按照国家有关规定事先通知用户。用户对供电企业中断供电有异议的,可以向电力管理部门投诉;受理投诉的电力管理部门应当依法处理。

12.按照《中华人民共和国电力法》规定,用户需要遵守哪些规定?

答:按照《中华人民共和国电力法》规定,用户用电不得危害供电、用电安全和扰乱供电、用电秩序。对危害供电、用电安全和扰乱供电、用电秩序的,供电企业有权制止。

13.地方各级电力管理部门在保护电力设施方面的职责是什么?

答:根据我国《电力设施保护条例》,县级以上地方各级电力管理部门在保护电力设施方面主要有以下职责:

（1）监督、检查本条例及根据本条例制定的规章的贯彻执行。

（2）开展保护电力设施的宣传教育工作。

（3）会同有关部门及沿电力线路各单位,建立群众护线组织并健全责任制。

（4）会同当地公安部门,负责所辖地区电力设施的安全保卫工作。

14.电力线路设施涉及的保护范围主要有哪些?

答:根据我国《电力设施保护条例》规定,电力线路设施涉及的保护范围主要有:

（1）架空电力线路:杆塔、基础、拉线、接地装置、导线、避雷线、金具、绝缘子、登杆塔的爬梯和脚钉,导线跨越航道的保护设施,巡（保）线站,巡视检修专用道路、船舶和桥梁,标示牌及其有关辅助设施。

（2）电力电缆线路:架空、地下、水底电力电缆和电缆联结装置,电缆管道、电缆隧道、电缆沟、电缆桥,电缆井、盖板、入孔、标石、水线标示牌及其有关辅助设施。

（3）电力线路上的变压器、电容器、电抗器、断路器、隔离开关、避雷器、互感器、熔断器、计量仪表装置、配电室、箱式变电站及其有关辅助设施。

（4）电力调度设施:电力调度场所、电力调度通信设施、电网调度自动化设施、电网运行控制设施。

15.地方各级电力管理部门应当采取哪些措施保护电力设施?

答:根据我国《电力设施保护条例》规定,县级以下地方各级电力管理部门应当采取以下措施保护电力设施:

（1）在必要的架空电力线路保护区的区界上,应设立标志,并标明保护区的宽度和保护规定。

（2）在架空电力线路导线跨越重要公路和航道的区段，应设立标志，并标明导线距穿越物体之间的安全距离。

（3）地下电缆铺设后，应设立永久性标志，并将地下电缆所在位置书面通知有关部门。

（4）水底电缆敷设后，应设立永久性标志，并将水底电缆所在位置书面通知有关部门。

16．在架空电力线路保护区内，哪些行为可能危害电力设施？

答：根据我国《电力设施保护条例》规定，任何单位或个人在架空电力线路保护区内不得进行以下危害电力设施的行为：

（1）堆放谷物、草料、垃圾、矿渣、易燃物、易爆物及其他影响安全供电的物品。

（2）烧窑、烧荒。

（3）兴建建筑物、构筑物。

（4）种植可能危及电力设施安全的植物。

17．在电力电缆线路保护区内需遵守什么规定？

答：根据我国《电力设施保护条例》规定，在电力电缆线路保护区内需遵守以下规定：

（1）不得在地下电缆保护区内堆放垃圾、矿渣、易燃物、易爆物，倾倒酸、碱、盐及其他有害化学物品，兴建建筑物、构筑物或种植树木、竹子。

（2）不得在海底电缆保护区内抛锚、拖锚。

（3）不得在江河电缆保护区内抛锚、拖锚、炸鱼、挖沙。

18．哪些行为可能危害电力设施？

答：根据我国《电力设施保护条例》规定，任何单位或个人都不得从事以下危害电力设施的行为：

（1）非法侵占电力设施建设项目依法征收的土地。

（2）涂改、移动、损害、拔除电力设施建设的测量标桩和标记。

（3）破坏、封堵施工道路，截断施工水源或电源。

19．对阻碍电力设施建设的农作物、植物该如何处理？

答：根据我国《电力设施保护条例》规定，对阻碍电力设施建设的农作物、植物做以下处理：

（1）新建、改建或扩建电力设施，需要损害农作物，砍伐树木、竹子，或拆迁建筑物及其他设施的，电力建设企业应按照国家有关规定给予一次性补偿。

（2）在依法划定的电力设施保护区内种植的或自然生长的可能危及电力设施安全的树木、竹子，电力企业应依法予以修剪或砍伐。

第四节　配电网作业安全工器具和生产用具

1．配电网作业常用的安全工器具有哪些？其作用是什么？

答：配电网作业常用的安全工器具及作用见表3-3。

表 3-3　　　　　　　　　　配电网作业常用的安全工器具及作用

序号	类型	图示	名称	作用
1	绝缘安全工器具	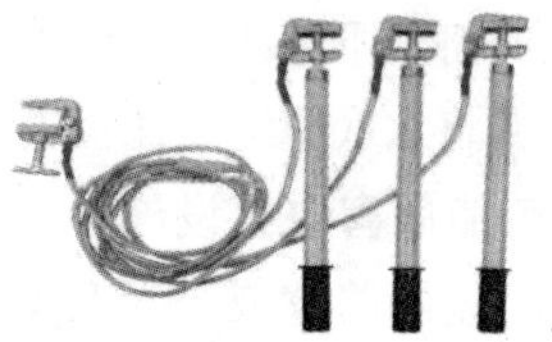	接地线	用于将已停电设备或线路临时短路接地,以防止已停电的设备或线路上意外出现电压,对工作人员造成伤害,保证工作人员的安全
2			验电器	检测电气设备或线路上是否存在工作电压
3			绝缘操作杆(棒)	用于短时间对带电设备进行操作,如合上或拉开高压隔离开关、跌落保险或安装和拆除临时接地线及带电测量和试验等
4			个人保安线	用于保护工作人员防止感应电伤害
5		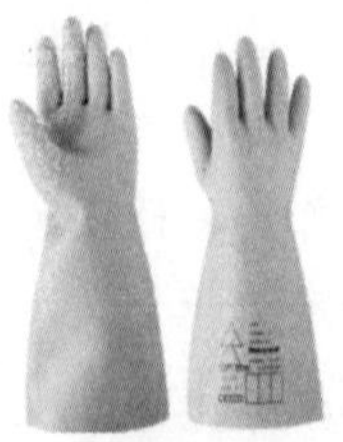	绝缘手套	在高压电气设备上进行操作时使用的辅助安全用具,如用于操作高压隔离开关、高压跌落开关、装拆接地线、在高压回路上验电等工作
6			绝缘鞋(靴)	由特种橡胶制成用于人体与地面绝缘的靴子。作为防护跨步电压、接触电压的安全用具,也是高压设备上进行操作时使用的辅助安全用具

续表

序号	类型	图示	名称	作用
7	绝缘安全工器具		绝缘绳	由天然纤维材料或合成纤维材料制成的在干燥状态下具有良好电气绝缘性能的绳索,用于电力作业时,上下传递物品或固定物件
8			绝缘垫	是由特种橡胶制成的,用于加强工作人员对地绝缘的橡胶板,属于辅助绝缘安全工器具
9			绝缘罩	由绝缘材料制成,起遮蔽或隔离的保护作用,防止作业人员与带电体距离过近或发生直接接触
10			绝缘挡板	用于 10kV、35kV 设备上因安全距离不够而隔离带电部件、限制工作人员活动范围
11	登高安全工器具		安全带	用于防止高处作业人员发生坠落或发生坠落后将作业人员安全悬挂
12			绝缘梯	由竹料、木料、绝缘材料等制成,用于电力行业高处作业的辅助攀登工具

续表

序号	类型	图示	名称	作用
13	登高安全工器具	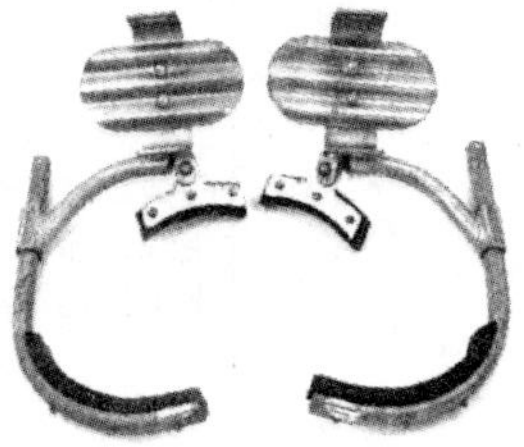	脚扣	套在鞋外,脚扣以半圆环和根部装有橡胶套或橡胶垫来实现防滑,能扣住围杆,支持登高,并能辅助安全带防止坠落
14		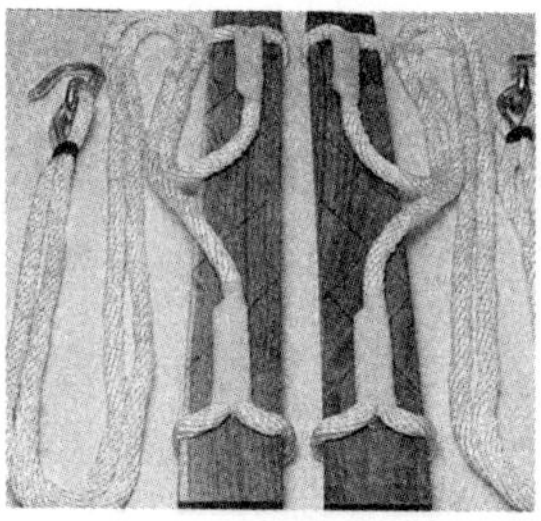	踏板(登高板、升降板)	用于攀登电杆的坚硬木板,是攀登水泥电杆的主要工具之一,且不论电杆直径大小均适用
15	个人安全防护用具		安全帽	用于保护使用者头部,使头部免受或减轻外力冲击伤害
16			护目镜或防护面罩	在维护电气设备和进行检修工作时,保护工作人员不受电弧灼伤以及防止异物落入眼内
17			防电弧服	用于保护可能暴露于电弧和相关高温危害中人员躯干、手臂部和腿部的防护服,应与电弧防护头罩、电弧防护手套和电弧防护鞋罩(或高筒绝缘靴)同时使用

续表

序号	类型	图示	名称	作用
18	个人安全防护用具	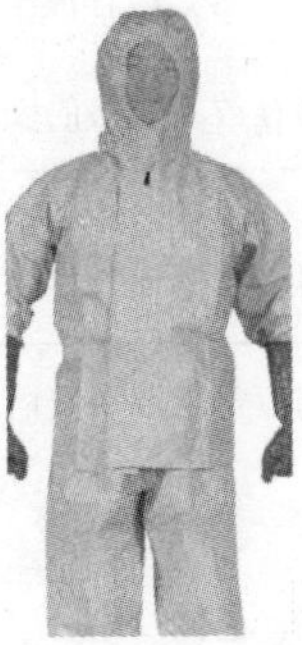	屏蔽服	保护作业人员在强电场环境中身体免受感应电伤害,具有消除感应电的分流作用
19	安全围栏(网)、临时遮栏		安全围栏(网)、临时遮栏	用于防护作业人员过分接近带电体或防止人员误入带电区域的一种安全防护用具,也可作为工作位置与带电设备之间安全距离不够时的安全隔离装置
20	安全技术措施标示牌		安全技术措施标示牌	在生产场所内设置标示牌主要起到警示和提醒作用,在需要采取防护的相关地方设置标示牌,目的是保证人身安全、减少安全隐患
21	安全工器具柜		安全工器具柜	用于存储工器具,防止工器具受潮,保持工器具的性能,延长安全工器具的寿命

2. 安全工器具存放及运输需要注意哪些事项?

答:安全工器具存放及运输的常见注意事项见表 3-4。

表 3-4 安全工器具存放及运输的常用注意事项

使用情况	基本要求及注意事项
保管存放基本要求	（1）安全工器具存放环境应干燥通风；绝缘安全工器具应存放于温度－15～40℃、相对湿度不大于 80%的环境中。 （2）安全工器具室内应配置适用的柜、架，不准存放不合格的安全工器具及其他物品
储存运输基本要求	绝缘工具在储存、运输时不准与酸、碱、油类和化学药品接触，并要防止阳光直射或雨淋。橡胶绝缘用具应放在避光的柜内或支架上，上面不得堆压任何物件，并撒上滑石粉
使用前检查注意事项	安全工器具每月及使用前应进行外观检查，外观检查主要检查内容包括： （1）是否在产品有效期内和试验有效期内。 （2）螺丝、卡扣等固定连接部件是否牢固。 （3）绳索、铜线等是否断股。 （4）绝缘部分是否干净、干燥、完好，有无裂纹、老化；绝缘层脱落、严重伤痕等情况。 （5）金属部件是否有锈蚀、断裂等现象

3．绝缘安全工器具主要有哪些？使用中有哪些注意事项？

答：绝缘安全工器具主要有接地线、验电器、绝缘操作杆（棒）、个人保安线、绝缘手套、绝缘鞋（靴）、绝缘绳、绝缘垫、绝缘罩、绝缘挡板等。其主要使用注意事项见表 3-5。

表 3-5 绝缘安全工器具及注意事项

绝缘安全工器具名称	使用注意事项	试验周期
接地线	（1）使用接地线前，经验电确认已停电设备上确无电压。 （2）装设接地线时，先接接地端，再接导线端；拆除时顺序相反。 （3）装设接地线时，考虑接地线摆动的最大幅度外沿与设备带电部位的最小，距离应不小于安全工作规程所规定的安全距离。 （4）严禁不用线夹而用缠绕方法进行接地线短路	≤5 年
验电器	（1）按被测设备的电压等级，选择同等电压等级的验电器。 （2）验电器绝缘杆外观应完好，自检声光指示正常；验电时必须戴绝缘手套，使用拉杆式验电器前，需将绝缘杆抽出足够的长度。 （3）在已停电设备上验电前，应先在同一电压等级的有电设备上试验，确保验电器指示正常。 （4）操作时手握验电器护环以下的部位，逐渐靠近被测设备，操作过程中操作人与带电体的安全距离不小于安全工作规程所规定。 （5）禁止使用超过试验周期的验电器。 （6）使用完毕后应收缩验电器杆身，及时取下显示器，将表面擦净后放入包装袋（盒）存放在干燥处	1 年
绝缘操作杆（棒）	（1）必须适用于操作设备的电压等级，且核对无误后才能使用；使用前用清洁、干燥的毛巾擦拭绝缘工具的表面。 （2）操作人应戴绝缘手套，穿绝缘靴；下雨天用绝缘杆（棒）在高压回路上工作，还应使用带防雨罩的绝缘杆。 （3）操作人应选择合适站立位置，与带电体保持足够的安全距离，注意防止绝缘杆被人体或设备短接，以保持有效的绝缘长度。 （4）使用过程中防止绝缘棒与其他物体碰撞而损坏表面绝缘漆。 （5）使用绝缘棒装拆地线等较重的物体时，应注意绝缘杆受力角度，以免绝缘杆损坏或被装拆物体失控落下，造成人员和设备损伤	1 年

续表

绝缘安全工器具名称	使用注意事项	试验周期
个人保安线	（1）工作地段有邻近、平行、交叉跨越及同杆塔线路，需要接触或接近停电线路的导线工作时，应装设接地线或使用个人保安线。 （2）装设个人保安线应先装接地端，后接导体端，拆个人保安线顺序与此相反。 （3）装拆均应使用绝缘棒或专用绝缘绳进行操作，并戴绝缘手套，装、拆时人体不得触碰接地线或未接地的导线，以防止感应电触电。 （4）在同塔架设多回线路杆塔的停电线路上装设的个人保安线，应采取措施防止摆动，并满足在带电线路杆塔上工作与带电导线最小安全距离。 （5）个人保安线应在接触或接近导线前装设，作业结束，人员脱离导线后拆除。 （6）个人保安线应使用有透明护套的多股软铜线，截面积不应小于 16mm²，并有绝缘手柄或绝缘部件。 （7）不应以个人保安线代替接地线。 （8）工作现场使用的个人保安线应放入专用工具包内，现场使用前应检查各连接部位的连接螺栓坚固良好	≤5 年
绝缘手套	（1）绝缘手套佩戴在工作人员双手上，且手指和手套指控吻合牢固；不能戴绝缘手套抓、拿表面尖利、带电刺的物品，以免损伤绝缘手套。 （2）绝缘手套表面出现小的凹陷、隆起，如凹陷直径小于 1.6mm，凹陷边缘及表面没有破裂；凹陷不超过 3 处，且任意两点间距大于 15mm；小的隆起仅为小块凸起橡胶，不影响橡胶的弹性；手套的手掌和手指分叉处没有小的凹陷、隆起，绝缘手套仍可使用。 （3）沾污的绝缘手套可用肥皂和不超过 65℃的清水洗涤；有类似焦油、油漆等物质残留在手套上，在未清洗前不宜使用，清洗时应使用专用的绝缘橡胶制品去污剂，不得采用香蕉水和汽油进行去污，否则会损坏绝缘性；受潮或潮湿的绝缘手套应充分晾干并涂抹滑石粉后予以保存	6 个月
绝缘鞋（靴）	（1）绝缘靴不得作雨鞋或其他用，一般胶靴也不能代替绝缘靴使用。 （2）使用绝缘靴应选择与使用者相符合的鞋码，将裤管套入靴筒内，并要避免绝缘靴触及尖锐的物体，避免接触高温或腐蚀性物质。 （3）绝缘靴应存放在干燥、阴凉的专用封闭柜内，不得接触酸、碱、油品、化学药品或在太阳下暴晒，其上面不得放压任何物品。 （4）合格与不合格的绝缘靴不准混放，超试验期的绝缘靴禁止使用	6 个月
绝缘绳	（1）作业前应整齐摆放在绝缘帆布上，避免弄脏绝缘绳。 （2）高空作业时严禁乱扔、抛掷绝缘绳。 （3）使用前用清洁、干燥的毛巾擦拭表面，使用后必须清理干净并将绝缘绳捋好，避免打结错乱。 （4）校验不合格的或已过有效期限的绝缘绳必须立即更换，及时报废并销毁	6 个月
绝缘垫	（1）绝缘胶垫应保持干燥、清洁、完好，应避免阳光直射或锐利金属划刺；出现割裂、划痕、破损、厚度减薄，不足以保证绝缘性能等情况时，应及时更换。 （2）绝缘胶垫使用时应避免与热源距离太近，以防急剧老化变质使绝缘性能下降；不得与酸、碱、油品、化学药品等物质接触	1 年
绝缘罩	（1）必须适用于被遮蔽对象的电压等级，且核对无误后才能使用。 （2）绝缘罩上应有操作定位装置，以便可以用绝缘杆装设与拆卸；应有防脱落装置，以保证绝缘罩不会由于风吹等原因从它遮蔽的部位而脱落；绝缘罩上应安装一个或几个锁定装置，闭锁部件应便于闭锁或开启，闭锁部件的闭锁和开启应能使用绝缘杆来操作。如表面有轻度擦伤，应涂绝缘漆处理。 （3）绝缘罩只允许在 35kV 及以下电压的电气设备上使用，并应有足够的绝缘和机械强度。 （4）现场带电安放绝缘罩时，应戴绝缘手套、使用绝缘操作杆，必要时可用绝缘绳索将其固定	1 年

续表

绝缘安全 工器具名称	使用注意事项	试验周期
绝缘挡板	（1）只允许在 35kV 及以下电压的电气设备上使用，并应有足够的绝缘和机械强度，用于 10kV 电压等级时，绝缘挡板的厚度不应小于 3mm，用于 35kV 电压等级时不应小于 4mm。 （2）现场带电安放绝缘挡板时，应使用绝缘操作杆并戴绝缘手套。 （3）绝缘挡板在放置和使用中要防止脱落，必要时可用绝缘绳索将其固定。 （4）绝缘挡板应放置在干燥通风的地方或垂直放在专用的支架上。 （5）装拆绝缘隔板时应按安全规程要求与带电部分保持足够距离，或使用绝缘工具进行装拆	1 年

4. 登高安全工器具主要有哪些？使用中有哪些注意事项？

答： 登高安全工器具主要有安全带、绝缘梯、脚扣踏板（登高板、升降板）等，其使用注意事项见表 3-6。

表 3-6 　　　　　　　　　　　　**登高安全工器具及注意事项**

登高安全 工器具名称	使用注意事项	试验周期
安全带	（1）安全带应高挂低用，注意防止摆动碰撞；使用 3m 以上长绳应加缓冲器（自锁钩所用的吊绳例外）；缓冲器、速差式装置和自锁钩可以串联使用。 （2）不准将绳打结使用，也不准将钩直接挂在安全绳上使用，应挂在连接环上用。 （3）安全带上的各种部件不得任意拆除，更换新绳时要注意加绳套；使用频繁的绳，要经常做外观检查，发现异常时应立即更换新绳。 （4）不可将安全腰绳用于起吊工器具或绑扎物体等；安全腰绳使用时应受力冲击一次，并应系在牢固的构件上，不得系在棱角锋利处。 （5）安全带打在吊篮上进行电位转移时必须增加后备保护措施，主承力绳及保护绳应有足够的安全系数；作业移位、上下杆塔时不得失去安全带的保护。 （6）使用时应放在专用工具袋或工具箱内，运输时应防止受潮和受到机械、化学损坏；使用时安全带不得接触高温、明火和酸类、腐蚀性溶液物质	1 年
绝缘梯	（1）为了避免梯子向背后翻倒，其梯身与地面之间的夹角不大于 80°，为了避免梯子后滑，梯身与地面之间的夹角不得小于 60°。 （2）使用梯子作业时一人在上工作，另一人在下面扶稳梯子，不许两人上梯。 （3）严禁人在梯子上时移动梯子，严禁上下抛递工具、材料。 （4）硬质梯子的横档应嵌在支柱上，梯阶的距离不应大于 40cm，并在距梯顶 1m 处设限高标示。 （5）靠在管子上、导线上使用梯子时，其上端需用挂钩挂住或用绳索绑牢；伸缩梯调整长度后，要检查防下滑铁卡是否到位起作用，并系好防滑绳，梯角没有防滑装置或防滑装置破损、折梯没有限制开度的撑杆或拉链的严禁使用。 （6）在梯子上作业时，梯顶一般不应低于作业人员的腰部，或作业人员在距梯顶不小于 1m 的踏板上作业，以防朝后仰面摔倒。 （7）人字梯使用前防自动滑开的绳子要好，人在上面作业时不准调整防滑绳长度。人字梯应具有坚固的铰链和限制开度的拉链。 （8）在户外变电站和高压室内搬动梯子、管子等长物，应两人放倒搬运，并与带电部分保持足够的安全距离，以免人身触电气设备发生事故。 （9）作业人员在梯子上正确的站立姿势是：一只脚踏在踏板上，另一条腿跨入踏板上部第三格的空档中，脚钩着下一格踏板；人员在上、下梯子过程中，人体必须要与梯子保持三点接触	1 年

续表

登高安全 工器具名称	使用注意事项	试验周期
脚扣	（1）登杆前，使用人应对脚扣做人体冲击检验，方法是将脚扣系于电杆离地 0.5m 左右处，借人体重量猛力向下蹬踩。 （2）按电杆直径选择脚扣大小，并且不准用绳子或电线代替脚扣绑扎鞋子。 （3）登杆时必须与安全带配合使用以防登杆过程发生坠落事故。 （4）脚扣不准随意从杆上往下摔扔，作业前后应轻拿轻放，并妥善存放在工具柜内。 （5）对于调节式脚扣登杆过程中应根据杆径粗细随时调整脚扣尺寸；特殊天气使用脚扣时，应采取防滑措施	1 年
踏板（登高板、升降板）	（1）踏板使用前，要检查踏板有无裂纹或腐朽，绳索有无断股、松散。 （2）踏板挂钩时必须正钩，钩口向外、向上，切勿反钩，以免造成脱钩事故。 （3）登杆前，应先将踏板勾挂好使踏板离地面 15～20cm，用人体作冲击载荷试验，检查踏板有无下滑、绳索有无断裂、脚踏板有无折裂，方可使用；上杆时，左手扶住钩子下方绳子，然后用右脚脚尖顶住水泥杆塔上另一只脚，防止踏板晃动，左脚踏到左边绳子前端。 （4）为保证在杆上作业使身体平稳，不使踏板摇晃，站立时两腿前掌内侧应夹紧电杆。 （5）登高板不能随意从杆上往下摔扔，用后应妥善存放在工具柜内。 （6）定期检查并有记录，不能超期使用；特殊天气使用登高板时，应采取防滑措施	半年

5. 个人安全防护用具主要有哪些？使用中有哪些注意事项？

答：个人安全防护用具主要有：安全帽、护目镜或防护面罩、防电弧服、屏蔽服等，其使用注意事项见表 3-7。

表 3-7　　　　　　　　　　　个人安全防护用具及注意事项

个人安全防护 用具名称	使用注意事项	试验周期
安全帽	（1）进入生产现场（包括线路巡线人员）应佩戴安全帽。 （2）安全帽外观（含帽壳、帽衬、下颚带和其他附件）应完好无破损；破损、有裂纹的安全帽应及时更换。 （3）安全帽遭受重大冲击后，无论是否完好，都不得再使用，应作报废处理。 （4）穿戴应系紧下颚带，以防止工作过程中受到打击时脱落。 （5）长头发应盘入帽内；戴好后应将后扣拧到合适位置，下颚带和后扣松紧合适，以仰头不松动、低头不下滑为准	使用期限：从制造之日起，塑料帽≤2.5年，玻璃钢帽≤3.5 年
护目镜	（1）不同的工作场所和工作性质选用相应性能的护目镜，如防灰尘、烟雾、有毒气体的防护镜必须密封、遮边无通风孔且与面部接触严密；吊车司机和高空作业车操作人员应使用防风防阳光的透明镜或变色镜。 （2）护目镜应存放在专用的镜盒内，并放入工具柜内	—
防电弧服	（1）需根据预计可能的危害级别，选择合适防护等级的个人电弧防护用品。 （2）作业前，必须确认整套防护用品穿戴齐全，无皮肤外表外露。 （3）使用后的防护用品应及时去除污物，避免油污残留在防护用品表面影响其防护性能。 （4）损坏的个人电弧防护用品可以修补后使用，修补后的防护用品应符合《个人电弧防护用品通用技术》的要求方可再次使用。 （5）损坏并无法修补的个人电弧防护用品应立即报废。 （6）个人电弧防护用品一旦暴露在电弧能量之后应报废	—

个人安全防护 用具名称	使用注意事项	试验周期
屏蔽服	（1）应在屏蔽服内穿一套阻燃内衣。 （2）上衣、裤子、帽子、鞋子、袜子与手套之间的连接头要连接可靠。 （3）帽子应收紧系绳，尽可能缩小脸部外露面积，但以不遮挡视线、脸部舒适为宜。 （4）不能将屏蔽服作为短路线使用。 （5）全套屏蔽服穿好后，将连接头藏入衣裤内，减少屏蔽服尖端。 （6）使用万用表的直流电阻挡测量鞋尖至帽顶之间的直流电阻，应不大于20Ω	—

6. 安全围栏（网）主要有哪些？使用中有哪些注意事项？

答：安全围栏（网）分为硬质围栏、软质围网。使用时需遵循以下要求：

（1）安全围栏（网）通常与标示牌配合使用，固定方式根据现场实际情况采用，应保证稳定可靠。

（2）围栏包围停电设备时，应留有出入口。

（3）围栏包围带电设备、危险区域时，围栏应封闭，不得留出入口。

（4）临时遮栏（围栏）与带电体有足够的安全距离。

（5）工作人员不得擅自移动或拆除遮栏（围栏）、标示牌；因工作原因必须短时移动或拆除遮栏（围栏）、标示牌，应征得工作许可人同意，并在工作负责人的监护下进行，完毕后应立即恢复。

（6）一张安全围网不够大时可以拼接，但应正确安装使用；围栏应使用纵向宽度为0.8m的网状围栏、安全警示带或红色三角小旗围栏绳，其装设高度以顶部距离地面1.2m为宜，安装方式可采用临时底座、固定地桩等。

（7）存放安全围网应避免与高温明火、酸类物质、有锐角的坚硬物体及化学药品接触。

7. 作业现场安全标识主要有哪些？使用中有哪些注意事项？

答：作业现场安全标示主要有：禁止标识、警告标识、指令标识、提示标识，图形标识和配置原则见表3-8。

表3-8 作业现场安全标识和配置原则

禁止标识的配置原则			
序号	图形标识	名称	配置原则
1	 禁止合闸 有人工作	禁止合闸 有人工作	（1）设置在一经合闸即可送电到已停电检修（施工）设备的断路器、负荷开关和隔离开关的操作把手上； （2）设置在已停电检修（施工）设备的电源开关或合闸按钮上； （3）当位置不足以设置图形标示牌时可采用小尺寸的文字形式标示牌，规格120mm×80mm，采用白底红色，黑体字

序号	图形标识	名称	配置原则
2	禁止合闸 线路有人工作	禁止合闸 线路有人工作	（1）设置在已停电检修（施工）的电力线路的断路器、负荷开关和隔离开关的操作把手上； （2）当位置不足以设置图形标示牌时可采用小尺寸的文字形式标示牌，规格 120mm×80mm，采用白底红色，黑体字
3	不同电源 禁止合闸	不同电源 禁止合闸	（1）设置在作不同电源联络用（常开）的断路器、负荷开关和隔离开关的操作把手上或设备标示牌旁； （2）当位置不足以设置图形标示牌时可采用小尺寸的文字形式标示牌，规格 120mm×80mm，采用白底红色，黑体字
4	未经供电部门许可 禁止操作	未经供电 部门许可 禁止操作	（1）设置在用户电房里必须经供电部门许可才能操作的开关设备上； （2）当位置不足以设置带图形标示牌时可采用小尺寸的文字形式标示牌，规格 120mm×80mm，采用白底红色，黑体字
5	禁止烟火	禁止烟火	（1）设置在电房、材料库房内显著位置（入门易见）的墙上； （2）设置在电缆隧道出入口处，以及电缆井及检修井内适当位置； （3）设置在线路、油漆场所； （4）设置在需要禁止烟火的工作现场临时围栏上； （5）标示牌底边距地面约 1.5m 高

禁止标识的配置原则			
序号	图形标识	名称	配置原则
6		禁止攀爬 高压危险	（1）设置在铁塔，或附爬梯（钉）、电缆的水泥杆上； （2）设置在配电变压器台架上，可挂于主、副杆上及槽钢底的行人易见位置，也可使用支架安装； （3）设置在户外电缆保护管或电缆支架上（如受周围限制可适当减少尺寸）； （4）标示牌底边距地面 2.5～3.5m
7		施工现场 禁止通行	（1）设置在检修现场围栏旁； （2）设置在禁止通行的检修现场出入口处的适当位置
8		禁止跨越	（1）设置在电力土建工程施工作业现场围栏旁； （2）设置在深坑、管道等危险场所面向行人
9		未经许可 不得入内	（1）设置在电房出入口处的适当位置； （2）设置在电缆隧道出入口处的适当位置

续表

			禁止标识的配置原则
序号	图形标识	名称	配置原则
10		门口一带严禁停放车辆，堆放杂物等	（1）设置在电房的门上； （2）设置在变压器台架、变压器台的围栏或围墙的门上
11		禁止在电力变压器周围2米以内停放机动车辆或堆放杂物	（1）设置在城镇等人口密集地方的变压器台架上； （2）可挂于主、副杆上及槽钢底的行人易见位置，可使用支架安装
			警告标识的配置原则
1		止步高压危险	（1）设置在电房的正门及箱式电房、电缆分支箱的外壳四周； （2）设置在落地式变压器台、变压器台架的围墙、围栏及门上； （3）设置在户内变压器的围栏或变压器室门上
2		当心触电	（1）设置在临时电源配电箱、检修电源箱的门上； （2）设置在生产现场可能发生触电危险的电气设备上，如户外计量箱等

续表

警告标识的配置原则			
序号	图形标识	名称	配置原则
3		当心坠落	设置在易发生坠落事故的作业地点，如高空作业场地、山体边缘作业区等
4		当心火灾	设置在仓库、材料室等易发生火灾的危险场所
指令标识的配置原则			
1		必须戴安全帽	设置在生产场所、施工现场等的主要通道入口处
2		必须戴防护眼镜	（1）设置在对眼睛有伤害的各种作业场所和施工场所； （2）悬挂在焊接和金属切割设备、车床、钻床、砂轮机旁； （3）悬挂在化学处理、使用腐蚀剂或其他有害物质场所

<table>
<tr><td colspan="4">指令标识的配置原则</td></tr>
<tr><td>序号</td><td>图形标识</td><td>名称</td><td>配置原则</td></tr>
<tr>
<td>3</td>
<td></td>
<td>必须戴防毒
面具</td>
<td>设置在具有对人体有害的气体、气溶胶、烟尘等作业场所，如：喷漆作业场地、有毒物散发的地点或处理由毒物造成的事故现场</td>
</tr>
<tr>
<td>4</td>
<td></td>
<td>必须戴防护
手套</td>
<td>设置在易伤害手部的作业场所，如具有腐蚀、污染、灼烫、冰冻及触电危险等的作业地点</td>
</tr>
<tr>
<td>5</td>
<td></td>
<td>必须穿防护鞋</td>
<td>设置在易伤害脚部的作业场所，如：具有腐蚀、灼烫、触电、砸（刺）伤等危险的作业地点</td>
</tr>
<tr>
<td>6</td>
<td></td>
<td>必须系安全带</td>
<td>（1）设置在高度 1.5～2m 周围没有设置防护围栏的作业地点；
（2）设置在高空作业场所</td>
</tr>
</table>

续表

指令标识的配置原则			
序号	图形标识	名称	配置原则
7		注意通风	（1）设置在户内 SF$_6$ 设备室的合适位置； （2）设置在密封工作场所的合适位置； （3）设置在电缆井及检修井入口处适当位置

提示标识的配置原则			
1		紧急出口	设置在便于安全疏散的紧急出口，与方向箭头结合设在通向紧急出口的通道、楼梯口等处
2		急救点	设置在现场急救仪器设备及药品的地点

续表

序号	图形标识	名称	配置原则
	提示标识的配置原则		
3	从此上下	从此上下	设置在现场工作人员可以上下的棚架、爬梯上
4	在此工作	在此工作	设置在工作地点或检修设备上

8. 现场作业机具主要有哪些？使用中有哪些注意事项？

答： 常用的现场作业机具包括滤油机、移动应急灯、冲击钻、手电钻、袖珍磨机、电动扳手、电动液压钳、电焊机、电动螺丝刀、管子钳、卷扬机、抱杆、滑车、钢丝绳（套）、卡线器、双钩紧线器、卸扣、纤维绳、合成纤维吊装带等。使用应注意以下事项：

（1）现场使用的机具应经检验合格，严禁使用未经试验合格、已报废或存在安全隐患的机具。

（2）机具应按说明书或使用手册使用，遵循操作规程。

（3）机具的各种监测仪表以及制动器、限位器、安全阀和闭锁机构等安全装置应完好。

主要的使用注意事项见表3-9。

表 3-9 常见现场作业机具使用注意事项

现场作业机具名称	使用注意事项	试验周期
卷扬机	（1）作业前应进行检查和试车，确认卷扬机设置稳固，防护设施完备。 （2）作业中发现异响、制动不灵等异常情况时，应立即停机检查，排除故障后方可使用。 （3）卷扬机未完全停稳时不得换挡或改变转动方向。	每月检查
	（4）设置导向滑车应对正卷筒中心。导向滑轮不得使用开口拉板式滑轮。滑车与卷筒的距离不应小于卷筒（光面）长度的20倍，与有槽卷筒不应小于卷筒长度的15倍，且应不小于15m。 （5）卷扬机不得在转动的卷筒上调整牵引绳位置。 （6）卷扬机必须有可靠的接地装置	1年

续表

现场作业机具名称	使用注意事项	试验周期
抱杆	抱杆出现以下情况需要禁止使用： （1）圆木抱杆：木质腐朽、损伤严重或弯曲过大。 （2）金属抱杆：整体弯曲超过杆长的 1/600。 （3）局部弯曲严重、磕瘪变形、表面严重腐蚀、缺少构件或螺栓、裂纹或脱焊。 （4）抱杆脱帽环表面有裂纹、螺纹变形或螺栓缺少	—
卡线器	（1）卡线器的规格、材质应与所夹持的线（绳）规格、材质相匹配。 （2）卡线器有裂纹、弯曲、转轴不灵活或钳口斜纹磨平等缺陷时不应使用	1 年
双钩紧线器	（1）换向爪失灵、螺杆无保险螺丝、表面裂纹或变形等严禁使用。 （2）紧线器受力后应至少保留 1/5 有效丝杆长度	1 年
手电钻、电砂轮	使用手电钻、电砂轮等手用电动工具时，需注意以下安全事项： （1）安设漏电保护器，同时工具的金属外壳应防护接地或接零。 （2）若使用单相手用电动工具时，其导线、插销、插座应符合单相三眼的要求。使用三相的手动电动工具，其导线、插销、插座应符合三相四眼的要求。 （3）操作时应戴好绝缘手套和站在绝缘板上。 （4）不得将工件等中午压在导线上，以防止轧断导线发生触电	1 年
钢丝绳	钢丝绳（套）应定期浸油，有以下情况时需要报废或截除： （1）钢丝绳在一个节距内的断丝根数超过相关规定数值时。 （2）绳芯损坏或绳股挤出、断裂。 （3）笼状畸形、严重扭结或金钩弯折。 （4）压扁严重，断面缩小，实测相对公称直径缩小 10%（防扭钢丝绳的 3%）时，未发现断丝也应予以报废。 （5）受过火烧或电灼，化学介质的腐蚀外表出现颜色变化时。 （6）钢丝绳的弹性显著降低，不易弯曲，单丝易折断时。 （7）钢丝绳断丝数量不多，但断丝增加很快者	1 年
卸扣	卸扣使用需遵循以下要求： （1）当卸扣有裂纹、塑性变形、螺纹滑牙、销轴和扣体断面磨损达原尺寸 3%～5%时不得使用。卸扣的缺陷不允许补焊。 （2）卸扣不应横向受力。 （3）销轴不应扣在活动的绳套或索具内。 （4）卸扣不应处于吊件的转角处。 （5）不应使用普通材料的螺栓取代卸扣销轴	1 年
合成纤维吊装带	合成纤维吊装带使用需遵循以下要求： （1）使用前应对吊装进行检查，表面不得有横向、纵向擦破或割口、软环及末端件损坏等。损坏严重者应做报废处理。 （2）缝合处不允许有缝合线断头，织带散开。 （3）吊装带不应拖拉、打结使用，有载荷时不应转动货物使吊扭拧。 （4）吊装带不应与尖锐、棱角的货物接触，如无法避免应装设必要的护套。 （5）不得长时间悬吊货物。吊装带用于不同承重方式时，应严格按照标签给予定值使用	1 年
纤维绳	纤维绳使用需遵循以下要求： （1）使用中应避免刮磨与热源接触等。 （2）绑扎固定不得直接系结的方式。 （3）使用时与带电体有可能接触时，应按 GB/T 13035—2008《带电作业用绝缘绳索》的规定进行试验、干燥、隔潮等	1 年

9. 油锯有哪些使用要求？

答：油锯使用需遵循以下要求：

（1）使用油锯的作业，应由熟悉机械性能和操作方法的人员操作，并戴防护眼镜。

（2）使用时应检查所能锯到的范围内有无铁钉等金属物件，防止金属物体飞出伤人。

10．携带型火炉或喷灯有哪些使用要求？

答：携带型火炉或喷灯使用需遵循以下要求：

（1）使用携带型火炉或喷灯时，火焰与带电部分的距离需满足要求，电压在 10kV 及以下者不应小于 1.5m，电压在 10kV 以上者不得小于 3m。

（2）不应在带电导线、带电设备、变压器、油断路器附近以及在电缆夹层、隧道、沟道内对火炉或喷灯加油及点火。

11．电力作业现场常见的特种设备主要有哪些？管理中有哪些注意事项？

答：电力作业现场常见的特种设备主要有：压力容器（含气瓶）、压力管道、电梯、起重机械（高空作业车、吊车）、场（厂）内专用机动车辆等。

需要注意的管理事项有：

（1）特种设备使用要求：

1）使用合格产品，应具备生产许可证、检验合格证、设计文件、产品质量合格证明、监督检验证明、铭牌、安全警示标志等资料。

2）使用登记管理，特种设备投入使用前或者投入使用后 30 日内，应取得特种设备使用登记证书，登记标志并张贴于设备显著位置。

（2）管理机构和人员配备要求：

1）行业要求。电梯管理单位应设置安全管理机构或者专职安全管理人员，其他情况设置专职安全管理人员或兼职安全管理人员。

2）人员要求。取得相应资质，开展经常性检查，及时处理发现问题，紧急情况下采取应急措施并立即报告。

（3）制定特种设备安全管理制度及操作规程。如：岗位责任制度、隐患排查制度、应急救援制度、操作规程等。

第四章　配电网典型作业现场

第一节　设　备　巡　视

1.什么是配电线路、设备及设施巡视？

答：配电线路、设备及设施巡视指的是为掌握配电线路、设备及设施的运行状况，及时发现配电线路、设备及设施缺陷和威胁配电线路、设备及设施安全运行的隐患，查出故障点和故障类型，以便采取针对性措施，恢复其正常工作状态，并为线路设备检修提供依据的现场工作。

2.开展配电线路、设备及设施巡视的总体原则是什么？

答：配电运维单位应结合设备运行状况、气候、环境变化情况以及上级生产管理部门的要求，制定切实可行的管理办法，编制计划并合理安排线路、设备的巡视检查工作，上级生产管理部门应对运行单位开展的巡视工作进行监督与考核。

3.配电线路、设备及设施的巡视主要有哪几种？如何定义这几种巡视？

答：配电线路、设备及设施的巡视分为定期巡视、特殊巡视、夜间巡视、故障巡视、监察性巡视共5类。

（1）定期巡视：掌握线路的运行状况及沿线环境情况，并做好护线宣传工作。

（2）特殊巡视：在有外力破坏可能、恶劣气候条件（如台风、暴雨、覆冰、高温等）、重要保供电任务、设备带缺陷运行或其他特殊情况下由配电运维部门组织对设备进行全部或部分巡视。

（3）夜间巡视：在高峰负荷或阴雾天气时进行，检查导线、开关连接点的发热及绝缘子表面有无闪络放电现象。

（4）故障巡视：在线路发生故障后，查明线路发生故障的地点和原因。

（5）监察性巡视：由单位或配网运维部门领导和配网技术管理人员进行，目的是了解线路及设备运行状况，检查、指导巡线员的工作。

4.巡视记录应包括哪些内容？

答：配电运维人员在开展巡视工作时，应做好相关巡视记录，主要包括巡视气象条件、巡视人、巡视日期、设备名称、巡视范围、设备状态、发现的缺陷、隐患情况及类别等巡视内容。

5.开展巡视工作前，应做哪些准备工作？

答：在开展巡视工作前应做好巡视计划、人员准备、装备准备以及安全交代四个方面的准备工作。

（1）巡视计划：应明确巡视内容、巡视装备、巡视方式、巡视线路区段、巡视人员安排及巡视注意事项等。

（2）人员准备：根据巡视计划确定巡视工作负责人、巡视人员，并划分巡视小组。

（3）装备准备：根据巡视计划备齐所需装备并配发至巡视小组，应确保各类工器具、仪器仪表均在检验有效期内且能够正常使用，通信设备保持畅通。

（4）安全交代：由工作负责人组织对全体巡视人员进行安全交代，根据巡视计划及相关技术标准交代巡视内容、巡视区段、巡视方式、巡视注意事项和安全措施等。

6．配电架空线路及设备巡视的主要内容包括哪些部分？

答：配电架空线路及设备巡视主要内容包括架空线路本体及附件、附属设施、通道及电力保护区等三大部分，具体巡视对象以及巡视任务设备见表4-1。

表4-1　　　　　　　　　　配电架空线路巡视对象及巡视任务设备

序号	巡视对象	巡视任务设备
1	线路本体、附件	地基与基面
2		杆塔基础
3		杆塔
4		接地装置
5		拉线及基础
6		绝缘子
7		导线、地线、引流线
8		线路金具
9	附属设施	防雷装置
10		防鸟装置
11	附属设施	各种监测装置
12		航空警示器材
13		防舞防冰装置
14		ADSS 光缆
15		杆号、警告、防护、指示、相位等标识
16	通道及电力保护区（外部环境）	建（构）筑物
17		树木（竹林）
18		施工作业
19		火灾
20		防洪、排水、基础保护设施
21		自然灾害
22		道路、桥梁
23		其他

7．配电电缆线路及设备巡视的主要内容包括哪些部分？

答：配电电缆线路及设备巡视主要内容包括电缆线路本体及附件、附属设备、附属设施和电力保护区等四大部分，具体巡视对象以及巡视任务设备见表4-2。

表4-2　　　　　　　配电架空线路巡视对象及巡视任务设备

序号	巡视对象	巡视任务设备
1	线路本体及附件	电缆
2		中间接头、终端接头
3		警告、防护、指示等标识
4	附属设备	油路系统
5		交叉互联系统
6		接地系统
7		监控系统
8	附属设施	电缆隧道
9		电缆竖井
10		排管
11		工井
12		电缆沟
13		电缆桥、电缆支架
14		电缆终端站
15	电力保护区（外部环境）	建（构）筑物
16		树木（竹林）
17		施工作业
18		火灾
19		防洪、排水、基础保护设施
20		自然灾害
21		道路、桥梁
22		其他

8．配电线路、设备及设施的巡视周期如何划分？

答：根据巡视类别、巡视对象以及地区的不同划分，配电线路、设备及设施的巡视周期也不同，具体巡视周期见表4-3。

表 4-3 配电线路、设备及设施的巡视周期

巡视类别	巡视对象		巡视周期
定期巡视	10（20）kV 绝缘架空线路	人口密集区域	每月 1 次
		人口非密集区域	每季 1 次
	10（20）kV 架空裸线路；柱上开关设备、柱上变压器、柱上电容器	人口密集区域	每月 1 次
		人口非密集区域	每季 1 次
	低压线路		每季 1 次
	电缆线路		每季 1 次
	电缆线路通道		每月 1 次
	中压开闭所、环网单元、电缆分接箱		每月 1 次
	配电室、箱式变电站		每季 1 次
	防雷与接地装置		与主设备相同
	光缆		随所敷设配电设备巡视周期确定
	配电终端、直流电源		与主设备相同
特殊巡视			根据需要
夜间巡视			根据需要（重要线路、重负荷和重污秽地区线路每半年至少巡视一次）
故障巡视			发生故障时，无论重合是否成功
监察性巡视			重要线路和事故多发线路每年至少 1 次

注 1. 重要线路：中断供电将对政治、经济有重大影响的线路。
    2. 重负荷线路：线路的载流量超过线路长期允许载流量 80% 的线路。
    3. 重污区指污秽等级为Ⅲ级及以上的地区。
    4. 各运维管理单位可根据实际管理需要对辖区类别进行划分。

9. 对于配电网线路污秽分级标准是什么？

答： 根据各地的污湿特征、运行经验并结合其表面污秽物质的等值附盐密度（简称盐密）三个因素将配电网线路污秽等级分为 5 个等级，详见表 4-4。

表 4-4 配电网线路污秽等级

污秽等级	污湿特征	盐密（mg/cm²）
0	大气清洁地区及离海岸盐场 50km 以上无明显污染地区	≤0.03
Ⅰ	大气轻度污染地区，工业区和人口低密集区，离海岸盐场 10～50km 地区。在污闪季节中干燥少雾（含毛毛雨）或雨量较多时	>0.03～0.06
Ⅱ	大气中等污染地区，轻盐碱和炉烟污秽地区，离海岸盐场 3～10km 地区。在污闪季节中潮湿多雾（含毛毛雨）但雨量较少时	>0.06～0.10
Ⅲ	大气污染严重地区，重雾和重盐碱地区，近海岸盐场 1～3km 地区，工业与人口密度较大地区，离化学污染源和炉烟污秽 300～1500m 的较严重地区	>0.10～0.25
Ⅳ	大气特别严重污染地区，离海岸盐场 1km 以内，离化学污染源和炉烟污秽 300m 以内的地区	>0.25～0.35

10．故障巡视中有哪些安全注意事项？

答：在开展故障巡视过程中主要有以下安全注意事项：

（1）听从工作负责人指挥，到达现场后认真核对线路名称、杆号等，确定巡视范围；

（2）巡视过程中与线路、设备保持足够的安全距离；

（3）故障巡视必须始终认为线路、设备带电，严禁触碰设备，即使该线路确已停电，亦应认为该线路随时有送电的可能；

（4）巡视人员应针对不同的故障设备按要求使用相应的安全防护用具。

11．设备健康度有哪几种级别？如何确定设备健康度？

答：依据配电线路、设备的状态量对设备开展状态评价，根据评价结果，将配电设备健康度分为"正常、注意、异常、严重"4 个级别。确定设备健康度的主要依据为线路、设备的缺陷情况，其评价标准见表 4-5。

表 4-5   配电线路、设备健康度

健康度等级	正常	注意	异常	严重
设备缺陷状态	无缺陷或其他缺陷及以下	一般缺陷	重大及以上缺陷经临时处理降级后	重大及以上缺陷

12．设备重要度有哪几种级别？如何确定设备重要度？

答：依据配电设备供电用户性质的重要程度、配电设备故障引起的停电范围、网络节点信息三个维度对配电设备进行评估，从而确定设备重要度并将其分为"关键、重要、一般"3 个级别，参考标准见表 4-6。

表 4-6   配电线路、设备重要度

研判条件	关键	重要	一般
用户性质	特级或一级重要用户	二级重要用户	除关键设备、重要设备外的其他设备
停电范围	影响范围广泛，涉及大量居民用户（可能造成减供负荷 30MW 以上 50MW 以下，或 6000 户以上的线路）超 6000 户	影响范围较广，涉及较多居民用户（可能造成减供负荷 10MW 以上 30MW 以下，或 2000 户以上的线路）	
节点位置	关键网络联络点	主干线带五级及以上分支的节点且无法实现转电	

13．如何确定设备管控级别？

答：通常设备管控级别按以下步骤进行确定：

（1）开展设备状态评价，确定设备健康度。

（2）开展设备重要性评估，确定设备重要度。

（3）根据设备风险矩阵（由设备健康度与设备重要度两个维度构成，如图 4-1 所示），确定设备管控级别。

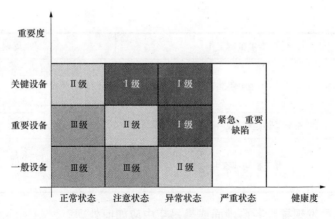

图 4-1　设备风险矩阵

14. 如何制定差异化巡视计划？

答： 由设备管控级别、区域特征与定期巡视周期结合，确定差异化巡视计划，具体建议见表 4-7 和表 4-8。

表 4-7　　　　　　　　　　市区线路及设备差异化巡视周期

设备健康度设备重要度	正常	注意	异常	严重
关键	1 次/1 月	2 次/1 月	4 次/1 月	紧急、重大缺陷消缺
重要	1 次/2 月	1 次/1 月	2 次/1 月	
一般	1 次/4 月	1 次/2 月	1 次/1 月	

注　各生产运行单位可根据实际情况进行本地化调整。

表 4-8　　　　　　　　　城镇及农村线路及设备差异化巡视周期

设备健康度设备重要度	正常	注意	异常	严重
关键	1 次/3 月	2 次/3 月	4 次/3 月	紧急、重大缺陷消缺
重要	1 次/6 月	1 次/3 月	2 次/3 月	
一般	1 次/6 月	1 次/6 月	1 次/3 月	

注　各生产运行单位可根据实际情况进行本地化调整。

15. 配电运维部门在巡视过程中做哪些专项检测工作？其对应的检测周期是多久？

答： 根据《配网设备状态检修试验规程》（DL/T 1753—2017）要求，在开展巡视过程中专项检测工作内容及其周期见表 4-9。

表 4-9　　　　　　　　　　专项检测工作内容及其周期

序号	专项检测工作	周期
1	线路及设备接头、线夹测温	6 个月或必要时
2	电缆接头测温	6 个月或必要时

序号	专项检测工作	周期
3	接地电阻测试	（1）首次：投运后 3 年内； （2）后期 6 年一次； （3）必要时
4	线路交叉跨越距离、导线弧垂测量	必要时
5	开关柜局部放电检测	（1）特别重要设备：6 个月 （2）重要设备：1 年 （3）一般设备：2 年

16. 巡视人员发现导线断落地面或悬吊空中应如何处理？

答：巡视人员发现导线断落地面或悬吊空中，应设置专人看护现场，设法防止行人靠近断线地点 8m（户外）、4m（户内）以内，以免跨步电压伤人。同时立即汇报调度、采取停电措施开展抢修。

17. 在开展配电线路、设备及设施巡视时，有哪些常见的安全注意事项？

答：在开展配电线路、设备及设施巡视时，常见的安全注意事项主要包括：

（1）禁止单独攀登杆塔进行巡视；

（2）禁止巡视人员在未经许可情况下进行登杆查看故障点；

（3）巡视车辆应配备齐全的防护用具、急救包等（急救包里面应有防暑降温药品、纱布片、创可贴、医用棉、绷带、碘酒、酒精、口对口呼吸器、压舌板、口罩等）防护用品，并应专人管理，随时补充和更换；

（4）巡视人员应穿合格的绝缘鞋或绝缘靴；

（5）巡视人员应始终认为线路带电，与配电设备保持满足规程的巡视安全距离；

（6）大风天气时应沿上风侧进行巡视；

（7）巡视人员要根据现场的实际情况选择合理的巡视路线；

（8）配备足够的照明工具，照明工具应注意日常维护，设专人进行保管，定期检查设备电量是否充足；

（9）巡视人员应沿线路外侧或在不会危及人身安全的位置巡视；

（10）不得移开或者跨越安全遮栏、移动安全警示标识；

（11）巡视时不得对设备进行任何操作和工作。

18. 在特殊情况下必须开展单人巡视时有哪些安全注意事项？

答：单人巡视时应注意以下安全注意事项：

（1）应由经验丰富的运维人员经批准后开展；

（2）禁止攀登杆塔或台架；

（3）大风巡线应沿线路上风侧进行，避免触及断落的导线；

（4）即使明知该线路已经停电，亦应认为线路随时有恢复送电的可能；

（5）避免巡视山区、林间、低洼等不熟悉的地段；

（6）巡视设备时，不应同时进行其他工作，并保持通信顺畅，以防意外发生。

19．电力设施保护区巡视重点关注内容是什么？

答：电力设施保护区巡视重点关注内容主要包括：

（1）线路保护区内有无易燃、易爆物品和腐蚀性液（气）体；

（2）导线对道路、公路、铁路、索道、河流、建筑物等的安全距离应符合相关规定，重点关注可能触及导线的铁烟囱、天线、路灯等设施；

（3）有无存在可能被风刮起危及线路安全的物体（如金属薄膜、广告牌、风筝等）；

（4）是否存在对线路安全构成威胁的工程作业（如施工机械、脚手架、拉线、开挖、地下采掘、打桩、爆破等），安全措施是否妥当；

（5）防护区内栽植的树、竹情况及导线与树、竹的距离是否符合规定，有无蔓藤类植物附生影响设备安全运行；

（6）是否存在电力设施被擅自移作他用的现象；

（7）附近河道、冲沟、山坡的变化，巡视、检修时使用的道路、桥梁是否损坏，是否存在江河泛滥及山洪、泥石流对线路的影响；

（8）附近有无放风筝、抛扔杂物、飘洒金属和在杆塔、拉线上拴牲畜等；

（9）是否存在在建、已建违反《电力设施保护条例》及《电力设施保护条例实施细则》的建筑和构筑物；

（10）其他可能影响线路安全的情况。

20．架空线路导线间的最小允许安全距离具体是多少？

答：为确保架空线路的安全运行，一定要保证架空线路导线间的安全距离，而架空线路导线间的最小允许安全距离与其档距有关。若无特殊设计要求，其安全距离应按照《10kV 及以下架空配电线路设计技术规程》规定符合表 4-10 的要求。

表 4-10　　　　　　　　　　架空线路导线间的最小允许安全距离

档距（m）	40 及以下	50	60	70	80	90	100
裸导线（m）	0.6	0.65	0.7	0.75	0.85	0.9	1.0
绝缘导线（m）	0.4	0.55	0.6	0.65	0.75	0.9	1.0

注　考虑登杆需要，接近电感的两导线间水平距离不宜小于 0.5m。

21．架空线路与其他设施的安全距离限制具体是多少？

答：在巡视工作中，应注意架空线路与其他设施是否满足规定的安全距离，按照《10kV 及以下架空配电线路设计技术规程》规定，不同设施的安全距离见表 4-11。

表 4-11　　　　　　　　　　架空线路与其他设施的安全距离限制

场景		10kV		20kV	
		最小垂直距（m）	最小水平距离（m）	最小垂直距（m）	最小水平距离（m）
对地距离	居民区	6.5	—	7.0	—
	非居民区	5.5	—	6.0	—
	交通困难区	4.5（3）	—	5.0	—

续表

场景	10kV		20kV	
	最小垂直距离（m）	最小水平距离（m）	最小垂直距离（m）	最小水平距离（m）
与建筑物	3.0（2.5）	1.5（0.75）	3.5	2.0
与行道树	1.5（0.8）	2.0（1.0）	2.0	2.5
与果树、经济作物、城市绿化、灌木	1.5（1.0）	—	2.0	—
甲类火灾区	不允许	杆高1.5倍	不允许	杆高1.5倍

注 1. 垂直（交叉）距离应为最大计算弧垂情况下；水平距离应为最大风偏情况下。

2.（）内为绝缘导线的最小距离。

22. 架空配电线路交叉跨越的基本要求及安全距离具体是怎么规定的？

答：架空配电线路与铁路、道路、河流、管道、索道及各种架空线路交叉或接近的基本要求及安全距离按照《10kV及以下架空配电线路设计技术规程》规定，见表4-12。

23. 杆塔的巡视内容主要有哪些？

答：杆塔的巡视内容主要包括：

（1）警示牌及各种标示是否齐全、清晰、准确。

（2）一次接线图与现场是否一致。

（3）杆塔是否倾斜、位移，杆塔偏离线路中心不应大于0.1m，混凝土杆倾斜不应大于15/1000，转角杆不应向内角倾斜，终端杆不应向导线侧倾斜，向拉线侧倾斜应小于0.2m。

（4）混凝土杆不应有严重裂纹、铁锈水，保护层不应脱落、疏松、钢筋外露，混凝土杆不宜有纵向裂纹，横向裂纹不宜超过1/3周长，且裂纹宽度不宜大于0.5mm；焊接杆焊接处应无裂纹，无严重锈蚀；铁塔（钢杆）不应严重锈蚀，主材弯曲度不得超过5/1000，混凝土基础不应有裂纹、疏松、露筋。

（5）基础有无损坏、下沉、上拔，周围土壤有无挖掘或沉陷，杆塔埋深是否符合要求。

（6）杆塔有无被水淹、水冲的可能，防洪设施有无损坏、坍塌。

（7）杆塔位置是否合适、有无被车撞的可能，保护设施是否完好，警示标示是否清晰。

（8）杆塔标识，如杆号牌、相位牌、警告牌、3m线标记等是否齐全、清晰明显、规范统一、位置合适、安装牢固。

（9）各部螺丝应紧固，杆塔部件的固定处是否缺螺栓或螺母，螺栓是否松动等。

（10）杆塔周围有无藤蔓类攀缘植物和其他附着物，有无危及安全的鸟巢、风筝及杂物。

（11）基础保护帽上部塔材有无被埋入土或废弃物堆中，塔材有无锈蚀、缺失。

表 4-12 架空配电线路与铁路、道路、河流、管道、索道及各种架空线路交叉或接近的基本要求

项目	铁路			公路		电车道	河流		弱电线路		电力线路（kV）						特殊管道	一般管道、索道	人行天桥
	标准轨距	窄轨	电气化线路	高速公路、一级公路	二、三、四级公路	有轨及无轨	通航	不通航	一、二级	三级	1以下	1~10	35~110	154~220	330	500			
导线最小截面	铝线及铝合金线 50mm²，铜线为 16mm²																		
导线在跨越档内的接头	不应接头	—	—	不应接头	—	不应接头	不应接头	—	不应接头	—	交叉不应接头	交叉不应接头					不应接头	—	—
导线支持方式	双固定	—	—	双固定	单固定	双固定	双固定	单固定	双固定	单固定	单固定	双固定					双固定	—	—
最小垂直距离（m）（基准）	至轨顶		接触线或承力素	至路面	至路面	至承力索或接触线 / 至路面	至常年高水位 / 至最高航行水位的最高船檀顶	至最高洪水位 / 冬季至冰面	至被跨越线		至导线						电力线在下面	电力线在下面 / 电力线至电力上的保护设施	
1~10kV	7.5		6.0 平原地区配电线路入地	7.0	6.0	3.0/9.0	6 / 1.5	3.0 / 5.0	2.0		2	2	3	4	5	8.5	3.0	2.0/2.0	5（4）
1kV以下	7.5		6.0 平原地区配电线路入地	6.0	6.0	3.0/9.0	6 / 1.0	3.0 / 5.0	1.0		1	2	3	4	5	8.5	1.5/1.5	1.5/1.5	4（3）

续表

项目		铁路			公路		电车道	河流		弱电线路		电力线路（kV）						特殊管道	人行天桥
		标准轨距	窄轨	电气化线路	高速公路、一级公路	二、三、四级公路	有轨及无轨	通航	不通航	一、二级	三级	1以下	1～10	35～110	154～220	330	500	一般管道、索道	
最小水平距离（m）	线路电压	电杆外缘至轨道中心		电杆中心至轨道面边缘	电杆中心至路面边缘		电杆中心至路面边缘 / 电杆外缘至轨道中心	最高洪水位时，最高电杆高度	与拉纤小路平等的线路，边导线至斜坡上缘	在路径受限制地区，两线路边导线间		在路径受限制地区，两线路边导线间						在路径受限制地区，至管道、索道任何部分	导线边线至天桥边缘
	1～10kV	交叉：5.0 平行：杆高+3.0		平行：杆高+3.0	0.5	0.5	0.5/3.0			2.0		2.5	2.5	5.0	7.0	9.0	13.0	2.0	4.0
	1kV以下						0.5/3.0				1.0							1.5	2.0

备注：
- 公路：公路分级见相关标准，城市道路的分级，参照公路的规定。
- 河流：最高洪水位时，有抢险船只航行的河流，垂直距离应商协确定。
- 弱电线路：①两平行线路在开阔地区的距离不应小于电杆高度；②弱电线路分级符合相关标准。
- 电力线路：两平行线路开阔地区的水平距离不应小于电杆高度。
- 特殊管道：①特殊管道指架设在地面上的输送易燃、易爆物的管道；②交叉点应选在管道检查井（孔）处，与管道、索道交叉时，接户线宜架设在上方。
- 铁路电气化线路：山区入地困难时，应协商，并签订协议。

注 1. 1kV以下配电线路与一、二级弱电线路、三级弱电线路，与公路交叉时，导线支持方式不受限制；
 2. 架空配电线路与弱电线路、交叉挡弱电线路的木质电杆应有防雷措施；
 3. 1～10kV电力线路与接户线与工业企业内自用的架空线路交叉时，接户线宜架设在上方；
 4. 不能通航河流指不能通航也不能浮运的河流；
 5. 对路径受限制的地区的最小水平距离的要求，应计及架空电力线路导线的最大风偏；
 6. 公路分级应符合JTG B01的规定。
 7. （ ）内数值为绝缘导线线路。

24．横担、金具的巡视内容是什么？

答：横担、金具的重点关注内容主要包括：

（1）横担有无锈蚀、弯曲、断裂；

（2）金具有无锈蚀、变形；

（3）螺栓是否坚固，是否缺螺帽、销子；

（4）横担上、下倾斜，左、右偏斜不应大于横担长度的2%。

25．绝缘子的巡视内容是什么？

答：绝缘子的重点关注内容主要包括：

（1）绝缘有无硬伤、裂纹、脏污、闪络；

（2）针式绝缘子绑线有无松断；

（3）瓶头有无歪斜；

（4）瓶母有无松脱；

（5）有无弹簧垫片；

（6）悬式绝缘子与销子是否齐全劈开，有无断裂、脱落；

（7）瓷横担装设是否符合要求。

26．导线的巡视内容是什么？

答：导线的重点关注内容主要包括：

（1）设备标示牌及各种标识是否齐全、清晰、准确；

（2）一次接线图与现场是否一致；

（3）导线有无断股、烧伤、背花；

（4）污秽地区导线有无腐蚀现象；

（5）各相弧垂是否一致，是否过紧，过松；

（6）导线接头有无过热变色、烧熔、锈蚀；

（7）铜铝导线接头有无过渡线夹（特别是低压零线接头）；

（8）并沟线夹弹簧垫圈是否齐全，螺母是否坚固；

（9）引流线有无损伤、断股、松股、歪扭，与杆塔、构件及其他引线间距离是否符合规定。

27．避雷器的巡视内容是什么？

答：避雷器的重点关注内容主要包括：

（1）设备标示牌及各种标识是否齐全、清晰、准确；

（2）一次接线图与现场是否一致；

（3）避雷器外观有无硬伤、裂纹、脏污、闪络痕迹；

（4）避雷器支架是否歪斜，铁件有无锈蚀，安装是否牢固；

（5）上、下引线连接是否良好；

（6）接头有无锈蚀；

（7）防雷金具等保护间隙有无烧损，锈蚀或被外物短接；

（8）接地线和接地体的连接是否可靠，接地线绝缘护套是否破损，接地体有无外露、严重锈蚀；

（9）带脱离装置的避雷器是否动作。

28．配电变压器的巡视内容是什么？

答：配电变压器的重点关注内容主要包括：

（1）设备标示牌及各种标识是否齐全、清晰、准确；

（2）一次接线图与现场是否一致；

（3）各种架构连接是否紧密，铁附件有无锈蚀和丢失，接地是否完好；

（4）油位、油色是否正常，有无漏油、异味，声音是否正常；

（5）高低压套管是否清洁，有无硬伤、裂纹、闪络、接头触点有无过热、烧损、锈蚀；

（6）高压瓷瓶引出线之间及对地距离是否符合有关规程要求，熔断器、隔离开关、避雷器、绝缘子、杆号牌及其他标志是否完好；

（7）变压器上有无搭金属丝、树枝、杂草等物，有无萝藤等附生物。

29．断路器和负荷开关的重点关注内容是什么？

答：断路器和负荷开关的重点关注内容主要包括：

（1）设备标示牌及各种标识是否齐全、清晰、准确；

（2）一次接线图与现场是否一致；

（3）外壳有无渗、漏油和锈蚀现象；

（4）套管有无破损、裂纹和严重污染或放电闪络的痕迹；

（5）开关的固定是否牢固、是否下倾，支架是否歪斜、松动，引线接点和接地是否良好，线间和对地距离是否满足要求；

（6）气体绝缘开关的压力指示是否在允许范围内，油绝缘开关油位是否正常；

（7）开关的命名、编号，分、合和储能位置指示，警示标示等是否完好、正确、清晰；

（8）各个电气连接点连接是否可靠，铜铝过渡是否可靠，有无锈蚀、过热和烧损现象。

30．跌落式熔断器的重点关注内容是什么？

答：跌落式熔断器的重点关注内容主要包括：

（1）设备标示牌及各种标识是否齐全、清晰、准确；

（2）一次接线图与现场是否一致；

（3）绝缘件有无裂纹、闪络、破损及严重污秽；

（4）熔丝管有无弯曲、变形；

（5）触头间接触是否良好，有无过热、烧损、熔化现象；

（6）各部件的组装是否良好，有无松动、脱落；

（7）引下线接点是否良好，与各部件间距是否合适；

（8）安装是否牢固，相间距离、倾角是否符合规定；

（9）操作机构有无锈蚀现象。

31．箱式变压器的主要巡视内容有哪些？

答：箱式变压器的主要巡视内容主要包括：

（1）设备标示牌及各种标识是否齐全、清晰、准确；

（2）一次接线图与现场是否一致；

（3）箱式变压器的基础是否完好，有无下沉；

（4）箱式变压器外壳警示标示牌是否完整、正确、清晰；

（5）防护栏（如有）是否完整、牢固；

（6）电缆头有无异常温升；

（7）箱式变压器及内部开关柜等元件外壳接地线是否良好；

（8）电缆出线口是否封堵严密；

（9）周围有无危及箱式变压器安全运行的隐患。

32．开关柜、环网柜的主要巡视内容是什么？有哪些常见的安全注意事项？

答：开关柜、环网柜的巡视内容主要包括：

（1）设备标示牌及各种标识是否齐全、清晰、准确；

（2）一次接线图与现场是否一致；

（3）各种仪表、保护装置、信号装置是否正常；

（4）开关分、合闸位置是否正确，与实际运行方式是否相符，控制把手与指示灯位置是否对应，真空泡表面有无裂纹，SF_6开关气体压力是否正常；

（5）开关防误闭锁是否完好，柜门关闭是否正常，油漆有无剥落；

（6）设备的各部件连接点接触是否良好，有无放电声，有无过热变色、烧熔现象，示温片是否熔化脱落；

（7）开关柜内电缆终端是否接触良好；

（8）设备有无凝露，加热器或除湿装置是否处于良好状态；

（9）接地装置是否良好，有无严重锈蚀、损坏；

（10）母线排有无变色变形现象，绝缘件有无裂纹、损伤、放电痕迹。

常见的安全注意事项主要包括：

（1）柜内光线不足，应有充足的照明；

（2）与柜内运行设备保持足够安全距离，加强监护；

（3）佩戴安全帽，注意与不带电设备的距离，防止碰伤并加强监护。

33．低压线路的巡视内容是什么？

答：低压线路的巡视内容包括0.4kV配电柜、导线、电力电缆、横担及金具、电杆、拉线、进户线、计量表箱等设备和电力设施保护区等。

34．电缆通道的主要巡视内容是什么？有哪些常见的安全注意事项？

答：电缆通道的巡视内容主要包括：

（1）电缆走向牌及各种标识是否齐全、清晰、准确；

（2）一次接线图与现场是否一致；

（3）电缆隧道内通风、照明、排水设施、支架、在线监测设备是否运行正常；

（4）电缆沟及检修井盖板、基础、侧壁是否存在异常；

（5）电缆桥架基础、主体是否存在开裂、塌陷、锈蚀、倾斜、警示牌缺失的现象；

（6）土壤是否有水土流失、塌方的情况；

（7）线行附近是否存在严重威胁电缆安全的违章施工（开挖，钻探顶管等）。

常见的安全注意事项包括：

（1）电缆线路巡视工作必须由两人进行；

（2）在巡视过程中，任何情况下不得触及带电设备；

（3）如果需要进入电力隧道或电缆沟时，应先进行通风，做好防备有毒气体的准备，必要时带上防毒面罩；

（4）故障巡视过程中应始终认为线路带电，即使明知线路已停电，也应认为随时有恢复送电的可能；

（5）电缆线路发生接地故障时，人员不得进入故障点 4m 范围以内；

（6）需在夜间开展巡视时，应穿反光衣，带足照明设备。

35. 电缆与电缆或通道、道路、构筑物等相互间容许最小净距具体是多少？

答：在巡视工作中，应注意电缆与电缆或通道、道路、构筑物等相互间容许最小净距，按照《电力电缆线路运行规程》规定，电缆与不同设施的相互间容许最小净距见表 4-13。

表 4-13　　　　　　　　　　架空线路与其他设施的安全距离限制

电缆直埋敷设时的配置情况		平行	交叉
控制电缆间		—	0.5*
电力电缆之间或与控制电缆之间	10kV 及以下	0.1	0.5*
	10kV 以上	0.25**	0.5*
不同部门使用的电缆间		0.5**	
电缆与地下管沟及设备	热力管沟	2.0**	0.5*
	油管及易燃气管道	1.0	0.5*
	其他管道	0.5	0.5*
电缆与铁路	非直流电气化铁路路轨	3.0	1.0
	直流电气化铁路路轨	10.0	1.0
电缆建筑物基础		0.6***	—
电缆与公路边		1.0***	
电缆与排水沟		1.0***	
电缆与树木的主干		0.7	
电缆与 1kV 以下架空线电杆		1.0***	
电缆与 1kV 以上架空线杆塔基础		4.0***	

　* 用隔板分隔或电缆穿管时可为 0.25m；

　** 用隔板分隔或电缆穿管时可为 0.1m；

　*** 特殊情况可酌减且最多减少一般值。

36．配电网作业需要进入电缆井、电缆隧道等有限空间进行巡视检查工作前，应做好哪些安全措施？

答：在需要进入电缆井、电缆隧道等有限空间进行巡视检查工作时，应坚持"先通风、再检测、后作业"的原则，开展全过程安全监护，进入有限空间前应做好以下安全措施：

（1）进入电缆井、电缆隧道等有限空间工作应保证至少两人，到达现场后应确认着装、状态、设备、资料等准备情况齐全良好，若有积水则应及时更换绝缘靴。

（2）打开封闭井全部 2 个井口后，应装设围蔽，悬挂安全警示标志，井口处应设专人监护，避免外人进入。

（3）下电缆井、电缆隧道等有限空间前应检查爬梯等设施的稳固性，确认安全后才可使用。

（4）下电缆井、电缆隧道等有限空间前应接入排气装置强排风至少 30min，在无强排装置情况下应打开两侧出入口盖板自然通风 1h 以上，随后进行气体检测，确认安全后才可进入（确认标准：氧气含量正常为 18%～22%，可燃性气体、蒸汽和气溶胶浓度不超过爆炸下限的 10%；爆炸性粉尘浓度不超过爆炸下限；一氧化碳浓度不超过 30mg/m^3；硫化氢气体浓度不超过 10mg/m^3；其他有害物质浓度不超过威胁生命或健康浓度）。

（5）如电缆井、电缆隧道等有限空间内温度超过 50℃时，不应进行作业；温度在 40～50℃时，应根据身体条件轮流工作和休息；若有必要在 50℃以上进行短时间作业时，应制定具体的安全措施并经分管生产的负责人批准。

（6）下电缆井、电缆隧道等有限空间时应由空间外电源接入照明系统，并随身携手电筒或其他照明灯具，确保工作过程中良好照明。

（7）下电缆井、电缆隧道等有限空间后应检查基础结构完后，确认无塌方风险后方可继续开展其他工作。

（8）涉及在线路设备上工作时，应核对线路设备名称位置正确，避免误碰带电设备；对邻近带电线路应做足防感应电和触电措施。

（9）工作过程中，工作组成员应关注自身及工作范围内其他成员身体状态，如遇触电、昏厥、窒息、外伤等情况，应立即停止工作并撤出至安全区域开展心肺复苏等急救措施，同时就近联系医疗部门进行紧急救援，对伤病员在不明情况下严禁擅自搬动造成二次损伤。

（10）工作过程中，如遇火灾，应在保证自身安全的前提下开展扑救工作，否则需立即撤出，随后报 119 火警协助。在火情未得到有效控制前，除消防员外，严禁一切人员率先进入井口内部。

37．配电自动化终端设备（馈线终端、站所终端、配变终端等）的主要巡视内容是什么？有哪些常见的安全注意事项？

答：配电自动化终端设备（馈线终端、站所终端、配变终端等）的巡视内容主要包括：

（1）设备表面是否清洁，有无裂纹和缺损；

（2）二次端子排接线部分有无松动；

（3）交直流电源是否正常；

（4）柜门关闭是否良好，有无锈蚀、积灰，电缆进出孔封堵是否完好；

（5）终端设备运行工况是否正常，各指示灯信号是否正常；

（6）通信是否正常，能否接收主站发下来的报文；

（7）遥测数据是否正常，遥信位置是否正确；

（8）设备的接地是否牢固可靠，终端装置电缆线头的标号是否清晰正确、有无松动；

（9）对终端装置参数定值等进行核实及时钟校对，做好相关数据的常态备份工作；

（10）检查相关二次安全防护设备运行是否正常；

（11）检查有无工况退出站点，有无遥测、遥信信息异常情况。

常见的安全注意事项主要包括：

（1）注意与其他带电设备，尤其是裸露带电部位，保持足够的安全距离；

（2）在"三遥"终端巡视时，断开终端的遥控出口连接片，防止误操作开关；

（3）在检查二次接线是否连接牢固时不能用力拉扯，防止 TA 开路造成人员触电，设备损坏；

（4）在检查二次接线时防止 TV 短路，造成人员触电，设备损坏；

（5）对于巡视作业中的二次接线、连接片状态或开关位置临时变化的，要恢复到作业前的状态。

38. 配电房的主要巡视内容是什么？有哪些常见的安全注意事项？

答：配电房的巡视内容主要包括：

（1）标示牌及各种标示是否齐全、清晰、准确；

（2）一次接线图与现场是否一致；

（3）配电房门上就有相应的配电房标示，门锁完好；

（4）配电室内严禁堆放杂物，做到室内设备无积灰、油泥、地面无积尘、无积水，环境清洁整齐；

（5）配电房内照明足够良好、通风设备良好；

（6）消防设施齐全有效；

（7）配电室室内环境温度不应超过 40℃ 相对湿度应小于 80%；

（8）配电房内排水通畅，屋面、地下无渗水漏水现象，防虫、防鼠设施完善；

（9）专用工具安全用品应放置在操作方便的指定位置。

常见的安全注意事项包括：

（1）不允许单独巡视；

（2）遇雷雨天气应穿绝缘靴，且与避雷装置必须保持规定的安全距离；

（3）如配电房内存在 SF_6 设备时，巡视工作前须进行通风，并用 SF_6 气体检漏仪测量 SF_6 气体含量。

39．在巡视中遇到配电线路、设备及设施受外力破坏时，应采取哪些措施？

答： 在巡视中遇到配电线路、设备及设施受外力破坏时应做到：

（1）立即制止。发生外力破坏事故后，配电运维单位应及时制止外力破坏行为，防止事故重复发生或扩大，向肇事方及时了解后续工程内容、施工范围、施工器械等信息，评估破坏行为对线路安全运行的风险，制定有效的整改方案，限期整改。结合现场实际完善电力设施保护宣传警示标牌、安全围栏，限位设施等。

（2）取证上报。对现场进行拍照、录像等取证，记录现场实际情况以及收集工程项目的相关信息。对蓄意破坏或造成人员伤亡的应保护现场，向公安部门报案处置。

（3）及时恢复。配电运维单位应根据保护动作、故障测距及隐患记录等信息，分析判断故障范围，组织故障点排查。发现故障点后，应立即检查设备受损情况，查明故障原因，评估设备及周边环境是否具备送电条件。

（4）协调处理。应与肇事方协商后续处置方案及事项，若肇事方不配合或协调难度大的，及时向当地安全监管部门和上级部门汇报，纳入重大安全隐患处置，采取强制措施。

40．在哪些区域中应按照相关规定设置明显清晰的警示标识？

答： 在以下区域中应按照相关规定设置明显清晰的警示标识：

（1）架空电力线路穿越人口密集、人员活动频繁的地区；

（2）施工作业区域、车辆、机械频繁穿越架空电力线路的地段；

（3）电力线路上的变压器平台；

（4）邻近道路的拉线；

（5）电力线路附近的鱼塘；

（6）杆塔脚钉、爬梯等。

41．常见的设备标识有哪些？

答： 常见的设备标识主要包括：

（1）架空线路杆塔上的线路名称、编号、杆塔编号、特殊编码，同杆架设的多回线路的不同色标；

（2）柱上变压器、柱上开关设备、中压开关站、环网单元、配电室、箱式变电站等设备的名称、编码及适当的警示牌；

（3）联络开关的警告标识；

（4）终端悬挂的电缆杆上部分、电缆井内的电缆本体的名称、型号及相关信息；

（5）直埋电缆的地面标示桩；

（6）电缆工作井、电缆隧道的名称、编码；

（7）靠近道口及较有可能发生车辆撞击或外力事故的电杆、拉线、户外环网单元、电缆分支箱等的反光漆标识；

（8）同杆架设的不同电源警告牌；

（9）出线杆、分支杆、转角杆、电缆杆反映导线相位的相色标识；

（10）电缆终端头、设备接线端子的相色标识；

（11）其他存在安全隐患而应设置警示标识的。

42．在开展配电线路、设备及设施巡视时，需携带哪些常见的工器具及个人防护用品？

答： 常见的工器具及个人防护用品主要包括：安全帽、安全带、绝缘手套、绝缘靴、脚扣、测距仪、相机、通信设备（手机或对讲机）、望远镜、照明设备、验电笔（器）、急救包，如图 4-2 所示。

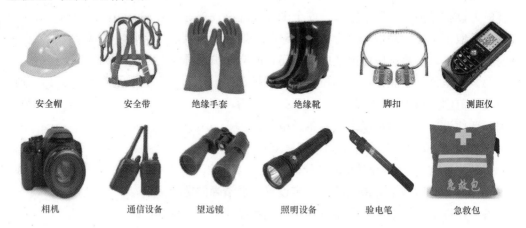

| 安全帽 | 安全带 | 绝缘手套 | 绝缘靴 | 脚扣 | 测距仪 |

| 相机 | 通信设备 | 望远镜 | 照明设备 | 验电笔 | 急救包 |

图 4-2　常见工器具及个人防护用品

43．在开展配电线路、设备及设施巡视时，有哪些常见的仪器仪表？分别有什么用途？

答： 常见的仪器仪表包括红外测温成像仪、局部放电测试仪、激光测距仪、SF$_6$ 气体检漏仪、有害气体检测仪等，如图 4-3 所示。其用途如下：

| 红外测温成像仪 | 局部放电测试仪 | 激光测距仪 | SF$_6$气体检漏仪 | 有害气体检测仪 |

图 4-3　常见仪器仪表

（1）红外测温成像仪，用于变压器、隔离开关、避雷器、绝缘子、连接金具等设备表面、接头温度检测，诊断设备是否存在异常发热。

（2）局部放电测试仪，用于电缆接头、户外开关箱、箱式变压器、配电室开关柜、电缆分接箱等绝缘设备连接处局部放电检测。

（3）激光测距仪，用于配电线路距树木、建筑物以及杆塔间的距离；

（4）SF$_6$气体检漏仪，用于配电室开关柜、户外开关箱、箱式变电站中开关设备 SF$_6$ 气体泄漏检测。

（5）有害气体检测仪，用于电缆井、电缆隧道内检查是否含有有毒有害气体。

44. 使用仪器仪表对配电线路、设备及设施进行检测时有哪些注意事项？

答：不同种类的仪器仪表对配电线路、设备及设施进行检测时的注意事项见表 4-14。

表 4-14 常见仪器仪表的注意事项

序号	仪器仪表	注意事项
1	红外测温成像仪	（1）测量距离要适当； （2）调整好焦距； （3）测温范围要合适； （4）防范太阳直射
2	局部放电测试仪	（1）被试设备的金属外箱体必须可靠接地； （2）试验人员与高压设备之间必须保持足够的安全距离； （3）必须在主机关机状态下，插拔外置传感器连接线； （4）当附近发生闪电时不得进行试验； （5）试过程中不得对定位仪进行任何机械、电气等干扰
3	激光测距仪	（1）测量距离要适当； （2）测温范围要合适； （3）防范太阳直射
4	SF₆ 气体检漏仪	（1）禁止把探枪放置地上，探枪孔不得进灰尘，不得摔损； （2）探枪和机箱不得拆卸； （3）仪器探头不得随意乱调； （4）给真空泵换油时，仪器不得带电
5	有害气体检测仪	（1）注意经常性的校准和检测； （2）注意各种不同传感器间的检测干扰； （3）注意各类传感器的寿命； （4）注意检测仪器的浓度测量范围

45. 在城市、乡镇及人口密集小区开展配电线路、设备及设施巡视有哪些特别的安全注意事项？

答：在城市、乡镇及人口密集小区开展巡视时，应特别注意以下安全事项：

（1）在使用无人机时应注意操作，防止炸机、坠机；

（2）登杆时防止工器具坠落，并设立警示线；

（3）巡视过程中注意过往的社会人群，以免发生意外；

（4）作业现场应注意疏散周围人群，做好安全隔离措施，必要时终止作业。

46. 在村镇开展配电线路、设备及设施巡视时，有哪些特别的安全注意事项？

答：在村镇开展配电线路、设备及设施巡视时，应特别注意以下安全事项：

（1）备好防身工具，以防恶犬误伤；

（2）注意遵守交通规则，开车不超速，穿越乡间公路时做到一站二看三通过，以防交通事故；

（3）经过农村斜坡时，注意湿滑路段、高空落石等所造成的人身伤害；

（4）对横跨农田的配电线路进行巡视时，应避免踩踏、破坏农作物；

（5）线路巡视过程中遇到荆棘丛时，需绕道并定期清理巡视小道，同时巡视人员穿戴防护手套、长袖工作服和具有防护功能的工作鞋。

47. 在山（林）区开展配电线路、设备及设施巡视时，有哪些特别的安全注意事项？

答：在山（林）区开展巡视时，应特别注意以下安全事项：

（1）禁止携带火种入山入林；

（2）备好药品，以防虫蛇叮咬；

（3）备好棉质手套，登山拐杖等；

（4）时刻注意周围自然环境，以防山体滑坡及山火和森林火险所造成的人身伤害。

48. 在夜间开展配电线路、设备及设施巡视时，有哪些特别的安全注意事项？

答：在夜间开展巡视时，应特别注意以下安全事项：

（1）备好照明设备以及通信设备；

（2）严禁单人巡视；

（3）应熟悉地形，避免跌入窑井、沟坎；

（4）关注昼夜温差，必要时注意做好防寒措施。

49. 不同季节的巡视工作侧重点有什么不同？

答：配电线路巡视的季节性很强，各个时期应有不同的侧重点。

（1）冬夏季高峰负荷时，应加强对设备各类接头的检查以及对变压器、低压柜等的巡视，并进行红外测温、负荷测量等，及时发现台区设备、线路残旧老化、线径小等问题。

（2）立春、入冬时重点巡视配电室、箱式变压器等设备的防小动物封堵情况；大雪或覆冰时应重点巡视检查接头冰雪融化及线路覆冰情况。

（3）开春时节，应加强对杆塔基础的检查巡视；雷雨季节到来之前，应加强对各类防雷设备、设施的巡视。

（4）大风天气到来之前，应加强对导线交叉跨越距离、树木与导线安全距离、防风加固措施的监视与巡视以及飘挂物隐患排查。

（5）雨季汛期前，应加强对山区线路以及沿山、沿河线路的巡视检查，防止山石滚落砸坏线路以及滑坡、泥石流对线路的影响，同时应对低洼电房防水浸措施进行重点检查。同时在雷雨季节，对雷区线路防雷措施（包括避雷器、接地电阻等）及特维特巡。

50. 如需在雷雨天气开展配电线路、设备及设施巡视，有哪些安全注意事项？

答：如需在雷雨天气开展配电线路、设备及设施巡视，线路遭受直击雷或感应雷、故障接地时，均会在线路下方及杆塔周围地面产生跨步电压，存在人身触电风险。因此，巡视人员应依据实际情况配备必要的防护用具、自救器具和药品，时刻穿戴好安全帽、绝缘靴，且不应使用伞具，不应靠近避雷器和避雷针或在大树下避雨。

51. 在自然灾害（地震、台风、洪水、泥石流等）发生时，如需要开展配电线路、设备及设施特殊巡视，有哪些安全注意事项？

答：在自然灾害发生期间开展特殊巡视时，应注意以下安全注意事项：

（1）巡视前应充分考虑各种可能发生的情况，向当地相关部门了解灾情发展情况，并制定相应的安全处理措施与紧急救援准备，经设备运维管理单位批准后方可开始巡线。

（2）巡视人员至少两人一组，巡视过程中，必须使用通信设备随时与派出部门之间保持联络。

（3）出发前与派出人员约定巡线时长和若干个固定交接地点，在失联的情况下，便于派出人员及时组织救援。

（4）应注意选择巡视路线，防止洪水、塌方、恶劣天气等对人的伤害。

（5）线路巡视中发现缺陷或故障点，在无法确保人身安全的情况下，不得擅自处理。

（6）在暴雨中行车时，应控制车速，路过山坡和山区公路时不宜长时间停留或停车，防止遭遇山体滑坡或泥石流。

（7）对有淤泥容易造成汽车轮子打滑的山路，司机应谨慎驾驶，必要时可先行探路，不可盲目驾驶。

52. 配电线路、设备及设施巡视过程中，遭遇恶劣气候及自然灾害时应如何处理？

答：如遇雷、雨、风等恶劣气候或其他可能危及作业人员安全的情况时，工作负责人或专责监护人根据实际情况，有权决定临时停止巡视工作，并保持与线路、设备足够的安全距离迅速撤离现场。

如遇地震、台风、洪水、泥石流等自然灾害或其他可能危及作业人员安全的情况时，应立即停止巡视工作，保持与线路、设备足够的安全距离并选择安全的撤离途径撤离现场，避免发生人员伤亡。

53. 在大风天气下开展配电线路、设备及设施巡视有哪些安全注意事项？

答：大风天气巡线时，为避免巡视人员意外碰触断落悬挂空中的带电导线或步入导线断落地面接地点的危险区，巡线应沿线路上风侧前进。

54. 汛期开展配电线路、设备及设施巡视有哪些安全注意事项？

答：汛期开展配电线路、设备及设施巡视时应特别注意：

（1）向当地水利部门了解汛情发生情况，巡视人员应事先拟定好安全巡视路线并配备救生衣、救生圈，以免危及人身安全；

（2）巡视过程中，如会遇到桥梁坍塌而形成的河流或小溪阻隔，不得趟（游）不明深浅的水域；

（3）过没有护栏的桥时，要小心防止落水；

（4）如遇洪水迅速向山坡、结构牢固的楼房上层、高地等地转移，切勿游泳逃生。

（5）巡视人员应尽量避开山谷、河边、低洼地带和不熟悉的路段。巡视过程中，没有特殊原因，必须沿巡线道行走。

55. 在高温天气期间，制定配电线路、设备及设施巡视计划时应注意什么？

答：在高温天气期间，制定巡视计划时应注意：

（1）日最高气温达到40℃以上，应当停止当日室外露天作业；

（2）日最高气温达到37℃以上、40℃以下时，全天安排巡视人员室外露天作业时间累计不得超过6h，连续作业时间不得超过国家规定，且在气温最高时段3h内不得安排室外露天作业；

（3）日最高气温达到 35℃ 以上、37℃ 以下时，应当采取换班轮休等方式，缩短巡视人员连续作业时间，并且不得安排室外露天作业巡视人员加班。

56．高温天气设备巡视时，如何预防中暑？中暑后应如何处理？

答：预防中暑措施主要包括：

（1）进行暑天安全教育，提高防暑意识；

（2）保持充足睡眠；

（3）避开气温最高时段开展巡视作业；

（4）合理安排巡视作业内容，缩短巡视作业时间；

（5）配备充足饮品及清凉药品。

巡视人员中暑后须立刻将中暑人员转移到阴凉或通风良好的区域，垫高头部且解开衣裤，以利于呼吸和散热，用冷水毛巾轻擦额头和所冒出的汗滴，并服用解暑药品，待中暑人员恢复正常状态时应大量补水。情节严重则同时迅速拨打急救电话，请求派医护人员前来救治。

57．在冰雪凝冻天气开展配电线路、设备及设施巡视有哪些安全注意事项？

答：在冰雪凝冻天气开展配电线路、设备及设施巡视有以下安全注意事项：

（1）密切留意雪情发展情况，巡视工作前事先拟定好安全巡视路线并配备防滑靴、防寒服、防寒手套，做好保暖、防冻措施，注意人员失温风险，同时在车辆加装防滑链条，必要时，可安排人员步行探路。

（2）巡视过程中，在严重覆冰线段设置观冰点，并警惕防止因倒杆断线危及人身安全。

（3）巡视人员至少两人一组，巡视过程中，必须保持通信设备通畅，随时与派出部门之间保持联络。

58．野外配电线路、设备及设施巡视时，如何防范毒蛇、蚁、毒蜂等生物危害？

答：野外开展巡视工作时应做到：

（1）加强个人防护，着工作服（长衣长袖）开展巡视工作。

（2）手持树棍，边走边打草，避免被蛇咬伤。

（3）发现马蜂窝时不要靠近，更不可触碰，如遭遇攻击应就地趴下，减少暴露面积。

（4）工作时严密注视作业范围是否存在蛇、红火蚁、蜂等生物活动的迹象，如果发现此种危害迹象，要先清理或做好防护再进行作业。

被蛇咬伤后立刻放低伤口且低于心脏，用皮带、鞋带或布条等在肢体伤处近心端环形绑扎，再用大量清水冲洗伤口，并于伤口近心端处皮肤涂抹蛇药，切勿涂伤口，最后立即拨打急救电话或迅速送往医院救治。

被马蜂蛰伤后应立即检查有无毒刺遗留，如有则用镊子小心拨出，再用大量清水冲洗伤口，切勿用力挤压。如出现呼吸困难、胸闷、头痛、呕吐等严重现象，立即拨打急救电话或迅速送往医院救治。

被红火蚁叮咬后可以先将被叮咬的部分进行冰敷的处理，并以肥皂与清水清洗被叮咬的患部；一般可以使用类固醇的外敷药膏或是口服组织胺药剂来缓解瘙痒与肿胀的症状，但尽量在医生诊断指示下使用上述药剂；被叮咬后应尽量避免伤口的二次性感染，与一般水泡处理方式不同，需避免将脓包弄破。

59．巡视过程中发现设备异常发热如何处置？

答：红外检测发现的设备过热一般有如下处理方式：

（1）当设备存在过热，比较温度分布有差异，但不会引发设备故障时，一般仅做记录，可利用停电（或周期）检修机会，有计划地安排试验检修，消除缺陷。对于负荷率低、温升小但相对温差大的设备，如果负荷有条件或有机会改变时，可在增大负荷电流后进行复测，以确定设备缺陷的性质。

（2）当设备存在过热，或出现热像特征异常时，程度较严重，应安排计划处理。未消缺期间，对电流致热型设备，应有措施（如加强检测次数，清楚温度随负荷等变化的相关程度等），必要时可限负荷运行。对电压致热型设备，应加强监测并安排其他测试手段进行检测，缺陷性质确认后，安排计划消缺。

（3）当电流（磁）致热型设备热点温度（或温升）超过规定的允许限值温度（或温升）时，应立即安排设备消缺处理，或设备带负荷限值运行；对电压致热型设备和容易判定内部缺陷性质的设备其缺陷明显严重时，应立即消缺或退出运行，必要时，可安排其他试验手段进行确诊，并处理解决。

60．在开展带电设备红外测温专项检测时，对电流致热型设备的相对温差值评价参考依据是什么？

答：根据《带电设备红外诊断应用规范》（DL/T 664—2016）要求，电流致热型设备的相对温差值参考判据见表 4-15。

表 4-15　　　　　　　　电流致热型设备的相对温差值参考判据

设备类别和部位		热像特征	故障特征	缺陷性质			处理建议	备注
				一般缺陷	重要缺陷	紧急缺陷		
电气设备与金属部件的连接	接头和线夹	以线夹和接头为中心的热像，热点明显	接触不良	温差不超过15K，未达到重要缺陷要求	热点温度>80℃或δ≥80%	热点温度>110℃或δ≥95%		
金属部件与金属部件的连接	接头和线夹	以线夹和接头为中心的热像，热点明显	接触不良	温差不超过15K，未达到重要缺陷要求	热点温度>90℃或δ≥80%	热点温度>130℃或δ≥95%		
金属导线		以导线为中心的热像，热点明显	松股、断股、老化或截面积不够	温差不超过15K，未达到重要缺陷要求	热点温度>80℃或δ≥80%	热点温度>110℃或δ≥95%		
配电导线的连接器（耐张线夹、接续管、修补管、并沟线夹、跳线线夹、T型线夹、设备线夹等）		以线夹和接头为中心的热像，热点明显	接触不良	温差不超过15K，未达到重要缺陷要求	热点温度>90℃或δ≥80%	热点温度>130℃或δ≥95%		

续表

设备类别和部位		热像特征	故障特征	缺陷性质			处理建议	备注
				一般缺陷	重要缺陷	紧急缺陷		
隔离开关	转头	以转头为中心的热像	转头接触不良	温差不超过15K，未达到重要缺陷要求	热点温度>90℃或δ≥80%	热点温度>130℃或δ≥95%		
	刀口	以刀口压接弹簧为中心的热像	弹簧压接不良	温差不超过15K，未达到重要缺陷要求	热点温度>90℃或δ≥80%	热点温度>130℃或δ≥95%	测量接触电阻	
断路器	动静触头	以帽顶和下法兰为中心的热像，帽顶温度大于下法兰温度	压指压接不良	温差不超过10K，未达到重要缺陷要求	热点温度>55℃或δ≥80%	热点温度>80℃或δ≥95%	测量接触电阻	内外部的温差为50～70K
	中间触头	以下法兰和帽顶为中心的热像，下法兰温度大于帽顶温度	压指压接不良	温差不超过10K，未达到重要缺陷要求	热点温度>55℃或δ≥80%	热点温度>80℃或δ≥95%	测量接触电阻	内外部的温差为40～60K
电流互感器	内接线	以串并联出线头或大螺杆出线夹为最高温度的热像或以顶部铁帽发热为特征	螺杆接触不良	温差不超过10K，未达到重要缺陷要求	热点温度>55℃或δ≥80%	热点温度>80℃或δ≥95%	测量一次回路电阻	内外部的温差为30～45K
套管	柱头	以套管顶部柱头为最热的热像	柱头内部并线压接不良	温差不超过10K，未达到重要缺陷要求	热点温度>55℃或δ≥80%	热点温度>80℃或δ≥95%		
电容器	熔丝	以熔丝中部靠电容侧为最热的热像	熔丝容量不够	温差不超过10K，未达到重要缺陷要求	热点温度>55℃或δ≥80%	热点温度>80℃或δ≥95%	检查熔丝座	环氧管的遮挡
	熔丝座	以熔丝座为最热的热像	熔丝与熔丝座接触不良	温差不超过10K，未达到重要缺陷要求	热点温度>55℃或δ≥80%	热点温度>80℃或δ≥95%	检查熔丝座	

注　δ—相对温差。

61. 在开展带电设备红外测温专项检测时，对电压致热型设备的相对温差值评价参考依据是什么？

答：根据《带电设备红外诊断应用规范》（DL/T 664—2016）要求，电压致热型设备的相对温差值参考判据见表4-16。

表 4-16　　　　　　　　　　　电压致热型设备的相对温差值参考判据

设备类别		热像特征	故障特征	温差（K）	处理建议	备注
电流互感器	10kV浇筑式	以本体为中心整体发热	铁芯短路或局放增大	4	进行伏安特性或局部放电试验	
	油浸式	以瓷套整体温升增大且瓷套上部温度偏高	介质损耗偏大	2～3	进行介质损耗、油色谱、油中含水量检测	含气体绝缘TA
电压互感器（含电容式电压互感器的互感器部分）	10kV浇筑式	以本体为中心整体发热	铁芯短路或局放增大	4	进行伏安特性或局部放电试验	
	油浸式	以整体温升偏高，且中上部温度高	介质损耗偏大、匝间短路或铁芯损耗增大	2～3	进行介质损耗、油色谱、油中含水量检测	
耦合电容器	油浸式	以整体温升偏高或局部过热，且发热符合自上而下逐步递减的规律	介质损耗偏大，电容量变化、老化或局放	2～3	进行介质损耗测量	
移相电容器		热成像一般以本体上部为中心的热像图，正常热像最高温度一般在宽面垂直平分线的三分之二高度左右，其表面温升略高，整体发热或局部发热	介质损耗偏大，电容量变化、老化或局放	2～3	进行介质损耗测量	采用相对温差判别即 $\delta > 20\%$ 或又不均匀热像
高压套管		热像特征呈以套管整体发热热像	介质损耗偏大	2～3	进行介质损耗测量	穿墙套管或电缆头套管温差更小
		热像为对应部位呈现局部发热区故障	局部放电故障或气路的堵塞	2～3		
充油套管	绝缘子柱	热像特征是以油面处最高温度的热像，油面有一明显的水平分界线	缺油			
氧化锌避雷器		正常为整体轻微发热，分布均匀，较热点一般在靠近上部，多节组合从上到下各节温度递减，引起整体（或单节）发热或局部发热为异常	阀片受潮或老化	0.5～1	进行直流和交流试验	合成套比瓷套温差更小
绝缘子	瓷绝缘子	正常绝缘子串的温度分布不同电压分布规律，即呈现不对称的马鞍型，相邻绝缘子温差很小，以铁帽为发热中心的热像图，其比正常绝缘子温度高	低值绝缘子发热（绝缘电阻在10～300MΩ）	1	进行精确检测或其他电气方法零、低阻值的检测确认，视缺陷绝缘子片数作相应的缺陷处理	
		发热温度比正常绝缘子要低，热像特征与绝缘子相比，呈暗色调	零值绝缘子发热（<10MΩ）	1		5～10MΩ时可出现检测盲区，热像同正常绝缘子
		其热像特征是以瓷盘（或玻璃盘）为发热区的热像	表面污秽引起绝缘子泄漏电流增大	0.5		

续表

设备类别		热像特征	故障特征	温差（K）	处理建议	备注
绝缘子	合成绝缘子	在绝缘良好合绝缘劣化的结合处出现局部过热，随着时间的延长，过热部位会移动	伞裙破损或芯棒受潮	0.5～1		
		球头部位过热	球头部位松脱、进水			
电缆终端		橡塑绝缘电缆半导电断口过热	内部可能有局部放电	5～10		10kV、35kV热缩终端
		以整个电缆头为中心的热像	电缆头受潮、劣化或气隙	0.5～1		
		以护层接地连接为中心的发热	接地不良	5～10		采用相对温差判别即 $\delta>20\%$ 或又不均匀热像
		伞裙局部区域过热	内部可能有局部放电	0.5～1		
		根部有整体性过热	内部介质受潮或性能异常	0.5～1		

注　δ—相对温差。

62．什么是无人机巡视？有哪些优势？

答：无人机巡视是指以无人机为平台，根据线路运行情况、巡检要求，选择搭载可见光相机（摄像机）、红外热像仪、紫外成像仪、三维激光扫描仪等设备对配电线路设备、设施等进行巡视的一种巡视方式。

无人机巡视的优势主要体现在：

（1）大大提高了电力维护和检修的速度和效率，能够在完全带电的环境下迅速完成巡视作业。

（2）大大减少了巡视作业风险，提高巡线作业人员的安全性。

（3）降低了巡视成本，在提高了巡视效率的同时也降低了人力资源成本的支出。

（4）巡线速度快、应急迅速，能及时发现缺陷，及时提供信息，避免了线路事故停电。

（5）可以更加全面精准采集红外影像数据，及时掌握设备及导线接头反常发热等缺陷。

63．无人机巡视的作业流程是什么？

答：无人机巡视的作业流程主要包括：

（1）作业准备前，主要包括现场环境勘察、任务规划、工器具准备、做好紧急情况下的安全策略以及出库前对无人机设备的检查。

（2）作业准备中，确认无人机以及系统无异常后，可开展飞行作业；过程中，确保无人机与巡视设备邻近带电设备或其他设备的裸露带电部分保持足够的飞行安全距离，开展设备巡视工作。

（3）作业结束后，在符合降落的地点安全返航降落，对无人机进行收回并进行入库检查。最后对无人机采集的数据进行分析处理，并对无人机进行维护保养。

64. 配电线路、设备及设施无人机巡视的作业要求是什么？

答：配电线路、设备及设施无人机巡视的作业要求包括：

（1）根据巡视任务类型、被巡设备布置、无人机巡检系统技术性能状况和周边环境，能熟练完成巡检作业点选择、巡检飞行路径设计、巡检飞行参数设置、任务设备参数设置等各项工作。

（2）掌握背景、光照、距离、角度等因素对拍摄目标清晰程度、特征表达质量等的影响。

（3）掌握环境温度、光照、距离、角度等因素对拍摄目标测温结果的准确性、可比性和有效性的影响。

（4）在巡检作业点，能熟练调整拍摄距离和角度等各项参数，完成对被巡设备拍摄工作，拍摄的目标清晰且主要特征明显可辨。

65. 无人机巡视有哪些常见的安全注意事项？

答：无人机巡视有以下常见的安全注意事项：

（1）作业现场应远离爆破、射击、烟雾、火焰、机场、人群密集、高大建筑、军事管辖、无线电干扰等可能影响或禁止无人机飞行的区域，必要时终止作业。

（2）无人机起飞和降落时，作业人员应与其始终保持足够的安全距离，不应站在其起飞和降落的方向前，不应站在无人机巡检航线的正下方，避开起降航线。

（3）作业时，作业人员之间应保持联络畅通，严格遵守有关规定，禁止擅自违规操作。

（4）作业人员应正确使用安全工器具和劳动防护用品。

（5）无人机起、降点应与配电线路和其他设施、设备保持足够的安全距离，且风向有利，具备起降条件。

（6）工作地点、起降点及起降航线上应避免无关人员干扰，必要时可设置安全警示区。

（7）作业现场不应使用可能对无人机巡检系统通信链路造成干扰的电子设备。

（8）对于需加油和放油操作的无人机，应在非雷雨天气、无人机巡检系统断电、发动机熄火以后进行，同时操作人员应使用防静电子套。

66. 多旋翼无人机巡视对作业环境有哪些要求？

答：多旋翼无人机巡视对作业环境有以下要求：

（1）起飞、降落点应选取面积不小于 2m×2m 地势较为平坦且无影响降落的植被覆盖的地面，如现场起飞、降落点达不到要求，应自备一张地毯作为起飞、降落。

（2）用温湿度计测量，作业相对湿度应≤95%。

（3）用风速仪测量，现场风速应≤10m/s。

（4）遇雷、雨天气不得进行作业。

（5）作业环境云下能见度不小于 3km。

（6）作业前应落实被巡线路沿线有无爆破、射击、打靶、飞行物、烟雾、火焰、无线电干扰等影响飞行安全的因素，并采取停飞或避让等应对措施。

67. 采用多旋翼无人机巡视，出发前应重点检查哪些内容？

答：旋翼无人机出发前重点检查的内容主要包括：

（1）检查无人机及遥控器，桨叶是否旋紧、电池是否安装到位、云台保护扣是否卸下、相机 SD 卡是否插入、遥控各操纵杆是否恢复默认，以及各结构连接点是否有松动。

（2）确认无人机各项数据及功能正常，包括无人机及遥控器电量、GPS 卫星数目、图传及拍照测试、指南针校对等。

（3）确认起飞地点周围环境、飞行路线规划、降落地点等是否符合最低飞行要求。

68. 多旋翼无人机飞行过程中常见的故障有哪些？如遇故障应采取哪些措施？

答：多旋翼无人机常见的故障主要包括：丢星、通信中断、电池欠压、动力丢失、失控等故障。

如在飞行过程中遇到以上故障时，应在测控通信正常情况下立即由自主飞行模式切换回手动控制，取得飞机的控制权，迅速减小飞行速度，尽量保持飞机平衡，尽快安全降落或返航。

69. 遭遇哪些情况时，需要立即对多旋翼无人机指南针进行校准？

答：在遇到以下情况，需要立即对多旋翼无人机指南针进行校准：

（1）指南针读数异常并且飞行器状态指示灯红黄交替闪烁；

（2）在新的飞行场所飞行；

（3）飞行器的结构有更改，如指南针的安装位置有更改；

（4）飞行器飞行时严重漂移。

70. 什么是用电检查？用电检查的目的是什么？

答：用电检查是指电网经营企业、供电企业根据国家有关电力供应与使用的法律法规、政策规定，对客户的电力使用进行检查的活动。

用电检查的目的是维护供电营业区域内正常供用电秩序、保障供电安全，及时发现和纠正营业用电管理存在的问题，提高电力客户可靠性水平。

71. 用电检查的内容是什么？

答：供电企业应按照规定对本供电营业区内的用户进行用电检查，用户应当接受检查并为供电企业的用电检查提供方便。用电检查的内容是：

（1）用户执行国家有关电力供应与使用的法规、方针、政策、标准、规章制度情况；

（2）用户受（送）电装置工程施工质量检验；

（3）用户受（送）电装置中电气设备运行安全状况的；

（4）用户保安电源和非电性质的保安措施；

（5）用户反事故措施；

（6）用户进网作业电工的资格、进网作业安全状况及作业安全保障措施；

（7）用户执行计划用电、节约用电情况；

（8）用电计量装置、电力负荷控制装置、继电保护和自动装置、调度通信等安全运行状况；

（9）供用电合同及有关协议履行的情况；

（10）受电端电能质量状况；

（11）违章用电和窃电行为；

（12）并网电源、自备电源并网安全状况。

72.用电检查的范围是什么？

答：用电检查的主要范围是客户受电装置，但被检查的客户有下列情况之一者，检查范围可以延伸至相应目标所在处：

（1）有多类电价的；

（2）有自备电源设备（包括自备发电厂）的；

（3）有二次变压配电的；

（4）有违章现象需延伸检查的；

（5）有影响电能质量的用电设备的；

（6）发生影响电力系统事故需作调查的；

（7）用户要求帮助检查的；

（8）法律规定的其他用电检查。

73.用电检查有哪些形式？有什么区别？

答：用电检查的形式主要有周期检查、专项检查和临时检查。

（1）周期检查：对不同类型客户按一定周期进行的例行检查。

（2）专项检查：针对特定时期、特定任务或特殊客户群等开展的检查。专项检查由各级单位根据不同的需求制定检查计划，确定检查内容。

（3）临时检查：针对客户用电安全诉求或者其他业务转发的协同需求开展的检查。协同其他专业开展的检查按照相应业务要求执行，其他临时性检查纳入专项检查管理。

74.周期检查的周期如何分类？

答：周期检查是对不同类型客户按一定周期进行的例行检查，检查周期如下：

（1）重要电力客户、35kV及以上电压等级供电客户每年检查一次；

（2）10（6）kV及20kV电压等级供电客户两年检查一次；

（3）0.4kV及以下居民客户每年按照不低于0.5%的比例进行抽查，其他低压客户每年按照不低于2%的比例进行抽查；

（4）涉及涉电公共安全风险和故障出门的客户可以根据需要适当缩短检查周期。同一年度内开展过专项检查的可以不再开展周期检查；已检查过的客户原则上三个月内可以不再重复检查。

75．弱电线路分为哪些等级？

答：弱电线路分为一级线路、二级线路、三级线路三个等级，等级划分按照《66kV及以下架空配电线路设计技术规程》规定，见表 4-17。

表 4-17　　　　　　　　　弱 电 线 路 等 级

线路级别	规　　定
一级线路	首都与省（直辖市）、自治区所在地及其相互间联系的主要线路；首都至各重要工矿城市、海港的线路以及由首都通达国外的国际线路；由邮电部门指定的其他国际线路和国防线路；铁道部与各铁路局及各铁路局之间联系用的线路，以及铁路信号自动闭塞装置专用线路
二级线路	各省（直辖市）、自治区所在地与各地（市）、县及其相互间的通信线路；相邻两省（自治区）各地（市）、县相互间的通信线路；一般市内电话线路；铁路局与各站、段及站段相互间的线路；以及铁路信号闭塞装置的线路
三级线路	县至区、乡的县内线路和两对以下的城郊线路；铁路的地区线路及有线广播线路

76．什么是客户用电安全隐患？主要分为哪几类？

答：客户用电安全隐患是指电力客户违反安全生产法律、法规、规章及安全生产管理制度的规定，或者其他因素在生产经营活动中存在的可能导致不安全事件或事故发生的物的不安全状态、人的不安全行为、生产环境的影响和管理上的缺陷。

客户用电安全隐患按可能导致事故事件严重程度分为重大安全隐患和一般安全隐患。其中，重大隐患分为Ⅰ级重大隐患和Ⅱ级重大隐患。具体分级、认定原则按照《电力安全隐患监督管理暂行规定》（电监安全〔2013〕5号）和《安全生产风险分级管控和隐患排查治理双重预防机制管理办法》执行。

77．在用电检查过程中发现用电安全隐患时应如何处理？

答：在用电检查过程中发现用电安全隐患时应做到：

（1）结合实际提出整改建议限期整改，在规定期限内复查合格的，结束业务流程。

（2）客户存在重大安全隐患或者一般安全隐患拒不整改的，应当报备当地县区级政府部门。属于重要电力客户的按照各省区政府部门重要电力客户审批层级进行报备。

（3）安全隐患危害供用电安全且拒不整改的，可以依据相关法规及程序中止供电，整改合格后方可恢复供电。

78．哪些用电安全隐患需要整改？

答：以下用电安全隐患需要整改：

（1）用户配电设施达不到安全标准；

（2）重要用户未按国家和行业相关规定配置双电源、自备应急电源；

（3）自备应急电源的运行管理、投切装置不符合安全技术要求；

（4）应急预防措施欠缺；

（5）用户用电管理人员不具备相关资质；

（6）用户对已发现的安全隐患整改落实不到位。

79．用电检查的常用工器具是什么？

答：用电检查的常用工器具包括：多功能测电笔、断线钳、数字万用钳表、绝缘电阻表。

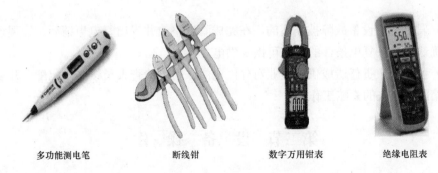

| 多功能测电笔 | 断线钳 | 数字万用钳表 | 绝缘电阻表 |

图 4-4　用电检查常用工器具

80.用电检查过程中确认有危害供用电安全或扰乱供用电秩序行为时,用电检查人员应按哪些规定在现场予以制止?

答:用电检查人员在现场检查确认有危害供用电安全或扰乱供用电秩序行为时,用电检查人员应按《用电检查管理办法》(中华人民共和国电力工业部〔1996〕第 6 号)规定,在现场予以制止,规定如下:

(1)在电价低的供电线路上,擅自接用电价高的用电设备或擅自改变用电类别用电的,应责成用户拆除擅自接用的用电设备或改正其用电类别,停止侵害,并按规定追收其差额电费和加收电费。

(2)擅自超过注册或合同约定的容量用电的,应责成用户拆除或封存私增电力设备,停止侵害,并按规定追收基本电费和加收电费。

(3)超过计划分配的电力、电量指标用电的,应责成其停止超用,按国家有关规定限制其所用电力并扣还其超用电量或按规定加收电费。

(4)擅自使用已在供电企业办理暂停使用手续的电力设备或启用已被供电企业封存的电力设备的,应再次封存该电力设备,制止其使用,并按规定追收基本电费和加收电费。

(5)擅自迁移、更动或操作供电企业用电计量装置、电力负荷控制装置、供电设施以及合同(协议)约定由供电企业调度范围的用户受电设备的,应责成其改正,并按规定加收电费。

(6)未经供电企业许可,擅自引入(或供出)电源或者将自备电源擅自并网的应责成用户当即拆除接线,停止侵害,并按规定加收电费。

拒绝接受供电企业按规定处理的,可按国家规定的程序停止供电,并请求电力管理部门依法处理,或向司法机关起诉,依法追究其法律责任。

81.用电检查人员在进行客户电气事故事件调查中有哪些注意事项?

答:用电检查人员在客户电气事故事件调查中应注意:

(1)在接到客户报告的电气事故事件信息后,应当及时开展现场调查取证,提出整改措施和建议。达到安全事故等级的应当立即向本单位安全监管部门报告,协调客户配合做好现场保护和后续调查。

（2）经生产运维人员、用电检查人员共同界定属于客户故障出门的，应督促客户及时整改。

（3）发生客户设备故障被隔离的，在完成隐患整改并提出复电申请后，经现场复查合格，确认已具备复电条件的，方可恢复供电。

（4）由于客户责任造成供电企业对外停电的，用电检查人员按照规定配合开展供电方或者第三方损失的索赔工作。

第二节　设　备　操　作

1．设备操作包括哪些环节？

答： 设备操作包括调度员命令或现场值班负责人指令下达，监护人对操作人发布操作指令完成电气操作的两个环节。

2．设备操作有哪些类型？分别有哪些安全注意事项？

答： 设备操作可分为监护操作和单人操作两类。

（1）监护操作是指有人监护的操作。监护操作必须由两人执行，一人操作，另一人监护。操作人在操作过程中不准有任何未经监护人同意的操作行为，监护人应由对系统、方式和设备较熟悉者担任。特别重要或复杂的操作，应由熟练人员操作，值班负责人监护。配电设备的监护操作可由该设备运行单位的运行人员或取得该单位相应资格的检修人员监护。

（2）单人操作是指一人单独完成的操作。单人操作应满足以下要求：实行单人操作的设备、项目和运行人员（调控人员）应经地市级及以上单位考核批准，并报调度部门备案。单人操作的发令人和操作人的通话应录音，操作人受令时应复诵无误。单人操作时，不应进行登高或登杆操作。

3．配电网设备操作涉及哪些部门？职责是什么？

答： 配电网设备操作涉及的部门及其职责见表4-18。

表4-18　　　　　　　配网设备操作涉及的部门及其职责

序号	部门	职　责
1	配网电力调度	（1）接受上级电力调度机构的调度指挥和专业管理，对所辖配网实施统一调度； （2）负责调管范围内配网的调度运行、运行方式、发电调度、继电保护、电力通信、调度自动化、网络安全等运行指挥及专业管理； （3）参与制定和执行配网运行相关制度、标准以及评价考核办法等，开展配网电力调度相关专业技术监督指导工作； （4）负责编制和执行地区配网的系统运行方式； （5）负责调管范围内配网运行监控，指挥运行操作及事故处理； （6）负责组织制定调管范围内设备的限电序位表，参与错峰管理并对执行情况进行监督、考核； （7）负责所辖配网安全风险管理和稳定管理，并对执行情况进行监督、考核； （8）负责根据下达的供电计划监督各单位执行
2	配网运行单位	（1）负责配网设备运行操作、巡视维护； （2）负责接受并执行配网调度命令

4. 配电网设备操作常用的术语有哪些？

答：配电网设备操作常用的术语见表 4-19。

表 4-19　　　　　　　　　　　配网设备操作常用的术语

序号	术语	定　　义
1	运行操作	电力系统一次设备和二次设备各类操作的总称，也称为电气操作。一次设备操作包括状态、运行方式的变更和运行参数调整；二次设备操作包括运行定值更改和状态变更。其中，一次设备的状态、运行方式变更操作亦称为倒闸操作
2	合上	各种断路器（负荷开关）、隔离开关、接地开关、跌落式熔断器通过操作使其由分闸（拉开）位置转为合闸（合上）位置的操作
3	断开	各种断路器（负荷开关）通过操作使其由合闸位置转为分闸位置的操作
4	拉开	各种隔离开关、接地开关、跌落式熔断器通过操作使其由合上位置转为拉开位置的操作
5	合环	将线路、变压器或断路器串构成的网络闭合运行的操作
6	解环	将线路、变压器或断路器串构成的闭合网络开断运行的操作
7	并列	将两个独立运行的电网连接为一个电网运行，或发电机、调相机与电网连接为一个部分运行的操作
8	解列	将发电机（调相机）脱离电网或电网分成两个及以上部分运行的操作
9	充电	使空载的线路、母线、变压器等电气设备带有标称电压的操作
10	配电网事故紧急处理	在发生危及人身、电网及设备安全的紧急状况或发生电网和设备事故时，为迅速解救人员、隔离故障设备、消除设备过载、调整运行方式，不使事故扩大而进行的操作。故障造成用户停电的，配网调度开展故障点定位、故障（缺陷）设备隔离、恢复用户送电转供电等相关操作可视为事故处理的一部分
11	解口	通过拆除线路的电气连接，将无法通过设备操作实现隔离的待检修线路、设备与电源之间形成明显断开点，并有足够的安全距离；被解口侧视为与原线路没有物理连接，因检修工作需另行落实的安全措施由设备运维单位自行组织落实，工作结束后恢复与原线路连接前应自行解除
12	摘下	通过绝缘棒等工具，将跌落式熔断器拉开并取下
13	转供电	对具备环网供电方式的线路改变其运行方式的倒闸操作
14	停电转供电	被转供电线路（或线段）先停后送，切换到另一线路供电的转供电方式
15	不停电转供电	也称合环转供电，被转供电线路（或线段）保持带电，切换到另一线路供电的转供电方式
16	馈线自动化	利用自动化装置或系统，监测配电网的运行状况，及时发现配电网故障，进行故障定位、隔离和恢复对非故障区域的供电
17	配电网自愈	在无须或仅需少量人为干预的前提下，利用自动化装置或系统，监视配电线路的运行状况，及时发现线路故障，诊断出故障区间并将故障区间隔离，自动恢复对非故障区间的供电

5. 配电一次设备状态有哪些？

答：配电一次设备的状态及定义见表 4-20。

表 4-20　　　　　　　　　　　配电一次设备的状态及定义

序号	一次设备状态	定　　义
1	运行	设备或电气系统带有电压，其功能有效。开关运行是指开关及其各侧刀闸在合闸位置，开关与电源相连通。母线、线路、变压器、电抗器、电容器及电压互感器等一次设备的运行状态，指从该设备电源至受电端的电路接通并有相应电压（无论是否带有负荷），且控制电源、继电保护及自动装置按运行状态投入

续表

序号	一次设备状态	定　义
2	热备用	该设备已具备运行条件，其继电保护及自动装置满足运行要求，开关的控制、合闸及信号电源投入，经一次合闸操作即可转为运行状态的状态。开关的热备用指开关本身在分闸位置，各侧刀闸在合闸位置，二次设备按要求投入。线路、母线、变压器、电抗器、电容器等电气设备的热备用是指连接该设备的各侧均无安全措施，各侧开关全部在分闸位置，二次设备按要求投入，且至少一个开关一经合闸，设备就转为运行
3	冷备用	连接该设备的各侧均无安全措施，且连接该设备的各侧均有明显断开点或可判断的断开点
4	检修	连接设备的各侧均有明显的断开点或可判断的断开点，需要检修的设备可能来电的各侧均已接地的状态，或该设备与系统彻底隔离，与断开点设备没有物理连接时的状态

6. 配电二次设备状态有哪些？

答：配电二次设备状态及定义见表4-21。

表 4-21　　　　　　　　　　　配电二次设备状态及定义

序号	二次设备状态	定　义
1	投入	装置正常运行，功能及出口正常投入
2	退出	装置全部功能及出口退出的状态
3	投信号	指安全自动装置正常运行，装置出口退出，对外通信通道正常时的状态，即安全自动装置不具备就地和远方出口动作功能，但具备收信发信功能
4	全自动执行	线路故障时，配电主站和终端可根据已有自动化配置策略，自动进行故障区域定位、隔离及故障上下游恢复供电，全过程无须人为干预
5	半自动执行	线路故障时，配电主站或终端不能根据已有自动化配置策略，自动进行故障区域定位、隔离及故障上下游恢复供电，在某一过程需要人为干预

7. 设备操作需具备哪些基本条件？

答：设备操作需具备的基本条件有：

（1）发令人、受令人、值班负责人、监护人、操作人均应具备相应资格。

（2）调度命令发令人名单应发文下达所辖调度或设备运行单位，调度命令受令人名单应在上级所辖调度机构备案。

（3）具有与现场设备和运行方式实际情况相符的一次系统模拟图或接线图。

（4）操作设备应具有明显的标志，包括双重名称、分合指示、位置标示、旋转方向、切换位置的指示及设备相色等。

（5）高压电气设备应具有防止误操作闭锁功能（装置），无防误闭锁功能（装置）或闭锁功能（装置）失灵的隔离开关或断路器应加挂机械锁。

8. 配电设备操作时，应有哪些书面依据？

答：配电设备操作时，应根据操作要求选用以下相应的操作票或规范性书面记录：

（1）调度逐项操作命令票。

（2）调度综合操作命令票。

（3）现场电气操作票。

（4）书面形式命令和记录（格式和内容自行拟定）。

（5）新（改）建设备投产方案（操作步骤部分）。

9．操作票填写主要有哪些注意事项？

答：操作票填写的注意事项主要有：

（1）操作票由操作人填写。

（2）一份操作票只能填写一个操作任务；一项连续操作任务不得拆分成若干单项任务而进行单项操作。

（3）填写操作票应正确使用调度术语、操作术语和位置术语，设备名称编号应严格按照现场标示牌所示双重名称填写。

（4）操作票填写应实行"三对照"：对照操作任务、运行方式和安全措施要求，对照系统、设备和"五防"装置的模拟图，对照设备名称和编号。

（5）调度操作命令票和现场电气操作票操作项应根据现场实际操作要求填写。

10．操作票等书面依据审核主要有哪些注意事项？

答：操作票等书面依据审核注意事项主要有：

（1）调度操作命令票和现场电气操作票实行"三审签字"制度，即操作票操作人自审、监护人审核、值班负责人审批并分别签名。

（2）书面形式命令和记录以及不使用操作票的新（改）设备启动方案，在操作前，应经值班负责人确认并同意。

11．调度操作命令票执行主要包含哪些人员？对应的安全责任有哪些？

答：调度操作命令票主要包含的人员及对应安全责任见表4-22。

表 4-22　　　　　　　　调度操作命令票主要包含的人员及对应安全责任

人员	安 全 责 任
操作人	（1）按照电网实时运行方式、调度检修申请单的有关方式和现场安全措施的要求正确完整地填写调度命令票。 （2）按照调度命令票内容正确无误地进行操作。 （3）随时掌握现场的实际操作情况与调度命令票要求一致
审核人（监护人）	（1）审核操作人填写的调度命令票。 （2）全程监护操作人正确无误地操作。 （3）操作过程中出现疑问和异常，应立即停止操作，必要时及时汇报值班负责人
值班负责人	（1）负责审批调度命令票。 （2）负责操作过程管理及审查最终操作结果。 （3）对操作中出现的重大异常情况及时协调处理
受令人（回令人）	（1）正确无误地接受、理解调度命令和汇报执行情况。 （2）正确无误地执行调度命令或将调度命令传递至操作任务相关负责人。 （3）当现场操作出现异常情况时，应及时汇报调度操作人并协调处理

12．什么是调度操作命令？调度操作命令有哪几种？

答：调度操作命令是指电网调度机构值班调度员对其下级值班调度员或调度管辖运行值班员发布有关运行和操作的命令。调度命令分为综合令、单项令和逐项令，逐项令中可包含综合令。

（1）综合令：是指发令人说明操作任务、要求、操作对象的起始和终结状态，具体操作步骤和操作顺序项目由受令人拟定的调度命令。

（2）单项令：是指由值班调度员下达的单一操作命令。

（3）逐项令：是指根据一定的逻辑关系，按顺序下达的综合令或单项令。

13. 调度操作命令有哪些要求？

答：调度操作命令的相关要求如下：

（1）调度操作命令应根据操作要求选用调度逐项操作命令票、调度综合操作命令票、许可操作书面命令。未填写调度操作命令票的操作，应做好操作记录。

（2）一个需要下达若干综合令和逐项令才能完成的复杂操作任务，配网调度员须与相关运行单位的运维人员事先做好沟通工作，确定下令和操作次序。

（3）调度操作命令票的操作任务及操作步骤经监护人审核，值班负责人批准，由填票人、审核人（监护人）和值班负责人共同签名后方可生效。

（4）发布倒闸操作调度命令前，配网调度员应核对相关设备状态。核对方式包括但不限于查阅调度自动化系统、历史调度日志等方式。

（5）倒闸操作时，必须对照调度自动化系统中设备状态发令；操作完毕后，发令单位及操作单位应核对操作结果与设备现场实际状态是否一致。

14. 什么情况下选用调度逐项操作命令票？

答：以下操作任务选用调度逐项操作命令票：

（1）凡涉及两个及以上厂站共同配合，并按逻辑关系需逐项进行的一个操作任务。

（2）只涉及一个单位，但对系统运行方式有较大影响或较复杂的，或涉及两处及以上操作地点，需逐项进行的一个操作任务。

15. 什么情况下选用调度综合操作命令票？

答：以下操作任务选用调度综合操作命令票：

（1）只涉及一个厂站将一个或一组设备，由一个状态转换为另一个状态，无须其他厂站配合，连续完成的一个操作任务。

（2）对线路操作权委托的停、送电操作，上级值班调度员可对下级值班调度员发布综合令。

16. 什么情况下可不填写调度操作命令票？

答：以下操作可不填写调度操作命令票，但应填写书面形式命令或记录：

（1）事故紧急处理。

（2）单一操作。

（3）许可操作。涉及设备启动、调试的操作，经同级调度机构或厂局分管运行负责人批准，可用启动方案代替调度操作命令票进行操作，但在启动方案操作步骤内容的空白处，应完整准确记录涉及的发令人、发令时间、操作人和操作时间。

17. 许可操作书面命令填写有哪些要求？

答：许可操作书面命令可由运行值班员或设备运维人员根据操作任务填写，经申请人、调度审核人、调度值班负责人共同签名后方可生效。也可由配网调度员根据运行需要填写，经填写人、调度值班负责人共同签名后生效。操作步骤必须内容完整、逻辑正确。

18．调度操作命令有哪些下令方式？下令时主要有哪些注意事项？

答： 调度操作命令下达分为电话发令和专业信息系统发令两种方式。下令时的安全注意事项主要有：

（1）调度操作命令下达原则上必须使用调度专用的录音电话或具备提醒功能的专业信息系统。

（2）使用电话发令方式时，下令前必须互报单位及姓名，全程录音。使用专业信息系统发令方式时，发令人员、受令人员必须通过专用数字认证系统、密码等确认身份，发令过程必须可靠存档。

（3）配网调度应设置紧急调度电话，作为紧急情况报送的最高优先级别专用电话。非紧急情况不应使用紧急调度电话，配网调度机构可根据实际情况制定紧急调度电话使用规范。

（4）通过专业信息系统下达的调度命令，受令人员应在5min内对命令进行确认回复。

19．使用专业信息系统发令时，出现哪些情况受令人员须立即暂停或终止相关操作？

答： 使用专业信息系统发令时，出现下列任一情况，受令人员须立即暂停或终止相关操作，并使用调度电话向配网调度员汇报：

（1）调度命令内容与现场设备状态及操作要求不符。

（2）对操作目的、内容、步骤存在疑问。

（3）突发事故、电网异常或相关设备故障可能影响操作。

（4）专业信息系统运行异常。

（5）认为需要立即汇报配网调度员的其他信息。

20．调度操作应遵循哪些一般原则？

答： 调度操作应遵循的一般原则有：

（1）配网设备的运行操作应根据调度管辖范围的划分，实行统一调度，分级管理，各级调度机构调度员对其调度管辖范围内的设备发布调度命令，并对其正确性负责；特殊情况下，上级调度机构的调度员可对下级调度机构管辖的设备直接发布操作命令，但事后应及时通知下级调度机构的调度员。

（2）并入电网配网运行的地方电网、增量配电网、分布式电源、10（20）kV用户，应按调度机构有关规程规定及并网调度协议划分设备管辖及操作范围。涉及低压分布式光伏用户并网的线路停电工作开工前，配电运维单位应断开所有可能反送电的断路器、隔离开关或熔断器；配置自备电源的用户在外部电源失电后转为自备电源供电操作前，应严格落实内外部电源隔离等防止向电网侧反送电的措施。

（3）下级调度机构的操作对上级调度机构所管辖设备运行或电网安全有影响时，必须得到上级调度机构调度员许可后方可进行。上级调度机构的操作对下级调度管辖系统有影响时，上级调度机构应提前通知下级调度机构。

（4）未经值班调度员许可，任何单位及个人不得擅自操作调度管辖范围设备。遇有危及人身、设备或电网安全的紧急情况时，可不经许可，立即断开有关设备的电源，但事后应立即报告值班调度员及设备运维单位。

21．调度操作主要有哪些模式？

答：调度操作的模式有：直接操作、委托操作、配合操作、许可操作。

（1）直接操作：配网调度员可通过调度自动化系统远方遥控操作或直接向现场运维人员发布调度操作命令。

（2）委托操作：同一厂站内的设备，分属不同调度机构或同一调度机构的主、配网调度调管，经相关方调度员协商后，可采取委托操作方式将其中一方调管设备委托另一方调度员操作。

（3）配合操作：线路两侧由不同调度调管的设备应采用配合操作模式。

（4）许可操作：配网调度员对下级值班调度员或设备运维人员提出的操作申请予以许可（同意）。

22．调监控一体化管理模式下，配网电力调度操作有哪些实施途径？

答：调监控一体化管理模式下，根据调度运行操作命令执行方式的划分，配网电力调度操作实施途径分为以下两种：

（1）调度员（调控员）通过调度自动化系统远方遥控操作。

（2）向设备运维单位发布调度操作命令，现场运维人员接到操作命令后按相关规程填写电气操作票经审核合格后执行操作。

23．直接操作主要有哪些安全注意事项？

答：直接操作的安全注意事项主要有：

（1）配网调度员通过调度自动化系统远方遥控操作时，应严格按照配网调度运行操作票管理要求完成填写、初审、复审等手续后，在监护状态下开展。

（2）现场运维人员接受配网调度操作命令后，应按照相关规定及现场设备运行规程要求开展操作。

24．委托操作主要有哪些安全注意事项？

答：委托操作的安全注意事项主要有：

（1）委托操作前，相关方调度员应明确委托操作范围、操作对象目标状态及有关注意事项，并由委托方调度员通知相关运行单位值班人员。

（2）委托操作期间，如委托范围内设备发生异常，原则上由受委托方调度员负责处理。

（3）委托操作完成后，受委托方调度员应及时通报委托方调度员，委托方调度员应向现场核实，并记录清楚委托关系起始和结束时间、委托操作的起始和结束时间、委托操作设备的起始和最终状态等。

（4）委托关系有效性仅限于操作过程。委托操作完成后，委托方调度员应及时通知受委托方调度员及相关运行单位值班人员委托关系结束。

25．配合操作主要有哪些安全注意事项？

答：配合操作的安全注意事项主要有：

（1）线路两侧由不同调度调管的设备应采用配合操作模式，线路配合操作时，须明确操作的主导方和配合方，主导方负责主导操作流程，配合方配合完成相应操作。

（2）配合操作前，主导方配网调度员与配合方配网调度员协商后，由主导方配网调度员向配合方配网调度员下达书面线路配合操作任务单。

（3）停电操作时，双方配网调度员分别对各自调管范围内系统与设备是否具备操作条件进行核实确认，并通报对方配网调度员。

（4）复电操作时，双方配网调度员按照规程，分别对各自调管范围内检修工作情况和设备状态进行核实确认，并通报对方配网调度员。

（5）配合操作期间，主导方配网调度员根据线路配合操作任务单确定的逻辑顺序指挥配合方配网调度员进行操作，并对操作指挥的正确性负责，配合方配网调度员对本调度调管设备操作的正确性负责。

26．哪些情况可采取许可操作？

答：以下情况可采取许可操作模式：

（1）配网单辐射分支线的停送电操作；

（2）单一配变的停送电操作；

（3）继电保护定值更改及投退；

（4）线路、开关重合闸的投退操作；

（5）配网自动化开关的自动化功能投退；

（6）电压互感器的操作；

（7）电容器等无功补偿装置的操作。

27．许可操作主要有哪些注意事项？

答：许可操作的注意事项主要有：

（1）现场运维人员负责现场相关的安全确认和设备状态校核，满足条件后方可向配网调度员提出许可操作申请。许可操作申请方式分为书面形式申请以及口头申请。

（2）书面形式申请必须填写许可操作书面命令，口头申请无须填写许可操作书面命令但必须做好记录。一、二次设备许可操作书面命令应相互独立、分别申请。

28．调度操作主要有哪些安全注意事项？

答：调度操作安全注意事项主要有：

（1）调度操作应按调度管辖范围实行分级管理。下级调度未经上级调度许可不得操作上级调度管辖的设备。在危及人身、设备、电网安全的紧急情况下，上级调度可对下级调度管辖的设备进行操作，但事后应及时通知下级调度。

（2）调度操作过程中，若现场操作人员汇报本操作可能危及人身安全时，应立即停止操作，待研究后再确定是否继续操作。

（3）设备送电操作前，调度操作人应再次核实作业现场工作任务已结束，作业人员已全部撤离，现场所有临时措施已拆除，设备具备送电条件后方可操作。

29．电气操作票主要包含哪些人员？对应的安全责任有哪些？

答：电气操作票主要包含的人员及对应的安全责任见表4-23。

表 4-23　　　　　　　　电气操作票主要包含的人员及对应的安全责任

人员	安 全 责 任
操作人	(1) 掌握操作任务，正确无误地填写操作票。 (2) 正确执行监护人的操作指令。 (3) 在操作过程中出现疑问及异常时，应立即停止操作，确认清楚后再继续操作
监护人	(1) 审核操作人填写的电气操作票。 (2) 按操作票顺序向操作人发布操作指令并监护执行。 (3) 在操作过程中出现的疑问及异常时汇报值班负责人
值班负责人	(1) 指派合适的操作人和监护人。 (2) 负责审批电气操作票。 (3) 负责操作过程管理及审查最终操作结果。 (4) 对操作中出现的异常情况及时协调处理
发令人	(1) 调度管辖设备操作时，与调度命令票操作人的职责一致。规范填写调度指令票，正确完整地传递调度命令。 (2) 集控中心发令人转达调度命令给现场操作人员发令时，应正确完整地传递调度命令，并随时掌握现场实际操作情况与操作命令要求一致。 (3) 厂站管辖设备操作时，根据工作安排正确完整地发布操作指令，并随时掌握现场实际操作情况与操作指令要求一致
受令人	(1) 调度管辖设备操作时，与调度命令票受令人的职责一致。 (2) 站管辖设备操作时，正确接受、理解操作指令和汇报执行情况；正确无误地执行操作指令或将操作指令传递至操作任务的相关负责人；当现场操作出现异常情况时，应及时汇报发令人并协调处理

30．什么是电气操作？

答：电气操作是指电力系统一次设备和二次设备各类操作的总称，也称为运行操作。电力系统的电气操作分为一次设备操作和二次设备操作。一次设备操作包括状态、运行方式变更和运行参数调整；二次设备操作包括运行定值更改和状态变更。其中，一次设备的状态、运行方式变更操作亦称为倒闸操作。

31．什么是操作任务？

答：操作任务是指根据同一个操作目的而进行的一系列相互关联、依次连续进行的电气操作过程。

32．电气操作的一般原则主要有哪些？

答：电气操作的一般原则主要有：

（1）根据设备管辖权限，电气操作应按调度员命令或现场值班负责人指令进行。紧急情况下，为了迅速消除电气设备对人身和设备安全的直接威胁，或为了迅速处理事故、防止事故扩大、实施紧急避险等，允许不经调度或现场值班负责人许可执行操作，但事后应尽快向调度或现场值班负责人汇报，并说明操作的经过及原因。

（2）发布和接受操作任务时，必须互报单位、姓名，使用规范术语、双重名称，严格执行复诵制，双方录音。

（3）电气设备转入热备用前，继电保护必须按规定投入。

（4）电网解列操作时，应首先平衡有功与无功负荷，将解列点有功功率调整接近于零，电流调整至最小，使解列后两个系统的频率、电压波动在允许范围内。

（5）一次设备（线路除外）转冷备用状态后，除与带电系统作为明显断开点（或可判断的断开点）的开关/刀闸外，停电范围内一次设备由运维单位根据现场规程自行负责操作和安全管理。

（6）一次设备（线路除外）复电前设备运维人员应将设备恢复至停电时的调度命令状态，并汇报值班调度员。对于配网调度直接下令操作至检修状态的特殊情况，现场不允许擅自变更设备状态。

（7）设备检修工作结束后操作复电前，应做到"五必核一确认"，必须向现场运维人员核实确认的内容包括：现场工作任务已结束，作业人员已全部撤离，现场所有临时措施已拆除，现场自行操作（装设）的接地开关（接地线）已全部拉开（拆除），设备的保护装置已正常投入，确认设备具备复电条件。

33．电气操作流程主要包括哪些？

答：电气操作流程主要包括：接收调度指令、办理操作票、准备工器具、现场汇报接令、执行操作、汇报操作结果、归档操作票。

34．电气操作常用的安全工器具有哪些？

答：电气操作常用的安全工器具见表 4-24。

表 4-24　　　　　　　　　　　电气操作常用的安全工器具

安全工器具类型	安全工器具名称
基本安全工器具	绝缘操作杆（棒）、验电器
辅助安全工器具	绝缘手套、绝缘靴
防护安全工器具	携带型接地线、安全带、安全帽、脚扣、登高板、梯子等

35．电气操作有哪些方式？

答：电气操作有就地操作、遥控操作和程序操作三种方式。就地操作是在设备上的手动操作；遥控操作是通过调度自动化系统在远方对设备进行的操作；程序操作指对单一设备状态转换过程中，通过信息化系统按照设定程序自动完成相关操作。

36．配网常见的电气操作主要有哪些？

答：配网常见的电气操作主要有：

（1）停电操作，是指将线路或设备由运行转检修（或转冷备用、热备用）的操作。

（2）送电操作，是指将线路或设备由检修（或冷备用、热备用）转运行的操作。

（3）倒负荷，是指将线路（或变压器）负荷转移至其他线路（或变压器）供电的操作。

（4）合环，是指将线路、变压器或断路器串构成的网络闭合运行的操作。

（5）解环，是指将线路、变压器或断路器串构成的闭合网络开断运行的操作。

（6）核相，是指用仪表或其他手段核对两电源或环路相位、相序是否相同。

（7）定相，是指新建、改建的线路在投运前，核对三相标志与运行系统是否一致。

37．配网电气操作涉及的设备主要有哪些？

答：配网电气操作涉及的设备主要有：隔离开关、断路器、负荷开关、环网柜（开关站）、跌落式熔断器、高压进出线柜、低压柜等。

38．电气操作有哪些注意事项？

答：电气操作的注意事项有：

（1）停电操作应按照"断路器→负荷侧隔离开关→电源（母线）侧隔离开关"的顺序依次操作，送电操作顺序相反。

（2）调度下达命令和现场电气操作，严禁带负荷拉（合）隔离开关、带接地开关（接地线）合断路器（隔离开关）、带电合（挂）接地开关（接地线）、误分（合）断路器；现场操作严禁误入带电间隔。

（3）发生人身触电时，可不经许可，应立即断开有关设备的电源，但事后应及时报告设备有关单位。

（4）雷电天气时，不宜进行电气操作，不应就地电气操作。刮风、下雨天气的设备操作，应根据气象情况和现场实际进行操作风险评估后，由值班负责人决定是否操作。

（5）设备操作应尽可能避免在交接班期间进行，如必须在此期间进行的，应推迟交接班或操作告一段落后再进行交接班。

39．配电设备操作后如何判断设备已操作到位？

答：从以下几方面确定配电设备操作后判断设备已操作到位：

（1）配电设备操作后的状态检查应以设备实际位置指示为准，无法看到实际位置指示时，可通过间接方法，如设备机械位置指示、电气指示带电显示装置、仪表及各种遥测、遥信等信号的变化来判断设备状态。

（2）判断时，至少应有两个非同样原理或非同源的指示发生对应变化，且所有这些确定的指示均已同时发生对应变化，方可确认该设备已操作到位。

40．什么是电气误操作？电气误操作有哪几种类型？

答：电气误操作是指现场工作或与现场工作直接相关的人员由于失职行为，直接造成的设备非计划停运或状态改变。包括：恶性电气误操作、一般电气误操作和工作失职误动作。

41．恶性电气误操作主要有哪些？

答：恶性电气误操作主要有：

（1）带负荷拉（合）隔离开关（电力调度管理规程、电气操作导则等规程制度允许的情况除外）。

（2）带电挂（合）接地线（接地开关）。

（3）带接地线（接地开关）合开关（隔离开关）。

42．一般电气误操作主要有哪些？

答：一般电气误操作主要有：

（1）操作过程中，误（漏）拉合断路器、隔离开关。

（2）下达不正确调度命令、错误执行调度命令、错误执行运行方式。

（3）误（漏）投或停继电保护及安全自动装置（包括连接片），误执行继电保护及安全自动装置定值。

43．工作失职误动作主要有哪些？

答： 工作失职误动作主要包含以下行为造成的设备误动作或失灵：

（1）工作人员未认真监视、报告、控制、调整等监控过失。

（2）作业人员误碰、误动、误（漏）投（切）二次连接片、误（漏）接线、漏隔离（解除）、漏包扎，误设置定值、参数、功能或逻辑等。

（3）运行方式人员错误安排运行方式、给定运行极限。

（4）整定计算人员错误计算或给定继电保护、安全自动装置的定值、动作参数或逻辑等；自动化或通信人员错误计算或给定、设定自动化系统、通信系统的定值、参数或逻辑等。

（5）设计、施工、验收、调试人员遗留隐患或错误。

44．产生电气误操作的原因主要有哪些？

答： 电气操作过程中产生电气误操作的原因主要有：无票操作、操作行为不规范、未核对设备双重名次和编号和运行方式、监护不到位、合环操作前未核对相序、带负荷分（合）隔离开关、带接地线合断路器或隔离开关、带电合接地开关或挂接地线等。

45．如何防止电气误操作？

答： 防止电气误操作主要措施有：

（1）操作前应对使用的工器具进行检查，核对好设备名称、编号和运行方式。

（2）监护操作必须由两人执行，一人操作，另一人监护。

（3）操作人在操作过程中不准有任何未经监护人同意的操作行为。

（4）远方操作一次设备前，宜及时提醒现场人员远离操作设备。

（5）执行操作票操作中应做到"三禁止"：禁止监护人直接操作、禁止有疑问时盲目操作、禁止边操作边做其他无关事项。

（6）执行操作票应逐项进行，严禁跳项、漏项、越项操作。

（7）操作中产生疑问，应立即停止操作，并及时汇报，经查明问题并确认后，方可继续操作，不应擅自更改操作票。

（8）操作中发生事故事件时，应立即停止操作，待处理告一段落后，经分析研究再决定是否继续操作。

（9）操作临时变更时，应按实际情况重新填写操作票方可继续进行倒闸操作。

（10）严禁"约时"停、送电；严禁"约时"开始或结束检修工作；严禁"约时"投、退重合闸。

46．在哪些情况下，可以使用隔离开关进行操作？

答： 由于隔离开关没有灭弧能力，因此，严禁带负荷进行操作。必须在切断负荷以后，才能拉开隔离开关。以下情况允许使用隔离开关进行操作：

（1）拉开、合上无故障的电压互感器及避雷器。

（2）在系统无故障时，拉开、合上变压器中性点接地开关或消弧线圈。

（3）拉开、合上20kV及以下电压等级无阻抗的环路电流。

（4）用户外三联隔离开关可拉开、合上电压在10kV及以下，电流在9A以下的负荷电流；超过上述范围时，必须经过计算、试验，并经批准后方可进行。

47．在进行隔离开关操作时主要有哪些注意事项？

答：在进行隔离开关操作时注意事项主要有：

（1）禁止用隔离开关拉开、合上故障电流，禁止用隔离开关拉合带负荷设备或带负荷线路。

（2）操作隔离开关前，必须先核对设备的名称和编号，检查断路器是否确已断开。

（3）操作必须由两人执行，一人操作，另一人监护，应使用绝缘棒并戴绝缘手套和穿绝缘鞋。

（4）对于单极隔离开关，合闸时先合两边相，后合中相，拉闸时顺序相反。

（5）在合闸过程中，缓慢谨慎不要用力过猛，以防损坏支持绝缘子或合闸触头。

48．发生带负荷拉、合隔离开关误操作时应如何紧急处理？

答：发生带负荷拉、合隔离开关误操作时应进行如下紧急处理：

（1）误拉隔离开关时，在刀片刚要离开固定触头时，若发生电弧，应立即反向操作，将隔离开关合上，并停止操作，避免事故。如果是单极隔离开关，操作一相后发现误拉，对其他两相则不允许继续操作。

（2）误合隔离开关时，在合闸过程中如果产生电弧，要将隔离开关继续合上，并停止操作，禁止将隔离开关再拉开。

49．操作跌落式熔断器主要有哪些安全注意事项？

答：操作跌落式熔断器时安全注意事项主要有：

（1）在线路或设备带负荷的情况下，严禁拉合跌落式熔断器。

（2）操作跌落式熔断器前，必须先核对设备的名称和编号。

（3）操作必须由两人执行，一人操作，另一人监护，应使用绝缘棒并戴绝缘手套和穿绝缘鞋。

（4）操作跌落式熔断器时，三相水平排列者，停电时应先拉开中相，后拉开边相；送电操作顺序相反。大风时先拉开下风相，再拉开中间相，后拉开上风相；送电操作顺序相反。三相垂直排列者，停电时应从上到下拉开各相，送电操作顺序相反。

（5）合熔断器时，不可用力过猛，当熔丝管与上触头对正且距离上触头 80～110mm 时，再适当用力合上。

50．配电变压器停送电操作主要有哪些安全注意事项？

答：配电变压器停送电操作安全注意事项主要有：

（1）配电变压器操作前必须先核对设备的名称和编号。

（2）操作必须由两人执行，一人操作，另一人监护，应使用绝缘棒并戴绝缘手套和穿绝缘鞋。

（3）配电变压器停电操作应先停低压侧，后停高压侧，送电时顺序相反。

（4）配电变压器低压侧未安装开关设备，且高压侧为跌落式熔断器的配电变压器，停送电操作前，配电运维单位应限制配变低压侧负荷，确保在跌落式熔断器额定开合负荷电流范围内操作。

51．在进行柱上开关操作时主要有哪些安全注意事项？

答：在进行柱上开关操作时的安全注意事项主要有：

（1）柱上开关（包括柱上断路器、柱上负荷开关），断路器允许断开、合上额定电流以内的负荷电流及切断额定遮断容量以内的故障电流；负荷开关允许断开、合上额定电流以内的负荷电流或电容电流，禁止断开、合上故障电流。

（2）操作前必须先核对设备的名称和编号。

（3）操作必须由两人执行，一人操作，另一人监护，应使用绝缘棒并戴绝缘手套和穿绝缘鞋。

（4）操作柱上开关时，先断开柱上开关，后拉开隔离开关，送电操作顺序与此相反。

（5）操作柱上开关时，严禁站在开关正下方操作。在进行操作的过程中，遇有断路器跳闸时，应暂停操作。

52．二次设备操作时主要有哪些安全注意事项？

答：二次设备操作时的安全注意事项主要有：

（1）一次设备处于热备用和运行状态时，设备相应保护装置应处于正常投入状态；一次设备处于冷备用和检修状态时，设备相应保护装置由现场根据检修工作需要自行投退，并对所需安全措施负责，工作结束后现场自行将保护装置恢复至工作前状态。

（2）运行设备电气量保护的投退应征得配网调度员许可。运行设备非电气量保护，由运行维护单位负责，正常情况下保持投入，运维人员根据现场规程规定自行操作。

（3）配网调度员下令投入（退出）设备的保护装置功能时，现场除投入（退出）该保护装置功能外，还应投入（退出）其启动其他保护、联跳其他设备的功能，如启动失灵等。

（4）配电自动化开关修改定值时，配电运维人员应向配网调度员申请退出相关保护及自动化功能，具备远方投退重合闸功能的变电站10（20）kV 馈线开关重合闸优先采用遥控操作。如遥控失败，则由配网调度员通知运维人员并下令现场执行该项操作。

（5）配网调度员只针对自动化终端功能发布调度命令，一般不对连接片具体下令。除非配网调度员有明确要求外，自动化终端的操作涉及相关具体连接片、把手、控制字，由现场操作负责人按定值单和现场规程规定要求操作。

53．新设备启动操作时主要有哪些安全注意事项？

答：新设备启动操作时的安全注意事项主要有：

（1）启动方案的"启动操作步骤"编制视为调度操作命令票编制，必须包括与启动相关的所有操作内容，特别是安全自动装置的投退和继保定值的配合更改等事项。编制和审批单位对启动方案的正确性负责，启动方案必须赋予规范唯一的编号。

（2）设备启动前，配网调度员需与现场调度或各相关运行单位的运维人员核对启动方案的版本号，若版本号相同即可认定双方启动方案的内容完全一致。

（3）设备具备启动条件后，现场调度负责人或负责启动的现场操作负责人应及时通过电话或专业信息系统向配网调度员提出设备启动正式申请，并明确启动前的设备状态以及启动方案中启动前准备工作的落实情况，配网调度员根据总体工作安排答复执行启动操作的具体时间。

（4）按启动方案对设备启动、调试时，凡涉及调度管辖范围内设备的操作，必须经过配网调度员或由配网调度员授权的现场调度负责人下令或许可才能进行。新设备一经带电，其状态改变必须得到调管该设备的配网调度员或配网调度员授权的现场调度负责人下令或许可才能进行。

（5）启动过程调度命令下达、汇报等业务交往中，相关操作序号即等同于该序号条款中所对应的具体内容；执行启动方案时，配网调度员或由配网调度员授权的现场调度负责人应与各相关运行单位运维人员明确操作意图，并核对启动方案编号无误后，可直接下令执行。

（6）启动方案涉及两个及以上运行值时，交班值应合理安排启动方案的操作步骤，减少因交接班引起的启动时间延长，并向接班值交代清楚启动方案的执行情况，接班值应尽快理顺启动方案的操作思路，进行后续操作。

54．用户资产设备操作时主要有哪些安全注意事项？

答：用户资产设备操作时的安全注意事项主要有：

（1）并网运行的 10（20）kV 用户，应按调度机构有关规程规定及并网调度协议/客户供用电合同/自备电源协议等划分设备管辖范围。

（2）调度机构管辖范围内设备应经配网调度员同意方可操作，配电运维部门负责按值班调度员调度命令或许可组织管辖范围内 10（20）kV 用户涉网设备的运行操作。

（3）用户管辖设备由用户自行操作，如操作可能对调度机构管辖设备产生影响时，应先征得配网调度员同意。用户与电网产权分界点设备（断路器、隔离开关等），由属地配电运维单位按调度命令组织操作，配置自备（应急）电源用户的供电线路检修时，配电运维单位应采取措施防止用户从低压往高压系统倒供电。用户的操作人员必须经过配网调度机构或配电运维单位的相关培训和考试合格，方可接受配电运维人员的操作命令。

（4）电网检修等原因需用户配合操作时，属地配电运维单位应组织用户配合进行相关操作。

55．发电车操作时主要有哪些安全注意事项？

答：发电车操作时的安全注意事项主要有：

（1）中压发电车接入线路供电时，如中压发电车供电范围与停电范围之间以断路器或隔离开关作为开断点时，纳入电源点管控，且以检修申请单形式进行停电申请，相关安全措施应严格按系统侧电源的情况执行，检修申请单备注栏须注明中压发电车供电情况。

（2）中压发电车接入线路供电时，需通过带电解口或线路转检修解口后接入线路的，中压发电车供电范围视为与线路没有物理连接，调度不纳入电源点管控。

（3）纳入调度管控的中压发电车，调度在布置停电范围安全措施后，由调度员许可运维单位进行发电并列操作；运维单位报工作终结后，由调度员许可发电车与电网解列，发电车解列后调度指挥进行安全措施解除及送电操作。

（4）不纳入调度管控的中压发电车，发电车供电范围内一次设备由运维单位根据现场规程自行负责设备操作和安全管理；发电车供电范围设备与电网物理连接恢复前，运维单位应先将发电车供电范围内设备恢复至完成解口时的调度命令状态，确认所有中压发电车已解列。

56. 在进行环网柜（开关站）操作主要有哪些安全注意事项？

答：在进行环网柜（开关站）操作时安全注意事项主要有：

（1）操作前必须先核对设备的名称和编号。

（2）检查开关五防装置是否完好。

（3）SF_6 环网柜须检查检查 SF_6 压力表的指示值是否在正常区域，当压力低于正常值时禁止操作，确有必要操作时需要断开上一级电源并做好防护措施（佩戴正压式呼吸机等）。

（4）操作必须由两人执行，一人操作，另一人监护，并戴绝缘手套和穿绝缘鞋、防电弧服，戴防电弧面罩。

57. 在进行验电操作时主要有哪些安全注意事项？

答：在进行验电操作时安全注意事项主要有：

（1）配电线路、设备验电操作时应设专人监护，并戴绝缘手套。

（2）验电前验电器应先在有电设备上试验，确保验电器良好。无法在有电设备上试验时，可使用工频高压发生器试验验电器良好或进行设备自检。

（3）验电时应使用相应电压等级的接触式验电器或测电笔，严禁混用，在装设接地线或合接地开关处逐相分别验电。室外低压配电线路和设备验电宜使用声光验电器。

（4）高压验电时，人体与被验电的线路、设备的带电部位保持规定的安全距离。使用伸缩式验电器时，验电器的伸缩式绝缘棒长度应拉足，保证绝缘棒的有效绝缘长度；验电时手应握在手柄处，不应超过护环。

（5）雨雪天气时不应使用常规验电器进行室外直接验电，可采用雨雪型验电器验电。

（6）对同杆塔架设的多层、同一横担多回线路验电时，应先验低压、后验高压，先验下层、后验上层，先验近侧、后验远侧。禁止作业人员越过未经验电、接地的线路对上层、远侧线路验电。

58. 在进行装拆接地线操作时主要有哪些安全注意事项？

答：在进行装拆接地线操作时安全注意事项主要有：

（1）配电线路，设备的装、拆接地线应设专人监护，装拆接地线应使用绝缘棒并戴绝缘手套，人体不得碰触未接地的导线。

（2）工作地段各端和有可能送电到停电线路工作地段的分支线（包括用户）都要验电，当配电线路、设备验明确无电压后，立即将检修的配电线路、设备接地并三相短路。

（3）配合停电的交叉跨越或邻近线路，在线路的交叉跨越或邻近处附近应装设一组接地线。

147

（4）装设接地线应先接接地端，后接导体端，拆除接地线的顺序与此相反。同杆（塔）塔架设的多层电力线路装设接地线，应先装设低压、后装设高压、先装下层、后装设上层、先装设近侧、后装设远侧。拆除接地线的顺序与此相反。

（5）杆塔无接地引下线时，可采用截面积大于 $190mm^2$ 圆钢做临时接地体，圆钢打入地下深度不小于 0.6m。

59．在进行遥控操作前，操作人员应做哪些准备工作？

答：在进行遥控操作前，操作人员应做以下准备：

（1）检查开关是否具备遥控操作条件：确认待遥控操作开关未收到相关的异常汇报；确认待遥控操作开关属于可遥控开关的范围；通过配电自动化主站确认待遥控操作开关无异常信号。

（2）在遥控开关进行配网合环操作前，应核对当前电网运行方式符合合环要求。在处理配网线路故障过程中，进行遥控操作前，应事先通知现场运维人员。

60．在进行遥控操作时有哪些安全注意事项？

答：遥控操作时应注意：

（1）遥控操作应由两人进行，一人操作，另一人监护。

（2）确认待遥控操作开关未收到相关的异常汇报或告警信号。

（3）故障处置遥控操作前，应事先通知现场配电运维人员远离操作设备，确认遥控操作对其无影响。

（4）具备遥控功能的配电自动化开关后段线路转检修后，配电运维人员应退出开关的遥控功能；检修工作完毕，配电运维人员拉开线路地刀或者拆除接地线后，方可投入开关的遥控功能。

61．在进行遥控操作时出现异常怎么处理？

答：在进行遥控操作时出现异常的处理方法主要有：

（1）遥控操作时，电网若发生异常或故障，应暂停操作，待异常或故障处理完毕或确认不影响遥控操作后，再继续进行遥控操作。

（2）遥控操作时，如出现"终端异常""开关异常"等告警时，应立即停止操作并通知检查。

（3）遥控操作时，如发生配电自动化主站系统异常或遥控失败，应暂停操作。配调值班员根据检查情况决定是否继续进行遥控操作，如需将遥控操作转为现场就地操作，应由配调值班员下达调度命令给配网运维单位。

62．在进行遥控操作后，如何确认开关操作到位？

答：（1）开关遥控操作后，操作人员应根据配电自动化主站系统检查开关的状态指示及遥测、遥信等信号的变化，确认开关操作到位。

（2）开关遥控操作后"双确认"判据，"遥信＋遥测（电流）"；遥信应满足开关遥信发生分合闸变位；遥测应满足电流遥测值在配电自动化主站系统有明显变化，接近零或远离零，且电流符合操作后方式运行情况。

（3）开关遥控操作后对于不满足"双确认"条件的开关，应现场检查开关位置。如现场发现设备状态与操作任务的要求不一致时，应立即汇报调度。

63．什么情况下禁止进行遥控操作？

答：以下情况禁止进行遥控操作：

（1）开关未通过配网三遥开关并网接入验收。

（2）配电自动化主站异常或出现设备异常信号影响开关遥控操作。

（3）一、二次设备出现缺陷或异常影响开关遥控操作。

（4）现场工作要求退出开关遥控功能。

（5）其他不具备遥控条件的情况。

64．在进行低压电气操作主要有哪些安全注意事项？

答：在进行低压电气操作时的安全注意事项主要有：

（1）操作时应设专人监护，并戴绝缘手套。

（2）操作人员接触低压金属配电箱（表箱）前先验电。

（3）有总断路器和分路断路器的回路停电，先断开分路断路器，后断开总断路器，送电操作顺序与此相反。

（4）有隔离开关和熔断器的回路停电，先拉开隔离开关，后取下熔断器，送电操作顺序与此相反。

（5）有断路器和插拔式熔断器的回路停电，先断开断路器，并在负荷侧逐相验明确无电压后取下熔断器。

65．在进行合环操作时主要有哪些安全注意事项？

答：在进行合环操作时安全注意事项主要有：

（1）合环线路必须相序一致、相位相同，两侧电压差、相角差应尽量小，确保各环节潮流变化不超过继电保护整定值、设备允许容量的限额，原则上两回线路第一次合环操作前应退出线路重合闸。

（2）新建、改建或改造后的环网线路，须检查确认相序、相位正确。

（3）配网线路合环操作应使用断路器或负荷开关进行操作，操作前必须确认合环线路及相关设备无影响合环操作的故障及缺陷。

（4）小电流接地系统发生单相接地时，严禁进行合环操作。

（5）两侧主变接线组别不一致的配电线路禁止合环。

（6）原则上不允许不同主变供电的配网线路长期合环运行，因转供电等特殊原因需要短时合环时，合环时间原则上不宜超过 10min。

（7）复杂环网线路合环操作前，宜先进行验证计算。

66．在操作过程中发现 SF$_6$ 断路器（或 SF$_6$ 负荷开关）漏气时应该怎么处理？

答：在操作过程中若发现操作 SF$_6$ 断路器（或 SF$_6$ 负荷开关）漏气时，应立即停止操作并远离现场，室外应远离漏气点 10m 以上，并处在上风口，室内应撤至室外。确有必要操作时需要断开上一级断路器并做好防护措施（佩戴正压式呼吸机等）。

67．特殊天气进行电气操作主要有哪些注意事项？

答：特殊天气进行电气操作的注意事项主要有：

（1）雷电天气时，不宜进行电气操作，不应就地电气操作。

（2）大风大雨天气的设备操作，应根据气象情况和现场实际进行操作风险评估后，由值班负责人决定是否操作。雨天操作室外高压设备时，应使用有防雨罩的绝缘棒，并穿绝缘靴、戴绝缘手套。

（3）线路带电时，严禁操作人员站在水浸区域进行电气操作。特殊情况确需在该位置进行电气操作时，应设置绝缘操作台进行操作，或将上级电源停电后再进行操作。

第三节 缺 陷 处 理

1. 什么是设备缺陷？按照严重程度划分为几类？

答： 设备缺陷是指生产设备在制造运输、施工安装、运行维护等阶段发生的设备质量异常现象，包括不符合国家法律法规、国家（行业）强制性条文、违反企业标准或"反措"要求、不符合设计或技术协议要求、未达到预期的观感或使用功能、威胁人身安全、设备安全及电网安全的情况。

按照严重程度一般划分为紧急缺陷、重大缺陷、一般缺陷、其他缺陷。

2. 什么是紧急缺陷？

答： 紧急缺陷是指严重程度已使设备不能继续安全运行，随时可能导致发生事故或危及人身安全的缺陷，必须尽快消除或采取必要的安全技术措施进行临时处理，一般要求在 24h 内完成消缺。具体包括：

（1）生产设备施工安装阶段中发生的，不符合设计标准，未达到施工工艺质量要求，不满足验收标准，对设备施工安全、质量、进度造成严重影响，需立即进行处理的设备缺陷。

（2）生产设备运行维护阶段中发生的，不满足运行维护标准，随时可能导致设备故障，对人身安全、电网安全、设备安全、经济运行造成严重影响，需立即进行处理的设备缺陷。

3. 什么是重大缺陷？

答： 重大缺陷是指缺陷比较严重，但设备仍可短期继续安全运行，该缺陷应在短期内消除，消除前应加强监视，一般要求在 7 天内完成消缺。具体包括：

（1）生产设备制造运输过程中发生的，因产品设计、材质不满足技术规范要求，出厂试验不合格，运输过程造成设备受损，对设备质量、供货进度造成重大影响的设备缺陷。包括人身安全或会引起严重后果的项目、严重安全隐患或长期运行会造成严重经济损失的项目。

（2）生产设备施工安装阶段中发生的，不符合设计标准，未达到施工工艺质量要求，不满足验收标准，对设备施工安全、质量、进度造成重大影响的设备缺陷。

（3）生产设备运行维护阶段中发生的，不满足运行维护标准，对人身安全、电网安全、设备安全、经济运行造成重大影响，设备在短时内还能运行，但需尽快进行处理的设备。

4．什么是一般缺陷？

答：一般缺陷是指对生产设备近期安全运行影响不大的缺陷，可列入日常检修计划或维护工作中去消除，一般要求在 6 个月内完成消缺。具体包括：

（1）生产设备制造运输过程中发生的，因产品设计、材质不满足技术规范要求，运输过程造成设备轻微受损，基本不对设备正常使用、主要功能及供货造成影响，可现场进行处理的设备缺陷。该现象包括外观或轻微故障、或符合国家设备监理（监造）和检测标准，但不符合电网企业招标技术规范的项目。

（2）生产设备施工安装阶段中发生的，未达到施工工艺质量要求，基本不会对设备使用安全、主要功能及工期造成影响，可现场进行处理的设备缺陷。

（3）生产设备运行维护阶段中发生的，基本不对设备安全、经济运行造成影响的设备缺陷。

5．什么是其他缺陷？

答：其他缺陷是指暂不影响人身安全、电网安全、设备安全，可暂不采取处理措施，但需要跟踪关注的设备缺陷。除上述缺陷类型外均属于此类缺陷。

6．引发缺陷的主要原因有哪些？

答：引发缺陷的主要原因有：

（1）绝缘损坏，主要包括设备本体设计不符合技术要求、设备质量不佳、设备老化等。

（2）施工工艺，主要包括施工、验收质量未满足要求。

（3）运维不当，主要包括设备巡视不到位、消缺不及时。

（4）外力破坏，包括施工作业、非施工触碰、线路保护区外异物触碰等。

（5）天气原因，主要包括高温、潮湿（凝露）、冰雹等恶劣天气对设备造成的影响。

7．设备缺陷处理主要的作业流程是什么？

答：根据设备缺陷的严重程度进行分类，研判缺陷等级，记录缺陷问题，拟定消缺方案并实施，完成后组织消缺验收及统计分析。对于无法即时消缺的，应做好临时措施确保人员设备安全。具备条件的，优先采取不停电作业方式进行设备消缺。经统计分析为家族性缺陷的设备品类，应纳入反措管理。

8．辅助配电网设备缺陷等级判定的专用工器具主要有哪些？分别适用于哪些场景？

答：辅助配电网设备缺陷等级判定的专用工器具主要有高倍望远镜或无人机、红外测温仪、手持局放仪、接地电阻表、架空导线弧垂测试仪和斜度测量仪。

（1）高倍望远镜或无人机：用于检查发现肉眼无法观察的设备缺陷，例如，非永久性故障的架空线路特巡等。

（2）红外测温仪：用于检查设备发热引起的缺陷，例如，非正常运行方式、重过载、负荷高峰期的特巡等。

（3）手持局放仪：用于测量设备局部放电程度，例如，开关柜及柜内电缆接头局放测试等。

（4）接地电阻表：用于测量接地体的接地性能，例如，杆塔或电房接地电阻测试等。

（5）架空导线弧垂测试仪：用于架空线弧垂检测，分析缺陷等级，例如，邻近垂钓点特巡和跨越钩机、吊机等施工场所区域的巡视等。

（6）斜度测量仪：用于判定杆塔的倾斜程度，例如，台风或大风恶劣天气后的特殊架空线巡视等。

9．杆塔常见的缺陷有哪些？缺陷等级如何判定？

答：杆塔常见缺陷主要有：

（1）电杆本体倾斜，纵向、横向裂纹。

（2）铁塔本体倾斜、锈蚀。

（3）杆塔基础埋设深度不足。

（4）杆塔周围地质连同基础发生沉降。

常见杆塔缺陷等级判定见表 4-25。

表 4-25　　　　　　　　　　　　常见杆塔缺陷等级判定

设备	缺陷部位	缺陷内容	缺陷程度	缺陷等级
杆塔	杆塔本体	杆塔倾斜度	杆塔本体倾斜度 1.5%～2%	一般缺陷
			杆塔本体倾斜度 2%～3%	重大缺陷
			杆塔本体倾斜度≥3%	紧急缺陷
杆塔	杆塔本体	电杆纵向、横向裂纹	水泥杆杆身横向裂纹宽度为 0.25～0.4mm 或横向裂纹长度为周长的 1/10～1/6	一般缺陷
			水泥杆杆身横向裂纹宽度为 0.4～0.5mm 或横向裂纹长度为周长的 1/6～1/3	重大缺陷
			水泥杆杆身横向裂纹宽度为 0.5mm 或横向裂纹长度为周长的 1/3	紧急缺陷
		铁塔锈蚀程度	杆塔镀锌层脱落、开裂，塔材中度锈蚀	一般缺陷
			杆塔镀锌层脱落、开裂，塔材严重锈蚀	重大缺陷
		其他	水泥杆表面风化、露筋，角钢塔主材缺失，随时可能发生倒杆危险	紧急缺陷
	杆塔基础	杆塔基础埋深不足	埋深不足标准要求的 95%（埋深标准：电杆长度×1/6 或者电杆长度×1/10＋0.7m）	一般缺陷
			埋深不足标准要求的 80%（埋深标准：电杆长度×1/6 或者电杆长度×1/10＋0.7m）	重大缺陷
			埋深不足标准要求的 65%（埋深标准：电杆长度×1/6 或者电杆长度×1/10＋0.7m）	紧急缺陷
		杆塔基础沉降	杆塔基础沉降，5cm≤沉降值＜15cm	一般缺陷
			杆塔基础沉降，15cm≤沉降值＜25cm	重大缺陷
			杆塔基础沉降，沉降值≥25cm	紧急缺陷
	其他情况	保护设施	道路边杆塔应设防护设施而未设置	一般缺陷
			杆塔保护设施损坏	一般缺陷
		异物	杆塔本体有异物	一般缺陷

10. 电杆拉线常见缺陷有哪些？缺陷等级如何判定？

答：拉线常见的缺陷有：

（1）拉线本体锈蚀、松紧和破损。

（2）拉线防护设施缺失或不满足要求。

（3）拉线的拉盘埋深不足。

（4）拉线金具锈蚀、缺失。

常见拉线缺陷等级判定见表4-26。

表4-26　　　　　　　　　　　常见拉线缺陷等级判定

设备	缺陷部位	缺陷内容	缺陷程度	缺陷等级
拉线	拉线本体	拉线锈蚀程度	外观检查轻微锈蚀	一般缺陷
			外观检查严重锈蚀	紧急缺陷
		拉线松紧程度	轻微松弛未发生电杆倾斜	一般缺陷
			明显松弛，电杆发生倾斜	重大缺陷
		拉线损伤程度	摩擦或撞击造成轻度损伤，断股＜7%截面	一般缺陷
			断股 7%～17%截面	重大缺陷
			断股＞17%截面	紧急缺陷
拉线	拉线防护设施	拉线防护设施不满足要求	道路边的拉线防护设施不规范（反光管褪色等）	一般缺陷
			道路边的拉线防护设施（护坡、反光管等）未设置	紧急缺陷
		其他	特殊情况下如需装设水平拉线，水平拉线对地面距离不能满足使用要求	紧急缺陷
	拉盘	拉盘埋深不足	埋深不足标准要求的 95%（埋深标准一般不小于1.2m）	一般缺陷
			埋深不足标准要求的 80%（埋深标准一般不小于1.2m）	重大缺陷
			埋深不足标准要求的 65%（埋深标准一般不小于1.2m）	紧急缺陷
	拉线金具	锈蚀	外观检查轻微锈蚀	一般缺陷
			外观检查严重锈蚀	重大缺陷
		缺失	拉线金具不齐全	重大缺陷

11. 架空导线常见缺陷有哪些？缺陷等级如何判定？

答：架空导线常见缺陷有：

（1）架空导线弧垂不满足运行要求。

（2）架空导线断股、散股。

（3）绝缘导线的绝缘层破损。

（4）架空导线温度异常、锈蚀和异物悬挂。

常见架空导线缺陷等级判定见表4-27。

表 4-27 　　　　　　　　　常见架空导线缺陷等级判定

设备	缺陷部位	缺陷内容	缺陷程度	缺陷等级
架空导线	导线	弧垂不满足运行要求	导线弧垂不满足运行要求，实际弧垂在设计值的105%≤测量值≤120%	一般缺陷
			导线弧垂不满足运行要求，实际弧垂在设计值的120%以上，或过紧在95%设计值以下	重大缺陷
		断股	19股导线中1～2股、35～37股导线中1～4股损伤深度超过该导线的1/2；绝缘导线线芯在同一截面内损伤面积小于线芯导电部分截面的10%	一般缺陷
			7股导线中1股、19股导线中3～4股、35～37股导线中4～6股损伤深度超过该导线的1/2；绝缘导线线芯在同一截面内损伤面积达到线芯导电部分截面的10%～17%	重大缺陷
			7股导线中2股、19股导线中5股、35～37股导线中7股损伤深度超过该导线的1/2；钢芯铝绞线钢芯断1股者；绝缘导线线芯在同一截面内损伤面积超过线芯导电部分截面的17%	紧急缺陷
		散股	导线一耐张段出现散股现象一处	一般缺陷
			导线有散股现象，一耐张段出现3处及以上散股	重大缺陷
		温度异常	导线连接处 75℃＜实际温度≤80℃或者 10K＜相间温度≤30K	一般缺陷
架空导线	导线	温度异常	导线连接处 80℃＜实际温度≤90℃或者 30K＜相间温度≤40K	重大缺陷
			导线连接处实际温度＞90℃或者相间温度＞40K	紧急缺陷
		锈蚀	导线轻微锈蚀	一般缺陷
			导线严重锈蚀	重大缺陷
		异物悬挂	导线有小异物不会影响安全运行	一般缺陷
			导线上挂有大异物，将会引起相间短路等故障	重大缺陷
		绝缘导线的绝缘层破损	架空绝缘线绝缘层破损，一耐张段出现2处绝缘破损、脱落现象	一般缺陷
			架空绝缘线绝缘层破损，一耐张段出现3～4处绝缘破损、脱落现象或出现大面积绝缘破损、脱落	重大缺陷
			绝缘导线的绝缘护套脱落、损坏、开裂	一般缺陷
		其他	导线水平距离不符合《电力安全工作规程》要求	紧急缺陷
			导线交叉跨越距离不符合《电力安全工作规程》要求	紧急缺陷

12. 架空线绝缘子常见缺陷有哪些？缺陷等级如何判定？

答：架空线绝缘子常见缺陷：

（1）绝缘子表面污秽、破损。

（2）绝缘子固定不牢固。

常见架空线绝缘子缺陷等级判定见表 4-28。

表 4-28　　　　　　　　　　常见架空线绝缘子缺陷等级判定

设备	缺陷部位	缺陷内容	缺陷程度	缺陷等级
架空线绝缘子	绝缘子	污秽	污秽较为严重，但表面无明显放电	一般缺陷
			有明显放电	重大缺陷
			表面有严重放电痕迹	紧急缺陷
		破损	釉面剥落面积≤100mm²；合成绝缘子伞裙有裂纹	重大缺陷
			釉面剥落面积＞100mm²	紧急缺陷
		牢固	固定不牢固，轻度倾斜	一般缺陷
			固定不牢固，中度倾斜	重大缺陷
			固定不牢固，严重倾斜	紧急缺陷

13. 架空线路中常见的铁件、金具缺陷有哪些？缺陷等级如何判定？

答： 常见的铁件、金具缺陷有：

（1）线夹温度异常。

（2）线夹不牢固，有松动。

（3）线夹外表锈蚀。

（4）横担倾斜、锈蚀、变形。

（5）金具保险销子脱落、连接金具球头锈蚀严重、弹簧销脱出或生锈失效、挂环断裂。

（6）金具串钉移位、脱出、挂环断裂、变形。

架空线路中常见铁件、金具缺陷等级判定见表 4-29。

表 4-29　　　　　　　　架空线路中常见的铁件、金具缺陷等级判定

设备	缺陷部位	缺陷内容	缺陷程度	缺陷等级
架空线路中常见的铁件、金具	线夹	温度	线夹电气连接处 75℃＜实际温度≤80℃或者 10K＜相间温度≤30K	一般缺陷
			线夹电气连接连接处 80℃＜实际温度≤90℃或者 30K＜相间温度≤40K	重大缺陷
			线夹电气连接导线连接处实际温度＞90℃或者相间温度＞40K	紧急缺陷
		松紧	线夹连接不牢靠，略有松动；绝缘罩脱落	一般缺陷
			线夹有较大松动	重大缺陷
			线夹主件已有脱落现象	紧急缺陷
		锈蚀	线夹有锈蚀	一般缺陷
			严重锈蚀（起皮和严重麻点，锈蚀面积超过 1/2）	重大缺陷

续表

设备	缺陷部位	缺陷内容	缺陷程度	缺陷等级
架空线路中常见的铁件、金具	横担	倾斜	横担上下倾斜，左右偏歪不足横担长度的2%	一般缺陷
			横担上下倾斜，左右偏歪大于横担长度的2%	重大缺陷
			横担上下倾斜严重，弯曲，变形	紧急缺陷
		锈蚀	起皮和严重麻点，锈蚀面积超过1/2	一般缺陷
		牢固	连接不牢靠，略有松动	一般缺陷
		附件脱落	箍、连铁、撑铁等脱落	紧急缺陷
	其他金具	附件脱落、损坏	金具保险销子脱落、连接金具球头锈蚀严重、弹簧销脱出或生锈失效、挂环断裂	紧急缺陷
		断裂、变形	金具串钉移位、脱出、挂环断裂、变形	紧急缺陷

14. 架空设备的接地装置常见缺陷有哪些？缺陷等级如何判定？

答： 常见架空设备的接地装置缺陷有：

（1）接地引下线锈蚀、接地处连接不良。

（2）接地截面不满足设备要求。

（3）接地电阻不合格。

（4）接地埋深不足。

常见架空设备的接地装置缺陷等级判定见表4-30。

表4-30　　　　　　　　　　接地装置缺陷等级判定

设备	缺陷部位	缺陷内容	缺陷程度	缺陷等级
接地	接地引下线	锈蚀	轻度锈蚀（大于截面直径或厚度10%，小于20%）	一般缺陷
			中度锈蚀（大于截面直径或厚度20%，小于30%）	重大缺陷
			严重锈蚀（大于截面直径或厚度30%）	紧急缺陷
		连接不良	连接松动、接地不良	重大缺陷
			出现断开、断裂	紧急缺陷
		截面不足	截面不满足要求	重大缺陷
	接地体	接地电阻不合格	接地电阻值>10Ω	一般缺陷
		埋深不足	埋深不足（耕地<0.8m，非耕地<0.6m）	重大缺陷

15. 柱上开关日常巡视中需关注的缺陷有哪些？缺陷等级如何判定？

答： 柱上开关通过外观检查易见的缺陷主要有：

（1）开关套管的外观是否有破损，是否有放电声响。

（2）开关本体锈蚀程度，温度是否异常。

（3）标示牌缺失。

柱上开关常见缺陷等级判定见表4-31。

表 4-31　　　　　　　　　　　　　柱上开关常见缺陷等级判定

设备	缺陷部位	缺陷内容	缺陷程度	缺陷等级
柱上开关	套管	破损	略微损伤	一般缺陷
			外壳有裂纹	重大缺陷
			严重破损	紧急缺陷
		放电	有污秽，但表面无明显放电	一般缺陷
			有明显放电	重大缺陷
			表面有严重放电痕迹	紧急缺陷
	开关本体	锈蚀	表面轻微锈蚀	一般缺陷
			表面严重锈蚀	重大缺陷
		温度	电气连接处 75℃＜实际温度≤80℃或者 10K＜相间温度≤30K	一般缺陷
			电气连接连接处 80℃＜实际温度≤90℃或者 30K＜相间温度≤40K	重大缺陷
			电气连接导线连接处实际温度＞90℃或者相间温度＞40K	紧急缺陷
	开关标示牌	绑扎不稳	标示绑扎不稳，随风晃动	一般缺陷
		缺失	无标识或缺少标识	一般缺陷
		标识错误	设备标识、警示标示错误	重大缺陷

16. 配电变压器的缺陷主要有哪些？缺陷等级如何判定？

答：配电变压器缺陷主要有：

（1）高低压套管外观是否破损，是否发生污闪。

（2）导线接头及外部连接的接触是否良好，线夹是否完整。

（3）配电变压器温度是否异常。

（4）干式变压器需要关注冷却系统运行状态。

（5）油浸式变压器的油枕、油位状态。

常见配电变压器缺陷等级判定见表 4-32。

表 4-32　　　　　　　　　　　　常见配电变压器缺陷等级判定

设备	缺陷部位	缺陷内容	缺陷程度	缺陷等级
配电变压器（油、干）	高、低压套管	破损	略微损伤	一般缺陷
			外壳有裂纹	重大缺陷
			严重破损	紧急缺陷
		放电	有污秽，但表面无明显放电	一般缺陷
			有明显放电	重大缺陷
			表面有严重放电痕迹	紧急缺陷

续表

设备	缺陷部位	缺陷内容	缺陷程度	缺陷等级
配电变压器（油、干）	导线接头及外部连接	接触面积	截面损失<7%	一般缺陷
			截面损失达7%以上，但小于25%	重大缺陷
			截面损失达25%以上	紧急缺陷
		线夹连接	线夹破损严重，无法紧固引下线，有脱落可能	紧急缺陷
			线夹与设备连接平面明显有缝隙或螺丝明显脱出	紧急缺陷
	配电变压器本体，高、低压套管及导线接头	温度	电气连接处 75℃<实际温度≤80℃ 或者 10K<相间温度≤30K	一般缺陷
			电气连接连接处 80℃<实际温度≤90℃ 或者 30K<相间温度≤40K	重大缺陷
			电气连接导线连接处实际温度>90℃ 或者相间温度>40K	紧急缺陷
配电变压器（干）	冷却系统	温控装置	温控装置不能启动	重大缺陷
		风机	风机不能启动	重大缺陷
配电变压器（油）	油枕本体	渗油	有渗油迹象，不明显	一般缺陷
			严重渗油，表面油痕明显	重大缺陷
			漏油或滴油，地面油迹明显	紧急缺陷
		锈蚀	轻度锈蚀	一般缺陷
			严重锈蚀	重大缺陷
	油位计	油位	油位指示不清晰	一般缺陷
			油位低于正常油位的下限，油位仍可见（此项需结合渗油迹象考虑）	一般缺陷
			油位计破损	重大缺陷
			油位见底（此项需结合渗油迹象考虑）	紧急缺陷

17. 开关柜的缺陷主要有哪些？缺陷等级如何判定？

答： 开关柜的缺陷主要有：

（1）开关柜本体锈蚀程度、柜面放电痕迹、气压表气压状况。

（2）带电显示器显示异常，TV柜仪表计指示失灵等。

（3）标示牌标示正确性。

（4）设备接地不良。

常见开关柜缺陷等级判定见表4-33。

表4-33　　　　　　　　　　常见开关柜缺陷等级判定

设备	缺陷部位	缺陷内容	缺陷程度	缺陷等级
开关柜	开关本体	锈蚀	轻度锈蚀	一般缺陷
			柜体地板严重锈蚀开裂	重大缺陷

续表

设备	缺陷部位	缺陷内容	缺陷程度	缺陷等级
开关柜	开关本体	放电	开关柜电缆层柜门有明显放电痕迹（以局放测试仪检测结果为依据）	重大缺陷
			开关柜电缆层柜门有严重放电痕迹（以局放测试仪检测结果为依据）；出现放电声响；观察窗可见电缆终端头有明显放电痕迹	紧急缺陷
		气压表气体不足	气压表气体显示接近临界值	一般缺陷
			经多日对比气体量数值，短时间内出现气压量明显降低（漏气）	重大缺陷
			气压表气体在闭锁区域范围（气压量在红色区域）	紧急缺陷
	辅助部件	带电显示器	指示灯三相只亮一相；指示灯三相只亮二相（设备所处线路为经小电阻接地系统）	一般缺陷
			指示灯三相只亮二相（设备所处线路为经消弧线圈接地系统）	重大缺陷
			指示灯三相不亮	紧急缺陷
		TV柜仪表	表针指示失灵	一般缺陷
	接地	接地体	接地体埋深不足，接地电阻>4Ω	重大缺陷
		接地线	接地线接触不良	重大缺陷
	标示牌	缺少标识	无标识或缺少标识	一般缺陷
		标识错误	设备标识、警示标识错误	重大缺陷

18. 操作开关时可能会发现的缺陷主要有哪些？缺陷等级如何判定？

答： 开关操作时可能发现的主要缺陷：

（1）操作时卡涩。

（2）储能线圈故障无法正常储能。

（3）操作后无法正确动作。

（4）分合闸指示不能正确指示。

常见开关操作时发现的缺陷等级判定建议参考见表4-34。

表 4-34　　　　　　　　　　常见开关操作缺陷等级判定

设备	缺陷部位	缺陷内容	缺陷程度	缺陷等级
开关操作（柱上开关、开关柜开关）	操作机构	卡涩	轻微卡涩	一般缺陷
			严重卡涩	重大缺陷
		储能机构	无法储能	重大缺陷
		操作	一次操作不正确	重大缺陷
			连续两次及以上操作不成功	紧急缺陷

续表

设备	缺陷部位	缺陷内容	缺陷程度	缺陷等级
开关操作（开关柜开关）	操作机构	五防装置	五防功能不完善	紧急缺陷
		二次回路	接线端子破损、接触不良、脱线、断线	紧急缺陷
		防潮凝露	防潮小型抽湿机故障；柜内严重积水凝露	重大缺陷
		电动分合闸功能	分合闸线圈故障，无法远程操作	重大缺陷
开关操作（柱上开关、开关柜开关	分合闸指示器	指示	分、合闸指示不正确	重大缺陷

19. 电缆线路通道的主要缺陷有哪些？缺陷等级如何判定？

答： 电缆线路通道的主要缺陷有：

（1）电缆井外观及井内状况异常。

（2）电缆沟积水情况和电缆支架不完整。

（3）室内电缆桥架锈蚀、支架脱落。

（4）电缆线路保护区域内有施工作业。

电缆线路通道的主要缺陷的等级判定建议参考见表4-35。

表4-35　　　　　　　　电缆线路通道的主要缺陷等级判定

设备	缺陷部位	缺陷内容	缺陷程度	缺陷等级
电缆线路通道	电缆井	积水	井内轻微积水，积水未漫到电缆	一般缺陷
			井内轻微积水，积水根据季节变化周期性漫到电缆且有杂物漂浮	重大缺陷
			井内严重积水，积水漫过电缆且长期浸泡，有杂物漂浮影响设备安全	紧急缺陷
		基础破损、下沉	基础有轻微破损、下沉	一般缺陷
			基础有严重破损、下沉，造成井盖压在电缆本体、电缆中间头上	紧急缺陷
		电缆井盖	井盖不平整、有破损，缝隙过大	重大缺陷
			井盖严重破损或缺失	紧急缺陷
		可燃物体	井内有可燃物体	紧急缺陷
	电缆管沟	基础破损、下沉	基础有轻微破损、下沉	一般缺陷
			基础有严重破损、下沉，造成井盖压在电缆本体、电缆中间头上	紧急缺陷
		积水	沟内轻微积水，积水未漫到电缆，积清水	一般缺陷
			沟内严重积水，积水浸泡电缆，积污水，有杂物	重大缺陷
		支架设施损坏	支架锈蚀、脱落或变形	一般缺陷

160

续表

设备	缺陷部位	缺陷内容	缺陷程度	缺陷等级
电缆线路通道	电缆排管	堵塞	接地体埋深不足，接地电阻＞4Ω	重大缺陷
		破损	有轻微磨损，露出电缆	一般缺陷
			严重破损，对电缆造成损伤	重大缺陷
		备用管道	备用管道口未封堵	一般缺陷
	室内电缆桥架	托盘损失	托盘变形，电缆外露	一般缺陷
		接地	接地接触良好	一般缺陷
		支架设施损坏	支架锈蚀、脱落或变形	一般缺陷

20. 电缆本体的主要缺陷有哪些？缺陷等级如何判定？

答：电缆本体主要的缺陷有：

（1）直埋电缆的埋设深度不足。

（2）电缆本体、终端接头、中间接头的外观破损、温度和局放测试数值异常。

（3）电缆标示牌缺失或错误。

电缆本体常见的主要缺陷的等级判定建议参考见表4-36。

表4-36　电缆本体常见的主要缺陷等级判定

设备	缺陷部位	缺陷内容	缺陷程度	缺陷等级
电缆	电缆本体	直埋电缆埋深不足	直埋电缆埋深不足0.7m	重大缺陷
		破损	电缆外护套轻微破皮，未损害铠装层	一般缺陷
			电缆外护套严重破损，有放电火花	紧急缺陷
	电缆终端（不经肘型电缆头直连接）	温度异常	电气连接处75℃＜实际温度≤80℃或者10K＜相间温度≤30K	一般缺陷
			电气连接连接处80℃＜实际温度≤90℃或者30K＜相间温度≤40K	重大缺陷
			电气连接导线连接处实际温度＞90℃或者相间温度＞40K	紧急缺陷
		放电	有污秽，但表面无明显放电	一般缺陷
			有明显放电	重大缺陷
			表面有严重放电痕迹	紧急缺陷
	肘型电缆头	放电	表面有明显放电，局放测试超标	重大缺陷
			表面有严重放电痕迹，电缆头相间有明显放电痕迹或局放测试严重超标	紧急缺陷
	电缆中间接头	破损	有轻微破损，外绝缘层破损	重大缺陷
			严重破损	紧急缺陷
		浸水	被污水浸泡、杂物堆压，水深不超过1m	一般缺陷
			被污水浸泡、杂物堆压，水深超过1m	重大缺陷

续表

设备	缺陷部位	缺陷内容	缺陷程度	缺陷等级
电缆	电缆标示牌	缺少标示	无标示或缺少标示	一般缺陷
		标示错误	设备标示、警示标示错误	重大缺陷

21．开展消缺工作中，遇到突发恶劣气候，应如何处理？

答：如遇雷、雨、风等恶劣天气或其他可能危及作业人员安全的突发情况时，工作负责人或专责监护人根据实际情况，必要时，应立即停止临时作业。天气转好后，工作负责人应结合现场情况重新评估作业条件，修订作业方案，经批准后方可重新开展。

22．在雷雨天开展配电线路及设备抢修消缺工作时，有哪些安全注意事项？

答：在雷雨天气下，禁止高处作业和带电作业、进行测量接地电阻、设备绝缘电阻及进行高压侧核相工作。特殊情况下，确需在雷雨恶劣天气进行抢修消缺时，不站在高处、树底和金属建筑物旁，不靠近避雷器和避雷针，做好防雷电安全措施。抢修完成后送电阶段如仍是雷雨天气，不宜进行电气操作，经当地调度部门同意可进行远程电气操作，远程操作时，严禁靠近设备。

23．在山区开展配电线路及设备消缺工作时，有哪些安全注意事项？

答：在山区开展配电线路及设备消缺工作时，注意塌方、泥石流等自然灾害；设备搬运时确保运输道路畅通，人工运输的道路应事先清除障碍物；山区抬运笨重物件或钢筋混凝土电杆的道路，其宽度不宜小于1.2m，坡度不宜大于1:4；搬运超长设备时防止超长部位与山坡或行道树碰刷。

24．在大风天气下开展配电线路及设备抢修消缺工作时，有哪些安全注意事项？

答：在大风天气下开展配电线路及设备抢修消缺工作时，注意倒杆、异物吹起伤人、架空导线断股或柱上设备吹移坠落伤人。当风力达到5级以上时，不宜起吊受风面积较大的物体。当风力达到6级以上时，禁止露天进行起重工作、高空作业和带电作业。

25．在汛期期间开展配电线路及设备抢修消缺工作时，有哪些安全注意事项？

答：在汛期期间开展配电线路及设备抢修消缺工作时，要避免在低洼地带、山体滑坡威胁区域作业，熟悉周围环境，配备必要的防水、排水设施；关注当地气象防汛部门的预报和实时信息，暴雨量增大至红色预警，禁止一切户外作业。

26．在高温下开展配电线路及设备抢修消缺工作时，有哪些安全注意事项？

答：在高温下开展配电线路及设备抢修消缺工作时，应避开中午等高温时段，注意防暑降温措施；进行高处作业，时间不宜过长，工作负责人或专责监护人应适时向高处作业人员传递充足用水和毛巾，留意高处作业人员精神状态，有中暑迹象应立即更换作业人员。

27．在冰雪天气下开展配电线路及设备抢修消缺工作时，有哪些安全注意事项？

答：在冰雪天气下开展配电线路及设备抢修消缺工作时，应穿配保暖个人防护用品，注意防寒防冻伤；进行高处作业时，时间不宜过长，工作负责人应适时更换高处作业人员；冰雹天气，禁止露天高处作业和带电作业。

28. 在夜间开展配电线路及设备抢修消缺工作时，有哪些安全注意事项？

答： 夜间禁止水下作业。在夜间开展配电线路及设备抢修消缺工作时，现场应配置充足应急光源，确保作业正常实施，在照明范围外，能见度低，易发生操作失误或误闯入危险区域造成人身伤亡。施工地点应加挂警示灯，施工人员需佩戴反光标志。如作业期间需将升降口、井坑、孔洞、楼梯和平台的栏杆、护板或盖板拆除时，应增加装设临时遮栏（围栏）和警示光源，设专人看护，作业结束后及时恢复。

第四节 不停电作业

1. 什么是不停电作业？配网不停电作业方法有哪些？

答： 以实现客户不停电或者短时停电为目的，采用短时停电、带电、负荷转移等多种方式配合对设备进行检修的作业称为不停电作业。

目前，配网不停电作业的方法主要有带电作业法、旁路作业法和移动电源作业法三种。在实际的不停电作业项目中根据实际需求，可以采用其中一种方法或综合运用多种方法进行作业。常见不停电作业现场如图4-5所示。

图4-5 常见不停电作业现场

2. 不停电作业实施对于环境气象有哪些要求？

答： 在实施不停电作业时，应注意以下环境气象要求：

（1）应在良好的天气下进行。如遇雷、雨、雪、雾、霾、雹等天气，不得进行作业。

（2）基本风速大于10m/s（5级）时，不宜进行作业。

（3）空气相对湿度大于80%时，不宜进行作业；若需作业，应采用具有防潮性能的绝缘工具。

（4）作业过程中若遇天气突然变化，有可能危及人身或设备安全时，应立即停止工作，撤离人员，恢复设备正常状况。

（5）在特殊或紧急条件下，必须在恶劣气候作业时，应针对现场气候和工作条件，组织安全、技术人员充分讨论并制定可靠的安全措施后方可进行。夜间抢修作业时应有足够的照明设施。

3．配网不停电作业项目中有哪些常见的特种作业车辆？

答：为满足不同不停电作业项目需求，目前市场上提供多种不同功能的特种作业车辆以开展作业。配网不停电作业常见的特种作业车辆包括绝缘斗臂车、旁路布缆车、旁路开关车、移动环网柜车、10kV 移动发电车、EPS 应急电源车、移动式箱式变压器车等。常见的特种作业车辆如图 4-6～图 4-9 所示。

图 4-6　负荷转移车

图 4-7　中压发电车图

图 4-8　绝缘臂高空作业车

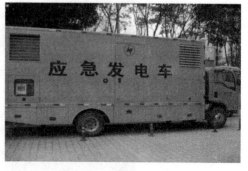

图 4-9　低压发电车图

4．什么是带电作业？按照作业方式，常见的带电作业有哪几类？

答：带电作业是指作业人员接触带电部分或作业人员用操作工具、设备或装备在带电区域的作业，实现在不停电的线路或设备上进行检修、测试等的一种作业方式。

按照作业方式，常见可以分以下两类：

（1）绝缘杆作业法。绝缘杆作业法是指作业人员与带电体保持规定的安全距离，穿戴绝缘防护用具，通过绝缘杆进行作业的方式，如图 4-10 所示。

（2）绝缘手套作业法。绝缘手套作业法是指作业人员使用绝缘斗臂车、绝缘梯、绝缘平台等绝缘承载工具与大地保持规定的安全距离，穿戴绝缘防护用具，与周围物体保持绝缘隔离，通过绝缘手套对带电体直接作业的方式，如图 4-11 所示。

图 4-10 绝缘杆作业法

图 4-11 绝缘手套作业法

5．带电作业有哪些优点？

答：带电作业的优点有：

（1）带电作业不影响系统的正常运行，不需倒闸操作，不需改变运行方式，因此不会造成对用户停电，可以多供电，提高经济效益和社会效益。

（2）对一些需要带电进行监测的工作可以随时进行，并可实行连续监测，有些监测数据比停电监测更有真实可靠性。

（3）及时消除事故隐患，提高供电可靠性。由于缩短了设备带病运行时间，减少甚至避免了事故停电，提高设备全年供电小时数。

（4）检修工作不受时间约束，提高工时利用率。停电作业必须提前数日集中人力、物力、运力，有效工时的比重很少；带电作业既可随时安排，又可计划安排，增加了有效工时。

（5）促进检修工艺技术进步，提高检修工效。带电作业需要优良工具和优化流程，促使检修技术不断提升和完善。

（6）避免误操作、误登有电设备的事故。误操作事故发生在复杂的倒闸操作中，误登有电设备触电事故发生在多回线一回停电的作业中，带电作业可以有效避免此类事故的发生。

6．按照作业人员的人体电位，有哪几种分类？

答：根据作业人员的人体电位来划分，可分为地电位作业法、中间电位作业法、等电位作业法三种，如图 4-12 所示。

（1）地电位作业法是作业人员站在大地或杆塔上（处于地电位）使用绝缘工具间接接触带电体的作业方法。

（2）中间电位作业法是作业人员始终处于带电体和接地体之间的中间电位状态，用绝缘工具间接接触带电体的作业方法。

（3）等电位作业法是作业的体表电位与带电体电位相等的一种作业方法，作业过程中作业人员直接接触带电体。20kV 及以下电压等级的电气设备上不宜进行等电位作业。

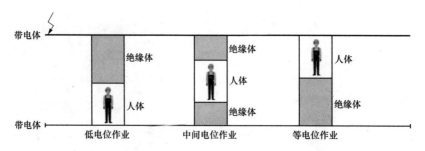

图 4-12　带电作业分类图（按人体电位来划分）

7．地电位带电作业原理及其注意事项是什么？

答：在开展地电位带电作业时，作业人员位于地面或杆塔上，人体电位与大地或杆塔保持同一电位，此时通过人体的电流有两条回路：

（1）带电体→绝缘工具→人体→大地，构成电阻回路。

（2）带电体→空气间隙→人体→大地，构成电容电流回路。

这两个回路电流均经过人体流入大地（人体与另两相导线之间也存在电容电流，但电容电流和空气间隙大小有关，距离越远，电容电流越小，所以可忽略）。因带电作业所用的环氧树脂绝缘材料制成的工具绝缘电阻均在 $10^{10} \sim 10^{12} \Omega$，对于 10kV 配电线路来说，经过第（1）回路的泄漏电流仅为微安级。另外，当人体与带电体保持相对的安全距离时，人体与带电体之间的容抗约为 $0.72 \times 10^9 \sim 1.44 \times 10^9 \Omega$，因此经过第（2）回路的电容电流也为微安级。故人体电流远小于人体感知电流值 1mA，这样小的电流对于人体毫无影响，足以保证作业人员的安全。地电位作业的位置示意图及等效电路如图 4-13 所示。

需要注意的是，如果绝缘工具表面脏污，或表面受潮，泄漏电流将急剧增加，当增加到人体的感知电流以上时，就会出现麻电甚至触电伤害事故。因此，在使用时应保持绝缘工具表面干燥清洁，并妥当保管防止受潮，作业人员应采取戴绝缘手套、穿绝缘鞋等辅助防护措施。

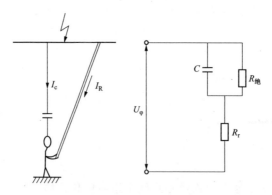

图 4-13　地电位作业的位置示意图及等效电路图

8．中间电位带电作业原理是什么？有哪些注意事项？

答：在开展中间电位带电作业时，作业人员人体电位是低于带电体电位而高于地电位的某一悬浮的中间电位，通过两部分绝缘体分别与接地体和带电体隔开，两部分绝缘体起着限制流经人体电流的作用，同时组合空气间隙防止带电体通过人体对接地体发生放电。中间电位作业流经人体的电流略大于地电位作业，但不会超过数百微安，主要取决于组合间隙的绝缘击穿强度。中间电位作业的位置示意图及等效电路如图 4-14 所示。

需要注意的是，在采用中间电位法作业时，带电体对地电压由组合间隙共同承受，人体电位为某一悬浮电位，与带电体和接地体是有电位差，因此，在作业过程中有以下注意事项：

（1）地面作业人员禁止直接用手向中间电位作业人员传递物品。

（2）当电压较高时，中间作业人员应穿屏蔽服。

（3）绝缘工具应保持良好的绝缘性能，有效绝缘长度应满足相应电压等级规定的要求，组合间隙应比同电压等级的单间隙大 20%左右。

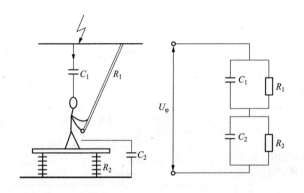

图 4-14　中间电位作业的位置示意图及等效电路图

9．带电作业的安全距离有哪些要求？

答：带电作业安全距离是指为了保证人身安全，作业人员与带电体之间应保持各种最小空气间隙距离的总称，包括最小安全距离、最小对地安全距离、最小相间安全距离、最小安全作业距离和最小组合间隙，带电作业的安全距离规定见表 4-37。确定安全距离的意义，就是要保证在可能出现最大过电压的情况下，不会引起设备闪络、空气间隙放电对人体造成伤害。

（1）最小安全距离是指地电位作业人员与带电体之间应保持的最小距离。

（2）最小对地安全距离是指带电体上等电位作业人员与周围接地体之间应保持的最小距离。通常带电体上等电位作业人员对地的安全距离等于地电位作业人员对带电体的最小安全距离。

（3）最小相间安全距离是指带电体上作业人员与邻相带电体之间应保持的最小距离。

（4）最小安全作业距离是指为了保证人身安全，考虑到作业中必要的活动，地电位作业人员在作业过程中与带电体之间应保持的最小距离。确定最小安全作业距离的基本原则是：在最小安全距离的基础上增加一个合理的人体活动范围增量，一般增量可取 0.5m。

表 4-37 带电作业的安全距离

电压等级 （kV）	最小安全距离 （m）	最小对地安全距离 （m）	最小相间安全距离 （m）	最小安全作业距离 （m）
10	0.4	0.4	0.6	0.7
20	0.5	0.5	0.7	1

注 IEC 规定，海拔 1000m 高度以上每增加 300m，推荐间隙值增加 3%。

10．带电作业有哪些常见的作业工器具？其用途分别是什么？

答：带电作业常见的作业工器具名称及用途详见表 4-38。

表 4-38 带电作业常见的作业工器具名称及用途

序号	名 称		用途
1	绝缘工具	主绝缘工器具：绝缘载人工具（绝缘斗臂车、绝缘硬梯、绝缘工作平台）、绝缘承力工具（绝缘横担）、绝缘（操作、支、拉、吊）杆、绝缘绳索等	对隔离电位起主要作用的电介质，耐压水平不小于 45kV（1min）的绝缘工器具
		辅助绝缘工器具：绝缘罩、绝缘隔（挡）板、绝缘毯（布）、硬质绝缘管、软质绝缘管、绝缘套筒等	在主绝缘外，为了安全另外增加的独立绝缘的工具，能限制人员作业范围，防止作业人员接触带电体
		个人绝缘防护用具：绝缘帽、绝缘手套、绝缘鞋（靴）、绝缘袖（护）套、绝缘披肩、屏蔽服等	对作业人员起辅助绝缘保护作用
2	金属工具	拔锁钳、扶正器、卡具、紧线器、收紧器、清扫刷、机械/液压钳、剪线钳等	与绝缘工具配合使用
3	测试仪器	温度计、湿度计、风速仪、绝缘检测仪等	用于测试环境条件，检测绝缘工具是否合格等

11．带电作业工器具的保管和存放有哪些要求？

答：带电作业工器具的保管和存放有以下几点要求：

（1）带电作业工器具应有专门的库房存放并设专人保管，定期检查；库房内应保持恒定的温度（干燥）和相对湿度，并布置专用除湿设备。橡胶绝缘用具应放在避光的柜内，并撒上滑石粉。

（2）带电作业工器具必须建立台账，统一编号，放置位置应相对固定。

（3）带电作业工器具使用应有出入库登记，工器具使用后入库时应认真检查其状态是否良好，发现损坏或损失应及时做好维修保养和电气机械试验记录，试验合格后方能继续使用。不合格的应予报废并分库存放，配以禁用标志。

（4）带电作业工器具超过试验周期的应分库存放并进行检测。

12．带电作业绝缘工具的有效长度是什么？最小有效绝缘长度分别是多少？

答：绝缘工具中往往有金属部件存在，计算绝缘工具长度时，必须减去金属部件的长度，而减去金属部件后的绝缘工具长度，就被称为绝缘工具的有效长度，或称最短有效长度。带电作业中，为了保证带电作业人员及设备的安全，除保证最小空气间隙外，带电作业所使用的绝缘工具的有效长度，也是保证作业安全的关键问题。

配网带电作业中，绝缘操作杆、绝缘承力工具和绝缘绳索的有效绝缘长度不得小于表 3-2 中规定。

13. 带电作业工器具的运输及现场使用有哪些安全注意事项？

答： 带电作业工器具的运输及现场使用的安全注意事项有以下要求：

（1）运输。在运输时应存放在专用工具袋、工具箱或专用工具车内，以防受潮和损伤，避免与金属材料、工具混放。其中，硬质绝缘品应保证其运输过程中表面不受碰撞和外力冲撞；软质绝缘品要求袋装封闭，防止受潮；金属卡具应袋装，防止运输颠簸产生零部件松脱、丢失。

（2）现场使用的安全注意事项。

1）应进行外观检查。用清洁干燥的毛巾（布）擦拭后，分段检测绝缘工器具的表面绝缘电阻。

2）发现受潮或表面损伤、脏污时，及时处理并经试验合格后方可使用。

14. 传递带电作业中工器具有哪些安全注意事项？

答： 带电作业中工器具传递时应注意以下安全注意事项：

（1）带电作业时所需的工器具和材料必须用绝缘无头绳索圈传递，邻近带电体的滑车和吊点绳索套均应使用绝缘材料制作。

（2）无头绳索圈与带电体应保持足够的距离。距离尺寸视传递物品中金属部件尺寸加上不同电压等级对地（或相间）安全距离而定。

（3）设备间距小、传递通道狭窄的现场，无头绳索圈的下端应用地锚固定。

（4）小型工器具和材料（金属扎线应盘成体积小的线盘）应装入工具袋内传递；尺寸较长的金属件，应将其多点固定于无头绳索圈上作定向传递。

（5）传给等电位工位的无法盘卷金属导线（如跨接线、预绞丝等），可用传递绳索将其平行于地面悬吊传递，并用控制绳索控制其活动方向和对带电体的距离。

（6）以上、下循环交换方式传递较重的工器具时，新、旧重物均应系以控制绳索，防止被传物品相互碰撞及误碰处于工作状态的承力工器具。

15. 带电作业工器具库房基本要求有哪些？

答： 带电作业工器具库房如图 4-15 所示，且应满足以下要求：

（1）带电作业工器具库房应设置在通风良好、清洁干燥、工具运输及进出方便的地方。原则上，绝缘工器具库房、金属工器具库房应分开，金属工器具房通常没有环境温度限制。

（2）库房的门窗应密闭严实，阳光不能直射。库房门可采用防火门，配备防火锁，确保库房具有隔湿及防火功能。

（3）地面、墙面及顶面应采用不起尘、阻燃、隔热、防潮、无毒的材料，做好防水、防潮及防虫处理。

（4）库房应配备湿度计、温度计、抽湿机、辐射均匀的加热器，充足的工器具摆放架、吊架和灭火器等，其中工器具摆放架宜采用不锈钢等防锈蚀材料制作。

（5）室内的相对湿度应保持在 50%~70%。室内温度应略高于室外，温差不宜大于

5℃且不低于 0℃。

（6）库房进行室内通风时，应在干燥的天气进行，并且室外的相对湿度不高于 75%。通风结束后，应立即检查室内的相对湿度，并加以调控。

图 4-15　带电作业工器具库房图

16．带电作业确保人身安全的技术条件是什么？

答：带电作业确保人身安全的技术条件主要包括：

（1）流经人体的电流不超过人体的感知水平（1mA）。

（2）人体体表场强至少不超过人的感知水平（2.4kV/cm）或某个电场卫生标准。

（3）保证安全距离、有效绝缘长度、良好绝缘子片数满足规程要求。

17．从事带电作业人员应具备哪些特殊条件？

答：从事带电作业人员应具备特殊条件有以下几点：

（1）带电作业人员应经专门培训，并经考试合格取得资格（带电作业证）、本单位书面批准后，方可参加相应的作业。

（2）带电作业工作票签发人和工作负责人、专责监护人应由具有带电作业实践经验的人员担任。工作负责人、专责监护人应具备带电作业资格。

（3）应熟悉作业工具的名称、原理、结构、性能和试验标准，熟悉作业项目的操作方法、程序、工艺和注意事项。

18．屏蔽服有哪几类？各有什么特点？

答：按照国标规定，我国目前所用屏蔽服可分为 A、B、C 三类。

（1）A 类屏蔽服的特点是屏蔽效率较高而载流量较小，主要适用于在 500kV 电压等级的设备上工作；

（2）B 类屏蔽服的特点是屏蔽效率适中，载流量较大，适用于在 35kV 以下电压等级的设备上工作；

（3）C 类屏蔽服的特点是屏蔽效率较高，载流量也较大，通用在各电压等级的设备上工作。

19．为什么带电作业必须设置专职监护人？带电作业的"监护人"有哪些特殊要求？

答：带电作业直接或间接接触高压带电设备，需要控制的工序复杂、危险因素较多，且作业人员的周围都可能存在着带电设备，带电作业必须有人监护。

带电作业的"监护人"的特殊要求有以下几点：

（1）监护人不能直接参与作业且一个监护人只能监护一个作业点，避免分散注意力。

（2）复杂或较高杆塔上带电作业，为保证监护到位、方便沟通，应增设专责监护人，必要时根据现场实际环境配备对讲机等通信设备。

（3）带电作业专责监护人应由具备带电作业资格，且具有带电作业实践经验的人员担任。

20．为什么带电作业时要向调度申请退出线路重合闸装置？

答：重合闸是防止系统故障点扩大，消除瞬时故障，减少事故停电的一种继电保护配置。带电作业时，退出重合闸装置的目的有以下两个方面：

（1）减少内过电压出现的概率。作业中遇到系统故障，断路器跳闸后不再重合，减少了过电压出现的机会。

（2）带电作业时发生事故，退出重合闸装置，可以保证事故不再扩大，保护作业人员免遭第二次电压的伤害。

21．配网带电作业在哪些情况下应退出重合闸装置，并不得强送电？

答：配网带电作业出现下列情况之一者，应退出重合闸，并不得强送电：

（1）中性点有效接地系统中有可能引起单相接地的作业。

（2）中性点非有效接地系统中有可能引起相间短路的作业。

（3）工作票签发人或工作负责人认为需要退出重合闸或退出再启动功能的作业。

22．气温对带电作业安全有哪些影响？

答：气温对带电作业安全的影响应从两个方面考虑：

（1）气温对人体产生的影响。气温过高或过低影响人体舒适度和体能，特别是过低气温将直接影响到体力的发挥和操作的灵活性与准确性，过高的持续高温会使人中暑，也将直接影响体能。由于我国幅员辽阔，气象条件差异很大，作业人员对气温的适应程度各不相同，因此，确定带电作业极限气温时要因地制宜。

（2）设计带电作业工具时也必须考虑气温对使用荷重（如导线张力）的影响，以便能根据适当的气温条件设计出安全、轻便、适用的工具。

23．风力对带电作业安全有哪些影响？如何判定风速？

答：风力对带电作业的影响主要从两个方面考虑：

（1）增加空中操作难度。过强的风力影响间接操作的准确性，使各种作业器具和绳索难以控制，过大的风力也给杆塔上下指挥信息的及时传递造成困难。

（2）会降低安全水平。过大的风力会增加工具承受的机械荷重（水平风压荷重），导线风偏增大而改变杆塔的空距离，风向和风力会改变电弧延伸方向和延伸长度。

一般情况下，风力大于 10m/s 时，不宜进行带电作业。影响风速的主要因素为气象因素和地形因素，气象因素主要包括温度、气压和湿度等，地形因素包括地貌和地表障碍等，各种因素对风速的影响是非线性关系，因此作业现场应观察地面物象、测量风速实际值进行校验。风力等级与风速对照表见表 4-39。

表 4-39 风力等级与风速对照表

风级	名称	风速（m/s）	陆地物象
0	无风	0～0.2	微烟直上
1	软风	0.3～1.5	烟示风向
2	轻风	1.6～3.3	感觉有风
3	微风	3.4～5.4	旌旗展开
4	和风	5.5～7.9	吹起尘土
5	劲风	8.0～10.7	小树摇摆
6	强风	10.8～13.8	电线有声
7	疾风	13.9～17.1	步行困难
8	大风	17.2～20.7	折毁树枝

24. 雨、雪、雾和湿度对带电作业安全有哪些影响？

答： 雨水淋湿绝缘工具会增加泄漏电流并引发绝缘闪络（如绝缘杆闪络）和烧损（如尼龙绳索熔断），造成严重的人身或设备事故。因此，不仅雨天不得进行带电作业，而且还要求工作负责人对作业现场是否会突然出现降雨要有足够的预见性，以便及时采取措施中止带电作业。

降雪一般对绝缘工具的影响较小，因为一旦发现降雪是可以从容撤出绝缘工具的。但初春降下的黏雪会很快融化为水，它与空气中的杂质掺合在一起时，降低绝缘的危害甚至比雨水还要更严重。所以，一旦作业过程中突然降黏雪，工作负责人应按降雪情况应急处理。

雾的成分主要是小水珠，对绝缘工具的影响与雨水相似，只不过绝缘受潮的速度相对缓慢些，雾会导致空气湿度相当高。因此，雾天禁止带电作业。

目前带电作业所用的绝缘工具，多用环氧树脂和聚氯乙烯等弱极性介质材料制成，表面具有较高的绝缘电阻和憎水性能。但在阴雨潮湿天气进行间接带电作业，会使长时间暴露在大气中的绝缘工具受潮、受污，由于水和污秽中的杂质多属强极性介质，将会影响绝缘工具表面绝缘电阻显著下降，并伴随着沿面泄漏电流相应增大。如果沿面脏污受潮不匀，在外加电压作用下，还会导致绝缘工具的分布电压不均匀，从而使绝缘工具的放电电压降低。因此保持绝缘工具表面完好清洁、干燥，是保证人身安全的重要措施。

25. 带电作业工作前应准备哪些内容？

答： 带电作业工作前应准备的内容有：

（1）了解现场线路状况和杆塔及周围环境、地形地貌状况等，判断能否采用带电作业以及确定现场作业方案。

（2）了解有关图纸资料、线路及设备的规格型号、性能特点、受力情况。明确系统接线的运行方式，选用作业方法及作业器具，判断是否退出馈线重合闸。

（3）了解计划作业日期的气象条件是否满足要求。

（4）根据作业内容与方法准备所需工器具和材料，进行必要的检查，确保合适、可用、够用。

（5）办理带电作业工作票。

26. 带电作业常见的风险类型及预控措施有哪些？

答：带电作业常见的风险类型及预控措施详见表 4-40。

表 4-40　　　　　　　　　带电作业常见的风险类型及预控措施

序号	风险类型	预控措施
1	触电	（1）作业所使用绝缘工器具、个人防护器具必须保证试验合格期内，使用工具前，应仔细检查其是否损坏、变形、失灵。 （2）带电作业人员应穿戴绝缘防护用具，与周围物体保持绝缘隔离，绝缘手套和防刺穿手套须同时使用。 （3）带电体与接地体的安全距离不得小于 0.4m，相邻带电体间安全距离不得小于 0.6m，作业人员严禁同时接触不同电位，严禁同时接触未接通的或已断开的导线两个断头，以防人体串入电路。 （4）传递工具、材料应使用绝缘绳，绝缘绳的有效绝缘长度不得小于 0.4m。 （5）带电作业应在良好的天气下进行，如遇雷电（听见雷声、看见闪电）、雪、雹、雨、浓雾等，不应进行带电作业。风力大于 10m/s，或湿度大于 80%时，不宜进行带电作业。 （6）带电作业过程中若遇天气突变，有可能危及人员或设备安全时，应立即停止工作，在保证人身安全的前提下，尽快恢复设备正常状态，或采取其他措施。 （7）安装绝缘措施应遵从近到远，从下到上的原则；拆除绝缘措施原则相反。 （8）采用绝缘手套作业法时，无论作业人员与接地体和相邻带电体的空气间隙是否满足规定的安全距离，作业前均需对人体可能触及范围内的带电体和接地体进行绝缘遮蔽。遮蔽用具之间的结合处应有大于 15cm 的重合部分，导线晃动不宜过大。 （9）使用绝缘斗臂车时绝缘臂有效长度应保持在 1m 以上。 （10）绝缘斗臂车绝缘臂下节的金属部分，在仰起回转过程中，对带电体的距离应保持 0.9m 以上
2	高空坠落	（1）高处作业必须使用安全带。 （2）使用绝缘承载工具前确认设备状态良好，使用过程中严禁超载。 （3）工作过程中绝缘斗臂车发动机不得熄火。 （4）作业人员应根据地形地貌，将绝缘承载工具平稳支撑在最合适的工作位置
3	设备故障、电弧灼伤	（1）带电体与接地体的安全距离不得小于 0.4m，相邻带电体间安全距离不得小于 0.6m，作业人员严禁同时接触不同电位。 （2）断、接引（流）线前应估算线路空载电流，确保满足作业要求。 （3）严禁带负荷断、接引（流）线
4	物体打击	（1）工作场所周围装设围栏，并在相应部位装设交通警示牌，所有工作人员进入作业现场必须正确佩戴安全帽。 （2）承力工具不得超额定荷载使用。 （3）起吊工具材料时必须拴稳拴牢，绑扎长件工具时应用尾绳控制。 （4）作业人员必须使用工具包，防止工具掉落，不得有人员在作业点正下方逗留和通过
5	交通意外	（1）根据现场实际路况在来车方向前 50m 摆放"电力施工车辆慢行"警示牌，夜间作业悬挂警示灯。 （2）在道路周边或道路上施工需穿反光衣
6	中暑	应避开炎热高峰时段作业，当作业现场气温达 35℃及以上时，不宜开展作业，当作业现场气温达 40℃及以上时，应停止室外露天作业；作业现场应配备饮用水和急救药物

27．带电作业过程中有哪些安全注意事项？

答：带电作业过程中安全注意事项有以下几点：

（1）确保作业人员的安全距离。如 10kV 线路作业时，人体、工具及材料与相邻带电体的安全距离不得小于 0.6m，人体、工具及材料与接地体的安全距离不得小于 0.4m，达不到要求时应用绝缘遮蔽用具作可靠的绝缘隔离。绝缘隔离措施的范围应比作业人员活动范围增加 0.4m 以上。

（2）作业过程要防止导线、引线摆动造成相间碰线短路。

（3）严禁不合格工器具入现场。作业前，应仔细检查其是否损坏、变形、失灵；作业中，防止绝缘工器具脏污和受潮；组合使用不同绝缘遮蔽用具时，相互间的搭接部分长度不得小于 0.15m。

（4）作业现场必须设专人监护，监护人不得兼做操作任务，监护的范围不得超过一个作业点。

（5）控制作业时间。根据人体的生理机能，原则上控制作业人员实际带电作业的连续时间，必要时可以采取两班交替作业。

（6）应退出馈线断路器重合闸。

（7）在带电作业过程中如设备突然停电，作业人员应视设备仍然带电。

28．带电作业过程中遭遇打雷下雨等天气突变时应采取哪些应急安全措施？

答：带电作业过程中遭遇打雷下雨等天气突变时应采取应急安全措施有：

（1）作业过程中，如风速突然变化，超过 10m/s 或降雨直接影响作业开展时，工作负责人应根据现场情况采取以下措施，保障人身和设备安全：

1）装设在设备上的绝缘工具、防护用具及遗留工器具不会危及设备的安全运行时，作业人员应立即停止作业，迅速脱离带电体，返回地面，待达到满足作业的气象条件后再进行作业。

2）装设在设备上的绝缘工具及防护用具、遗留工器具已经危及（或者随着气象变化会危及）设备的安全运行时，在保证作业人员人身、设备安全的前提下工作负责人可命令作业人员迅速拆除绝缘工具及防护用具，暂时停止作业。如现场情况已不允许带电拆除绝缘工具及防护用具，遗留工器具也无法处理时，工作负责人应报告调度，申请将设备转停电或冷备用状态，在做好安全措施后方可拆除绝缘工具及防护用具，处理遗留工作。

3）遭遇降雨时，应遮盖好绝缘斗臂车的绝缘部分，受潮的绝缘工器具应使用柔软干燥的毛巾擦拭干净，放进专用工具车、工具箱或工具袋内，待检测合格后方可重新使用。

（2）带电作业过程中，如湿度超过 80% 并持续增大，工作负责人应参照上述的要求执行。受潮的绝缘工器具应使用柔软、干燥的毛巾擦拭干净，放进专用工具车、工具箱或工具袋内，待检测合格后方可重新使用。

（3）带电作业时听到雷声，或预见天气突变可能发生雷电时工作负责人应命令作业人员立即停止作业，并迅速脱离带电体。在满足安全条件的情况下，经工作负责人同意，作业人员可解除装设在设备上的作业工器具及防护用具，人员撤离到安全地带，不得在容易遭受雷击的地方休息。

29．带电作业过程中遇到线路或设备突然停电时应怎样处理？

答：带电作业过程中遇到线路或设备突然停电应做以下处理：

（1）因线路随时有突然来电的可能或存在感应电压，故应视线路仍然带电。

（2）工作负责人应立即向当值调度员或运维人员报告线路已停电，明确告知作业现场的情况并询问线路停电原因等。

（3）值班调度员或运维人员未与工作负责人取得联系前不得实施强送电，以避免由于送电合闸产生的过电压对带电线路上作业人员的人身和设备造成伤害或扩大事故范围。

30．带电作业过程中绝缘工器具、防护用具失效时应采取哪些应急安全措施？

答：带电作业过程中绝缘工器具、防护用具失效时应采取应急安全措施有：

（1）作业过程中，发生绝缘工器具、防护用具损坏、失灵或变形时，作业人员必须立即停止作业，检查绝缘工器具、防护用具及作业设备的实际状况，向工作负责人报告。工作负责人确认可通过更换工器具、防护用具后继续作业的，应制定更换工器具、防护用具的作业方案。更换的工器具、防护用具必须满足现场作业的安全要求。

（2）如已经危及人身、设备安全时，作业人员必须立即停止作业，退出作业区域，同时工作负责人应立即报告调度部门，申请将作业的设备停电或转冷备用状态，做好安全措施后再进行处理。

（3）已损坏、失灵或变形的绝缘工器具、防护用具，应带回进行鉴定分析。

31．带电作业安装和拆除绝缘遮蔽的原则分别是什么？

答：带电作业安装和拆除绝缘遮蔽的原则分别是：

（1）对带电体安装绝缘遮蔽时，按照从近到远的原则，从离身体最近的带电体依次装设；对上下多回分布的带电导线设置遮蔽用具时，应按照从下到上的原则，从下层导线开始依次向上层装设；对导线、绝缘子、横担的设置次序是按照从带电体到接地体的原则，先放导线遮蔽罩，再放绝缘子遮蔽罩、然后对横担进行遮蔽，遮蔽用具之间的接合处应有大于 15cm 的重合部分。

（2）拆除遮蔽用具应从带电体下方（绝缘杆作业）或者侧方（绝缘手套作业法）拆除绝缘遮蔽用具，拆除顺序与设置遮蔽相反。应注意在拆除绝缘遮蔽用具时不使遮蔽体显著振动，要尽可能小心拆除。

32．带电水冲洗作业有哪些安全注意事项？

答：带电水冲洗作业安全注意事项有以下几点：

（1）带电水冲洗一般应在良好天气进行。风力大于 4 级，气温低于 0℃，雨天、雪天、沙尘暴、雾天及雷电天气时不宜进行。

（2）带电水冲洗前应掌握绝缘子的表面盐密情况，当超出表 4-41 规定数值时，不宜进行水冲洗。

（3）带电水冲洗用水的电阻率不应低于 $1 \times 10^5 \Omega \cdot cm$。每次冲洗前，都应使用合格的水阻表从水枪出口处取得水样测量其水电阻率。

（4）以水柱为主绝缘的水枪喷嘴与带电体之间的水柱长度不应小于表 4-42 的规定，且应呈直柱状态。

（5）由水柱、绝缘杆、引水管（指有效绝缘部分）组成的小型水冲工具，其组合绝缘应满足以下要求：

1）在工作状态下应能耐受相应的试验电压。

2）在最大工频过电压下流经操作人员人体的电流应不超过 1mA，试验时间不小于 5min。

（6）小型水冲工具进行冲洗时，冲洗工具不应接触带电体。引水管的有效绝缘部分不应触及接地体。操作杆的使用和管理按带电作业工具的有关规定执行。

（7）带电水冲洗前，应有效调整水压，确保水柱射程和水流密集。当水压不足时，不应将水枪对准被冲洗的带电设备。冲洗过程中不应断水或失压。

（8）水冲洗操作人员，应穿防水服、绝缘靴，戴绝缘手套、防水安全帽等辅助安全措施。

（9）冲洗绝缘子时应注意风向，应先冲下风侧，后冲上风侧。对于上、下层布置的绝缘子应先冲下层，后冲上层，还要注意冲洗角度，严防邻近绝缘子在溅射的水雾中发生闪络。

表 4-41　　　　　　　　　　绝缘子水冲洗临界盐密值

绝缘子种类	厂站支柱绝缘子		线路绝缘子	
	普通型绝缘子	耐污型绝缘子	普通型绝缘子	耐污型绝缘子
爬电比距（mm/kV）	14～16	20～31	14～16	20～31
临界盐密值（mg/cm²）	0.12	0.20	0.15	0.22

注　本表内容适用于 220kV 及以下电压等级。

表 4-42　　　　　　　　　　喷嘴与带电体之间的水柱长度

电压等级（kV）	喷嘴直径 [a]（mm）			
	≤3	4～8	9～12	10～18
10～35	1.0	2.0	4.0	6
110	1.5	3.0	5.0	7
220	2.1	4.0	6.0	8
500	—	6.0 [b]	8.0 [b]	—

[a]　水冲喷嘴直径为3mm及以下者称为小水冲；直径为4～8mm者称为中水冲；直径为9mm及以上者称为大水冲。
[b]　为输电线路带电水冲洗数据，变电站带电水冲洗时参照执行。

33．带电水冲洗时影响水柱泄漏电流的主要因素有哪些？

答：影响水柱泄漏电流的主要因素有：

（1）被冲洗电气设备的电压；

（2）水柱的水电阻率；

（3）水柱的长度；

（4）水枪喷口直径。

34．带电水冲洗时应注意哪些事项？

答：带电水冲洗安全注意事项有：

（1）带电水冲洗操作人员在工作中必须戴护目镜、口罩和防尘罩；

（2）作业时喷嘴不得垂直电瓷表面及定点冲洗，以免损坏电瓷和釉质表面层；

（3）如遇喷嘴阻塞时，应先减压，再消除故障。

35．带电清扫机械作业有哪些安全注意事项？

答：带电清扫机械作业安全注意事项有：

（1）进行带电清扫工作时，人身与带电体间的安全距离不应小于表 4-43 的规定。

（2）在使用带电清扫机械进行清扫前，应确认清扫机械的电机及控制、软轴及传动等部分工况完好，绝缘部件无变形、脏污和损伤，毛刷转向正确，清扫机械已可靠接地。

（3）带电清扫作业人员应站在上风侧位置作业，应戴口罩、护目镜。

（4）作业时，作业人的双手应始终握持绝缘杆保护环以下部位，并保持带电清扫有关绝缘部件的清洁和干燥。

表 4-43　　　　　　　　带电作业时人身与带电体间的安全距离表

电压等级（kV）	10	35	63（66）	110	220	500	±500	±800
距离（m）	0.4	0.6	0.7	1.0	1.8（1.6）[a]	1.8（1.6）[b]	3.4	6.8[c]

注　表中数据是根据设备带电作业安全要求提出的。

[a]　220kV 带电作业安全距离因受设备限制达不到 1.8m 时，经单位分管生产负责人或总工程师批准，并采取必要的措施后，可采用括号内 1.6m 的数值。

[b]　海拔 500m 以下，取 3.2m，但不适用 500kV 紧凑型线路；海拔在 500～1000m 时，取 3.4m。

[c]　不包括人体占位间隙。

36．什么是绝缘斗臂车，常见类型有哪些？

答：绝缘斗臂车由汽车底盘、绝缘斗、工作臂、斗臂结合部分组成，如图 4-16 所示。绝缘斗、工作臂、斗臂结合部能满足规定的绝缘性能指标。绝缘斗臂车的绝缘臂采用玻璃纤维增强型环氧树脂材料制成，绕制成圆柱形或矩形截面结构，具有质量轻、机械强度高、绝缘性能好，憎水性强等优点，在带电作业时为人体提供相对地的绝缘防护。绝缘斗有单层斗和双层斗，外层斗一般采用环氧玻璃钢制作，内层斗采用聚四氟乙烯材料制作，绝缘斗应具有高强度电气绝缘，与绝缘臂一起组成相对地之间的纵向绝缘，使整车的泄漏电流小于 500μA，工作时若绝缘斗同时触及两相导线，不会发生沿面闪络。绝缘斗上下部都可进行液压控制，具有水平方向和垂直方向旋转功能。

绝缘斗臂车根据其工作臂形式可分为折叠臂式、直伸臂式、多关节臂式、垂直升降式和混合式。根据支腿型式可分为"A"形腿和"H"形腿、蛙式支腿，无支腿。

图 4-16　绝缘斗臂车

37．绝缘斗臂车维护和保养有哪些要求？

答：高架绝缘斗臂车必须有专人管理、维护和保养，实施日常、定期检查，并做好相关记录。

（1）日常检查是每次工作前对斗臂车进行外观检查以及试操作，包括绝缘斗、绝缘臂架等绝缘物件必须保持清洁、干燥，并应防止硬金属碰撞等原因造成机械损伤。

（2）定期检查各机构的连接螺栓是否有松动情况并及时紧固。保持油箱液面高度，发现液面偏低及时按规定要求加油。及时消除由于油管老化或密封件老化而引起的渗漏油现象。

（3）禁止使用高压水冲洗电气及绝缘部分，以防止电气及绝缘部分受潮损伤。

（4）高架绝缘斗臂车应存放在干燥通风的车库内，其绝缘部分应有防潮措施。

38．绝缘斗臂车使用前，现场检查要求有哪些？

答：进入绝缘斗升空作业前需要进行的检查有：

（1）外观检查。针对高架绝缘斗臂车的绝缘部分进行检查，确认其干燥、清洁、无裂痕、磨损等现象。

（2）操作检查。通过看、听、嗅等手段进行试操作。

1）通过试操作确认高架绝缘斗臂车各部件无漏油现象，取力装置啮合到位、进退自如，液压系统工作正常、操作灵活、制动可靠。

2）必须"空斗"进行，应包括绝缘臂和绝缘斗的回转、升降、伸缩等操作过程，时间不少于 5min。

39．绝缘斗臂车在现场停放时有哪些注意事项？

答：绝缘斗臂车在现场停放时常见注意事项有：

（1）作业装置应在绝缘斗臂车的作业范围内，应避开附近电力线和障碍物，且在接触带电导体时，（伸缩式）绝缘臂的伸出长度应满足有效绝缘长度的要求。

（2）支撑应稳定可靠支腿垫板时，不可超过两块，厚度在 20cm 以内，要保证支腿垫放垫板后的稳定性。两块垫板都要正面朝上，且错位 45°。

（3）在有坡度的地面停放时，地面坡度不应大于 7°，且车头应向下坡方向停放。收、放支腿的顺序为应先伸前支腿，再伸后支腿；收回时则相反。

（4）绝缘斗臂车可靠接地，接地线应采用有透明护套的不小于 25mm² 的多股软铜线，临时接地体埋深应不小于 0.6m。

（5）支腿不应支放在沟道盖板上或软基地带，若必须停在软土地面应使用垫板或枕木。

（6）车辆前后、左右呈水平，四轮应离地；试操作时注意避开邻近的高、低压线路及各类障碍物，与其足够安全距离。

40．绝缘斗臂车在作业时有哪些注意事项？

答：绝缘斗臂车在作业时常见注意事项有：

（1）在进行作业时，必须伸出水平支腿，以便可靠地支撑车体，确认着地指示灯亮（没有着地指示灯设置者，应逐一检查支腿着地情况）后，再进行作业。水平支腿未伸出支撑时，不得进行旋转动作，否则车辆有发生倾翻的危险（装有支腿张开幅度传感器及电脑控制作业范围的车辆除外）。

（2）绝缘斗内工作人员要佩戴安全帽、使用安全带，将安全带的钩子挂在安全绳索的挂钩上。不要将可能损伤绝缘斗的器材堆放在绝缘斗内，当绝缘斗出现裂纹、伤痕等，会使其绝缘性能降低。绝缘斗内不要装载高于绝缘斗的金属物品，避免绝缘斗中金属部分接触到带电导线时有触电的危险，任何人不得进入工作臂及其重物的下方。

（3）操作绝缘斗时，要缓慢动作。假如急剧操纵操作杆，动作过猛有可能使绝缘斗碰撞较近的物体，造成绝缘斗损坏和人员受伤。在进行反向操作时，要先将操作杆返回到中间位置，使动作停止后再扳到反向位置。绝缘斗内人员工作时，要防止物品从斗内掉出去。

（4）作业人员不得将身体越出绝缘斗之外，不要站在栏杆或踏板上进行作业。作业人员要站在绝缘斗底面以稳定的姿态进行作业。不要在绝缘斗内使用扶梯、踏板等进行作业，不要从绝缘斗上跨越到其他建筑物上，不要使用工作臂及绝缘斗推拉物体，不要在工作臂及绝缘斗上装吊钩、缆绳等起吊物品，绝缘斗不得超载。

41．绝缘斗臂车移位或发生故障时应采取哪些应急安全措施？

答：绝缘斗臂车移位或发生故障时应采取的应急安全措施有：

（1）作业过程中绝缘斗臂车因外力引起位移，工作负责人应立即控制现场情况，判断作业人员有无触电风险。

（2）移位后，如果绝缘斗臂车的稳定性没有遭到破坏，液压系统可正常操作，工作负责人应指挥作业人员停止作业，安全返回地面，全面检查设备受损情况及绝缘斗内作业人员的状态，迅速处理事故。

（3）移位后，如果绝缘斗臂车的稳定性遭到破坏，液压系统不能正常操作。工作负责人应指挥作业人员保持镇静，停止作业，禁止继续操作绝缘斗臂车，同时结合现场情况，因地制宜尽快将绝缘斗内作业人员接回地面。

（4）作业过程中绝缘斗臂车如果因外力引起位移，绝缘斗内作业人员已触电，工作负责人应立即组织人员参照触电应急措施进行急救。

（5）作业过程中绝缘斗臂车如果因外力引起位移，造成绝缘斗内作业人员高空坠落，工作负责人应立即组织人员参照高空跌落创伤应急措施进行急救。

（6）作业过程中绝缘斗臂车失去动力等原因不能操作时，绝缘斗内作业人员应停止作业，操作"应急泵"返回地面，进行故障处理。如果"应急泵"失效，工作负责人应因地制宜将斗臂车上的作业人员接回地面。

42．什么是绝缘平台？常见类型有哪些？

答：绝缘平台由绝缘材料加工制作，安装固定在电杆或地面上，承载带电作业人员并提供人体与接地体的主绝缘保护的工作平台，主要由支撑（抱杆）装置、主平台及附件等组成。利用绝缘平台进行带电作业可不受交通和地形条件限制，其空中作业范围大、安全可靠，在绝缘斗臂车无法到达的杆塔也可进行带电作业，有效弥补了绝缘斗臂车作业场景空白。

根据安置型式分为落地式绝缘平台和抱杆式绝缘平台，抱杆式绝缘平台以其部件少、安装简便、使用灵活，最为常见。此外，绝缘人字梯、独脚梯等在配电带电作业中也是一种绝缘平台。

43．绝缘平台常见安装要求有哪些？

答：绝缘平台常见安装要求有以下几点：

（1）绝缘平台绝缘部件的外表面应无裂纹、无损伤，作业前应清洁。

（2）绝缘脚手架安装搭接过程中禁止与现场带电体接触。

（3）踏板至地面超过 8m 的绝缘脚手架应进行稳固处理。

（4）绝缘平台严禁超载。

（5）绝缘平台金属支腿应装设接地线。

44．配电网有哪些常规的带电作业项目？

答：配电网常规带电作业项目有修补导线、搭接（拆除）空载引流线、更换绝缘子（耐张杆、直线杆）、更换横担、更换（加装）避雷器等。在用电量快速增长的地区，搭接空载引流线（俗称带电接火）是最常开展的、也是最有意义的项目，它满足了业扩工程不停电作业的需要。

45．配电网有哪些复杂综合的带电作业项目？

答：复杂综合带电作业项目是指综合应用简单常规带电作业的各种方法，在保证用户不停电的情况下，对线路及其设备进行有序的带电作业，完成复杂的施工、检修等工作。复杂综合项目对人员规模、工器具和设备投入、作业任务的分解与组织的要求较高，主要有带电立（撤）杆、更换直线杆、直线杆改耐张杆、带负荷更换柱上开关、带负荷安装柱上开关等。

46．中压架空线路带电拆火安全注意事项有哪些？

答：中压架空线路带电拆火安全注意事项详见表 4-44。

表 4-44   中压架空线路带电拆火安全注意事项

序号	作业内容	安全注意事项
1	安装绝缘措施	（1）作业人员对带电体不足 0.6m 安全距离，对地不足 0.4m 安全距离。 （2）安装绝缘措施重叠位置不少于 15mm，导线晃动不宜过大。 （3）工作时绝缘斗臂车的绝缘有效长度应保持 1m 以上
2	带电拆除引线	拆除引线后线路美观整齐，工作质量符合验收规范要求
3	拆除绝缘措施	（1）作业人员对带电体不足 0.6m 安全距离，对地不足 0.4m 安全距离。 （2）导线晃动不宜过大，无遗留物品。 （3）工作时绝缘斗臂车的绝缘有效长度应保持 1m 以上

47．中压架空线路带电接火安全注意事项有哪些？

答：中压架空线路带电接火安全注意事项详见表 4-45。

表 4-45   中压架空线路带电接火安全注意事项

序号	作业内容	安全注意事项
1	安装绝缘措施	（1）作业人员对带电体不足 0.6m 安全距离，对地不足 0.4m 安全距离。 （2）安装绝缘措施重叠位置不少于 15mm，导线晃动不宜过大。 （3）工作时绝缘斗臂车的绝缘有效长度应保持 1m 以上
2	带电搭接引线	三相引线应有一定的松紧度，三相引线及线夹美观整齐，工作质量符合验收规范要求
3	拆除绝缘措施	（1）作业人员对带电体不足 0.6m 安全距离，对地不足 0.4m 安全距离。 （2）导线晃动不宜过大，无遗留物品。 （3）工作时绝缘斗臂车的绝缘有效长度应保持 1m 以上

48．中压架空线路带电加装故障指示器安全注意事项有哪些？

答：中压架空线路带电加装故障指示器安全注意事项详见表 4-46。

表 4-46   中压架空线路带电加装故障指示器安全注意事项

序号	作业内容	安全注意事项
1	安装绝缘措施	（1）作业人员对带电体不足 0.6m 安全距离，对地不足 0.4m 安全距离。 （2）安装绝缘措施重叠位置不少于 15mm，导线晃动不宜过大。 （3）工作时绝缘斗臂车的绝缘有效长度应保持 1m 以上
2	安装故障指示器	安装故障指示器美观整齐，工作质量符合验收规范要求
3	拆除绝缘措施	（1）作业人员对带电体不足 0.6m 安全距离，对地不足 0.4m 安全距离。 （2）导线晃动不宜过大，无遗留物品。 （3）工作时绝缘斗臂车的绝缘有效长度应保持 1m 以上

49．中压架空线路带电清除飘挂物安全注意事项有哪些？

答：中压架空线路带电清除飘挂物安全注意事项详见表 4-47。

表 4-47   中压架空线路带电清除飘挂物安全注意事项

序号	作业内容	安全注意事项
1	安装绝缘措施	（1）作业人员对带电体不足 0.6m 安全距离，对地不足 0.4m 安全距离。 （2）安装绝缘措施重叠位置不少于 15mm，导线晃动不宜过大。 （3）工作时绝缘斗臂车的绝缘有效长度应保持 1m 以上

序号	作业内容	安全注意事项
2	带电清除飘挂物	清除飘挂物后，作业人员要认真检查导线、金具、横担、杆塔等完好无损，工作质量符合验收规范要求
3	拆除绝缘措施	（1）作业人员对带电体不足 0.6m 安全距离，对地不足 0.4m 安全距离。 （2）导线晃动不宜过大，无遗留物品。 （3）工作时绝缘斗臂车的绝缘有效长度应保持 1m 以上

50．中压架空线路带电修补导线安全注意事项有哪些？

答： 中压架空线路带电修补导线安全注意事项详见表 4-48。

表 4-48　　　　　　　中压架空线路带电修补导线安全注意事项

序号	作业内容	安全注意事项
1	安装绝缘措施	（1）作业人员对带电体不足 0.6m 安全距离，对地不足 0.4m 安全距离。 （2）安装绝缘措施重叠位置不少于 15mm，导线晃动不宜过大。 （3）工作时绝缘斗臂车的绝缘有效长度应保持 1m 以上
2	带电修补导线	修补导线后，工作人员认真检查导线修补情况，工作质量符合验收规范要求
3	拆除绝缘措施	（1）作业人员对带电体不足 0.6m 安全距离，对地不足 0.4m 安全距离。 （2）导线晃动不宜过大，无遗留物品。 （3）工作时绝缘斗臂车的绝缘有效长度应保持 1m 以上

51．和中压带电作业相比，低压带电作业有哪些不同？

答： 低压带电作业和中压带电作业主要有以下不同：

（1）装置类型不同。中压配电线路采用三相三线制（A、B、C）10kV 或 20kV 供电，低压采用三相四线制（A、B、C、N）400V 或单相两线制 220V 供电为主，其中必须有一根中性线。在开展带电作业前，需要通过电杆上的标志牌分清 A、B、C 三相和中性线。在地面辨别相、中性线时，一般根据一些标志和排列方向、照明设备接线等进行辨认。初步确定相、中性线后，作业人员在工作前用验电器或低压验电笔进行测试，必要时可用电压表进行测量。

（2）作业环境不同。低压配电线路电杆较中压配电线路电杆低，有的还与中压配电线路同杆架设，布设在下层。在城市配电网中，低压配电线路经常会受到各类通信线路、路灯、指示牌、树木等影响，作业空间狭小，作业环境相较于中压不停电作业更加复杂。同时低压配电线路相间距离更小，带电体之间、带电体与地之间绝缘距离小，导致人身触电或相间短路事故的风险增加。因此，在低压配电不停电作业中，若采用绝缘斗臂车作为工作时，要格外注意绝缘斗臂车的停放位置，保证工作斗能避开各类障碍物。

（3）安全防护不同。不同的电压等级，在带电作业中，使用的各类工器具和防护用具应与电压等级相匹配。在绝缘手套作业法中，10kV（20kV）绝缘手套层间绝缘强度不足抵御系统过电压，作业过程中，绝缘手套只能作为辅助绝缘，与绝缘鞋、绝缘披肩、绝缘安全帽、绝缘斗、绝缘臂共同构成多重绝缘组合，而且必须有绝缘臂作为主绝缘。

（4）在人身安全方面，人体不得同时接触两个不同电位的带电体或接地体，这个技术原理在不同电压等级是一致的。低压配电带电作业可使用中压配电带电作业用的各类绝缘遮蔽罩，遮蔽严密，无裸露金属体，都当作为主绝缘；绝缘良好的低压绝缘电缆，其导体端部套上绝缘套头，也都视为主绝缘。

52．在作业范围中有哪些情况严禁进行低压带电作业？

答：作业范围中有下列情况之一者严禁进行带电作业：

（1）不符合带电作业要求的气象条件，如雨天等。

（2）损坏严重或有接地引下线的水泥杆（如配电变压器杆塔）。

（3）负荷侧断路器（隔离开关）未在断开位置时。

（4）杆上已有多对接户线且破损严重。

（5）配电箱（柜）接线端子、电能表接线柱锈蚀或进出表线严重破损。

（6）操作空间不足的配电箱（柜）或集装表箱。

53．开展低压带电作业时有哪些安全注意事项？

答：开展低压带电作业时安全注意事项有以下几点要求：

（1）低压带电作业应设专人监护。

（2）使用有绝缘柄的工具，其外裸的导电部位应采取绝缘措施，防止操作时相间或相对地短路。工作时，应穿绝缘鞋和长袖棉布工作服，并戴手套、安全帽和护目镜，站在干燥的绝缘物上进行。严禁使用锉刀、金属尺和带有金属物的毛刷、毛掸等工具。

（3）高低压同杆架设，在低压带电线路上工作时，应先检查与高压线的距离是否满足带电作业的安全距离，采取防止误碰带电高压设备的措施。禁止使用低压验电器、低压绝缘工器具在高压带电线路及设备上进行验电或作业。在低压带电导线未采取绝缘措施时，工作人员不得穿越。

（4）在带电的低压配电装置上工作时，应采取防止相间短路和单相接地的绝缘隔离措施。

（5）上杆前，应先分清相线、零线，选好工作位置；断开导线时，应先断开相线，后断开零线。搭接导线时，顺序应相反，人体不得同时接触两根线头。

（6）带电作业前应先断开断路器（隔离开关），切断负荷，严禁带负荷断、接导线。

54．配电网有哪些常见的低压带电作业项目？

答：根据低压配电网的结构和工作需要，低压配电网带电作业常见的项目可以分为以下三类：

（1）架空线路作业。架空线路作业是指在低压架空线路不停电的情况下进行带电作业，包括接户线及线路断接电源引线操作、低压线路设备安装更换等。常见作业项目有：带电断、接架空线路电源引线，带电更换直线杆绝缘子及横担，带电更换直线杆。

（2）配电箱（柜）作业。配电箱（柜）内采用橡塑绝缘电线或电缆进出线的，可采用带电作业断接低压配电箱（柜）进出线电源以及配电箱有关设备安装更换等作业。配电箱（柜）内进出线采用铜排硬连接，不宜进行带电作业。常见的作业项目有：带电断接配电箱（柜）出线电源、带电更换配电箱（柜）、带电更换低压开关。

（3）低压计量表计作业。低压计量表计作业是针对低压用户临时取电和电能表更换需求，安装、更换直接式或带互感器电能表等作业。常见的作业项目有：带电更换三相四线电能表、带电隔离故障的电能表。

55．低压带电接火作业安全注意事项有哪些？

答：低压带电接火作业有以下安全注意事项：

（1）接线前应确认预搭接线路（集束电缆、普通 0.4kV 电缆、架空线路、铝塑线）绝缘良好、无接地、无反送电、无负载、线路无人工作，同时确认相线、零线、地线。

（2）对作业范围内的裸露带电体应进行可靠的绝缘遮蔽。

（3）每接一相后必须做好绝缘措施后再接另外一相。

56．低压带电拆火作业安全注意事项有哪些？

答：低压带电拆火作业有以下安全注意事项：

（1）拆线前应确认接户线（集束电缆、普通 0.4kV 电缆、架空线路、铝塑线）为空载状态，同时分清相线、零线、地线。

（2）对作业范围内的带电体应进行可靠的绝缘遮蔽。

（3）所断线路有裸露带电体时，每断一相后必须做好绝缘措施后再断另外一相。

57．低压带电安装耐张引线安全注意事项有哪些？

答：低压带电安装耐张引线有以下安全注意事项：

（1）接线前应确认预搭接耐张引线后侧绝缘良好、无接地、无反送电、无负载、线路无人工作，同时确认相线、零线、地线。

（2）对作业范围内的带电体应进行可靠的绝缘遮蔽。

（3）在高低压同杆架设的低压带电线路上工作前，应先检查与高压线路的距离，确保满足安规规定的邻近或交叉带电电力线路工作的安全距离，并采取防止误碰高压带电线路的措施。

58．低压带电拆除耐张引线安全注意事项有哪些？

答：低压带电拆除耐张引线有以下安全注意事项：

（1）拆线前应确认耐张引线的负荷侧线路为空载状态，同时确认相线、零线、地线。

（2）对作业范围内的带电体应进行可靠的绝缘遮蔽。

（3）在高低压同杆架设的低压带电线路上工作前，应先检查与高压线路的距离，并采取防止误碰高压带电线路的措施。

59．低压带电清除异物安全注意事项有哪些？

答：低压带电清除异物有以下安全注意事项：

（1）修剪树枝。应对裸露带电体进行可靠的绝缘遮蔽，修剪树枝时应控制树枝的倒伏方向。

（2）清除异物。应对裸露带电体进行可靠的绝缘遮蔽，作业人员应处在上风侧。

60．低压带电更换拉线安全注意事项有哪些？

答：低压带电更换拉线有以下安全注意事项：

（1）为防止拉线发生弹跳碰到裸露带电导体，应进行可靠的绝缘遮蔽或隔离。

（2）收紧拉线时，应做好防滑跑措施；地面作业人员协助杆上人员工作，应站在绝缘垫上。

61. 低压带电调整导线沿墙敷设支架安全注意事项有哪些？

答：低压带电调整导线沿墙敷设支架有以下安全注意事项：

（1）作业人员在接触接地体前，对人体可能触及范围内的低压线支承件、金属紧固件、金属支承件进行验电，相线、零线亦应验电，确认无漏电现象。

（2）调整支架前，应在导体上设置可靠的绝缘遮蔽，使带电导线之间及与沿墙支架等接地体隔离。

62. 低压带电安装低压接地环安全注意事项有哪些？

答：低压带电安装低压接地环有以下安全注意事项：

（1）对作业范围内的带电体应进行可靠的绝缘遮蔽。

（2）剥除一相导线的绝缘层后应进行恢复遮蔽，之后再剥除另一相绝缘层。

（3）安装接地环后，应立即对接地环及导线上的金属裸露部位进行绝缘遮蔽。

63. 低压带电处理线夹发热安全注意事项有哪些？

答：低压带电处理线夹发热有以下安全注意事项：

（1）施工前应对待检修线路的电流进行测量，并确认待检修线路负荷电流小于绝缘引流线额定电流值。

（2）作业前应确认线夹发热的程度，作业中应有防止线夹脱落引线断开的措施，待线夹的温度降到允许程度时才能接触。

（3）对作业范围内的带电体应进行可靠的绝缘遮蔽。

（4）新线夹引线安装完毕后应检测确认通流情况正常。

64. 低压带电更换电杆绝缘子安全注意事项有哪些？

答：低压带电更换电杆绝缘子有以下安全注意事项：

（1）作业人员在接触接地体前，对人体可能触及范围内的低压线支承件、金属紧固件、金属支承件进行验电，相线、零线亦应验电，确认无漏电现象。

（2）对作业范围内的引起相间或接地短路的带电体和接地体，均应进行可靠的绝缘遮蔽。

（3）导线在升降、移动过程中应有防止脱落的措施。

（4）拆除和绑扎扎线时，应将扎线卷成圈。

（5）可采用绝缘斗臂车小吊臂法、绝缘抱杆法或通过导线遮蔽罩及绝缘毯将导线放置在横担上的方法更换电杆绝缘子，严禁用绝缘斗臂车的斗支撑导线。

65. 低压带电新装低压电缆安全注意事项有哪些？

答：低压带电新装低压电缆有以下安全注意事项：

（1）新装电缆应绝缘良好、无接地和无负载（即用户侧的低压开关处于分闸状态）。

（2）在低压开关柜开关负荷侧接用户电缆端头时，应用验电器确认用户侧的低压开关确处于分闸状态，且对带电部位进行可靠的绝缘遮蔽。

（3）应正确区分用户负荷侧电缆的相序，确保接线正确。

66. 低压带电更换开关安全注意事项有哪些？

答：低压带电更换开关有以下安全注意事项：

（1）接触低压开关柜前应对柜体验电，确认无漏电。

（2）对作业范围内的带电体和接地体等进行必要的遮蔽，确定牢固可靠。

（3）应在开关分断状态下更换低压开关，避免发生负荷电流拉弧。

（4）如果开关进线端子烧坏，要采取措施，防止作业时接地，造成三相短路故障。

67. 低压带电更换电杆安全注意事项有哪些？

答：低压带电更换电杆有以下安全注意事项：

（1）作业人员在接触接地体前，对人体可能触及范围内的低压线支承件、金属紧固件、金属支承件进行验电，相线、零线亦应验电，确认无漏电现象。

（2）对作业范围内，可能引起相间或接地短路的带电体和接地体，均应进行可靠的绝缘遮蔽。

（3）采用绝缘斗臂车上携带的绝缘横担，将原导线松脱后转移并固定至绝缘横担。

（4）操作斗臂车的液压装置适当向上托住导线，将导线从电杆分离，另一台起重吊车完成拆除旧电杆和组立新电杆工作。

（5）组立新电杆前，需对电杆本体做有效的绝缘遮蔽。

68. 低压带电更换无功补偿柜电容器安全注意事项有哪些？

答：低压带电更换无功补偿柜电容器有以下安全注意事项：

（1）接触低压开关柜前应对柜体验电，确认无漏电现象。

（2）对作业范围内的带电体和接地体等进行必要的遮蔽，确定牢固可靠。

（3）更换电容器前，应确认电容器的低压断路器和接触器处于分断状态。

（4）更换电容器前，应对电容器进行逐相充分放电，并验明无电后才能接触。

（5）拆除待更换的电容器前，应确保其他运行电容器组的接地良好。

69. 低压电表箱带电加装计量装置安全注意事项有哪些？

答：低压电表箱带电加装计量装置有以下安全注意事项：

（1）拆除接线端子时，应按照"先断负荷侧、再断电源侧"和"先断相线、再断零线"的顺序进行，接线时相反。

（2）禁止将电流互感器二次侧开路。短路电流互感器二次绕组，应使用短路片或短路线，禁止用导线缠绕。

（3）电流互感器和电压互感器接地端和二次侧的接地必须牢固、可靠接地。

（4）禁止带电更换电流互感器。

70. 什么是旁路作业？旁路作业的技术定位是什么？

答：旁路作业时指通过旁路设备的接入，将配电线路中的负荷转移至旁路系统，实现待检修设备停电检修的作业方式。这种作业方式需满足三个基本要素：合适的电源侧取电点、负荷侧接入点以及满足地形环境的旁路系统，如图 4-17 所示。

旁路作业施工难度较大、成本较高，适用于有高可靠性需求的电网。

图 4-17 旁路作业示意图

71. 旁路作业的意义是什么？

答： 配电网检修工作种类繁多，诸如迁杆移线、更换导线、更换开关柜等项目无法直接采用带电作业来实现。但是采用把需检修的线路和设备从电网中分离出来采用旁路线路替代运行，即实现了对用户的不停电作业或短时停电作业，有效提升了供电可靠性。

72. 旁路作业怎么分类？

答： 根据旁路设备替代方法的不同，可以分为"小旁路作业法"和"大旁路作业法"。采用绝缘引流线作为旁路的作业方法，相对简单，简称"小旁路作业法"；整段配电线路旁路替代作业的方法，相对复杂，简称"大旁路作业法"。

73. 常见的旁路作业项目有哪些？

答： 常见的旁路作业项目包括：

（1）旁路作业检修架空导线；

（2）旁路作业检修电缆线路（环网柜）；

（3）短时停电检修电缆线路（环网柜）；

（4）旁路作业检修变压器；

（5）旁路作业检修变压器（短时停电）；

（6）从架空线路临时取电给架空线路；

（7）从环网柜临时取电给架空线路；

（8）从架空线路临时取电给移动箱式变压器；

（9）从环网柜临时取电给移动箱式变压器；

（10）低压旁路作业等。

74. 常用的旁路作业设备有哪些？

答： 常用的旁路作业设备有：

（1）柔性电缆及连接器；

（2）旁路开关；

（3）旁路作业电缆车；

（4）移动厢式旁路设备；

（5）辅助工具。

75. 什么是旁路作业电缆车？

答： 能够装载旁路柔性电缆及连接器、旁路开关和其他旁路配件，能实现电缆自动收放功能的专用车辆。一般主要由车辆平台、车载设备、辅助系统等组成。车厢分为旁路柔性电缆放置厢和部件放置厢两个区域。旁路柔性电缆放置厢配置电缆收放装置用于柔性电缆的自动收放，部件放置厢用于放置旁路开关等各种旁路作业部件，如图 4-18 所示。

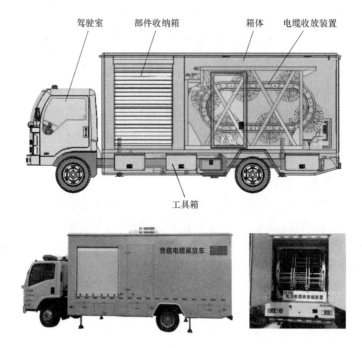

图 4-18　常见的旁路作业电缆车

76. 什么是移动厢式旁路设备？

答： 将环网单元、电缆分支箱、旁路开关、箱式变压器、移动电源等安装在车厢内，定制成移动式厢式旁路设备，具有行动快捷、使用安全可靠等优点。常见的移动厢式旁路设备有旁路开关车和环网单元车，如图 4-19 所示。

图 4-19　常见的移动箱式旁路设备

77. 柔性电缆及连接器的特点是什么？

答： 常见的柔性电缆及连接器如图 4-20 所示，它们具有以下特点：

（1）柔性电缆比普通电缆具有更好的柔软性，可以重复多次敷设、收回使用。柔性电缆之间的连接采用快速插拔接头进行连接，可快速灵活连接组成不同长度需要。

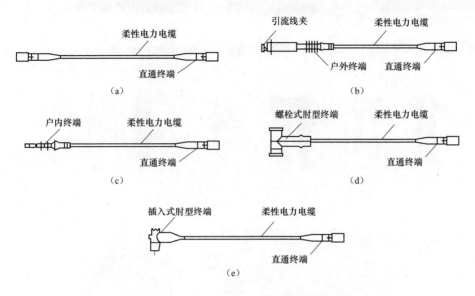

图 4-20　柔性电力电缆及其终端头组装类型图

（a）两侧均为直通终端头；（b）一侧为引流线夹、另一侧为直通终端头；（c）一侧为户内终端头、另一侧为直通终端头；（d）一侧为螺栓式肘形终端头、另一侧为直通终端头；（e）一侧为插入式肘型终端头、另一侧为直通终端头

（2）连接器是连接和持续柔性电缆的专用设备，包括可分离电缆终端和自锁定快速插拔接头，如图 4-21 所示。

可分离电缆终端按照电气连接方式分螺栓式和插入式两种，如图 4-22 所示。螺栓式包括户内终端头、户外终端头和肘形终端头。插入式包括肘形终端头和直通终端头，插入式肘形终端头又分可带电插拔终端和快速插拔终端。

自锁定快速插拔接头分为直通接头和 T 形接头两种，如图 4-23 所示。主要用于不同段电力电缆之间的连接并保持全绝缘，具备重量轻、体积小、连接快速、有较强的防水性能和电气性能，具有特殊自锁定连接结构，方便安装，是旁路作业中的关键连接设备。

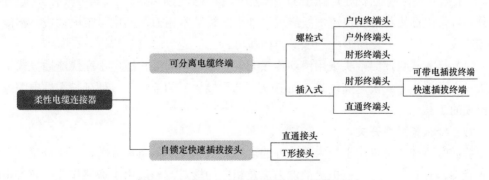

图 4-21　柔性电力电缆常用可分离终端图

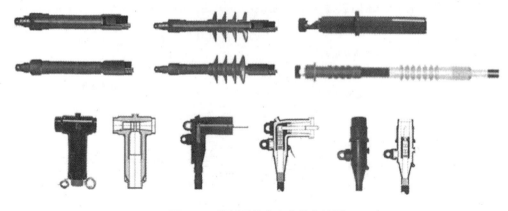

图 4-22　常用柔性电力电缆终端图

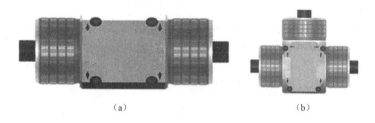

（a）　　　　　　　　　　　　（b）

图 4-23　常用柔性电力电缆连接器图

（a）直通接头；（b）T 形接头

78．不同的连接器适用于哪些场景？

答： 不同的连接器的适用场景如下：

（1）户内终端头采用螺栓紧固的连接方式，适用于户内配电装置裸露端子的连接。

（2）户外终端头采用螺栓紧固的连接方式，适用于与架空线路的连接，与绝缘引流线、消弧开关配合使用，将柔性电缆接入带电架空线路上。其中绝缘引流线夹具有绝缘橡胶外护套，可手持带电操作，用于柔性电缆和架空线路的连接。

（3）螺栓式肘形终端头采用螺栓连接方式作为电气连接，插入式肘形终端头采用滑动连接方式作为电气连接，适用于如环网柜、电缆分支箱等全绝缘全密封结构开关的连接，可根据开关接线端子的类型进行匹配选用。插入式肘形终端头按是否具有灭弧功能，又分为可带电插拔终端和快速插拔终端，外形结构基本相似，其中可带电插拔终端能带电接通或断开回路，使用专业绝缘操作棒即可。

（4）插入式直通终端头采用滑动连接方式作为电气连接，适用于和快速插拔式中间接头（直通接头）或快速插拔式 T 形接头（T 形接头）的连接，以便延长柔性电缆或分支电缆的 T 接。

79．什么是旁路开关？

答： 旁路开关是可用于户内或户外的可移动全绝缘三相负荷开关，具有分闸、合闸两种状态，具有分、合负荷电流的能力以及相序的核对，一般用于旁路作业中负荷电流的转移，实物如图 4-24 所示。

图 4-24　旁路开关

80．旁路开关使用的一般要求是什么？

答： 旁路开关使用的一般要求有以下几点：

（1）气象条件。

1）海拔：≤1000m；

2）温度：−25～+40℃；

3）湿度：旁路开关在组装时相对湿度应不大于 80%，在与旁路柔性电缆等组装一起后可在降雨水平不大于 20mm/h，相对湿度不大于 95% 下运行；

4）风速：旁路开关应在风力不大于 20m/s 的情况下使用。

（2）环境条件：用于户内外，无爆炸风险、无腐蚀性其他、无导电尘埃、无剧烈振动冲击源的场所。

81．旁路环网柜常见的安全注意事项有哪些？

答： 常见的旁路环网柜如图 4-25 所示，安全注意事项如下：

（1）作业现场旁路临时环网柜及旁路电缆敷设位置，应根据现场情况设置安全围栏及警告标志，防止外人进入工作区域；

（2）在过道处安装好保护板，做好安全措施，保护板要能满足相应的承压强度；

（3）旁路临时环网柜支架要固定牢固，接地可靠，且接地电阻应小于 4Ω；

（4）旁路临时电缆在敷设过程中不得与地面或其他硬物接触，防止磨损，本作业电缆采用地面铺设方式；

（5）负荷校验，经实际测量最大复合电流为：200A 以下。

图 4-25　常见旁路环网柜图

82．开展旁路作业的辅助工具包括哪些？

答： 开展旁路作业的辅助工具主要包括：

（1）导入工具。导入工具是在架空敷设旁路电缆时，用于将旁路电缆导入到敷设系统的工具，包括滑车导入支架、杆上电缆导入支架，分别如图4-26和图4-27所示。

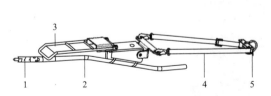

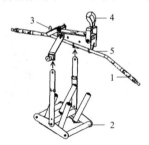

图4-26　滑车导入支架图

1—MR连接器；2—倒入杆；3—止回挡板；

4—张紧带；5—张紧扣

图4-27　杆上电缆导入支架图

1—MR连接器；2—电缆托架；3—滑车止回挡板；

4—悬挂钩；5—支撑绳转向杆

（2）支撑工具。支撑工具是在架空敷设旁路电缆时，用于对其他工具设备起支撑作用的工具，包括支撑绳、连接器、中间支撑支架、地面临时支架，如图4-28所示。

（3）紧线工具。紧线工具是在架空敷设旁路电缆时，用于收紧支撑绳的工具，如图4-29所示。

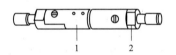

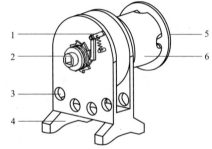

图4-28　常见支撑工具

1—可旋转线柱；2—螺纹连接头

图4-29　杆上紧线器

1—止退棘爪；2—入力轴；3—固定轴；4—底座；

5—卡线盘；6—卷线轴

（4）固定工具。固定工具是在架空敷设旁路电缆时，用于在杆塔上提供固定支点的工具，包括杆上保护盒固定器、余缆支架、电缆支架、旁路开关杆上固定器，如图4-30和图4-31所示。

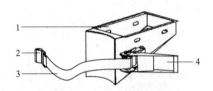

图4-30　杆上保护盒固定器

1—固定盒；2—板式挂钩；3—布袋；4—拉紧器

图4-31　余缆支架图

1—链条扣；2—拉紧螺母；3—链条；4—承放板余缆支架

（5）牵引工具：牵引工具是在架空敷设旁路电缆时，用于牵引旁路电缆的工具，包括牵引绳、牵头滑车、电缆中间接头牵引器、移动滑车、牵引绳导出轮、牵引机、电缆送出支架，如图 4-32～图 4-34 所示。

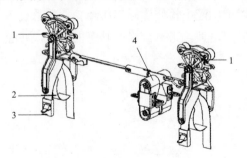
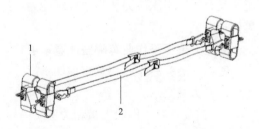

图 4-32　牵头滑车

1—牵头小车；2—包裹带；3—带扣；4—缆夹

图 4-33　电缆中间接头牵引器

1—电缆夹子；2—电间牵引带

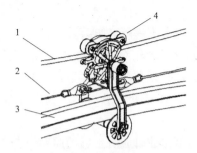

图 4-34　移动滑车

1—支撑绳；2—牵引；3—旁路电缆；4—移动滑车

（6）防护工具：防护工具是在地面敷设旁路电缆时，为电缆中间接头提供防护的工具，包括电缆防护盒、绝缘胶垫、电缆保护盖板、电缆过路临时支架、电缆直线连接头保护盒、电缆 T 形连接头保护盒，如图 4-35 和图 4-36 所示。

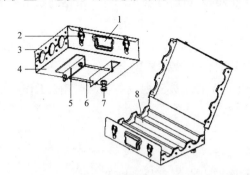
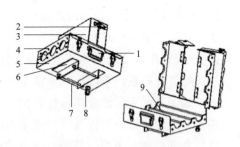

图 4-35　电缆直线连接头保护盒图

1—提手；2—搭扣；3—上盖；4—下盖；5—定位角钢；

6—安全螺栓；7—接地螺栓；8—隔板

图 4-36　电缆 T 形连接头保护盒图

1—提手；2—搭扣；3—上侧盖；4—上盖；5—下盖；

6—定位角钢；7—安全螺栓；8—接地螺栓；9—隔板

83. 开展旁路作业的人员应具备什么资质？

答： 开展旁路作业的人员应具备的资质有：

（1）带电作业、停电作业等工作人员应持证上岗。操作旁路设备的人员应经培训，掌握旁路作业的基本原理和操作方法。

（2）工作负责人（监护人）应具有 3 年以上的配电检修实际工作经验，熟悉设备状况，具有一定组织能力和事故处理能力，经专门培训，考试合格并具有上岗证，并经本单位批准。

84. 开展旁路作业有哪些注意事项？

答： 开展旁路作业注意事项如下：

（1）人员要求。

1）需具备旁路作业人员相关资质；

2）旁路作业应设工作负责人，若一项作业任务下设置多个小组工作时，工作负责人应指定每个小组的小组负责人（监护人）。

（2）环境要求。

1）旁路作业应在良好的天气下进行。如遇雷、雨、雪、大雾时不应采用带电作业方式。风力大于 10m/s（5 级）以上时，相对湿度大于 80% 的天气，不宜采用带电作业方式。

2）在特殊或紧急条件下，必须在恶劣气候下抢修时，需针对现场气候和工作条件，组织有关工程技术人员和全体作业人员充分讨论，制定可靠安全措施，并经单位批准后方可进行。

3）夜间抢修作业采用旁落作业时应有足够的照明设施。

4）旁路作业过程中若遇天气突然变化，有可能危及人身或设备安全时，应立即停止工作；在保证人身安全的情况下，尽快恢复设备正常状况或采取其他措施。

5）雨雪天气严禁组装旁路作业设备；组装完成的旁路作业设备允许在降雨（雪）条件下运行，但应确保旁路设备连接部位有可靠的防雨（雪）措施。

（3）其他要求。

1）工作票签发人和工作负责人应组织有经验的人员进行现场勘查。根据勘察结果做出能否旁路作业的判断，并确定作业方式和所需工具以及应采取的措施。

2）工作负责人在工作开始之前应与调度联系。需停用自动重合闸装置时，应履行许可手续。工作结束后应及时向调度汇报。严禁约时停电或恢复重合闸。

3）在旁路作业过程中如带电设备突然停电，作业人员应视设备仍然带电。工作负责人应尽快与调度联系，未取得联系前不得强送电。

85. 如何开展旁路作业可行性研判？

答： 开展旁路作业可行性研判应考虑以下几点：

（1）从网架结构考虑，是否有合适的电源侧取电点，负荷侧接入点等。

（2）从外部环境考虑，天气条件是否满足要求。地理位置是否满足要求包括车辆是否可以进入作业点、是否有位置停放等。

（3）从作业能力考虑，是否具备实施能力，是否有充足的不停电作业装备。

86. 开展旁路作业的一般流程是什么？

答： 开展旁路作业的一般流程如下：开始→确定停电范围→判定电源侧、负荷侧接入是否需短停→结合施工时间、负荷等进行预判是否可行→现场勘察，结合地形、施工难度进行可行性研判→编制施工方案→旁路作业设备敷设→开展旁路作业→恢复送电操作→拆除及回收旁路电缆。

87. 怎样区分在电源侧或负荷侧接入时是否需要短时停电？

答： 区分在电源侧或负荷侧接入时是否需要短时停电详见表 4-49。

表 4-49　　　　　　　　　　　　不同类型停电的要求

类型	电源侧接入点	负荷侧接入点
无须短时停电	备用柜、架空线、联络电缆	备用柜、架空线
必须短时停电	电源进线对侧的环网柜、电源进线电缆头	负荷侧环网柜、变压器高压引线、负荷侧电缆头、低压柜（含快速接入箱）

88. 制定旁路作业方案步骤及其注意事项？

答： 根据配电网接线现状以及旁路作业目的，制定旁路作业方案。需搜集配电网网架资料，分析需求、计算负荷、测算距离，然后进行经济、技术、工程量等多方面的综合评估，提出旁路作业的接线方式、路径、所需设备、材料的规格和数量、施工改接方案。所有旁路供电系统及其接入电源应遵循就地、就近、经济、简单的原则。

89. 典型旁路作业方案有哪些？

答： 典型旁路作业方案如图 4-37 所示。

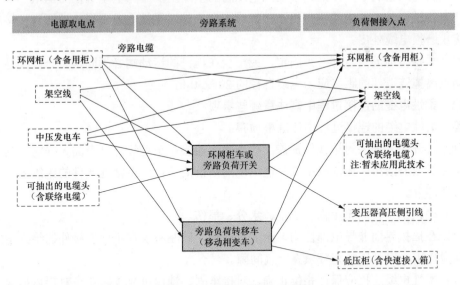

图 4-37　典型旁路作业方案图

90. 旁路作业前现场勘察及测量定位需做哪些工作？

答： 旁路作业前现场勘察及测量定位需做的常见工作如下：

（1）现场勘察路径，绘制柔性电缆走向、设备平面图，测量定位及所需柔性电缆长度，确定中间接头、电缆保护槽的设置地点及数量，柔性电缆余线的留置方案。

（2）确定旁路供电系统与原有供电系统的替代方式，接入点和断开点的部位及作业时采用带电或短时停电进行断、接。

（3）绘制旁路供电系统的有关接线图，包括平面布置图、电气接线图、改接前后接线图，对旁路供电系统有关设备进行命名和编号，供施工、运行和调度使用。

91．柔性电缆敷设过程中需注意哪些事项？

答：柔性电缆敷设过程中需注意事项有：

（1）柔性电缆敷设路径应尽量避开人员密集场所和行车通道，满足最小弯曲半径要求（柔性电缆可弯曲半径不得大于 8 倍的电缆外径），电缆路径应做好警示标志，中间接头处和旁路设备处应设置围栏和警示标志，经过行车通道时应安装保护槽，避免挤压电缆指示受损。

（2）每段柔性电缆和连接接头均应在现场进行绝缘电阻测试，绝缘电阻不得小于 500MΩ。

（3）柔性电缆的敷设不能扭曲，不可从电缆盘或卷筒的一端解开电缆，应先旋转电缆盘或卷筒将电缆展开，必要时可将电缆展开或悬挂起来。

（4）必须注意柔性电缆的最小弯曲半径。确保柔性电缆在弯曲半径内完全移动，即不可强迫移动。这样柔性电缆彼此间或与导向装置这间可经相对移动。经过一段时间的操作后，最好检查一下柔性电缆的位置。该检查必须在推拉移动后进行。

（5）柔性电缆必须松散地并排敷设在拖链中，尽可能分开排列，用隔片分开或穿入支架空挡的分离空洞中，在拖链中柔性电缆间的空隙至少应为电缆直径的 10%。

（6）拖链中的柔性电缆不得相互接触或困在一起。柔性电缆不得与地面直接接触摩擦，防止磨损电缆外皮。

（7）柔性电缆的两点都必须固定，或至少在拖链的运动端必须固定。一般柔性电缆的移动点离拖链端部的距离应为电缆直径的 20～30 倍。

92．柔性电缆的连接过程中需注意哪些事项？

答：柔性电缆的连接过程中注意事项有：

（1）打开快装插头封帽或保护盖，检查确认连接插头绝缘部分表面无损伤。用不起毛的清洁纸或清洁布、无水酒精或其他电缆清洁剂清洁；先清洁连接件的绝缘表面，再清洁其他部分。

（2）确认绝缘表面无污物、灰尘、水分、损伤。

（3）在插拔界面非导电部位均匀涂润滑硅酯。硅酯不仅在不同连接件的绝缘部位之间起润滑作用，而且还能充分填充空气间隙。

（4）柔性电缆连接应保证相位正确，对接牢固、锁口可靠，防止在对接以后自动脱落，并做好防止牵引受力的措施。

（5）柔性电缆投运前必须经过绝缘电阻等测试，合格后方可接电投运。试验完毕后应使用绝缘放电杆对电缆逐相充分放电。

93．电缆相序核对和复原的主要步骤有哪些？

答：电缆相序核对和复原的主要步骤有：

（1）拆离前做标记；

（2）核对原电缆同芯相，并填入记录表；

（3）新电缆核对同芯相并做标记；

（4）按照原有供电系统的相位，将电缆终端头与设备对应连接，若恢复则根据记录表对应接入；

（5）带电后实测相位。

94. 旁路作业施工过程中有哪些现场作业风险及相应的控制措施？

答： 旁路作业施工过程中有现场作业风险及相应的控制措施详见表4-50。

表 4-50　　　　　　　　旁路作业现场作业风险及相应的控制措施表

风险名称	风险描述	控制措施
交通事故	施工现场没有做好安全围蔽及未穿戴反光衣	按《道路作业安全警示标志设置规定》执行，道路作业要穿好反光衣
物体打击	敷设电缆时电缆盘没人看护	敷设电缆时，电缆盘前严禁站人，并设专人看护
人身触电	作业人员走错开关柜间隔	认真核对设备名称、编号，设专人监护
	相对地短路	做好旁路电缆绝缘电阻测量，加强安全监护
	设备故障	作业前应对设备外观进行检查
	设备外壳带电	应对旁路设备金属外壳进行良好接地
	电缆绝缘摇测两端未设专人监护及围蔽	在做电缆试验时电缆绝缘摇测两端必须设专人监护及做好现场围蔽，保持与被试品足够安全距离并通信畅通
	试验完毕后未对被试设备进行放电	试验后被试验设备必须充分放电
相位错误	相间短路，设备烧毁	合闸前，使用电压等级合适、合格的核相仪，认真核对相位
电缆过热	旁路电缆接触不良，旁路电缆接头发热严重	连接前应用酒精纸清洁并涂导电脂，安装时确保牢固，加强监护
带电设备短路	由于电缆敷设后未对进出口进行处理，导致小动物进入电房，引起设备短路	做好电缆进出口处理及相关防护防鼠措施，确保带电设备安全运行，加强看护力度
电缆受外力破坏	横跨马路电缆受车辆碾压及人为破坏	加装电缆保护盖板或使用旁路电缆支架固定，加强人员巡视
电缆遭到盗窃及破坏	施工现场电缆遭到人为盗窃及破坏	设置专人看护电缆，加强巡视
旁路开关柜出现故障	旁路开关柜运行中出现故障	设置专业操作人员对设备进行看护
火灾	设备短路引发施工现场火灾	现场设置消防设备，加强巡视

95. 旁路作业施工过程中需要确认哪些重要工序？

答： 旁路作业施工过程中需要确认的重要工序详见表4-51。

表 4-51　　　　　　　　旁路作业重要工序表

序号	重要工序	控制措施	责任人
1	旁路开关柜外观检查	对开关柜外观以及出线进行外观检查，确保其运行良好	工作负责人

续表

序号	重要工序	控制措施	责任人
2	旁路电缆安装相序确认	注意操作人员与带电设备的距离，以及安装相序位置的正确	作业人员、工作负责人
3	现场绝缘工器具的检查	做好现场使用绝缘工器具的绝缘性能检测和外观检查	作业人员、工作负责人
4	旁路电缆敷设	敷设电缆时应由有经验的人员进行操作，小心电缆外皮的损坏，中间接头应做好临时接地保护措施	作业人员、工作负责人
5	旁路电缆连接及试验	接头连接紧密、可靠；试验后电缆充分放电	作业人员、工作负责人
6	旁路开关柜检查	确认开关柜开关处在分闸位置，接地开关在合上位置，并对旁路电缆做绝缘试验	作业人员、工作负责人
8	旁路开关柜安装旁路电缆接头	高压接入点用酒精纸清洁并涂硅脂，注意安装位置的确定，防止相间短路及对地放电	作业人员、工作负责人
9	测量旁路电缆电流值	使用合格的钳型电流表进行测量并做好记录	作业人员、工作负责人
10	拆除旁路开关柜旁路电缆接头	确认开关柜开关处在分闸位置，接地开关在合闸位，采用绝缘手套拆除开关房内开关柜电缆接头	作业人员、工作负责人
11	回收旁路电缆	对旁路电缆放电后，再回收	作业人员、工作负责人
12	气象环境变化	时刻注意观察气象的变化风力或空气相对湿度超过标准时要立即停工	作负责人、监护人
13	违反现场作业纪律	工作负责人必须及时提醒和制止影响作业人员注意力的言行，严禁工作时间打闹和在工作现场吸烟	工作负责人、监护人、作业人员
14	旁路电缆放置	电缆看护人员需时刻巡视，严禁非工作人员进入工作现场	工作负责人、电缆看护人员

96. 旁路作业需要哪些安全控制措施？

答： 旁路作业安全控制措施主要有：

（1）明确作业前必须办理工作票。

（2）工作负责人和监护人应由具备作业实践经验，熟悉作业人员技术水平、设备情况及本施工方案的人员担任。

（3）在配电线路上作业期间，严禁在该线路上进行倒闸操作。工作线路发生故障跳闸时，当值运行人员必须确认工作班成员退出作业范围才能下令送电，恢复工作前工作负责人必须与当值运行人员联系。

（4）作业应具备良好的天气条件，夜间带电作业应有足够、合适的照明，挂红色警示灯。

（5）使用合格的作业器具，在工器具库房领用绝缘工器具、绝缘遮蔽用具，应核对工器具的使用电压等级和试验周期，领用绝缘工器具应检查外观完好无损，并确认工器具在试验周期内。

（6）工器具运输前，各种工器具应存放在工具袋或工具箱内，金属工具和绝缘工器具应分开装运，以防止相互碰擦造成外表损坏，降低工器具绝缘水平。

（7）检查作业所需旁路电缆并试验合格。

（8）检查高压电缆放置在防护垫上，并做好围栏标志。

（9）敷设的电缆及其设备放置时必须有专业操作人员看护。电缆看护人员需时刻巡视，严禁非工作人员进入工作现场、碰触电缆，旁路开关柜看护人员与带电体保持足够安全距离、留意设备有无异常，发现异常时及时联系工作负责人。

（10）环网柜部分停电工作，若进线柜线路侧有电，应在进线柜设置遮栏，悬挂"止步，高压危险"标示牌；在进线柜开关的操作机构处加锁，并悬挂"禁止合闸，有人工作！"标示牌；同时在进线柜接地开关的操作机构处加锁。

（11）工作前应核对电缆标示牌的名称是否与工作票相符，安全措施正确可靠后，方可开始工作。

（12）如电缆井、电缆隧道内作业，应有充足的照明，并有防火、通风的措施。

97．利用旁路电缆开展低压旁路作业主要有哪些情景？

答： 用旁路电缆开展低压旁路作业主要情景有：

（1）运行中的 0.4kV 低压电缆发生故障后，临时恢复供电。

（2）临时调整供电台区负荷。

（3）对运行中的 0.4kV 低压电缆进行检修，保障临时用电。

98．利用旁路电缆开展低压旁路作业安全注意事项有哪些？

答： 利用旁路电缆开展低压旁路作业常见安全注意事项有：

（1）敷设 0.4kV 旁路电缆时应避免在地面拖动，敷设完毕应分段绑扎固定。

（2）0.4kV 旁路电缆装接好后，用 1000V 绝缘电阻检测仪整体检测绝缘电阻不小于 $10M\Omega$，旁路低压电缆绝缘检测完毕和退出运行后应进行放电。

（3）0.4kV 旁路电缆应连接可靠，相序正确。

（4）0.4kV 旁路电缆连接完毕后和负荷高峰期间，均应对旁路电缆的电流、温度进行测量，确保电流值不大于旁路电缆额定电流、温度值无异常。

（5）0.4kV 旁路电缆运行期间，应派专人看守、巡视，跨越道路部分，因加装行车盖板进行保护，防止行人碰触，防止重型车辆碾压；持续监测线缆负载情况，避免旁路电缆过载。

（6）转移的负荷与临时供电台区自有负荷相加不得大于临时供电设备（变压器、0.4kV 开关柜总开关、0.4kV 开关柜分开关、0.4kV 电缆分接箱开关等）的额定容量。

（7）转移的负荷电流应不大于旁路设备最小通流器件的额定电流。

99．利用移动式开关柜开展低压旁路作业有哪些安全注意事项？

答： 利用移动式开关柜开展低压旁路作业常见的安全注意事项有：

（1）0.4kV 移动式开关柜应接地良好，安装稳固。

（2）0.4kV 移动式开关柜的电缆（线）在敷设时应避免在地面拖动，敷设完毕应分段绑扎固定，并用 1000V 绝缘电阻检测仪整体检测绝缘电阻不小于 $10M\Omega$。

（3）0.4kV 移动式开关柜电缆（线）接入前应确认相序正确，柜（箱）所有开关处于断开状态。

（4）0.4kV 移动式开关柜电缆（线）接入带电设备（线路）时，应对带电部位进行可靠的绝缘遮蔽，且应严格按照"先接零线、后接相线"的顺序逐一接入。

（5）0.4kV 移动式开关柜运行期间，应定期监测运行情况，并派专人看守、巡视，防止行人碰触，防止设备倾倒，防止设备进水，防止车辆碰撞。

100．什么是移动电源法？

答： 移动电源法是将需要进行作业的配电线路或设备从配电网中隔离出来，利用移动电源对用户连续供电，整个过程对用户少停电（停电时间为倒闸操作时间）或不停电的作业方法。移动电源可以是移动发电车、应急电源车、移动箱式变压器等。

101．什么是移动发电车？

答： 移动发电车是装有发电机组的专用车辆，由汽车底盘、发电机组、配电控制柜和随车电缆等组成。发电机组一般由柴油机、发电机、控制箱、燃油箱、起动和控制用蓄电池、保护装置、配电柜等组成。按照电压等级，可以分为 10kV 中压发电车和 0.4kV 低压发电车。

102．什么是储能式应急电源车？

答： 储能式应急电源车是装有储能式应急电源的专用车，由汽车底盘、储能式应急电源和随车电缆组成。储能式应急电源电压等级一般为 400V，主要由两种储能方式：

（1）蓄电池储能的 EPS 和 UPS 应急电源。

（2）飞轮储能、惯性发电的应急电源。储能式应急电源的供电时间与设备的储存容量、用电负荷大小有关，通常为十几秒钟到几十分钟，蓄电池储能式的供电时间相对较长，飞轮储能式的供电时间最短，额定负荷下仅能维持 12s 左右。常见的有 EPS 应急电源车、UPS 应急电源车、飞轮储能 UPS 应急电源车。

103．发电车现场勘察有哪些注意事项？

答： 发电车现场勘察常见注意事项有：

（1）进出待接入负荷点行车路线及车辆安放是否满足车辆尺寸要求。

1）必须停放在平整的水泥路面或坚实平坦的地面上，不允许在斜坡或松软的泥土路面上使用支承装置。

2）因电缆线路长度有限，工作位置接入点距离应满足停放发电车，如停放点超过规格长度则需调配旁路电缆车驳接电缆。

3）现场低压发电车外壳必须选择合适的接地点，接地棒的深度至少 0.6m（或选取现场原有接地）。

（2）确认待接入负荷负载电流未超过低压发电车的额定电流。例如，发电车配置的额定功率为 440kW，额定电流 554A，原则上接入负荷不能超过额定电流的 80%。

104．发电车现场勘察有哪些工作步骤？

答： 发电车现场勘察主要有以下步骤：

（1）组织多专业人员勘察，组内人员及专业职责见表 4-52。

表 4-52

发电车现场勘察人员及专业职责表

序号	专业	职　责
1	运行专业	提供现场环境、设备运行状态及社会环境等情况信息
2	不停电作业专业	确定现场是否具备发电车接入、带电解口、其他不停电作业条件以及方案优化技术条件

（2）按照图 4-38 所示绘制现场布置示意图。

图 4-38　绘制现场布置示意图

（3）要求每组勘察人员按照表 4-53 收集信息。

表 4-53

关 键 信 息 表

序号	关 键 信 息
1	接入点（按照调度方式要求规范命名）
2	分断点（按照调度方式要求规范命名）
3	接入点定位
4	接入点电房门牌或杆号牌
5	接入点设备信息（备用柜：柜外观、铭牌；刀闸、开关：开关外观）
6	发电车停放点照片
7	必要的柔性电缆敷设路径照片（如横跨人行横道、马路、沿水域敷设等）
8	其他特殊环境条件描述（如沟坎、池塘和居民楼等）
9	需要提前协调确认的问题

（4）多点勘察时，应合理安排人员配置，以小组形式有序组织现场勘察工作。

105．中压发电车到停车点后的准备工作有哪些？

答：中压发电车到停车点后的准备工作主要有：

（1）选取合适接入点，停放车辆。

（2）设置安全围栏及安全标示牌。

（3）手摇车身液压支撑脚（一般为6个）。

（4）打开车厢百叶窗、后门排气门。

（5）取下挂在后门的梯子并放好。

（6）敷设车载柔性电缆。

中压发电车现场停放图如图4-39所示。

图4-39　中压发电车现场停放图

106.中压发电车发电前的机组准备工作有哪些？

答：中压发电车到停车点后的准备工作主要有：

（1）打开机组直流电源（位置在机组中部）；

（2）打开操作屏电源开关；

（3）打开直流屏电源；

（4）检查环网柜储能操作机构是否已储能；

（5）再次检查启动前的准备工作是否完成。

中压发电车各操作面板如图4-40所示。

图4-40　常见中压发电车操作面板

107.中压发电车在发电过程中的检查及注意事项有哪些？

答：中压发电车在发电过程中的检查及注意事项有以下几点：

（1）发电过程中，关注负载情况。

（2）关注快速插拔接头、转换接头及柔性电缆的温升变化。

（3）关注燃油消耗情况。2000L 柴油可供满足运行 4h，即满负荷运行油耗为 500L/h，车辆燃油消耗水平与负载情况有关。

（4）不停机加油注意事项。例如，注意需事先联系加油站油罐车。

108．中压发电车的发电结束后的检查及注意事项有哪些？

答：中压发电车的发电结束后的检查及注意事项有以下几点：

（1）发电结束，立即关闭发电机组、断开输出开关、断开机组电源及操作电源。

（2）拆除快速插拔接头、转换接头及柔性电缆前，需停电、验电、放电并挂接地线后才能开始拆除工作。可从接入设备侧进行验电、挂接电线等安全保护措施。

（3）收起支撑脚，关闭车厢百叶窗（进气口）、关闭车厢尾门（排气口）。

（4）恢复车辆及机组设备原状。

109．低压发电车使用前常见检查内容有哪些？

答：低压发电车使用前常见检查内容有以下几点：

（1）应急发电机机组水箱冷却液面。

（2）检查水箱散热器芯和中间冷却器的外部是否被挡住。

（3）检查空气滤清器堵塞情况。

（4）检查机油液面，燃油是否充足。

（5）检查控制系统的电气连线是否有松动。

110．低压发电车使用后常见检查内容有哪些？

答：低压发电车使用后常见检查内容有以下几点：

（1）检查并拧紧各旋转部件螺栓。

（2）检查是否漏水、漏油等情况。

（3）清理空气滤清器滤芯上的尘土。

（4）检查机油液面。

（5）检查水箱冷却水液面。

（6）检查控制系统的电气连线是否有松动。

（7）全面清洁机组表面。

111．大规模发电车作业需要注意的事项有哪些？

答：大规模发电车主要需注意如下内容：

（1）根据发电车接入序位依次建立发电车编号；

（2）根据发电车到达时间和接入方式，优先安排需停电接入且到达时间相近的发电车接入同一馈线；

（3）根据发电车调用情况逐台落实发电车各项信息，包括但不限于以下项目发电车电压等级、容量、来源、车牌、带电接入可行性、厂家车辆联系人、预计抵达时间、区局总协调人、现场联系人及接入人员等；

（4）预留 3～5h 发电车到场检修时间，确保发电车准时接入且接入后不"带病"运行。

112. 大规模发电车作业的信息报送有哪些主要注意事项？

答：大规模发电车作业的信息报送的主要注意事项有：

（1）由生产监控中心汇总各方信息需求，建立相应信息汇总表；

（2）按照系统直采和人工报送的分类筛选信息来源，针对人工报送的信息建立统一的信息报送模板；

（3）建立单通道信息报送机制，职责到人；

（4）建立专门信息报送群，要求信息报送模板中规定的关键信息有变化时马上报送，非关键信息则实时做好记录，有需要时马上报送；

（5）建立发布模板，在抢修当天实时发布发电车接入进度、馈线实时负荷等信息。

注：（1）～（5）可在准备阶段提前完成，作业当天按照既定模板逐项执行。

113. 大规模发电车作业的现场管控措施主要有哪些？

答：大规模发电车作业的主要现场管控措施见表 4-54。

表 4-54　　　　　　　　发电车作业的主要现场管控措施

序号	类别	措施类别	具体措施
1	发电车现场管控	管理措施	（1）宣贯发电车管控相关制度； （2）对接安监、可靠性中心及调度确定相关工作票和操作票合规； （3）特别注意油罐车带电加油用的第二种工作票； （4）发电车现场应采用相应的作业指导书
2		发电车负荷控制	（1）建立发电车供电网格的限电序位表； （2）监控车辆负载率、油温等工况指标，必要时调整负载
3		安全防护措施	（1）根据发电车消防需要，配置必要的消防设备； （2）每一个接入点应急救箱中配置烫伤预处理药品； （3）提前准备必要的发电车消耗品（机油、尿素等）； （4）确定可靠性中心对接人，特殊车辆问题及时对接市局可靠性中心协调处理
4	电网方式管控及应急	控制措施	制定线路过载情况下，负荷控制措施
5	缺陷处理应急	组织措施	（1）就近设置抢修驻点，快速响应； （2）按照极端情况准备带电作业应急队伍
6		做好相应物资准备	储备足够的抢修物资
7		管理措施	明确应急流程和指挥体系

114. 低压应急发电车或发电机供电，应注意哪些事项？

答：低压应急发电车或发电机供电，应注意的事项有以下几点：

（1）0.4kV 柔性电缆使用前应先进行外观检查，若电缆表面存在绝缘破损等缺陷，应进行更换或处理，经试验合格后方能继续使用。

（2）敷设时应避免在地面摩擦，以避免电缆受伤。

（3）0.4kV 旁路电缆装接好后，用 1000V 绝缘电阻检测仪整体检测绝缘电阻不小于 10MΩ。旁路低压电缆绝缘检测完毕和退出运行后应进行放电。

（4）接入前应验电，并确认应急发电车出线开关处于分断位置；搭接时应严格按照

"先接零线、后接相线"的顺序进行，拆除时顺序相反。

（5）若带电接入，应按照带电接、拆火作业方式，对相应的带电部位实施可靠的绝缘遮蔽或隔离。

（6）0.4kV 旁路电缆与应急发电车（机）和电网低压设备的连接均应可靠，且相序正确。

（7）启动应急发电车（机）时，应先检查水位、油位、机油，确认供油、润滑、气路、水路的畅通，连接部无渗漏，发电车接地良好；发电机启动后检查水温、油压、电压、频率等参数在正常范围，并确认相序无误。

（8）倒闸操作的顺序应正确。

1）短时停电方式：发电系统投入时，先断开配电变压器低压侧开关，再合上应急发电车（机）出线开关；发电系统退出时，先断开应急发电车（机）出线开关，再合上配电变压器低压侧开关。

2）准同期并网方式接入：应急发电车（机）第一组出线开关连接至配电变压器低压侧开关的负荷侧，应急发电车（机）第二组出线开关由另一回出线连接至配电变压器低压侧开关的电源侧；发电系统投入时，先由发电车检同期后自动合上应急发电车（机）第一组出线开关，再断开配电变压器低压侧开关；发电系统退出时，先由发电车检同期后自动合上应急发电车（机）第二组出线开关，再合上配电变压器低压侧开关，最后断开应急发电车（机）两组出线开关。

（9）发电期间如需中途带电加油，应做好安全技术交底，落实现场安全管控。

115. 发电机组日常维护内容有哪些？

答： 发电机组日常维护内容有：

（1）发电机组外观清洁。

（2）检查发动机机油平面、冷却液平面、机油滤清器、空气滤清器、燃油量、蓄电池等发电部分；目检发动机有无损坏、渗漏、皮带松弛、异响等情况。

（3）启动及操作液压支撑系统，检查液压油、液压支撑腿、操作杆等。

（4）启动及操作电缆绞盘，检查电缆有无破损，绞盘是否正常工作。

（5）检查随车发电配件是否齐全，如照明设备、发电配件、工具箱等。

（6）检查各母线、电缆接口、控制端子箱的连接情况，有无虚位，以及对地绝缘情况。

（7）设备维护资料整理，包括检查记录、缺陷记录、整改记录。设备技术说明书、操作手册、运维规程档案、装备的合格证档案、试验记录档案等技术资料整理，包括电子版与纸质版。

（8）按照原厂使用维护手册要求，发动机部分每使用 250 小时或 6 个月，更换发动机机油、机油滤清器、燃油滤清器，检查补充冷却液，检查空气压缩机通风器，清洗空气滤清器。

116. 发电机组性能指标有哪些要求？

答： 发电机组常见的性能指标有 18 个项目，其低压、中压性能指标详见表 4-55。

表 4-55　　　　　　　　中压和低压发电机组性能指标

序号	项目		性能指标	
			低压发电机组	中压发电机组
1	额定输出电压整定范围		400V±5%	10.5kV±5%
2	功率因数		0.8（滞后）	0.8（滞后）
3	稳态电压偏差		≤±1%	≤±1%
4	电压不平衡度		≤1%	≤1%
5	冷热态电压变化		≤±2%	≤±2%
6	最大不对称负载下的线电压偏差		≤±5%	≤±5%
7	瞬态电压偏差	100%突减功率	≤+20%	≤+20%
		突加额定功率	≤−15%	≤−15%
8	电压恢复时间	100%突减功率	≤4s	≤4s
		突加额定功率		
9	稳态频率带		≤0.5%	≤0.5%
10	频率降		≤3%	≤3%
11	（对额定频率）瞬态频率偏差	100%突减功率	≤+10%	≤+10%
		突加额定功率	≤−7%	≤−7%
12	频率恢复时间	100%突减功率	≤3s	≤3s
		突加额定功率		
13	总谐波畸变率		≤±5%	≤±5%
14	噪声	额定功率（kW）	噪声级，dB（A）（1m 处）	噪声级，dB（A）（7m 处）
		P≤200	≤70	≤65
		200<P≤500	≤75	≤70
		500<P≤800	≤80	≤75
		800<P≤1200	≤85	≤80
		1200<P≤2000	≤90	≤85
		注：在条件允许时优选在 7m 处测量		
15	带载运行时间		按额定工况，持续功率和基本功率可不限时连续运行。限时运行功率和应急备用功率每年运行时间分别不超过 500h 和 200h	
16	发电机组发动机排气		满足 GB 20891—2014《非道路移动机械用柴油机排气污染物排放限值及测量方法（中国第三、四阶段）》	
17	油箱燃油量		输出额定功率运行时油箱燃油量持续时间不小于 8h	
18	绝缘等级		发电机的绝缘等级不低于 H 级	

117. 不停电作业常见的组合模式有哪些？

答：根据供电电源点与负荷侧的具体情况，可以有多种旁路组合模式，如图 4-41 所示。

（1）中压发电车＋旁路环网柜＋负荷侧（应用场景：在检修环网柜附近无法寻找备用柜或带电线路）。

（2）旁路环网柜＋低压负荷转移车＋负荷侧（应用场景：在保电范围内既有支线又有低压供电）。

（3）架空线带电＋旁路环网柜/低压负荷转移车/中压发电车＋负荷侧（应用场景：需要从架空线接取电源/负荷端为架空线）。

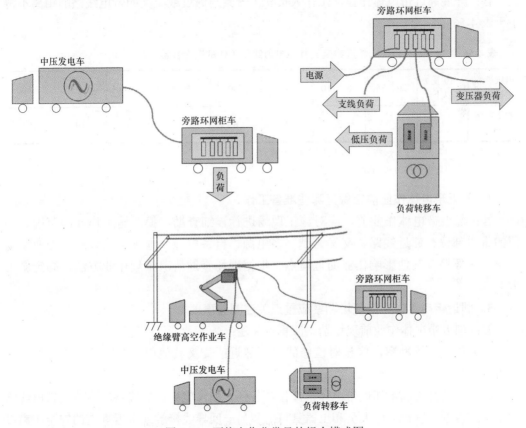

图 4-41 不停电作业常见的组合模式图

第五节 邻近带电体作业

1. 什么是邻近带电体作业？

答： 邻近带电体作业是指在运行中的发电、变电、输配电等带电的电气设备附近，进行可能影响人员和设备安全的一切作业。

2. 配电网常见邻近带电体作业有哪些？

答： 配电网常见邻近带电体作业主要包括以下：

（1）在带电设备周围的测量工作。如测量带电线路导线的弛度、档距及导线与通道内其他物体（交叉跨越、建筑物、树木、塔材等）距离的作业。

（2）与带电线路平行、邻近或交叉跨越的线路停电检修、登杆塔、登台架、同电缆沟作业。

（3）与带电线路平行、邻近或交叉跨越的线路上进行测量、防腐、巡视检查、校紧螺栓、清除异物等作业。

（4）开展带电线路附近的树障隐患清理工作。

3. 开展邻近带电体作业，在不同的电压等级下安全距离是多少？

答： 开展邻近带电体作业，工作人员和工器具与邻近或交叉的带电线路的距离不得小于表 4-56 的规定。

表 4-56　　　　　　　　　　邻近或交叉其他电力线路工作的安全距离

电压等级（kV）	10及以下	20、35	66、110	220	500	±50	±500	±660	±800
安全距离（m）	1	2.5	3	4	6	3	7.8	10	11.1

注　1. 表中未列电压等级按高一挡电压等级安全距离。
　　2. 表中数据是按海拔 1000m 校正的。

4. 邻近带电体作业前应做好哪些准备工作？

答： 邻近带电体作业前，应对施工现场进行详细查勘，摸清施工作业的范围、保留的带电部位、邻近线路、交叉跨越、多电源、自备电源、地下管线设施和作业现场的条件、环境及其他影响作业的危险点。根据现场查勘情况策划作业方法，制定施工方案。

5. 邻近带电体作业前现场勘察应重点关注哪些事项？

答： 邻近带电体作业前现场勘察应重点关注：

（1）进行现场勘察，应核对检修线路、邻近或交叉其他电力线路的名称、杆号、位置。

（2）确认是否满足邻近带电体检修作业条件。如停电检修的线路与另一回带电线路相交叉或接近，以致工作人员和工器具可能和另一回导线接触或接近规定的安全距离以内，另一回线路应停电并接地。

（3）同杆塔多回线路中部分线路停电检修的工作，应将与检修线路或设备同杆塔架设的另一回线路停电。

（4）在邻近带电的电力线路进行工作时，如有可能接近带电导线无法满足安全距离且无法停电时，应采取措施防止导（地）线产生跳动或过牵引等，避免与带电导线小于表 4-56 规定的安全距离导致的触电风险。

（5）邻近带电的架空绝缘导线不应视为绝缘设备，不应直接接触或接近，如需要接近规定的安全距离以内工作，应该将邻近带电的架空绝缘导线停电。

6. 邻近带电体作业常见的风险有哪些？

答： 邻近带电体作业常见的风险主要有：

（1）工作人员误碰触邻近带电体、走错工作线路或间隔造成触电伤害。

（2）施工工器具、材料、线路感应电伤害工作人员。

（3）邻近带电线路设备因施工造成跳闸及设备损害风险。

7. 邻近带电体作业时有哪些安全注意事项？

答：邻近带电体作业时常见的安全注意事项主要包括：

（1）在邻近或交叉其他电力线路的作业应在监护下进行；作业前应核对线路设备名称、杆号和位置；防止误登带电线路电杆，登杆前核实作业线路确已停电、验电并装设接地线。

（2）在带电设备周围开展测量工作时应使用专用测量仪器或经检测合格的绝缘测量工具。

8. 邻近带电设备作业安全围蔽应如何进行？

答：邻近带电设备作业安全围蔽应按下面要求进行：

（1）在工作地点或检修的电气设备四周装设安全遮栏并悬挂"在此工作！"标示牌。

（2）在工作地点邻近带电部分的横梁上，悬挂"止步，高压危险！"标示牌。

（3）在邻近其他可能误登的带电构架上，应悬挂"禁止攀登，高压危险！"标示牌。

（4）工作人员不应擅自移动或拆除遮栏（围栏）、标示牌，不应越过遮栏（围栏）工作。

（5）因工作原因必须短时移动或拆除遮栏（围栏）、标示牌时，应征得工作许可人同意，并在工作负责人的监护下进行，设置专人看护，完毕后应立即恢复。

9. 在邻近带电体作业，使用作业机具有什么安全注意事项？

答：在邻近带电体作业，使用作业机具有以下安全注意事项：

（1）不应使用钢卷尺、皮卷尺和线尺（夹有金属丝者）进行测量工作。

（2）禁止使用金属梯子；搬动梯子长物应将其放倒后，宜由两人搬运，并与带电部分保持足够的安全距离。

（3）带电设备和线路附近使用的作业机具应接地。

（4）带电杆塔上进行测量、防腐、巡视检查、校紧螺栓、清除异物等工作，工作人员活动范围及其所携带的工具、材料等，与带电导线最小距离不得小于表4-56规定的作业安全距离。

10. 邻近带电体作业，对风力有什么特殊要求？

答：风力大于5级时，不应在同杆塔多回线路中进行部分线路检修工作及直流单极线路检修工作；风力大于5级时应停止在带电线路杆塔上的作业。

11. 在带电设备附近测量绝缘电阻时应注意什么？

答：在带电设备附近测量绝缘电阻时应注意以下内容：

（1）在带电设备附近测量绝缘电阻时，测量人员和仪表的位置应保持不停电工作的安全距离。

（2）对仪表的引、接线可能产生摆动的，要采取防飘移、防触碰措施加以固定，以免绝缘电阻表引线或引线支持物触碰带电部分。在大风天气测量绝缘电阻时，测量引线一头可用绝缘杆绑紧接触或挂接，但应注意该绝缘杆应经检测合格，并确认接线方式，防止对测量结果产生影响。

（3）移动引线时，应在有效的监护之下进行，以防止人员触电。

12. 邻近线路带电体作业中装设工作接地线有哪些安全注意事项？

答：邻近线路带电体作业中装设工作接地线有以下安全注意事项：

（1）在工作地段有邻近平行、交叉跨越或同杆塔线路未停电时，工作前应装设接地线或使用个人保安线，个人保安线应在杆塔上接触或接近导线的作业开始前装设，作业结束且人体脱离导线后拆除，同时要特别注意严禁用个人保安线代替接地线。

（2）在停电线路地段装设的接地线，应牢固可靠且防止摆动，若发生摆动可能会与带电部分距离不足，对接地线放电，造成事故事件。

13. 邻近带电作业时，应如何做好感应电防护？

答：邻近带电作业时时，感应电防护应注意做好如下事项：

（1）根据不同电压等级的感应电水平，使用相应等级的个人防护用品。

（2）在高压配电线路停电作业中，如开断或接入绝缘导线等有感应电伤害风险的工作场景时，应在作业地点装设个人保安线。

（3）用绝缘绳索传递大件金属物品时，杆塔或地面上工作人员应将金属物品接地后再接触，以防电击。

14. 邻近带电线路停电检修有哪些安全注意事项？

答：邻近带电线路停电检修有安全注意事项主要包括以下：

（1）工作开展前，核对检修线路的名称、杆号、位置无误，验明检修线路确已停电并装设接地线。

（2）检查确保带电设备和线路附近使用的作业机具可靠接地。

（3）检查个人防护用品绝缘试验有效、合格。

（4）工作过程中，所有邻近或交叉其他电力线路的工作均应设专人监护，以防误碰带电设备、误登带电线路杆塔。

（5）邻近带电的电力线路进行工作时，如有可能接近带电导线至规定的安全距离以内，应采取有效措施，使人体、导（地）线、工器具等与带电导线的安全距离符合规定，牵引绳索和拉绳与带电体的安全距离符合规定。

（6）工作地段有邻近、平行、交叉跨越及同杆塔线路，需要接触或接近停电线路的导线工作时，应装设接地线或使用个人保安线。

15. 在 10kV 带电线路杆塔上工作有哪些安全注意事项？

答：在 10kV 带电线路杆塔上工作安全注意事项如下：

（1）在 10kV 带电杆塔上进行测量、防腐、巡视检查、紧杆塔螺栓、清除杆塔上异物等工作，作业人员活动范围及其携带的工具、材料等，与带电导线最小距离不得小于 0.7m 的安全距离。

（2）杆上传递物品应使用绝缘无极绳索。

（3）风力大于 5 级时应停止在带电线路杆塔上的作业。

（4）在 10kV 及以下带电杆塔上进行工作，工作人员距最下层高压带电导线垂直距离不得小于 0.7m。

16. 邻近 10kV 线路树木清障有哪些安全注意事项？

答：邻近 10kV 线路树木清障安全注意事项如下：

（1）清理线路通道树木隐患时对带电体的距离不得小于 1m，不足 1m 的应采取停电或采用绝缘隔离等防护措施进行处理。

（2）在线路带电情况下，清理靠近线路的树木隐患时，工作负责人必须在工作开始前，向全体人员说明：电力线路有电，人员、树木、绳索应与导线保持安全距离。

（3）清理树木隐患应有专人监护。待清理的树木下面和倒树范围内不准有人逗留，城区、人口密集区应设置围栏。

（4）风力超过 5 级时，不应清理高出或接近导线的树木。

（5）树枝接触或接近高压带电导线时，应将高压线路停电或用绝缘工具使树枝远离带电导线，采取措施之前人体不应接触树木。

（6）为防止树木倒落在导线上，应设法用绳索将其拉向与导线相反的方向，绳索应绑扎在拟清理树段重心以上合适位置，绳索应有足够的长度，以免拉绳的人员被倒落的树木砸伤。

17. 在邻近或跨越带电线路进行张力放线时应注意的事项有哪些？

答：在邻近或跨越带电线路进行张力放线时，牵引机、张力机本体、牵引绳、导（地）线滑车、被跨越电力线路两侧的放线滑车应接地。操作人员应站在干燥的绝缘垫上，并不得与未站在绝缘垫上的人员接触。放线工作只有在带电线路下方时方可进行，并应采取措施防止导（地）线产生跳动或过牵引而与带电导线的距离小于表 4-56 规定的安全距离。

18. 在邻近带电体附近起重作业应注意哪些？

答：在邻近带电体附近起重作业应注意以下事项：

（1）起重工作应由有相应经验的人员负责，并应明确分工、统一指挥、统一信号，做好安全措施。工作前，工作负责人应对起重作业工具进行全面检查。

（2）针对现场实际情况选择合适的起重机械。

（3）工作负责人应专门对起重机械操作人员进行电力相关安全知识培训和交代作业安全注意事项。

（4）作业全程，设备运维单位应安排专人在现场旁站监督。

（5）起重机械应安装接地装置，接地线应用多股软铜线，截面不应小于 16mm²，并满足接地短路容量的要求。

（6）起重机臂架、吊具、辅具、钢丝绳及吊物等与带电体的距离不得小于规定要求。

19. 在邻近带电的电力线路进行工作时，如有可能接近带电导线至安全距离以内，且无法停电时，应采取什么措施？

答：在邻近带电的电力线路进行工作时，如有可能接近带电导线至安全距离以内，且无法停电时，应采取以下措施：

（1）采取有效措施，使人体、导（地）线、工器具等与带电导线的安全距离，牵引绳索和拉绳与带电体的安全距离符合表 4-57 规定。

表 4-57 起重机械及吊件与带电体的安全距离

电压等级（kV）		≤10	35～60	110	220	500	±50 及以下	±400	±500	±800
最小安全距离（m）	净空	—	4.00	5.00	6.00	8.50	—	—	—	—
	垂直方向	3.00	—	—	—	—	5.00	8.50	10.00	13.00
	水平方向	1.50	—	—	—	—	4.00	8.00	10.00	13.00

注 1. 数据按海拔 1000m 校正。

2. 表中未列电压等级按高一挡电压等级的安全距离执行。

（2）作业的导（地）线应在工作地点接地。绞车等牵引工具应接地。

（3）在交叉档内松紧、降低或驾驶导（地）线的工作，只有停电检修线路在带电线路下发时方可进行，并应采取措施防止导（地）线产生跳动或过牵引而与带电导线小于表 4-57 规定的安全距离。

（4）停电检修的线路如在另一回线路的上方，且应在另一回线路不停电下进行放松或架设导（地）线以及更换绝缘子等工作时，应采用安全可靠的措施。安全措施应经过工作班组充分讨论后，经线路运维单位金属主管部门批准执行。措施应能保证：

1）检修线路的导（地）线牵引绳索等与带电线路导线的安全距离应符合表 4-56 的规定。

2）要防止导（地）线脱落、滑跑的后备保护措施。

20．在有多个开关的开关柜上工作时，应采取哪些安全措施？

答：在有多个开关的开关柜上工作时，应采取以下安全措施：

（1）工作负责人应向全体工作人员交代清楚带电部位、作业范围和要求，在作业点布置安全围栏并悬挂"止步，高压危险"标示牌。

（2）作业现场的安全设施、施工机具、安全工器具和劳动防护用品等应符合国家、行业标准及公司规定，在作业前应确认合格、齐备。

（3）开关柜应在停电、验电、合上接地开关后，方可打开柜门。

（4）室内停电检修易误碰带电设备的，应设有明显标志的隔离挡板（护网）。

21．绝缘架空地线（包括 OPGW、ADSS 光缆）作业有哪些安全注意事项？

答：绝缘架空地线（包括 OPGW、ADSS 光缆）应视为带电体，不能以手触摸。在绝缘架空地线附近作业时，工作人员与绝缘架空地线之间的距离应不小于 0.4m。若需在绝缘架空地线上作业，应用接地线或个人保安地线将其可靠接地或采用等电位作业方式进行。

22．同杆架设的配电网架空线路部分停电检修作业应满足什么条件？

答：（1）同杆架设的 10kV 及以下线路带电时，当符合表 4-56 规定的安全距离且采取安全措施的情况下，只能进行下层线路的登杆塔停电检修工作。

（2）放线或架线时，应采取措施防止导线或架空地线由于摆动或其他原因而与带电导线接近至危险范围以内。

（3）在同塔杆架设的多回线路上，下层线路带电，上层线路停电作业时，不准做放、撤导线和地线的工作。

23. 同杆架设多回路部分线路停电时，装设接地线应注意哪些事项？

答：在同杆多回路部分停电线路上装设接地线时，应针对线路特点注意下列事项：

（1）应视检修地段的长短和感应电压的强弱，每段均需挂设接地线。距离较长时，可在两端和中部适当地点装设，防止万一误碰导致检修线路带电时，工作人员不至于受到严重危害，仍然能得到有效保护。

（2）在装设接地线时，操作人员应做好安全防护措施，在工作负责人监护下进行。装设接地线时，两接触端应保证接触牢固可靠，引下线应绑扎固定或采取限制摆动措施，防止因距离不够引起放电接地。

（3）应保证各检修线段均受接地线有效保护。当某线段解开引线时，应在两侧分别装设好接地线。

第六节 二次设备作业

1. 什么是就地控制型馈线自动化？

答：就地控制型馈线自动化是指不需要配电主站或配电子站控制，通过终端相互通信、保护配合或时序配合，采用具有就地控制功能的线路自重合器和分段器，在配电网发生故障时，隔离故障区域并恢复非故障区域的供电。主要分为电压控制型、电流控制型、电压电流控制型等类型。

2. 什么是集中控制型馈线自动化？

答：集中控制型馈线自动化是指通过配电主站/子站与配电终端的双向通信，根据实时采集的配电网及配电设备运行信息和故障信号，由配电主站/子站自动计算或辅以人工方式远程控制开关设备投切，实现配电网运行方式优化、故障快速隔离与供电恢复。

3. 什么是分布式控制型馈线自动化？

答：分布式控制型馈线自动化，是通过配电终端之间相互通信，实现配电线路故障快速定位、隔离和非故障区域自动恢复供电的功能，并将处理过程及结果上报配电自动化主站。

4. 什么是配电网自愈控制？

答：配电网自愈控制是指在馈线自动化的基础上，结合配电网状态估计和潮流计算等分析结果，自动诊断配电网当前所处的运行状态（紧急状态、恢复状态、异常状态、警戒状态和安全状态），并进行控制策略决策，实现对配电网一、二次设备的自动控制，准确定位故障并最大限度快速恢复供电。自愈控制分为主站自愈型和就地自愈型。基于配电主站的自愈技术，是通过配电终端与主站之间的信息交互与协同，及时发现线路故障，诊断出故障区间并将故障区间隔离，自动恢复对非故障区间的供电。就地自愈配电终端无需与主站之间的信息交互与协同，诊断出故障区间并将故障区间隔离，自动恢复对非故障区间的供电。

5．配电主站的自愈控制主要包括哪些功能？

答：配电主站的自愈控制主要包括但不限于以下功能：

（1）智能预警。支持配电网在紧急状态、恢复状态、异常状态、警戒状态和安全状态等状态划分及分析评价机制，为配电网自愈控制实现提供理论基础和分析模型依据。

（2）校正控制。包括预防控制、校正控制、恢复控制、紧急控制，各级控制策略保持一定的安全裕度，满足 $N-1$ 准则。

（3）具备相关信息融合分析的能力。在故障信息漏报、误报和错报条件下能够容错故障定位。

（4）支持配电网大面积停电情况下的多级电压协调、快速恢复功能。

（5）支持大批量负荷紧急转移的多区域配合操作控制。

6．就地自愈控制功能投入后主要存在哪些安全风险？应采取哪些安全预控措施？

答：就地自愈控制功能投入后，主要风险及相应的安全预控措施如下：

（1）当变电站 10kV 母线故障，故障母线上具备就地自愈功能的 10kV 线路失压后由对侧线路自动转供，将会送电冲击故障点，并导致事故范围扩大。当 10kV 线路广泛投入自转电功能后，母线上就有多条具备自转电功能的线路，即 10kV 母线故障时，会发生多次冲击故障点的风险。

预控措施：环网组投入就地自愈功能，需从定值上或回路上确认各自动化首开关不能从负荷侧得电合闸：①通过装置定值设置，闭锁首开关从负荷侧得电合闸；②若装置不能通过定值设置来闭锁首开关从负荷侧得电合闸，则应从电压回路上防止首开关从负荷侧得电合闸。

（2）当实际运行中出现自动化开关得电不合时，此情况下故障尚未隔离，但却符合了联络开关自愈动作条件。①如果联络开关为负荷开关或不具备后加速功能，当故障发生在联络开关的近侧（即故障点的下一级开关为联络开关），因联络开关不具备故障隔离功能，所以自转电后，停电范围将扩大至非故障线路，如果非故障线路无馈线自动化开关，则非故障线路将全线停电；②如果联络开关为负荷开关，且其机构为电磁型机构，因电磁型机构在线路失去电压就立刻分闸，所以自转电后，非故障线路送电至故障点后跳闸，线路失电，联络开关随即分闸。当线路重合后，因联络开关不具备得电合闸功能，故线路将复电至联络开关，相当自愈功能没有生效。

预控措施：①就地自愈功能投入前，应检查确认主干线自动化开关的装置运行正常、定值整定无误、开关双侧 TV 运行情况，避免开关得电不合的情况发生；②对于要投入就地自愈功能的线路，建议选择联络开关为断路器的环网组，确保联络开关具备后加速切除故障功能；③联络开关为电磁型负荷开关的环网组需投入就地自愈功能，涉及的各线路均应具备馈线自动化。

（3）当线路上一个馈线自动化开关的电源侧 TV 出现故障时，则此开关将失去残压闭锁功能。若故障发生在此开关的前端，则此开关将不能实现闭锁合闸功能，当联络开关合闸自转电后，将导致停电范围扩大；如果线路故障为接地故障，因电源侧 TV 出现故障，转电后此开关无法检测零序电压，所以无法实现合到零压分闸的功能，将导致转供电的非故障线路出现重复跳闸的情况。

预控措施：馈线自动化开关的电源侧 TV 出现故障，应退出此开关的自动化功能。

7. 配电网自愈控制功能投入需要遵循哪些主要原则？

答：配电网自愈控制功能投入需遵循以下主要原则：

（1）安全性，即保证联络线路负荷不超过额定容量、不会出现过负荷现象。

（2）恢复容量最大。供电恢复是一项事故应急控制措施，在保证安全性的前提下，要把最大限度地恢复对非故障区段用户供电作为首要目标。

（3）重要用户优先，即优先恢复重要用户的供电。如果联络线路备用容量不足，应切除部分普通用户，保证重要用户的供电。

（4）负荷均衡。当有多个联络电源点时，应使联络线路上的负载率尽可能均匀。

8. 开展馈线的配电网自愈功能投运前测试，应提前做好哪些安全技术措施？

答：当馈线满足下列安全技术条件时，可开展馈线的配电网自愈功能投运前测试：

（1）变电站 10kV 馈线出线开关投入一次重合闸或退出重合闸。

（2）馈线的架空线柱上负荷开关退出其与二次重合闸配合的有压合闸和失压分闸逻辑功能。

（3）除分段断路器启动自愈功能馈线外，其余馈线的分段断路器退出保护跳闸和重合闸功能，投入告警功能。

（4）馈线上至少有一个关键分段开关满足三遥功能且运行状态正常。

（5）馈线组联络开关两侧相序一致。

（6）馈线上可遥控开关的灭弧室气压正常，并能上送气压低告警信号。

（7）馈线 GIS 单线图和配电主站 SCADA 单线图图形和参数等与现场保持一致，设备命名、编号正确，图模拓扑正确，满足调度运行要求。

9. 为确保电网安全可靠运行，主站集中型馈线配电网自愈功能在哪些工作或情形下应临时退出？

答：为确保电网安全可靠运行，主站集中型馈线配电网自愈功能应临时退出工作或情形如下：

（1）涉及图模变更的停电计划工作和带电计划工作；

（2）要求退出站出线开关重合闸功能的工作或操作；

（3）故障跳闸，馈线配电网自愈动作后；

（4）合环转电时，馈线在合环状态下；

（5）馈线涉及变电站母线倒供方式。

10. 涉及变电站母线倒供方式，主站集中型馈线配电网自愈应做好哪些安全技术措施？

答：涉及变电站母线倒供方式，主站集中型馈线配电网自愈应做好如下安全技术措施：

（1）配合预安排变电站母线倒供方式，相应的馈线自愈管理部门或人员应根据倒供方式情况，明确相关馈线自愈功能退出要求。

（2）配合预安排母线倒供方式恢复后，配电网调度根据运行方案直接操作投入相关馈线配电网自愈功能。

（3）配合临时母线倒供方式，倒供前，配电网调度直接操作退出倒供路径的馈线配电网自愈功能，被倒供母线上的其他串供馈线自愈无需退出，被倒供母线上的其他串供馈线的对侧联络馈线（联络开关是三遥开关）需退出。

（4）配合临时母线倒供方式，恢复后，配电网调度直接操作投入馈线配电网自愈功能。

11．馈线故障跳闸，主站集中型配电网自愈动作后，应做好哪些安全技术措施？

答：馈线故障跳闸，主站集中型配电网自愈动作后，应做好以下安全技术措施：

（1）变电站出线开关跳闸、配电网自愈功能动作后，配电自动化系统自动退出相应馈线的配电网自愈功能。

（2）如馈线配电网自愈动作成功，在非故障区域送电后或在故障修复送电后，配电网调度判断馈线的图模是否有变更，如没有则直接操作投入馈线配电网自愈功能；如馈线图模有变更，相应的馈线管理部门应在馈线 GIS 发布态图模发布后按要求完成相应的配电网自愈功能投运前测试，通过后再申请投入馈线自愈功能。

（3）如馈线配电网自愈动作不成功（包含隔离、转供电失败，故障隔离范围扩大等情况），保持馈线配电网自愈功能在退出状态。相应的馈线管理部门应在馈线配电网自愈动作后按要求完成配电网自愈不正确动作分析和功能投运前测试，并申请投入馈线自愈功能。

（4）如故障修复后涉及图模变更的，送电前，配电网调度退出馈线自愈功能。相应的馈线管理部门应在馈线 GIS 发布态图模发布按要求完成配电网自愈功能投运前测试，通过后再申请投入馈线自愈功能。

12．配电自动化施工作业主要存在哪些安全风险点？

答：配电自动化施工作业主要存在以下安全风险点：

（1）误入带电间隔，导致触电伤亡。

（2）不规范接取试验电源，导致触电伤亡。

（3）误触碰带电设备，引起运行设备误动。

（4）TA 开路造成人员触电、设备损坏。

（5）TV 短路造成人员触电、设备损坏。

（6）强行插拔不具备热插拔的板件，造成设备损坏。

（7）误遥控带电开关设备。

（8）未正确填写或者正确执行二次安全措施单，出现错误的二次接线导致设备损坏、TV 二次电压反供电至一次侧导致人身触电等。

13．针对配电自动化施工作业的安全风险点，主要的安全防控措施有哪些？

答：针对配电自动化施工作业的安全风险点，主要的安全防控措施如下：

（1）工作负责人应在运行人员的带领下核实工作地点、任务，确定现场安全措施满足工作要求。

（2）工作负责人应在开始工作前向全体工作成员交代清楚工作地点、工作任务、接地线装设位置，检查安全围栏和标示牌等安全措施，特别注意与邻近带电设备的安全距离。

（3）工作人员应注意现场环境，严禁跨越安全围栏。

（4）与 10kV 及以下裸露带电设备不少于 0.7m 安全距离。

（5）核对设备的双编号正确。

（6）扩建作业时采取带电设备应悬挂"运行中"标示牌等安全措施。

（7）检查漏电保护开关是否正常，禁止用导线在插座上取电源。

（8）专人监护，短接电流互感器二次绕组时，必须使用短接片或短接线进行正确短接，短路应妥善可靠，严禁用导线缠绕；严禁在 TA 二次绕组与短路端子之间的回路和导线上进行任何工作；不得将回路的永久接地点断开。

（9）专人监护，拆除的电压互感器二次线用绝缘胶布密封外露的导体部分。

（10）在二次回路上的工作需正确填写并严格执行二次安全措施单。

14. 敷设二次电缆时，工作负责人应重点向工作人员交代哪些安全注意事项？

答： 敷设二次电缆时，工作负责人应重点向工作人员交代以下安全注意事项：

（1）交代敷设二次电缆的工作内容、注意事项、技术措施以及与工作内容有的安全规程。

（2）对于扩建工程，应交代清楚原有电缆路径、一次设备的带电情况等现场安全注意事项。

15. 为什么交直流回路不能共用一条电缆？

答： 交直流回路都是独立系统，直流回路是绝缘系统而交流回路是接地系统。若共用一条电缆，两者之间一旦发生短路就造成直流接地，同时影响交、直流两个系统。且运行时容易互相干扰，还有可能降低对直流回路的绝缘电阻。因此，交直流回路不能共用一条电缆。

16. 二次回路标号有哪些主要的安全作用？

答： 二次回路标号是为了便于安装施工和投入运行后进行维护、检修，对在二次设备之间连接的导线所进行的编号，如图 4-42 所示。其主要的安全作用为：

图 4-42　配电自动化终端二次线套管标号

（1）根据标号能了解该回路的用途和性质；

（2）根据标号能进行正确的安装和连接；

（3）根据标号能在检修或试验时，迅速确定导线和电缆芯线所连接的设备；

（4）标号错误导致二次回路接线出错，有可能导致保护误动或者拒动，造成设备损坏和停电，或者影响计量计费、电能质量监测等。

17．什么时候需要进行二次回路标号？应注意哪些安全技术要求？

答：凡是各设备间要用控制电缆经端子进行联系的，都要按回路标号的原则进行标号。此外，某些装设在屏顶的设备与屏内设备进行连接，也需要经过端子排，此时，屏顶设备就可看作是屏外设备，在其连接上同样按回路标号原则给以相应的标号。

为了明确起见，对直流回路和交流回路采用不同的标号方法，而在交、直流回路中，对各种不同用途的回路又赋予不同的数字符号。因此，在二次回路连接图中，便可根据标号确定回路性质，从而便于维护和检修。

18．敷设二次电缆有哪些安全注意事项？

答：敷设二次电缆应注意以下安全事项：

（1）电缆坑敷设电缆时，使用冲击钻和铁锤安装万能角铁时，冲击钻和铁锤禁止与高压电缆存在任何触碰。

（2）施工人员在电缆坑内作业，严禁踩踏高压电缆。

（3）电力电缆和二次电缆不应敷设在同一层支架上，强电、弱电控制电缆应按顺序分层敷设。当电缆沟内有带电电缆时，注意做好安全防护。

（4）不应使电缆在支架上及地面摩擦拖拉，电缆上不得有铠装压扁，电缆拧绞，护层折裂等未消除的机械损伤（发现上述问题要及时解决或更换电缆）。

（5）电缆沟转弯处的电缆弯曲弧度一致、过渡自然。

（6）电缆进终端箱前，在镀锌电缆桥架与终端箱入口处将电缆在桥架内用扎线固定好，并理顺电缆。

（7）二次电缆上应套有回路编号的号码管，需标识清楚电缆用途以及对侧接入位置，应有电缆走向标志牌，标识清楚电缆走向以及两侧接入位置等。

（8）敷设二次电缆应严格按设计图纸施工，如需变更接入位置，需同步更新设计图纸并做好记录。

19．开关柜内二次电缆敷设有哪些安全技术要点？

答：开关柜内二次电缆敷设安全技术要点有：

（1）开关柜二次小箱带接线端子时，需将遥测电缆从电流互感器接至二次小箱电流端子，再从电流端子引至终端箱对应回路。

（2）二次电缆尽量避免从开关柜电缆室、机构室穿过，在不影响开关柜并柜的情况下，宜采用槽架敷设的方式，即所有开关柜二次电缆统一从开关柜侧面用电缆槽架敷设至各开关柜的二次小室内。

（3）若二次电缆从开关柜内电缆室穿过，则柜内遥测电缆应采用铠装屏蔽电缆，截面积不小于 $2.5mm^2$，穿过开关柜部分应保留电缆钢铠。

（4）二次回路接线应与一次回路接线保持足够的安全距离。

（5）二次小室涉及电缆转接的开孔处，需做好防小动物封堵措施及电缆防护措施。

20．二次电缆的屏蔽层接地应做好哪些安全技术处理？

答：二次电缆的屏蔽层接地应做好如下安全技术处理：

（1）二次电缆应采用铠装屏蔽电缆，不应采用多股软线电缆。

（2）电缆屏蔽层在开关柜与终端处同时接地，应提前采用点焊的形式焊接地线。

（3）接地线应使用不小于 $4mm^2$ 的黄绿多股软线。

（4）接地线应反向固定，并对软线与线耳接驳处锡焊接，不应漏铜。严禁采用电缆芯两端接地的方法作为抗干扰措施。

21．电房内二次电缆与一次电缆同沟铺设，有哪些安全注意事项？

答：电房内二次电缆与一次电缆同沟铺设，有以下安全注意事项：

（1）二次电缆的遥测、遥信和遥控电缆在电缆沟用万能角铁固定在电缆沟壁，电缆平直敷设；

（2）二次电缆与一次电缆不可交叉铺设。

22．在二次回路接线中，如何避免误接线？

答：为避免二次回路误接线，应做好如下安全技术措施：

（1）熟悉图纸，按图施工。首先检查设计图纸，若有错误，需及时提出，注意图纸中的施工要求，其次检查端子排，是否存在漏接线或多接线的情况。

（2）按标准接线，每根电缆、线芯都应有标识，严格按照图纸，使标识与图纸对应。

23．为避免二次回路耐压试验造成人身伤害，应注意做好哪些安全技术措施？

答：为避免二次回路耐压试验造成人身伤害，应做好以下安全措施：

（1）进行二次回路耐压试验时，需在高压柜、DTU 装置端子排处将所有外接线全部断开。

（2）用 500V 绝缘电阻表测量遥测、遥信、遥控等二次电缆芯线之间和芯线对地绝缘电阻，并充分放电。

（3）绝缘电阻合格后方能开展耐压试验，采用 1000V 交流电压对遥测、遥信、遥控等二次电缆进行耐压试验，持续 1min，并充分放电。

24．遥信与遥控为何不允许共用同一根二次电缆？

答：目前常用的二次电缆有 6 芯和 8 芯，若遥信与遥控共用一根二次电缆，不利于功能的扩展，也无法实现不同功能二次电缆在物理上的隔离。此外，遥信与遥控的电压不一致，采用同一根电缆可能导致误接线。

25．电压互感器运行中二次侧短路，会造成哪些安全风险？

答：电压互感器正常运行时，由于二次负载是一些仪表和继电器的电压线圈阻抗大，相当于变压器空载状态，互感器本身通过的电流很小，它的大小决定于二次负载阻抗的大小，由于电压互感器本身阻抗小，容量又不大，当互感器二次发生短路，二次电流很大，二次熔丝熔断影响到仪表的正确指示和保护的正常工作，当熔丝容量选择不当，二次发生短路熔丝不能熔断时，则电压互感器极易被烧坏，造成人身设备风险。

26．电流互感器运行中二次侧为什么不允许开路，会造成哪些安全风险？

答：电流互感器经常用于大电流条件下，由于电流互感器二次回路所串联的仪表和继电装置等电流线圈阻抗很小，基本上呈短路状态，所以电流互感器正常运行时，二次电压很低。如果电流互感器二次回路断线，则电流互感器铁芯严重饱和磁通密度高达 $1500B$ 以上，且由于二次线圈的匝数比一次线圈的匝数多很多倍，导致在二次线圈的两端感应出比原来大很多倍的高电压，这种高电压对二次回路中所有的电气设备以及工作人员的安全将构成极大的风险。另一方面，由于电流互感器二次线圈开路后将使铁芯磁通饱和造成过热而有可能烧毁，铁芯中产生剩磁也会增大互感器误差，所以电流互感器二次不允许开路。

27．运行中的电流互感器，若二次侧开路，现场主要有哪些表象？

答：运行中的电流互感器，二次侧开路可能导致以下表象出现：

（1）开路处火花放电；

（2）内部有较大嗡嗡声；

（3）电流表、有功电能表、无功电能表指示降低或到零。

28．防止电流互感器二次侧开路的安全技术措施有哪些？

答：为防止电流互感器二次侧开路，应做好以下安全技术措施：

（1）电流互感器二次回路不允许装设熔断器。

（2）电流互感器二次回路切换时，应有可靠的防止开路措施。

（3）配电自动化终端与其他终端设备之间一般不合用电流互感器。

29．万用表笔和螺丝刀的金属裸露部分过长，存在哪些安全风险？

答：万用表笔和螺丝刀的金属部位工作中直接接触带电二次回路，当金属裸露部分过长时，存在导通不同带电回路或带电回路与二次地网之间的风险，造成电压回路相间短路或接地，导致保护误动作或烧坏万用表。

30．配电自动化终端投产前验收应具备哪些主要技术条件？

答：配电自动化终端投产前验收应具备的技术条件主要有：

（1）终端与通信装置均已完成现场安装并与主站系统完成联调（集中式）或系统联调（智能分布式）。

（2）施工单位完成二次回路接线工作，完成终端装置与一次设备的调试验收，完成传动试验，完成预调试报告的编制，并已提交建设单位审核通过。

31．配电自动化终端投产前验收有哪些安全技术注意事项？

答：配电自动化终端投产前验收应注意以下安全技术注意事项：

（1）现场应配备安全可靠的独立试验电源，禁止从运行设备上接取试验电源。

（2）施工单位提交与配电终端实际工作情况相符的设计图纸。若回路描述有更动，施工单位在涉及更动的环网柜门处张贴正确的双编号标签。

（3）施工单位需配备继保测试仪、绝缘电阻表、钳形电流表等仪器、仪表，其准确度等级及技术特性应符合要求，必须经过检验合格。若 DTU 采用无线公网的通信方式，则应配备信号放大器或高增益天线（为保证现场与主站联调的通话要求，建议配置信号放大器）。

（4）检查配电终端的接线原理图、二次回路安装图、电缆敷设图、配电自动化终端技术说明书、电流互感器的出厂试验报告等，确保资料齐全、正确。

（5）主站发校时命令，配电终端显示的时钟应与主站时钟一致。

（6）与主站核对点表，同时核对配电主站系统中图模是否与现场完全一致。

（7）检查终端背板插件插入可靠，插件固定螺钉及端子固定螺钉应拧紧，背部接线、端子排接线正确牢固。

（8）终端液晶显示窗口显示正常，时间显示与北京时间相符，装置工作正常。

（9）检查保护定值整定，显示的运行定值应与定值单一致。

（10）检查保护连接片是否投入，液晶显示的投退状态应正常。

（11）清除试验时的相关记录。

32. 配电自动化终端投产运行后有哪些安全注意事项？

答： 配电自动化终端投产运行后应注意以下安全注意事项：

（1）投入运行后需检查电流、电压、有功功率、无功功率、功率因数显示应与实际工况一致。

（2）检查电压、电流相位是否正确。

（3）检查断路器、隔离开关状态与实际状态是否一致。

（4）检查装置指示灯是否正常。

（5）投入运行后，任何人不得再触碰装置的带电部位或拔插设备及其插件，不允许随意按动面板上的键盘。

33. 相序电流互感器的安装验收有哪些安全注意事项？

答： 相序电流互感器的安装验收有以下安全注意事项：

（1）二次接线与电缆头保持一定的安全距离。

（2）二次回路接线牢固可靠，防止二次开路。

（3）二次回路标签清晰。

（4）TA 二次回路采用电缆芯截面不小于 2.5mm^2。

（5）电流互感器的每组二次回路应有且只有一个接地点，要求在开关柜处进行接地；电流互感器应每相单独接地，不允许串联接地。接地线采用不小于 4mm^2 的黄绿多股软线，接线端必须压线耳（压铜接线端子），不允许漏铜（需要绝缘胶带包好），接地牢固可靠。

（6）考虑到施工条件，要求电流互感器的一次侧极性端（P1）一律向上。

（7）要求出线回路电流互感器的二次侧按正极性接线（即 A411 接 S1，N411 接 S2）；进出线柜均应采用正极性接线方式。

（8）分裂式电流互感器安装之前需检查压接面是否洁净，应无氧化、无划痕、无积尘。

（9）安装时卡接紧密平滑，用拇指抚摸分裂结合处，应无明显缝隙。

（10）需用扎带将电流互感器绑好，使其所在平面与该分支套管保持垂直。

（11）电流互感器与肘型头之间应满足电缆终端头安全运行要求。

（12）电流互感器二次接线端子保护盒安装并紧固。

34．零序电流互感器的安装有哪些安全注意事项？

答： 零序电流互感器的安装主要要求有：

（1）受安装条件影响，电缆铠装屏蔽层开口在零序互感器上方的，电缆铠装屏蔽层接地线应由上向下穿过零序互感器，并与电缆支架绝缘，在穿过零序互感器前不允许接地。

（2）电缆铠装屏蔽层开口在零序互感器下方的，电缆铠装屏蔽层接地线应直接接地，不允许再穿过零序互感器。

（3）电缆铠装屏蔽层接地线在与接地极连接之前应包绕绝缘层。

零序电流互感器安装如图 4-43 所示。

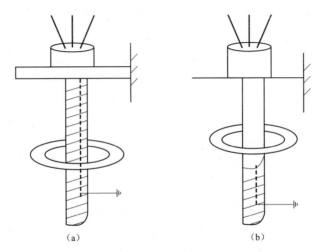

（a）   （b）

图 4-43　零序电流互感器安装

（a）铠装层穿过零序互感器；（b）铠装层未穿过零序互感器

35．配电自动化电流互感器二次侧不接地，主要存在哪些安全风险？

答： 电流互感器二次侧接地属于保护接地，主要作用是防止一次绝缘击穿，高压窜入二次侧，造成设备损坏甚至威胁人身安全。

36．配电自动化电流互感器二次回路非单点接地，会导致什么后果？

答： 配电房所在的接地网并非实际的因而在不同点会出现电位差。如果二次回路在不同点同时接地，地网上的电位差将串入这个连通的回路，造成不必要的分流。如果配电自动化电流互感器二次侧非单点接地，造成电流互感器二次回路分流，导致电流互感器测量值出现较大偏差。

37．电流互感器的接地，应注意哪些安全技术要求？

答： 电流互感器的接地应注意以下安全技术要求：

（1）电流互感器二次应在开关柜二次端子排处进行接地，开关柜二端子排的接地应与房内地网直接连接，不可间接接地。

（2）电流互感器应每相单独接地，不允许串联接地。

（3）接地线采用不小于 4mm² 黄绿多股软线，接线端必须压线耳（压铜接线端子），不允许漏铜（需要绝缘胶带包好），接地牢固可靠。

38．电房内 DTU 与环境控制箱取自同一电源点，若采用同一分路电源开关，会导致哪些安全技术问题？

答：电房内 DTU 与环境控制箱取自同一电源点是常见情况，但建议设置不同的分路开关。若采用同一分路开关，则可能由于环境控制箱回路出现诸如灯泡短路等影响房内一、二次设备运行的异常状况，分路开关跳闸，从而导致 DTU 丢失交流电源，降低了 DTU 运行的可靠性。

39．直流电源屏（箱）输入和输出回路配置需遵循哪些安全技术原则？

答：直流电源屏（箱）输入和输出回路配置需遵循如下安全技术原则：

（1）直流电源屏（箱）应有两路不同电源的交流输入，经电压切换回路，形成一供一备，当主供交流输入电源故障时，应能自动切换至备供电源上。

（2）直流电源屏（箱）交流输入回路应配置发电机输入开关，方便线路停电时开展相关试验工作，发电机输入开关与交流输入开关应有明显的区分标志。

（3）为了方便试验、故障查找和提高可靠性，直流电源屏（箱）输出回路，按照保护装置电源、控制回路电源、储能电源、通信电源、交换机电源等类型配置，需验证各输出回路的唯一性和对应性。

40．柱上开关的电压互感器一次引线出现交叉接线，会导致哪些安全风险？

答：柱上开关电压互感器的一次引线是不允许交叉安装的，避免在运行中出现一次引线触碰、放电等情况，直接引发线路的相间短路故障，正确的接线如图 4-44 所示。

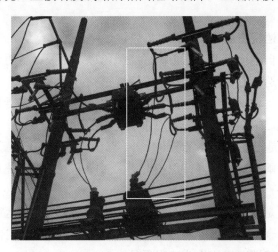

图 4-44　柱上开关 TV 正确一次接线示例

41．配电自动化柱上成套开关现场安装时，若两侧 TV 二次接地相的选择不同，存在哪些安全风险？

答：柱上开关一般是采用两侧双 TV 采集电压，并为 FTU 进行双电源供电，如图 4-45

所示，若两侧 TV 的二次接地相选择不同，则相当于二次侧两相短路接地，可直接导致线路开关跳闸，甚至烧毁 TV 以及 FTU。

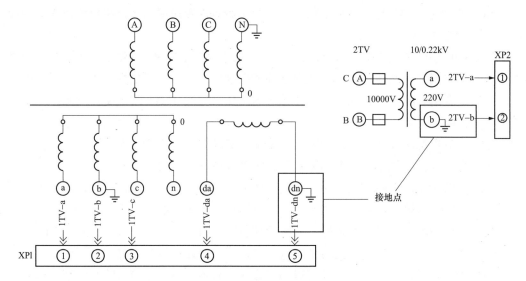

图 4-45 常见双 TV 二次接线方式

42. 什么是配电自动化巡视？

答： 配电自动化巡视是指依据配电自动化的相关运行管理规程，对配电主站、配电通信系统、配电终端等定期或不定期组织开展的巡视检查工作，目的在于全面了解配电自动化系统及相关设备的运行状况，确保配电自动化系统及相关设备始终处于健康运行状态。

43. 配电自动化巡视主要分为哪几类？

答： 为确保配电自动化系统信息正确、完整，以及相关设备的正常运行，可将配电自动化巡视分为定期巡视、特殊巡视、故障巡视三类情况。

（1）定期巡视，是根据配电自动化系统及相关设备的运行需要和周期巡视要求，提前制定好的巡视计划，定期开展的一类规律性检查工作。

（2）特殊巡视，是指在有重要保供电任务、恶劣自然条件（如暴雨、高温、台风等）、河水泛滥、火灾、梅雨季节及其他特殊情况下，对配电自动化系统及相关设备开展的一种针对性的检查工作。

（3）故障巡视，是指配电自动化系统或相关设备发生故障或运行异常情况时，以掌握设备损毁程度和调查故障原因等为目的开展的一类紧急性检查工作。

44. 配电自动化终端巡视的作业流程是什么？

答： 配电自动化终端巡视的作业流程主要包括以下内容：

（1）作业前准备，主要包括办理工作票、工器具及图纸资料准备、作业内容布置以及安全风险管控等。

（2）进入作业现场，办理工作许可手续，进行安全措施布置，例如，挂牌装遮栏，确保与巡视设备邻近的带电设备或其他设备的裸露带电部分保持足够的安全距离。

（3）按设备正常运行要求，开展设备检查工作，记录本次作业的设备巡视结果或设备缺陷处理情况。

（4）清理现场，清理现场环境、撤除安全标示牌、遮栏，布置有其他安全措施的应恢复到巡视前的设备运行状态。

（5）待巡视任务完成后，报调度办理工作终结手续。

45．配电自动化终端巡视有哪些安全注意事项？

答： 配电自动化终端巡视主要有以下安全注意事项：

（1）注意防止触电，在作业过程中应注意与其他带电设备，尤其是裸露带电部位，保持足够的安全距离。

（2）注意防止误碰误触，在"三遥"终端巡检、终端定值核查时，断开终端的跳闸出口连接片，防止误操作开关。

（3）注意防止电流互感器开路，在检查二次接线是否连接牢固时不能用力拉扯，防止电流互感器开路造成人员触电，设备损坏。

（4）注意防电压互感器短路，在检查二次接线时防止电压互感器短路，造成人员触电，设备损坏。

（5）注意恢复现场，对于作业中的二次接线、连接片状态或开关位置临时变化的，要恢复到作业前的状态。

46．配电自动化终端巡视一般需要准备哪些工器具？

答： 配电自动化终端巡视需准备的工器具包括数码照相机、万用表、钳形电流表、绝缘电阻表、自动化设备综合测试仪、蓄电池内阻测试仪、便携式调试用计算机、应急照明灯、工具箱及其他安全工器具等。

47．配电自动化终端巡视检查主要有哪些基本项目？

答： 配电自动化终端巡视检查主要有以下基本项目：

（1）应检查终端外观完整，无破损、无过热现象。

（2）检查终端有无信号掉牌。

（3）检查保护及自动装置连接片、切换开关及其他部件通断位置与运行方式相符。

（4）检查事故音响、警铃、灯光信号设备是否完好，动作是否正常。

（5）各种户外端子箱是否关闭紧扣，是否漏雨。

（6）继电保护异常，有引起保护误动作的可能，又不能及时消除时，应立即汇报调度，申请将该保护退出运行。若发现保护装置冒烟或燃烧时，立即断开相应熔断器，并汇报调度。

48．配电自动化终端运行维护时有哪些安全技术注意事项？

答： 配电自动化终端运行维护有以下安全技术注意事项：

（1）注意检查运行灯、跳闸指示灯、合闸指示灯、电源灯、通信指示灯是否正常。

（2）当运行灯变为红色时，进入事件记录中查看记录。

（3）检查液晶显示量值是否正确。

（4）就地操作后，将"远方/就地"切换开关切换至远方。

（5）不要随意更改有关口令设置。

（6）严禁随意修改有关配置。

（7）严禁带电拔插 CPU 板件。

（8）严禁进行"系统复归"，以便调出有关事件记录，便于故障分析。

（9）技术人员一般应在厂家指导下更换备件。

49．开展分布式控制型馈线自动化终端维护工作，如修改保护配置、修改定值等，有哪些安全技术注意事项？

答：开展分布式控制型馈线自动化终端维护工作，主要有以下安全技术注意事项：

（1）因分布式控制型馈线自动化保护存在联动机制，在相应维护工作开始前，应退出整个环网组分布式控制型终端的出口连接片。

（2）进行保护配置或者程序升级前，应先做好程序备份。

（3）保护配置或者程序升级完成后，应对照 GIS 图纸运行方式，核实保护配置是否正确，并记录好程序版本信息。

（4）完成维护工作后，核对终端定值与定值单是否一致。

（5）全部维护工作结束后，需核实各终端无异常告警信号，使用高内阻电压表测量分合闸出口连接片两端确无电压，无输出控制信号后，恢复连接片至工作前状态。

50．二次设备操作有哪些安全注意事项？

答：二次设备操作主要有以下安全技术注意事项：

（1）对同一保护屏内多块连接片进行连续投切操作时，操作票中所列连接片操作项目应完整，监护人唱票及操作人复诵均应在操作第一块连接片时念屏名，操作其余连接片可不念屏名。

（2）一次设备停电后，除了调度明确下令操作的继电保护及安全自动装置外（如失灵保护、联跳保护、远跳保护），若继电保护装置、安全自动装置或二次回路上没有工作，则继电保护装置、安全自动装置可不退出运行。

51．使用继保测试仪时有哪些安全技术注意事项？

答：继保测试仪的使用，主要有以下安全技术注意事项：

（1）检查仪器是否在试验周期内。继保测试仪的试验周期为一年，若超出试验周期，则不得继续使用。

（2）测试仪装置内置了工控机和 Windows 操作系统，不可过于频繁地开关主机电源。

（3）不可在输出状态直接关闭电源，以免因关闭时输出错误以致保护误动作。

（4）开入量兼容空接点和电位（DC 0～250V）。使用带电接点时，接点电位高端（正极）应接公共端子 COM 端。

（5）禁止将外部的交直流电源引入测试仪的电压、电流输出插孔。否则，测试仪将损坏。

（6）如果现场干扰较强或安全要求较高，试验之前，应将电源线（3 芯）的接地端可靠接地或装置接地孔接地。

（7）如果在使用过程中出现界面数据出错或设备无法连接等问题，可进行如下处置：向下触按复位按钮键，使 DSP 复位；或退出运行程序回到主菜单，重新运行程序，则界面所有数据均恢复至默认值。

52．在配电自动化终端日常巡视中，二次升流的主要目的以及升流试验项目的主要内容包括哪些？

答：在配电终端日常巡视中，二次升流试验主要是验证配电终端的回路遥测及故障总告警遥信功能是否正常。升流试验项目主要包括以下内容：

（1）遥测测试，即在相回路和零序回路分别注入一定值的电流，通过比较试验电流和装置采样电流的误差，校验遥测精度。

（2）故障总告警遥信，即短接相回路和零序回路，分别在相关回路上进行二次升流试验（试验电流超过故障告警门值），观察故障总告警的遥信变位情况。

53．对于运行中的 DTU，在遥测二次接线处进行升流试验，为何要短接 TA 二次回路后再进行？

答：进行二次升流试验，若未将 TA 二次回路进行短接，则在拨开 TA 二次回路拨片以进行升流试验时，会导致原有 TA 二次回路开路，导致过电压，威胁试验人员人身及设备安全。

54．在带电的电流互感器二次回路上工作时，应采取哪些安全技术措施？

答：在带电的电流互感器二次回路上工作时，应采取如下安全技术措施：

（1）严禁将电流互感器二次侧开路。

（2）应使用短路片或短路线短接电流互感器二次绕组，严禁用导线缠绕。

（3）工作中应有专人监护，严禁将回路的永久接地点断开。

（4）若在电流互感器与短路端子之间导线上进行工作，应有严格的安全措施，并填用二次措施单。必要时申请停用有关保护装置、安全自动装置或自动化系统。

55．在带电的电压互感器二次回路上工作时，应采取哪些安全技术措施？

答：在带电的电压互感器二次回路上工作时，应采取如下安全技术措施：

（1）严格防止短路或接地。应使用绝缘工具，戴手套。必要时，工作前申请停用有关保护装置、安全自动装置或自动化监控系统。

（2）工作时应有专人监护，严禁将回路的安全接地点断开。

（3）接临时负载，应装设专用的隔离开关和熔断器。

56．在对柱上断路器自动化成套设备测试时，为什么要将电压的 A、B、C 三相端子排连接片断开？

答：在对柱上断路器自动化成套设备测试时，将电压的 A、B、C 三相端子排连接片断开，主要是为了防止对设备测试时二次设备电压反供至一次侧，避免因此导致的人身安全风险以及设备运行安全风险。

57．开展电房配电自动化终端及开关的三遥校验工作，为防止开关误动作，应采取哪些安全技术措施？

答：为测试检验配电自动化终端的遥测、遥信以及遥控功能是否正常，可定期开展三遥功能校验。进行三遥校验时，由于涉及遥控操作，若安全措施不到位，可能引起一次开关的误动作。因此，进行三遥校验时，应做好如下措施：

（1）断开配电自动化终端的操作电源。

（2）退出配电自动化终端面板上的分合闸出口连接片。

（3）将非试验间隔的"远方/就地"切换开关切换至"就地"位置。

（4）遥控校验时，对校验的开关进行"合到合""分到分"的遥控操作，非必要情况下，不进行分合状态转换的遥控校验。

（5）检验工作完成后，使用高内阻电压表测量各间隔的分合闸出口连接片两端确无电压，无输出控制信号后，恢复连接片、切换把手和操作电源至工作前状态。

58．在一次设备上工作，应对配电自动化终端采取哪些安全技术措施以确保工作安全？

答：在一次设备上工作，应对配电自动化终端采取以下安全技术措施：

（1）在一次设备上工作前，先将终端分合闸出口连接片退出，再将"远方/就地"切换开关切换至"就地"位置，并悬挂"禁止操作，有人工作"标示牌。

（2）在架空线路上作业前，应闭锁该条线路及其联络线路终端的自动故障隔离功能，禁止调度员远方操作其他开关设备。

（3）在不影响一次设备运行时，应采取防止 TA 开路、TV 短路、一次设备分合等安全措施。

59．纯电缆线路，站出线开关能否使用二次重合闸功能？

答：纯电缆线路，站出线开关不应使用二次重合闸功能。这是因为：

（1）纯电缆线路的故障一般都是永久性故障，投入二次重合闸，可能会加剧故障的严重程度以及影响范围。

（2）二次重合闸功能一般使用于架空线路为主的馈线，断路器二次重合闸功能与其后段柱上负荷开关的逻辑功能相配合，从而实现故障区域的隔离。从故障隔离角度而言，纯电缆线路上的断路器开关亦无启用二次重合闸的必要性。

60．若在定值执行过程中对定值有疑问，应如何处理？

答：在现场执行定值单时，若对定值有疑问，不得现场私自更改定值，应及时与定值整定人联系，经核实无误后方可继续执行。

61．对于运行中的开关间隔，若需要更改继电保护定值，为防止开关在修改定值的过程中误动，应做好哪些安全技术措施？

答：为防止在修改定值过程中出现开关误动作的情况，应注意做好以下安全技术措施：

（1）应先确认保护装置能够带电修改定值，着重排除装置软件版本等缺陷。若保护装置由于本身软件或设计原因，无法带电修改定值，则应中止相应作业，待停电后修改定值。

（2）应先退出保护装置的保护分合闸出口连接片。如保护分合闸出口与遥控分合闸出口共用出口连接片，则需退出保护装置分合闸总出口连接片。

（3）电磁型开关本身为分闸位置的，退出出口连接片即可；电磁型开关本身为合闸位置，需将开关操作至手动（强合）位置。

（4）对于可以带电修改定值的保护装置，应注意观察实时的电流采样值是否大于预设定值，若大于预设值，应及时与运行人员以及保护定值整定负责人联系，在核实无误后方可继续进行。

（5）定值修改完毕，确认装置无异常告警信号，使用高内阻电压表测量该间隔的分合闸出口连接片两端确无电压，无输出控制信号后，恢复连接片至工作前状态。

（6）电磁型开关间隔，开关本身为分闸位置的，恢复连接片至工作前状态；电磁型开关本身为合闸位置，需确认终端合闸保持回路输出电压正常且接线紧固后，将开关操作至自动位置，并恢复连接片至工作前状态。

62．二次设备的常见故障有哪些？

答：二次设备的常见故障主要有以下情况：

（1）直流系统异常、故障，如直流接地、直流电压过低或过高等。

（2）二次接线异常、故障，如接线错误、回路断线等。

（3）电流互感器、电压互感器等异常、故障，如电流互感器二次回路开路、电压互感器二次回路短路等。

（4）继电保护及安全自动装置异常、故障，如保护装置故障等。

63．二次回路的一般故障的处理需遵循哪些安全技术原则？

答：二次回路的故障处理需遵循以下安全技术原则：

（1）必须按符合实际的图样进行工作。

（2）停用保护和自动装置，必须经调度同意。

（3）在电压互感器二次回路上查找故障时，必须考虑对保护及自动装置的影响，防止因失去交流电压而误动或拒动。

（4）进行传动试验时，应事先查明是否与其他设备有关。应先断开联跳其他设备的连接片，才允许进行传动试验。

（5）装、取直流熔断器时，应注意考虑对保护的影响，防止保护误动作。

（6）取直流电源熔断器时，应先取正极，后取负极，装熔断器时顺序与此相反。

（7）带电用表计测量时，必须使用高内阻电压表，防止误动跳闸。

（8）防止电流互感器二次回路开路，电压互感器二次回路短路、接地。

（9）使用的工具应合格并绝缘良好，尽量使必须外露的金属部分减少，防止发生接地短路或人身触电。

（10）严格执行二次安全措施单制度，拆动二次接线端子，应先核对图样及端子标号，做好记录和明显标记。及时恢复所拆接线，并应核对无误，检查接触是否良好且接线紧固。

（11）继电保护和自动装置在运行中，发生下列情况之一者，应退出有关装置，汇报调度和有关上级，通知专业人员处理：①继电器有明显故障；②触点振动很大或位置不正确，有误动作的可能；③装置出现异常可能误动或已经发生误动；④电压回路断线，失去交流电压；⑤其他专用规程规定的情况。

（12）因查找故障，需要做模拟试验、保护和断路器传动试验时，试验前，必须汇报调度，根据调度命令，先断开该设备的失灵保护、远方跳闸的启动回路，防止万一出现所传动的断路器拒动，失灵保护、远方跳闸误动作，造成运行区域停电的恶性事故。

64．二次回路查找故障的一般步骤有哪些？

答：二次回路查找故障的一般步骤如下：

（1）根据故障现象分析故障的一般原因。

（2）保持原状，进行外部检查和观察。

（3）检查出故障可能性大的、容易出问题的、常出问题的薄弱点。

（4）用"缩小范围"的方法逐步查找。

（5）使用正确的方法，查明故障点并排除故障。

65．造成二次交流电压回路断线的原因主要有哪些？

答：造成二次交流电压回路断线的原因主要包括：

（1）电压互感器二次熔断器熔断或接触不良。

（2）电压互感器一次（高压）熔断器熔断。

（3）电压互感器一次隔离开关辅助触头未接通、接触不良（多在操作后发生）。

（4）二次回路端子线头存在接触不良的问题。

66．二次交流电压回路断线应如何处理？

答：二次交流电压回路断线时应进行如下处理：

（1）应先将可能误动的保护和自动装置退出，根据出现的象征判断故障。

（2）若二次侧熔断器或端子线头接触不良，可拨动底座夹片使熔断器接触良好，或上紧端子螺丝，装上熔断器后投入所退出的保护及自动装置。

（3）二次熔断器熔断（或二次侧低压断路器跳闸）更换同规格熔断器，重新投入试送一次侧，成功后投入所退出的保护及自动装置。若再次熔断（或再次跳闸），应检查二次回路中有无短路、接地故障点，不得加大熔断器容量或二次侧开关的动作电流值，不易查找时，汇报调度和有关上级，由专业人员协助查找。

（4）若高压熔断器熔断，应退出可能误动的保护（启动失灵）及自动装置，拔掉二次侧熔断器（或断开二次侧小开关），拉开一次侧隔离开关，更换同规格熔断器。检查电压互感器外部有无异常，无异常可试送一次侧。试送正常，投入所退出的保护及自动装置。若再次熔断，说明互感器内部故障，需停电检修处理。

67．直流接地对运行有哪些安全危害？

答：直流系统发生一点接地后，若在同一极的另一点再发生接地时，即构成两点接地短路，此时虽然一次系统并没有故障，但由于直流系统某两点接地短接了有关元器件，可能将造成信号装置误动，或继电保护和断路器的"误动作"或"拒动"。

68．直流接地点查找步骤是什么？

答：发现直流接地在分析、判断基础上，用拉路查找分段处理的方法，以先信号和照明部分后操作部分，先室外后室内部分为原则，依次查找：

（1）区分是控制系统还是信号系统接地；

（2）信号和照明回路；

（3）控制和保护回路。

69．查找二次系统直流接地故障时，有哪些安全注意事项？

答：查找二次系统直流接地故障时注意事项如下：

（1）查找接地点禁止使用灯泡寻找的方法。

（2）用仪表检查时，所用仪表的内阻不应低于 $2000\Omega/V$。

（3）当直流发生接地时，禁止在二次回路上工作。

（4）处理时不得造成直流短路和另一点接地。

（5）查找和处理必须有两人同时进行。

（6）拉路前应采取必要措施，以防止直流失电可能引起保护及自动装置的误动。

70．使用蓄电池有哪些安全技术注意事项？

答：使用蓄电池有以下安全技术注意事项：

（1）进行蓄电池使用和维护时，应使用绝缘工具。蓄电池上面不可放置金属工具。

（2）禁止将蓄电池的正负极短接。

（3）不能使用任何有机溶剂清洗电池。

（4）切不可拆卸密封电池的安全阀或在电池中加入任何物质。

（5）不能在电池组附近吸烟或者使用明火。

（6）不能使用异样电池。

（7）所有维护工作必须由专业人员进行。

71．若配电自动化终端备用电池损坏，更换时是否可直接进行锂电池和铅酸电池的互换？

答：不能。因为铅酸电池和锂电池的充电原理不同，铅酸电池一般采用恒流充电方式，锂电池一般采用恒压充电方式。如果直接用新锂电池直接替换原来的铅酸电池，电池会过充，有可能导致电池充鼓、爆炸；反之，如果直接用新的铅酸电池替换原来的锂电池，电池始终不能充满电，影响电池使用性能和寿命。此外，同容量的锂电池和铅酸电池结构及尺寸不同，无法安装。因此，若要更换电池类型，需同时更换电源模块。

72．电房发生水浸时，配电自动化终端应做好哪些安全应急措施？

答：电房发生水浸且水势上涨趋势可能没及 DTU 箱体，应提前将 DTU 电源、操作电源以及通信电源等断开，并退出分合闸出口连接片，解开并取出终端电池，避免浸泡损坏。

73．若电房配电自动化终端电池起火，应如何处理？

答：配电自动化终端发生起火，应尽快切断终端电源，使用二氧化碳、四氯化碳和干粉灭火器进行扑灭。如果无法迅速切断电源，在保持足够安全距离，且确认人身安全的情况下，可直接使用干粉灭火器等灭火，切忌直接泼水灭火。若火势危及人身安全，应尽快撤离至安全区域，并拨打火警电话（119）。

74. 配电网馈线断路器开关越级跳闸，应如何检查处理？

答： 断路器越级跳闸后应首先检查保护装置及断路器的动作情况。如果是保护装置动作，断路器拒绝跳闸造成越级，则应在拉开拒跳断路器两侧的隔离开关后，向其他非故障线路送电。

如果是因为保护未动作造成越级，则应将各线路断路器断开，在逐条向线路试送电，发现故障线路后，将该线路停电，拉开断路器两侧隔离开关，再向其他非故障线路送电，最后再查找断路器拒绝跳闸或保护拒动的原因。

75. 现场工作过程中，如遇到异常情况（如直流系统接地等）或断路器跳闸时应怎么办？

答： 工作人员在现场工作过程中，凡遇到异常情况（如直流系统接地等）或断路器跳闸时，不论与本身工作是否有关，应立即停止工作，保持现状，待查明原因，确定与本工作无关时方可继续工作；若异常情况或断路器跳闸是本身工作所引起，应保留现场并立即通知运行值班人员，以便及时处理。

76. 配电网通信光缆施工前，应做好哪些安全技术措施？

答： 配电网通信光缆施工前，应做好以下安全技术措施：

（1）施工前根据施工现场的实际作业条件进行危险点分析，并制定相应的安全技术措施，对相关施工人员进行安全技术交底。

（2）根据施工现场的情况办理相应工作票以及施工许可手续。

（3）开启盖板前，应在四周装设遮栏以及围蔽措施，防止行人掉入井内。

（4）施工过程中应使用合格的工器具以及正确的方式开启和恢复电缆沟盖板，防止损伤盖板，防止盖板掉进电缆沟砸伤电缆，恢复后的盖板应该保持平整和稳固，防盗功能盖板在恢复时应该补装防盗螺丝。

（5）电缆沟井内施工过程中，施工人员不得蹬踏电缆接头和电缆支架。

（6）在电房或变电站内布放光缆，不可搬动和蹬踏电力电缆，不得触动电力设备，与带电设备要保持足够的安全距离，操作过程要有监护人。

（7）电力沟内必须保证良好的通风，可采用自然通风或者强制通风。

（8）井内积水过多影响施工时，应使用抽水机把积水抽出后再下井工作。

（9）严禁在施工现场乱拉乱接临时用电，使用的拖板必须带有合格的漏电开关保护，使用发电机时必须对发电机进行接地。

（10）高空作业时应做好安全防护措施，并设专人监护，在公共区域和道路挖坑施工的，应当依法依规设置明显标志和采取围蔽等安全措施。

（11）根据作业需要，对作业范围进行围蔽；路边作业需在来车 50m 处放置路锥，并穿反光衣。

77. 光缆存储和运输时，应做好哪些安全技术措施？

答： 光缆存储和运输时，应做好以下安全技术措施：

（1）光缆运抵工地前，应根据工程情况，核对光缆盘号、光缆长度、光缆外径等相关信息，防止出错。

（2）光缆装卸过程必须沿光缆盘标示方向短距滚动，禁止从车上或高处直接滚下。

（3）使用吊车装卸光缆，应用高强度钢轴穿入轴孔的方式装卸，防止钢索损坏光缆盘。

（4）光缆应存放在室内或高处干燥环境，并有遮盖物的环境内加以保护。

（5）光缆储运温度应控制在－40～＋60℃的范围内。

78．光缆敷设施工时，有哪些安全技术注意事项？

答：光缆敷设时，有以下安全技术注意事项：

（1）光缆敷设时需防止损伤光缆，敷设过程中应注意控制光缆弯曲半径的大小。

（2）电力井内光缆不能与其他缆线交叉。

（3）光缆敷设区域应谨防光缆受到车压、人踩和硬物冲砸。

（4）涉及存在开挖风险的地方，光缆应用保护套管保护，建议埋深不小于 30cm。

（5）光缆必须穿套在保护套管中，一条保护套管只能穿一条光缆，保护套管开口处光缆必须用软管做好保护并挂牌。

（6）施工中的光缆允许的弯曲半径应大于光缆外径的 10 倍，安装固定后的光缆弯曲半径应大于光缆外径的 20 倍。

（7）光缆进出电缆沟、竖井、电房以及变电站时，出入口应用防火泥进行封堵；进出口要与原有线缆保持足够距离，光缆在电房内应采用线槽保护。

（8）光缆的走向应与施工图纸一致，标签标识清晰，如遇现场与施工图纸出现不一致的情况，需进行设计变更。

79．什么是光缆盘留？盘留有什么安全技术注意事项？

答：光缆盘留处理，是指在光缆施工时，考虑后期可能出现的维护、抢修、故障处理等情况，有计划地在合理的位置预留一定长度光缆，相应地预留光缆盘成圈捆扎放置在固定位置。光纤盘留有以下安全技术注意事项：

（1）光缆应每隔 150～200m 盘留一次作为维修余量，盘留长度为 15～20m，弯曲半径应大于光缆外径的 20 倍。

（2）盘留应扎放整齐后在井内靠边摆放，并挂光缆信息标识牌。建议在有条件的情况下建设单独的盘留井及接头井，井内需通过预留进出子管直径不小于 250mm，且井内除出入面其他墙面需设置光缆固定支架。

80．光缆光纤熔接的目的是什么？熔接时有哪些安全技术注意要点？

答：光纤熔接是指通过光纤熔接机把两段光纤纤芯熔接成一根光纤的操作。光纤熔接时，有以下安全技术注意要点：

（1）每个光纤接头都必须有编号和相对应的标识。

（2）光纤接续时，必须依据光纤熔接配纤方案表进行接续，除非另有约定。

（3）每个光纤熔接点，应有可靠的接续损耗数据，并储存或有如实的记录。

（4）光纤熔接时，可以用光时域反射仪（OTDR）作远端监测，若单向监测光纤接续损耗低于标准值 2/3 时，一般可满足技术要求。每个光纤接头一般用热收缩管保护。

（5）光纤熔接合格后，光纤应盘绕收容盒内，光纤盘绕弯曲半径应不小于 30mm 且排放整齐，盘纤应先中间后两边的方法，再处理两侧余纤。

（6）盘纤时应防止光纤扭曲、小圈和急弯现象。

（7）一般要求每个光纤接续点的单向接续衰耗不大于 0.3dB，双向平均接续衰耗不大于 0.1dB 除非另有约定。

（8）在 1310nm 波长下光缆全程平均衰耗不大于 0.36dB/km，在 1550nm 波长下光缆全程平均衰耗不大于 0.22dB/km。

81．为什么要测试光纤损耗？测试时有哪些安全技术注意事项？

答：光纤损耗也被称为光的衰减，是指光纤发射端和接收端之间的光损耗量，以光纤每单位长度上的衰减量为衡量维度，单位为 dB/km。光纤损耗可分为本征光纤损耗和非本征光纤损耗。本征光纤损耗是光纤材料固有的一种损耗，主要包含了因结构缺陷引起的吸收损耗、色散损耗和散射损耗；而非本征光纤损耗主要包含了熔接损耗、连接器损耗和弯曲损耗。光纤验收时，进行光纤损耗测试，可以根据损耗测试值判断光缆是否在安装过程中受损、光纤熔接的效果等各项施工环节的实际效果。光损耗现场测试示例如图 4-46 所示。

配电网光纤损耗测试时，主要有以下安全技术注意事项：

（1）每根光纤需要进行测试；进行光纤线路损耗测量。

（2）检查光纤接头损耗，每个接续点的双向接续平均值必须小于或等于 0.1dB，在满足该要求的前提下，允许个别单向接续损耗小于或等于 0.3dB。

（3）单模光缆全程平均损耗要求：在 1310nm 波长下平均衰耗不大于 0.36dB/km，在 1550nm 波长下平均衰耗不大于 0.22dB/km。

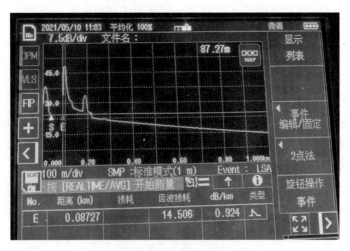

图 4-46　光损耗现场测试示例

82．光缆如何实现与交换机的连接？光缆成端应注意哪些安全技术注意事项？

答：光缆进入电房后在通信箱专用 ODF 成端，通过 ODF 实现与房内交换机的连接。光缆成端应注意以下安全技术注意事项：

（1）光缆终端盒安装应平稳，远离热源，并进行接地。

（2）光纤在终端盒内的熔接头应稳妥固定，余纤在盒内盘绕的弯曲半径应大于规定值。

（3）从光缆终端盒引出的单芯光缆，应盖上防尘防侵蚀的塑料帽。

（4）光缆终端盒、光缆应做好标识并挂牌。

第七节 架空线路作业

1. 架空线路的路径选择应遵循什么原则？如选择不当有哪些安全隐患？

答：架空线路的路径选择应遵循的原则主要有：与城镇规划相协调，与配电网架改造相结合。综合考虑运行、施工、交通条件、路径长度和地理环境等因素，原则上不得占用基本农田。

路径选择不当会存在以下安全隐患：

（1）低洼、斜坡地段易受水浸、洪涝、泥石流等自然灾害影响，易发生设备故障。

（2）邻近主干车道、环山地段，易被车辆碰撞，造成断杆、倒杆伤人。

（3）爆炸物、易燃物的仓库区域和可燃液（气）体的生产厂房、厂库、贮罐等区域附近架设架空线路，易发生设备故障产生的电弧火花引燃易燃、易爆物品，造成扩大性二次故障。

（4）架空线架设路径横穿市区公路或乡村田地，杆塔、导线易引起交通和机耕困难，有设备受外力破坏或人员误碰触电风险。

2. 架空线路杆塔基础开挖应注意哪些安全注意事项？

答：架空线路杆塔基础开挖，主要有以下安全注意事项：

（1）开挖前必须与有关地下管道、管线的主管单位取得联系，明确地下设施的确定位置，必要时，组织进行地下管线物探，做好防护措施。

（2）开挖应按设计要求的杆位和埋深进行，在组织人员施工时，应做好安全交代并加强监护和检查。

（3）电杆埋深通常为 1/10 杆高＋0.7m，挖坑深度一般与电杆埋深一样，当电杆设有底盘时，则其挖坑深度应加底盘的厚度。

（4）开挖时，洞口的大小应根据水泥杆根部直径略放裕度。坑位可以在标桩上，以标桩为中心画一圆坑线，并在通过标桩的线路中心线前后的两点各加副桩。

（5）在超过 1.5m 深的坑内工作时，抛土要特别注意防止土石回落坑内。

（6）在松软土地挖坑，应有防止塌方措施，如加挡板、撑木等，禁止由下部掏挖土层。

（7）挖出的土一般要堆放在离坑边 0.5m 以外的四周，否则将会影响挖坑工作。

（8）当挖至一定深度坑内出水时，应在坑的一角挖一小坑（或排水沟），然用水桶将水排出。

（9）如遇流沙或其他松散易塌的土质，可适当增加坑口直径。对于比较难起的散土，可采用双锹来挖，并到要求深度后立即立杆，以防散土松塌影响坑深度。

（10）在居民区及交通道路附近挖坑，应设坑盖或可靠围栏，夜间挂红灯。

（11）石坑、冻土坑打眼时，应检查锤把、锤头及钢钎子，打锤人应站在扶钎人侧面，严禁站在对面，并不得戴手套，扶钎人应戴安全帽。钎头有开花现象时，应更换。

3．铁塔基础开挖应注意哪些安全注意事项？

答：铁塔基础开挖时，主要有以下安全注意事项：

（1）开挖前，应确认地下设施的确切位置，采取防护措施。

（2）开挖时，应及时清除坑口附近浮土、石块，坑边禁止他人逗留。

（3）在超过1.5m深的基坑内作业时，向坑外抛掷土石应防止土石回落坑内。

（4）作业人员不应在坑内休息。

（5）严禁上、下坡同时撬挖，土石滚落下方不得有人，并设专人警戒。

4．电杆基础开挖深度要求有哪些？

答：电杆埋设深度通常不小于1/10杆高＋0.7m。单回路的配电线路电杆埋设深度宜采用表4-58所列数值，各地也可根据实际情况在满足计算的条件下对埋深进行调整，遇有淤泥、流沙、地下水位较高等情况时，应做特殊处理。

表 4-58　　　　　　　　　　单回路配电线路电杆埋设深度

杆高（m）	8.0	9.0	10.0	12.0	13.0	15.0	18.0
埋深（m）	1.5	1.6	1.7	1.9	2.0	2.3	2.6～3.0

5．杆塔基础附近进行土建开挖时要注意什么？

答：杆塔基础附近开挖时，应随时检查杆塔稳定性。若开挖影响杆塔的稳定性时，应在开挖的反方向加装临时拉线，开挖基坑未回填时禁止拆除临时拉线。

6．什么是桩式地锚？安装时应注意哪些安全注意事项？

答：桩式地锚是以圆钢、角钢、钢管或圆木为桩体，垂直或斜向直接打入土中，依靠土壤对桩体的嵌固和稳定作用，使桩锚承受一定的拉力。桩式地锚的承载能力与桩体的规格、材料、布置形式、打入深度及土质条件有关。由于桩锚本身的特点，它的承载能力一般较小，多用于受力较小的临时控制拉线等的固定，但由于桩锚的设置比深埋式地锚简便，省时省力，因此在线路施工中仍得到广泛应用。

为了增强桩锚的承载能力，一般应将桩体向受力反方向倾斜一定的角度打入土中，同时为了增强桩锚上部土壤的阻力，常在桩锚前部增（埋）设一加固的圆木或方木。有时为了增加桩锚的承载能力，还常采取两联桩锚、三联桩锚或多联桩锚等形式。打桩式地锚时，常用长柄大锤击打，操作不慎会造成击伤、扎伤等人身伤害，需要注意以下安全事项：

（1）打锤前应检查锤把连接是否牢固，木柄是否完好；

（2）扶桩人应站在打锤人的侧面，待桩锚基本稳定后，方可撒手；

（3）打锤人不准戴手套，并应注意四周，并随时顾及是否有人接近；

（4）打锤人体力不支时，不可勉强作业，应及时更换作业人员。

7．什么是钢筋混凝土电杆基础的"三盘"，分别有什么作用？

答：钢筋混凝土电杆基础的三盘，即底盘、卡盘和拉线盘，通常用混凝土预制而成，在现场安装。底盘用于减少电杆底部地基承受的下压力，防止电杆下沉；卡盘用于增加土壤的抗覆力，防止电杆倾斜；拉线盘用于增加拉线的抗拔力，防止拉线上拔。

8．电杆组立常见的方法及其适用范围是什么？

答：电杆组立的常用方法有固定式人字抱杆、倒落式人字抱杆、顶杆及叉杆、独脚抱杆和汽车吊杆方法等。固定式人字抱杆适用于起吊18m及以下的拔梢杆；倒落式人字抱杆多用于15m及以下强度较高的电杆；顶杆及叉杆只能用于竖立8m以下的拔梢杆，不准用铁锹、桩柱等代用顶杆及叉杆；独脚抱杆起吊电杆的方法适用地形较差、场地很小，而且不能设置倒落式人字抱杆所需要的牵引设备和制动设备的场合。

9．使用吊车立杆作业时有哪些安全注意事项？

答：使用吊车立杆作业时安全注意事项有：

（1）应设专人统一指挥、统一信号。起吊过程中吊杆下不许有人，无关人员不许停留或行走。

（2）吊重和吊车位置应选择适当，按吊装重量及钢丝绳的安全系数选取吊装钢丝绳套及卸扣。吊钩应有可靠的防脱落装置，并应有防止吊车下沉、倾斜的措施。

（3）电杆起吊应设2～3根调整绳，每根绳由1～2人拉住控制电杆起吊。

（4）钢丝绳套应吊在电杆的适当位置以防止电杆突然倾倒。吊装18m以下的电杆时可用单点绑扎，绑点可选电杆重心高1～2m处或重心点以上，钢丝绳不易滑动的位置。

（5）电杆起吊至离地后，应停止起吊检查吊车支承点的受力情况和电杆的弯曲度及焊接口情况，如吊点不理想，可校正钢丝绳套的吊点位置，一切正常后则可继续起吊。当电杆吊至与地面成60°后，减缓起吊速度至电杆就位。电杆竖立进坑时人工扶持找正坑中。

（6）起、落时应注意周围环境。撤杆时，应检查无卡盘或障碍物后再试拔。

（7）回填时应清除坑内杂物，回填土中的树根、杂草等物应清除。

（8）回填土时，应在基坑内分层夯实，层厚不得超过50cm，回填高度高出地面30cm，电杆的倾斜度符合安装规范，检查电杆安装及受力符合相关规定。

（9）基础顶面低于防沉层时，应设置临时排水沟，以防基础顶面积水，经过沉降后应及时补填夯实。易被车辆撞到的电杆应装设防撞桩。

10．在使用顶杆及叉杆开展立杆工作时有哪些安全注意事项？

答：在使用顶杆及叉杆开展立杆工作时，主要有以下安全注意事项：

（1）顶杆及叉杆只能用于竖立8m以下的拔梢杆，不得用铁锹、桩柱等代用。

（2）立杆前，应开好"马道"。

（3）作业人员要均匀地分配在电杆的两侧。

在叉杆过程中需要注意：

（1）电杆梢部两侧用活结各栓直径25mm左右、长度超过杆长1.5倍的棕绳或具有足够强度的线绳，作为拉绳和晃绳，防止电杆在起升过程中左右倾斜。在电杆起升高不大时，两侧拉绳可移至叉杆对面保持一定角度用人力牵引电杆辅助起升。

（2）马槽应尽可能开挖至洞底部，使电杆起升过程中有一定的坡度保持稳定。

（3）电杆根部移至基坑马槽内，顶住滑板。

（4）电杆梢部开始用杠棒缓缓抬起，随即用顶板顶住，可逐渐向前交替移动使杆。

（5）当电杆梢部升至一定高度时，加入一副叉杆，使叉杆、顶板、扛棒合一交替移步升高。逐步使杆梢升高。到一定高度时，再加入另一副较长的叉杆与拉绳合一用力使电杆再度高。一般竖立 10m 水泥杆需 3～4 副叉杆。

（6）当杆梢升到一定高度还未垂直前，左右两侧绳移到两侧当作控制晃绳使杆不向左右倾斜。在电杆垂直时，将一副叉杆移到竖立方向对面，防止过牵引倒杆。

（7）电杆竖立后，需采用两副叉杆相对支撑住电杆，然后检查杆位是否在线路中心，再分层夯实。

11．在使用抱杆开展立杆工作时有哪些安全注意事项？

答：在使用抱杆开展立杆工作时有以下安全注意事项：

（1）使用抱杆立、撤杆时，主牵引绳、尾绳、杆塔中心及抱杆顶应在一条直线上。

（2）抱杆下部应牢固固定，抱杆顶部应设临时拉线控制，临时拉线应均匀调节并由有经验的人员控制。抱杆应受力均匀，两侧拉绳应拉好，不得左右倾斜。

（3）固定临时拉线时，不得固定在可能移动或其他不可靠的物体上。

12．整体立、撤杆塔时有哪些安全注意事项？

答：整体立、撤杆塔时有以下安全注意事项：

（1）整体立、撤杆塔前应进行全面检查，确认各受力、连接部分全部合格后方可起吊。

（2）立、撤杆塔过程中，吊件垂直下方、受力钢丝绳的内角侧严禁有人。

（3）杆顶起立离地约 0.8m 时，应对杆塔进行一次冲击试验，对各受力点处做一次全面检查，确无问题，再继续起立。

（4）杆塔起立 60°后，应减缓速度，注意各侧拉绳；起立至 80°时，停止牵引，用临时拉线调整杆塔。

13．在使用吊车开展立杆工作时有哪些安全注意事项？

答：在使用吊车开展立杆工作时主要有以下安全注意事项：

（1）应设专人统一指挥、统一信号。

（2）钢丝绳套应吊在电杆的适当位置以防止电杆突然倾倒。

（3）吊重和吊车位置应选择适当，吊钩应有可靠的防脱落装置，并应有防止吊车下沉、倾斜的措施。

（4）吊车起、落时应注意周围环境。撤杆时，应检查无卡盘或障碍物后再试拔。

（5）起吊过程中吊杆下不许有人，无关人员不许停留或行走。

14．采用固定式人字抱杆整体吊立电杆，在起吊过程中有什么要求？

答：采用固定式人字抱杆整体吊立电杆，在起吊过程中主要有以下要求：

（1）抱杆高度一般可取电杆重心高度加 2～3m，或根据吊点距离和上下长度、滑车组两滑轮碰头的距离适当增加裕度来考虑。

（2）横风绳距杆坑中心距离，可取电杆高度的 1.2～1.5 倍。

（3）滑车组的选择应根据水泥杆质量来确定。水泥杆质量在 1000kg 以下时，采用走一走一滑车组牵引；水泥杆质量在 1000～1500kg 时，采用走一走二滑车组牵引；水泥杆质量在 1500～2000kg 时，采用走二起二滑车组牵引。

（4）18m 电杆单点起吊时，由于预应力杆有时吊点处承受弯矩较大，必须采取加绑措施来加强吊点处的抗弯强度。

（5）如果土质较差时，拖杆脚需铺垫道木或垫木，以防止拖杆起吊受力后下沉。

（6）拖杆的根开一般根据电杆质量与拖杆高度来确定，一般在 2～3m 范围内。

（7）起吊过程中，要求起立缓慢均匀牵引。电杆离地 0.5m 左右时，应停止起吊，全面检查横风绳受力情况以及地锚是否牢固。水泥杆竖立进坑时，应注意上下的横风绳受力情况，并应缓慢松下牵引绳。

15．倒落式人字抱杆整体起吊立电杆时抱杆有什么要求？

答：倒落式人字抱杆整体起吊立电杆时主要有以下要求：

（1）抱杆的长度取电杆高度的 1/2，抱杆根开一般取抱杆长度的 1/4～1/3，具体可视现场实际决定，以不使抱杆在起吊过程中与电杆碰擦为原则。抱杆起动时，抱杆对地面的夹角一般在 60°～70°。

（2）电杆起吊过程中，电杆离地 0.5～1m 应停止起吊，进行冲击试验，检查各部受力情况，各绳扣是否牢固，各锚桩有无起动，主杆有无弯曲、产生裂纹、偏斜，抱杆两侧受力是否均匀，抱杆脚有无滑动及下沉等，若确定无异常才能继续起吊。

（3）电杆离地 30°～45°，应使电杆根部落盘，最迟也应在抱杆脱帽前使杆根落盘。

（4）当电杆离地 45°后，应注意拖杆脱帽。脱帽时电杆应停止起立，待抱杆落下并撤离后继续起立，此时要注意带好缆风绳。

（5）当电杆离地 70°左右时，应带住后缆风绳以防 180°倒杆，并放慢起吊速度。

（6）当电杆离地 80°左右，应立即停止牵引，利用牵引系统的自重，缓缓调整杆身，并收紧各侧临时缆风绳。

（7）待电杆竖正并夯实填土后，方可登杆拆除起吊工器具与设备。倒落式人字抱杆整体起吊现场施工布置如图 4-47 所示。

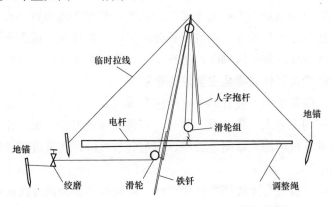

图 4-47　倒落式人字抱杆整体起吊现场施工布置图

16. 使用倒落式人字抱杆整体起吊立电杆离地时检查的内容是什么?

答: 电杆起吊过程中,电杆离地 0.5～1m 应停止起吊,进行冲击试验,检查各部受力情况,各绳扣是否牢固,各锚桩有无起动,主杆有无弯曲、产生裂纹、偏斜,抱杆两侧受力是否均匀,抱杆脚有无滑动及下沉等,若确定无异常方可继续起吊。

17. 在开展电杆底、拉盘的吊装工作时有哪些安全注意事项?

答: 如有条件时,底、拉盘的吊装可用吊车安装,这样既方便省力,又比较安全。在没有条件时,一般根据底、拉盘的质量采取不同的吊装方法。主要有以下安全注意事项:

(1) 质量大于 300kg 及以上的底、拉盘,一般采用 1000mm×6500mm 组合的人字抱杆吊装。300kg 以下质量的底、拉盘,一般采用人力的简易方法吊装。

(2) 一般采用人力的简易方法首将底、拉盘移出坑口,两侧用吊绳固定或环套,坑口下方至坑底放置有一定斜度的钢钎或棍,在指挥人员的统一指挥下,人力缓缓将底、拉盘下放,到坑底后将钢钎或木棍抽出,解出吊绳再用钢钎调整底、拉盘中心即可。

(3) 找正底盘的中心时,一般可将坑基两侧副桩的圆钉上用线绳连成一线或根据分坑记录数据找出中心点,再用垂球的尖端来确定中心点是偏移。如有偏差,则可用钢拨动底盘,调整到中心点为止,最后用泥土将底盘四周覆盖并操平夯实。

(4) 找正拉盘中心时,一般将拉盘拉棒与基坑中心花杆及拉线副桩对准一条垂线。如拉盘偏差需用钢钎撬正。移正后即在拉棒处按照规定的角度挖好马槽,将拉线棒放置在马槽后即覆土。

18. 电杆钢圈法兰盘连接应注意什么?

答: 电杆钢圈法兰盘连接应注意以下内容:

(1) 连接前应清除法兰盘上的油脂、铁锈、泥垢等杂物。

(2) 连接螺栓应采用电杆制造厂提供的原配螺栓,不应采用替代品。

(3) 螺栓由下向上穿,应与法兰盘平面垂直,螺头平面与构件间不应有空隙。

(4) 螺栓应加平垫及弹簧垫图,螺栓紧好后,弹簧垫圈应压平,螺栓丝扣外露长度少于两个螺距。

(5) 法兰盘连接后,应涂刷防锈漆。

19. 放线时,线轴布置的原则和注意事项有哪些?

答: 线轴布置应根据最省力和减少接头的原则,按耐张段布置。布置时应注意交叉跨越档中不得有接头;线轴放在一端耐张杆处,可由一端展放,或在两端放线轴,以便用人力或机械来回带线;安装线轴时,出线端应从线轴上面引出,对准拖线方向。

20. 放线前的准备工作有哪些安全注意事项?

答: 放线前的准备工作主要有以下安全注意事项:

(1) 放线工作均应专人指挥、统一信号,并做到通信畅通,做好监护。

(2) 交叉跨越各种线路、铁路、公路、河流等放线时,应采取搭设跨越架、封航、封路等安全措施。

(3) 放线前,应检查有无障碍物挂住导线,导线与牵引绳的连接应可靠,线盘架应稳固可靠、转动灵活、制动可靠。

21．紧线前的准备工作有哪些安全注意事项？

答：紧线前的准备工作主要有以下安全注意事项：

（1）派专人进行现场检查导线有无损伤，所有连接是否符合工艺要求，导线间有无交叉。

（2）清除紧线区的各种障碍物。

（3）检查两端耐张的补强拉线或永久拉线是否做好，并已调整。

（4）检查牵引设备是否准备就绪。

（5）检查导线是否都放入滑车轮槽内。

（6）通信联系保持良好。

（7）观测弧垂人员是否均已到位。

（8）交叉跨越措施是否稳妥可靠。

22．采用人力放线作业时应注意哪些安全注意事项？

答：人力放线是指靠人力拽着导线沿线进行展放，放线时应注意：

（1）放线架应牢靠，出线端应从线轴上方抽出，线轴处应有专人看管。

（2）工作人员不应站在已受力的牵引绳、导（地）线的内角侧及正上方，牵引绳或架空线的垂直下方；或者跨在导（地）线及牵引绳圈内，防止意外跑线时抽伤。

（3）导线经过地区要消除障碍，拖拽导线时不能损伤导线。

（4）在每基电杆上应悬挂铝制放线滑车，把导线放入滑车轮槽内。

（5）在每基电杆位置应设专人监护，随时注意导线的情况。

（6）放线完毕，应及时适度收紧，注意安全。

23．开展紧线作业过程中有哪些安全注意事项？

答：紧线设备应根据制造厂铭牌规定的允许荷重使用，不准超载，紧线时应注意：

（1）对于耐张段和孤立档，紧线时导线拉力较大，因此，应严密监视各杆是否有倾斜变形现象。

（2）工作人员不应站在已受力的牵引绳、导（地）线的内角侧及正上方，牵引绳或架空线的垂直下方；或跨在导（地）线及牵引绳圈内，防止意外跑线时抽伤。

（3）导线和紧线器连接时，应防止导线损伤或滑动，应考虑导线的初伸长。

（4）禁止用树木或电杆做紧线地锚。

（5）在紧线作业时，导线垂直下方不许站人，并不许行人通过。

24．在放线、紧线施工中，地面后勤施工人员有哪些安全注意事项？

答：在放线、紧线施工中，地面后勤施工人员常见的安全注意事项有：

（1）不得在悬空的架空线下方停留。

（2）不得横跨被牵引离地的架空线。

（3）展放余线时护线人员不得站在线圈内或线弯内侧。

（4）在未取得指挥员同意之前不得离开岗位。

25．采用以旧线带新线的方式施工时有哪些安全注意事项？

答：采用以旧线带新线的方式施工，应检查确认旧导线完好牢固；若放线通道中有带电线路和带电设备，应与之保持安全距离，无法保证安全距离时应采取搭设跨越架等措施或停电。牵引过程中应安排专人跟踪新旧导线连接点，发现问题立即停止牵引。

26．施工线路与被跨越物非垂直交叉时，跨越架的搭设有哪些安全注意事项？

答：施工线路与被跨越物非垂直交叉时，跨越架的搭设主要有以下安全注意事项：

（1）跨越架立柱间的距离一般为 1.5m 左右，横杆上下距离一般为 1.0m 左右，以便上下攀登。跨越架的平面应绑设 X 形的斜杆，跨越架上部两端角应有伸出 1.5～2m 的羊角杆，并应加设支柱、斜撑或打拉线以增强稳定。立柱及支撑杆应埋入地下不小于 0.5m，封顶一般采用斜向或交叉封顶。

（2）跨越架的搭设应由下而上依次进行，不得上下同时进行，或先搭框架后搭中间，并应有专人送杆和接杆。登杆作业人员应使用安全带并系结可靠。拆除时应由上向下进行，不得无次序拆除或成片推倒，不得抛掷物品。

27．拉线截面选型有哪些注意事项？

答：10kV 及以下架空配电线路、拉线的选用与导线的线径及杆型等相关，在截面选型时有以下注意事项：

（1）直线杆 30°以下转角杆拉线根据导线的线径一般采用 GJ-35～GJ-70 镀锌钢绞线。

（2）45°以下转角杆拉线根据导线的线径一般采用 GJ-35～GJ-100 镀锌钢绞线。

（3）45°～90°转角杆、终端杆、分支杆拉线根据导线的线径一般采用 GJ-35～GJ-100 镀锌钢绞线。

28．在登杆塔作业前，为确保安全应重点检查哪些内容？

答：登杆作业前检查内容如下：

（1）杆塔作业前，应先检查杆根应牢固、杆身无纵向裂纹，横向裂纹符合要求、拉线无松动，新立电杆在杆基未完全牢固或做好临时拉线前严禁攀登。

（2）按电杆的规格，选择大小合适的脚扣，检查脚扣焊接无裂纹，无变形，防滑条（套）完好，无裂损；检查脚扣带完好，无霉变、裂缝、断损、脱线；登杆前应进行一次冲击试验。

（3）登杆前应对脚扣或脚踏板进行人体载荷冲击试验。站在地面，将脚扣扣在电杆上，用一只脚站上去，用力朝下蹬，做人体载荷冲击试验，检查有无异常。

（4）安全带使用前必须进行外观检查，试验合格，未超出使用有效期；安全带无刮痕、起毛或是断裂迹象、连接部位、缓冲器完好无损。安全带应采用高挂低用的方式，系好安全带后必须检查扣环是否扣牢。不应挂在移动、不牢固或锋利的物件上。凡在离地面 2m 及以上的地点工作，应使用双保险安全带；使用 3m 以上安全绳时，应配合缓冲器使用；当在高空作业，活动范围超出安全绳保护范围时，必须配合速差式自控器使用。

29．采用脚扣登杆时有哪些安全注意事项？

答：采用脚扣登杆时的安全注意事项如下：

（1）穿脚扣时，脚扣带的松紧要合适，防止脚扣在脚上转动或滑脱。

（2）根据电杆的粗细调节脚扣的大小，使脚扣牢靠地扣住电杆。

（3）系好安全带，安全带应系在腰带下方，臀部上面，松紧要合适，换好绝缘鞋。

将安全带绕过电杆，调节好合适的长度系好，扣环扣好，做好登杆准备。

（4）登杆时，应用两手掌上下扶住电杆，上身离电杆，臀部向后下方坐，使身体成弓形。当左脚向上跨扣时，左手同时向上扶住电杆，右脚向上跨扣时，右手同时向上扶住电杆。

（5）如登拔梢杆，应注意适当调整脚扣。若要调整左脚扣，应左手扶住电杆用右手调整，调整右脚扣与其相反。

（6）快到杆顶时，要注意防止横担碰头，到达工作位置后，将脚扣扣牢登稳，在电杆的牢固处系好安全带，方可开始工作。

（7）登杆时两脚扣严禁搭在一起，也不要相碰以防滑脱。

（8）下杆时应缓慢进行，距地面 1m 以上不得丢扣跳杆或抱杆滑下。

30．在杆塔上工作时有哪些安全注意事项？

答：在杆塔上工作时主要有以下安全注意事项：

（1）六级以上大风或雷雨时，禁止登杆。

（2）上杆作业时，应使用有后备绳的双保险安全带，严禁不系安全带进行杆上作业。

（3）系好安全带后，必须检查扣环是否扣牢，安全带和保护绳应分挂在杆塔不同部位的牢固构件上，不得系在绝缘子、导线等不牢固的物体上。杆上作业转位时，不得失去安全带保护，安全带必须系在牢固的构件或电杆上。在电杆上作业，应防止安全带从杆顶脱出或被锋利物割伤。

（4）攀登横担时，应检查横担及紧固件是否牢固、良好。

（5）登杆作业所用的工具及零星材料应装入工具袋内随人带上或用吊绳传递。杆上人员应防止落物伤人，不得抛扔。

（6）杆上有人工作时，不得调整或拆除拉线。

（7）不准在工作地点的垂直下方及坠物可能落到的地方通行或逗留。

31．杆塔上作业对安全带的使用有哪些要求？

答：杆塔上作业时，安全带的使用要求有：

（1）杆塔上作业时，安全带应挂在牢固的构件上或专为挂安全带用的钢架或钢丝绳上，并不得低挂高用，禁止系挂在移动或不牢固的物体上，系安全带后应检查扣环是否扣牢。

（2）凡在离地面 2m 及以上的地点工作，应使用双保险安全带；使用 3m 以上安全绳时，应配合缓冲器使用；当在高空作业，活动范围超出安全绳保护范围时，必须配合速差式自控器使用。

（3）安全带、绳使用过程中不应打结，安全带的腰带受力点宜在腰部与臀部之间位置，作业人员在杆上移位及上下杆塔时不得失去安全带的保护。

32．终端、转角、分支和耐张横担的安装要求有哪些？

答：终端、转角、分支和耐张横担的安装要求主要有：

（1）终端杆建议一律采用终端铁横担加支持铁拉板。

（2）转角在 45°以下的杆塔，应采用单层双横担水平布置方式；转角在 45°及以上的杆塔，应采用双层双横担水平布置方式。

（3）分支杆主杆线路方向照直线杆考虑，分支方向照终端杆考虑，所用双铁横担用镀锌铁螺栓对穿。

（4）耐张杆一律采用瓷拉棒，另用一根边相瓷横担固定顶线或中线的跳线。

33．配电线路横担安装有什么要求？

答：配电线路横担安装要求如下：

（1）横担一般要求在地面组装，与电杆整体组立。

（2）如电杆立好后安装，则应从上往下安装横担。

（3）直线杆横担装在负荷侧，转角、分支、终端杆装在受力方向侧。

（4）多层横担装在同一侧。

（5）横担安装应平直，倾斜不超过 20mm。

34．架空线路导线驳接作业有哪些注意事项？

答：架空线路导线驳接作业时应注意以下事项：

（1）连接可靠，其接头电阻值不应大于相同长度导线的电阻值。

（2）机械强度高，其接头的机械强度不低于导线机械强度的 80%。

（3）耐腐蚀，接头应耐化学腐蚀和电化学腐蚀。

（4）绝缘导线应保证绝缘性能好，其接头的绝缘强度应不低于导线的绝缘强度。

35．在架空绝缘导线上作业有哪些安全注意事项？

答：在架空绝缘导线上作业的安全注意事项主要有：

（1）架空绝缘导线不应视为绝缘设备，严禁直接接触或接近。

（2）应在架空绝缘导线的适当位置设置验电接地环或其他验电接地装置。

（3）不应穿越未停电接地的绝缘导线进行工作。

（4）在停电作业中，开断或接入绝缘导线前，应采取防感应电的措施。

36．安装架空线路金具前，外观检查项目有哪些？

答：安装架空线路金具前，外观检查项目包括：

（1）表面光洁、无裂纹、毛刺、飞边、砂眼、气泡等缺陷。

（2）镀锌良好，无锌皮剥落、锈蚀现象。

（3）金具组装配合良好。

37．安装架空线路绝缘子及瓷横担绝缘子前，外观检查项目有哪些？

答：安装架空线路绝缘子及瓷横担绝缘子前，外观检查项目包括：

（1）瓷件与铁件组合无歪斜现象，且结合紧密，铁件镀锌良好。

（2）瓷釉光滑，无裂纹、缺釉、斑点、烧痕、气泡或瓷釉烧坏等缺陷。

（3）弹簧销、弹簧垫的弹力适宜。

38．架设架空线路线材前，外观检查项目有哪些？

答：架设架空线路线材前，外观检查项目包括：

（1）是否有松股、交叉、折叠、断裂及破损等缺陷。

（2）是否有严重腐蚀现象。

（3）绝缘线表面是否平整、光滑、色泽均匀，绝缘层厚度是否符合规定。

（4）绝缘线的绝缘层是否挤包紧密，且易剥离，绝缘线端部是否有密封措施。

39．导线在同一档距连接有哪些要求？

答：导线在同一档距连接要求如下：

（1）同一档距内，每根导线只允许有一个接头，接头距导线固定点不应小于 0.5m。

（2）不同规格，不同金属和绞向的导线，严禁在一个耐张段内连接。

40．对钢芯铝绞线、单金属绞线、钢绞线进行补修的标准是什么？

答：对钢芯铝绞线、单金属绞线、钢绞线进行补修的标准如下：

（1）钢芯铝绞线。在同一截面处铝股损伤超过修补处理标准，但其面积不超过铝面积 7%者，采用缠绕方法补修。当同一处铝股的损伤面积在 7%以上、25%以下时，利用补修金具补修。

（2）单金属绞线。在同一截面处损伤超过修补标准，但损伤截面不超过总截面的 5%，利用缠绕方法补修；在同一处损伤面积在 5%及以上、17%以下，利用补修金具补修。

（3）钢绞线。7 股钢绞线断 1 股，以补修金具补修；19 股钢绞线断 1 股，以镀锌线缠绕；断 2 股，以补修金具补修。

41．配电高、低压线路跳线作业，引下线间的净空距离各是多少？

答：（1）高压配电线路每相的跳线、引下线与邻相的跳线，引下线或导线之间的净空距离，不应小于 300mm。

（2）低压配电线路不应小于 150mm。

（3）高压配电线路的导线与拉线、电杆、构架间的净空距离不应小于 200mm。

（4）低压配电线路不应小于 50mm。

（5）高压引下线与低压线间的距离，不宜小于 400mm。

42．配电架空线路对地及不同物体的安全距离是多少？

答：架空线路导线对地及不同物体的安全距离见表 4-59～表 4-62。

表 4-59　　　　　　　　**导线与地面或水面的最小距离**　　　　　　　　单位：m

线路经过地区	线路电压	
	1～10kV	1kV 以下
居民区	6.5	6
非居民区	5.5	5
不能通航也不能浮运的河、湖（至冬季冰面）	5	5
不能通航也不能浮运的河、湖（至 50 年一遇洪水位）	3	3
交通困难地区	4.5（3）	4（3）

注　括号内为绝缘线数值。

表 4-60　　　　　　　　**导线与山坡、峭壁、岩石之间的最小距离**　　　　　　　　单位：m

线路经过地区	线路电压	
	1～10kV	1kV 以下
步行可以到达的山坡	4.5	3.0
步行不能到达的山坡、峭壁和岩石	1.5	1.0

表 4-61 导线与建筑物的最小距离 单位：m

最大弧垂情况的垂直距离		最大风偏情况的水平距离	
1～10kV	1kV 以下	1～10kV	1kV 以下
3（2.5）	2.5（2）	1.5（0.75） 相邻建筑物无门窗或实墙	1.0（0.2） 相邻建筑物无门窗或实墙

注 括号内为绝缘线数值。

表 4-62 导线与行道树的最小距离 单位：m

最大弧垂情况的垂直距离		最大风偏情况的水平距离	
1～10kV	1kV 以下	1～10kV	1kV 以下
1.5（0.8）	1.0（0.2）	2.0（1.0）	1.0（0.5）

注 括号内为绝缘线数值。

43．检修杆塔时应特别注意什么？

答：检修杆塔时特别注意以下事项：

（1）检修杆塔不得随意拆除受力构件，如需要拆除时，应事先做好补强措施。

（2）调整杆塔倾斜、弯曲、拉线受力不均或迈步、转向时，应根据需要设置临时拉线及其调节范围，并应有专人统一指挥。

（3）杆塔上有人时，不得调整或拆除拉线。

44．应如何安全开展带电线路导线的弧垂、档距测量工作？

答：测量带电线路导线的弧垂、档距及导线与通道内其他物体（交叉跨越、建筑物、树木、塔材等）的距离时，不应使用皮尺、普通绳索、线尺（夹有金属丝者）等非绝缘工具。作业人员活动范围及其所携带的工具、材料等，与带电导线最小距离不得小于规定的作业安全距离。测量杆的允许使用电压等级应与设备电压等级相符，在测量时作业人员的手不应越过护环或手持部分的界限，人体应与带电设备保持安全距离，并注意防止绝缘杆被人体或设备短接，以保持有效的绝缘长度。

45．配电网的防雷设备主要有哪些？各种防雷设备都有哪些应用场景？

答：配电网的防雷保护装置，通常有避雷针、避雷线、避雷器等。

（1）避雷针是防直接雷击的有效措施。当雷云接近地面时，避雷针利用在空中高于其被保护对象的有利地位，把雷电引向自身，将雷电流引入大地，从而达到使被保护物"避雷"的目的。避雷针由三部分组成：雷电接收器、接地引下线和接地体。避雷针主要用于保护建筑物、较高设备和杆塔等避免雷击的装置，如图 4-48（a）所示。

（2）避雷线由架空地线、接地引下线和接地体组成，如图 4-48（b）所示。架空地线是悬挂在空中的接地导体，其作用和避雷针一样，对被保护物起屏蔽作用，将雷电流引向自身，通过引下线安全地泄入地下。因此，装设避雷线也是防止直击雷的主要措施之一。避雷线主要用于输配电的架空线路和建筑等。

（3）避雷器的作用是限制过电压，保护电气设备的绝缘，如图 4-48（c）所示避雷器与被保护设备并联，当系统中出现过电压时，且过电压达到避雷器规定的动作电压时，避雷器会立即动作，将过电压负荷通过避雷器、接地装置引入大地，将线路设备的过电压限制在一定水平。过电压消失后，避雷器迅速截断在工频电压作用下的电弧电流即工频续流，恢复正常。避雷器主要用于保护变压器、开关设备、电缆头、配电房等。

（a） （b） （c）

图 4-48　配电网常用防雷设备

（a）避雷针；（b）避雷线；（c）避雷器

46. 什么是接地装置？

答： 电力设备接地引下导线和埋入地中的金属接地体之和称为接地装置。通过接地装置使电气设备接地部分与大地有良好的金属连接。接地装置分为接地体与接地线。

（1）接地体又称为接地极，指埋入地中直接与大地接触的金属导体或金属导体组，是接地电流流向大地的散流件。

（2）接地线指电气设备及需要接地的部位用金属导体与接地体相连的部分，是接地电流由接地部位传导至大地的途径。

47. 架空裸导线主要采取的防雷措施是什么？

答： 对于 10kV 裸导线线路，采用避雷线进行防雷保护的成本高、施工不方便，目前基本上是在一些雷电活动频繁的线段安装避雷器，同时按照要求做好杆塔的接地。为了防止雷击引起绝缘子击穿，造成导线相间短路，烧断导线，可采取适当提高绝缘等级的办法，并定期进行清扫维护，保持其耐压水平，防止和减少绝缘子击穿事故。

48. 架空绝缘导线，都有哪些防雷措施？

答： 对于 10kV 架空绝缘线路，由于遭受雷击时，在绝缘导线与绝缘子金属部分或横担闪络，强大的电弧不易滑动，致使雷击使绝缘线放电点熔断，因此应采取必要的防雷措施，目前采取的防雷措施有：

（1）安装避雷线，此种方法避雷效果最好，但可行性和难度大，成本高。

（2）适当提高线路绝缘子耐压水平或加大绝缘子的爬距。

（3）在多雷区或者按照一定档距安装线路避雷器，减少雷击断线事故。

（4）延长闪络路径，使电弧容易熄灭，局部增加绝缘强度，如在导线与绝缘子相连处加强绝缘，以及采用长闪络路径避雷器等。

（5）局部剥离绝缘导线，使之局部成为裸导线，从而电弧能在剥离部分滑动，而不是固定在某一点烧蚀。

49．配电线路不同防雷措施技术经济性和适用性有哪些区别？

答：配电线路不同防雷措施技术经济性和适用性对比见表 4-63。

表 4-63 配电线路不同防雷措施技术经济性和适用性对比

防雷措施	加强线路绝缘	架空地线	降低接地电阻	线路避雷器		其他	
				无间隙避雷器	带间隙避雷器	多腔室避雷器	故障识别防雷绝缘子
保护原理	提高线路耐雷水平，降低雷击闪络概率	通过耦合降低导线感应过电压水平	降低反击闪络和多相闪络概率	抑制绝缘子两端雷电过电压，避免雷击闪络和断线		多腔室电极击穿泄放雷电电流并吹弧，第一次过零截断工频电流，避免雷击闪络和断线	抑制绝缘子两端雷电过电压，避免雷击网络和断线
技术特点	提高绝缘子、导线、塔头等组合绝缘强度，维护少	对直击雷过电压抑制作用有限，宜配合采用降阻和加强绝缘措施	宜充分利用杆塔自然接地作用，必要时敷设人工接地装置	电阻片长期承受运行电压易老化，需定期检测	电阻片长期承受电压很低，基本免维护	通过杆塔自然接地作用，无需人工接地装置，常态不承受电压，基本免维护	兼具带间隙避雷器和绝缘子双重功能
综合效果	一定程度上降低线路雷击闪络和断线概率	一定程度上降低雷击闪络和断线的概率	一定程度上改善线路的雷电防护性能	安装相可避免线路雷击网络和断线，但可能增大未安装相及相邻未安装的雷击网络率，合理配置避雷器或配合降阻可减小影响			
安装要求	一般，新建线路不增加工作量，运行改造稍难	高，需校核杆塔强度和塔头的距离	较高，高土壤电阻率地区降阻困难	一般，安装较简单	较高，需控制好外串联间隙的距离	固定间隙：一般 非固定间隙：高	一般
经济成本	较高	高，需配合采取降低接地电阻措施	较高，需要较大人力和材料成本	一般	较高	较高	一般
适用范围	较大	一般	较大	大	大	大	大

50．混合线路都有哪些防雷措施？

答：10kV 架空线路连接的电缆，当电缆长度大于 50m 时，应在其两端装设避雷器；当电缆长度不大于 50m 时，可在线路变换处一端装设。避雷器接地端应与电缆外皮连接，并应与电气设备的接地装置可靠连接。

51．柱上断路器和负荷开关都有哪些防雷措施？

答：配电线路上的柱上开关，应防止受雷击时引起闪络或短路故障。通常在开关设备的侧（联络开关应两侧）装设阀式避雷器或金属氧化物避雷器进行保护，其接地线应与被保护设备的金属外壳相连接，接地电阻值不大于 10Ω。

52．配电变压器都有哪些防雷措施？

答：配电变压器防雷措施如下：

（1）应在高压熔断器与变压器之间安装避雷器。

（2）避雷器的防雷接地引下线采用"三位一体"的接线方法，即避雷器接地引下线、配电变压器的金属外壳和低压侧中性点这三点连接在一起，然后共同与接地装置相连接，100kVA及以上的变压器的接地电阻不应大于4Ω，100kVA以下的变压器不应大于10Ω。

（3）应在变压器低压侧安装低压避雷器。

（4）在多雷区变压器还可以在各组低压出线处安装低压避雷器，用来防止由于低压侧落雷而造成绝缘击穿的事故。

（5）避雷器至配电变压器最大电气距离宜符合见表4-64。

表4-64　　　　　金属氧化物避雷器至6～10kV主变压器的最大电气距离

雷季中经常运行的进线回路数	1	2	3	4及以上
最大电气距离（m）	15	20	25	30

53．配电站所都有哪些防雷措施？

答：配电站所防雷措施如下：

（1）容易遭受雷击且又不在防直击雷保护措施（含建筑物）的保护范围内的配电站所，采用在建筑物上的避雷带进行保护，避雷带的每根引下线冲击接地电阻不宜大于30Ω，其接地装置宜与电气设备等接地装置共用。

（2）箱式变压器及室内型配电站所的户内电气设备的外壳（支架、电缆外皮、钢框架、钢门窗等较大金属构件和突出屋面的金属物）均要可靠接地，金属屋面和钢筋混凝土屋面的钢筋应与变电所的接地网可靠连接。

54．环境温度容易对架空线路造成哪些影响？

答：气温较高时，导线的拉力减小、弧垂增大，在大风时，导线摆动不齐，容易发生混连短路，特别是三相线路有明显的拉力不等、弧垂不同时，更容易发生这种故障。

在寒冷多雪天气，易造成线路覆冰，引起断线或杆塔倾倒。通常采用电流融冰和机械除冰等方式消除导线覆冰。

55．倒杆断线后的注意事项主要有哪些？

答：倒杆断线后的注意事项主要有：

（1）发现或得知倒杆断线后，应派人看守出事地点，防止行人进入出事地点8m以内。并向上级领导报告。抢修人员到达现场后应认为线路带电，在断开电源或接到上级通知确认停电后，方可开始抢修。

（2）抢修作业前应做好安全措施并确认工作地段各侧装设接地线，作业过程中注意与其他线路保持足够的安全距离。

（3）如需接续，将断线点在超过1m以外处剪断重接，并用同型号的导线连接或压接好。避免在一个档距内有两个接头。

（4）解开作业杆相邻两杆绝缘子的固定绑线，自然调匀每档的弛度，确保导线的拉力均匀，再进行绑扎固定。

第八节 电力电缆作业

1. 电力电缆线路由哪些设备和设施组成？

答：电力电缆线路主要由电力电缆本体、电缆终端头、电缆中间头、电缆通道（电缆沟、电缆管道、电缆隧道、电缆槽盒、工井等），以及防护设施等组成。

2. 配网电缆线路施工作业主要包含哪些工作？

答：配网电缆线路施工作业主要包含按照电缆线路设计图纸和工艺规范开展沟槽施工、敷设电缆、电缆接头制作以及电缆线路交接试验等工作。

3. 什么是电缆长期允许载流量？哪些措施可以提升电缆载流量？

答：在满足热稳定条件下，电缆达到长期允许工作温度时的电缆载流量称为电缆长期允许载流量。一般由导体材质、绝缘类型、敷设方式、布置形式等因素共同确定。在电力工程设计阶段参考电缆在不同环境和条件下的长期允许载流量，根据需求选择对应的电缆型号。

导线自身的属性是影响电缆载流量的内部因素，可以通过增大线芯截面积、采用高导电材料、采用耐高温导热性能好的绝缘材料、减少接触电阻等提高电缆载流量。环境是影响电缆载流量的外部因素，可以通过合理排列加大线缆间距、选择合适的铺设场所（散热良好地段、填充导热介质）等都可以提升电缆载流量。

4. 电缆有哪些常见的敷设方式？

答：常见的电缆敷设方式包括：直埋敷设、导管内敷设、电缆沟内敷设、隧道内敷设、水下敷设、桥架敷设和其他敷设。

5. 直埋敷设方式的优缺点？在什么环境条件下采用？

答：直埋敷设是将电缆线路直接埋设在地面下 0.7～1.5m 深的敷设方式，如图 4-49 和图 4-50 所示。一般用在电缆线路不太密集和交通不拥挤的城市地下走廊。直埋敷设的优点是施工时间短、投资小、线路输送容量较大；缺点是容易受到机械性外力损坏、容易受到周围环境的化学或电化学腐蚀。

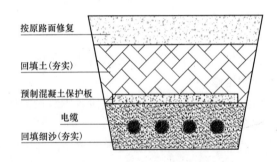

图 4-49　电缆直埋敷设结构示意图

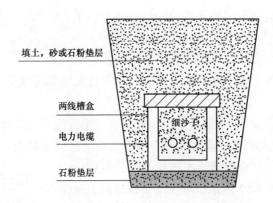

图 4-50　电缆直埋敷设（槽盒）结构示意图

当处于以下环境条件时，宜采用直埋敷设方式：

（1）同一通道电缆根数较少；

（2）城郊或厂区等不易经常性开挖地段；

（3）城镇人行道，公园绿化带及公共建筑物间边缘地带或道路边缘；

（4）地下水位较高的地方，通道中电缆数量较少，不经常有载重车辆通过等场所宜采用浅槽敷设方式。

6．导管内敷设方式的优缺点有哪些？在什么环境条件下采用？

答： 导管内敷设是将电缆敷设在预先埋设在地下的导管中的一种敷设方式，常见的导管内敷设方式有排管敷设、顶管敷设等，图 4-51 所示，通常用于交通频繁、地下走廊较为拥挤的地段。导管每隔一定长度后或者转弯折角处应增设工井。导管内敷设的优点是土建工程一次完成，后续在同一路径敷设电缆不必重复开挖，不易受外力破坏；缺点是投资大、工期长，散热不良，而且在敷设、检修和更换时不方便。

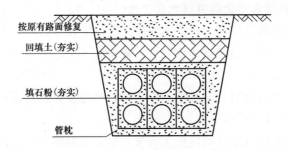

图 4-51　电缆排管敷设结构示意图

当处于以下环境条件时，宜采用导管内敷设方式：

（1）电缆引入和引出建筑物、建筑物基础、隧道、穿过楼板及墙壁处；

（2）从沟道引到电杆、设备、墙外表面或屋内行人容易接触处，距地面高度 2m 到地下 0.2m 的一段处；

（3）可能有载重设备移经电缆上面的区段及其他可能受到机械损伤的地方；

（4）在有爆炸危险场所明敷露出地面以上需加以保护的电缆，以及地下电缆与公路、铁道交叉处；

（5）地下电缆通过房屋、广场的区段，以及敷设在规划中将作为道路的地段；

（6）电缆数量较多，地下管网较密、道路狭窄且交通繁忙或道路挖掘困难的通道可采用排管；

（7）电缆数量不超过 12 根且不宜采用直埋或者电缆沟敷设的地段可采用排管。

7．电缆沟敷设方式的优缺点有哪些？在什么环境条件下采用？

答： 电缆沟敷设是将电缆敷设在预先砌好的电缆沟中的一种敷设方式，如图 4-52 所示。电缆沟敷设适用于地面载重较轻的电缆线路。电缆沟敷设的优点是投资省、占地少、走向灵活、能容纳较多条电缆；缺点是盖板承压强度较差，不能使用在车行道上，离地面太近，容易遭受腐蚀。

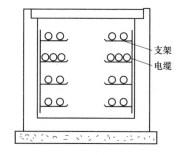

图 4-52　电缆沟敷设结构示意图

当处于以下环境条件下时，宜采用电缆沟敷设方式：电缆与地下管网交叉不多，地下水位较低或道路开挖不便且需分期敷设电缆的地段

8．电力电缆敷设有哪些作业方法？

答： 电力电缆敷设常见的作业方法有人工敷设和机械敷设，其中机械敷设又可根据敷设环境和使用机械的不同分为陆上机械敷设和水上机械敷设。

（1）人工敷设是指通过人力完成电缆的敷设工作，多用于山地等无法使用机械的地方，有时也用于隧道内敷设，在敷设过程中需要注意电缆扭曲和人身安全问题。

（2）陆上机械敷设是配网最常用的敷设方式，可分为输送机牵引敷设和钢丝牵引敷设，在敷设过程中特别需要注意电缆受力问题。水下机械敷设应尽量避免使用接头，在敷设过程中敷设船不能后退或原地打转。

9．电力电缆敷设准备阶段应开展哪些工作？

答： 在电力电缆的敷设准备阶段，需提前开展以下几方面的工作：

（1）查清图纸，并做好敷设前走廊物探，摸清地下管线分布情况根据勘察情况决定电缆的敷设方式和方法。

（2）确定电缆接头的位置、电缆敷设的次序、跨越或穿越道路和障碍物的措施以及电缆安全运送的方法。

（3）根据电缆路径情况和已确定施工方案，对公用设施产生影响的需取得有关部门的协助，以及相关部门和单位的批准、许可或者协议。

（4）检查敷设电缆所需的材料、工器具、机具是否合格、齐全。

（5）检查施工人员资质是否符合要求。

10．电力电缆敷设过程中有哪些需要注意的要点？

答： 电力电缆敷设过程中需注意以下要点：

（1）敷设前，应检查电缆的型号、规格、外观是否符合设计要求。需注意的是，旧电缆需在敷设前通过试验检测是否合格，新电缆需在运达当天进行含铜量抽检称量是否满足要求。

（2）敷设时在中间接头、终端头以及弯道处，应根据实际情况适当留有余量，方便日后检修和故障修复。

（3）为防止敷设过程中由于弯曲过度导致铠装压扁、护层折裂和绝缘损伤等情况发生，根据《电力电缆线路运行规程》（DL/T 1253—2013）中要求，电缆敷设和运行时的最小弯曲半径见表4-65。

（4）寒冷季节敷设时，当敷设前24h内平均环境温度以及现场温度低于0℃时，应将电缆预先加热。

（5）在电缆中间接头和终端接头处，电缆的铠装、金属屏蔽和金属接头盒应有良好的接地。

表 4-65   电缆敷设和运行时的最小弯曲半径

项目	35kV 及以下的电缆			
	单芯电缆		三芯电缆	
	无铠装	有铠装	无铠装	有铠装
敷设时	$20D$	$15D$	$15D$	$12D$
运行时	$15D$	$12D$	$12D$	$10D$

注 1. D 为成品电缆实测外径。

    2. 制造厂有规定的，按制造厂提供的技术资料的规定。

11. 电缆敷设作业有哪些安全注意事项？

答：电缆敷设作业安全注意事项如下：

（1）应设置专人指挥电缆敷设施工，落实现场安全措施，确保现场通信联络畅通。

（2）电缆盘、输送机、电缆转弯处应按规定搭建牢固的放线架并放置稳妥，设专人监护。

（3）敷设电缆机具应检查并调试正常。

（4）用输送机敷设电缆时，所有敷设设备应固定牢靠，作业人员应遵守有关操作规程，并站在安全位置，发生故障应立即停电处理。

（5）用滑轮敷设电缆时，作业人员应站在滑轮前进方向，严禁在电缆移动时用手搬动滑轮。

（6）电缆展放敷设过程中，转弯处应设专人监护。转弯和进洞口前，应放慢牵引速度，调整电缆的展放形态，当发生异常情况时，应立即停止牵引，经处理后方可继续作业。电缆通过孔洞或楼板时，两侧应设监护人，入口处应采取措施防止电缆被卡，不得伸手，防止被带入孔中。

（7）电缆敷设时，应在电缆盘处配有可靠的制动装置，应防止电缆敷设速度过快及电缆盘倾斜、偏移。

（8）人工展放电缆、穿孔或穿导管时，作业人员手握电缆的位置应与孔口保持适当距离。

（9）用机械牵引电缆时，作业人员不得站在牵引钢丝绳内角侧。

（10）进入带电区域内敷设电缆时，应取得运维单位同意，办理工作票，设专人监护。

（11）电缆穿入带电的盘柜前，电缆端头应做绝缘包扎处理，电缆穿入时盘上应有专人接引，严防电缆触及带电部位及运行设备。

（12）电缆施工完成后需将穿越过的孔洞进行封堵。

12．电力电缆敷设有哪些常用的机具？分别有什么用途？

答：电缆敷设时常用的机具及用途见表 4-66。

表 4-66　　　　　　　电缆敷设时常用的机具及用途

序号	名称	用途
1	电缆盘放线支架和电缆盘轴	用以支撑和施放电缆盘
2	电动卷扬机	用以牵引电缆端头
3	滑轮组	用以避免对电缆外护套产生伤害，并减小牵引力
4	电缆牵引头或钢丝牵引网套	用以拖曳电缆的专用装备
5	电缆盘制动装置	用以电缆盘在转动过程中根据需要进行制动
6	千斤顶	用以顶起电缆盘

13．电力电缆直埋敷设施工前应做哪些安全措施？

答：电力电缆直埋敷设施工前应做以下安全措施：

（1）查看、核对图纸。核对路径图、排列图、断面图以及隐蔽工程的图纸，以确定电缆敷设位置和敷设走向是否正确，必要时，需进行施工红线内管线物探。

（2）开挖足够数量的样洞和样沟，探明地质和地下管线分布情况，以确定电缆敷设位置，确保施工中不会损伤其他地下管线设施或运行中电缆。

（3）完善应急处置措施，必要时，可编制施工、应急工作方案，提前进行突发事件处置预想。

14．电缆沟槽开挖时有哪些安全注意事项？

答：沟槽开挖应以机械施工为主，人工配合为辅。电缆沟槽在开挖过程中主要有以下安全注意事项：

（1）机械施工时，要严格控制标高，防止超挖或扰动地基。

（2）沟槽开挖深度超 1.5m 时，沟槽边沿 0.3m 以内严禁堆土，以避免发生塌方和石块坠落造成人员伤害。

（3）两人同时开展挖掘工作时，不得面对面或互相靠近工作，防止工具误伤。

（4）沟槽内开挖人员必须要戴安全帽。

（5）沟槽边沿处严禁站人，防止由于边沿处站人改变沟槽地面边沿压力，引起塌方或者地面人员坠落坑中。

（6）铺设材料堆置处和沟槽之间应保留通道供施工人员正常行走。

（7）在堆置物堆起的斜坡上不得放置工具和材料等器物，防止滑落砸伤沟槽内开挖作业人员。

15. 掘路施工时有哪些安全注意事项？

答：依附于城市道路的施工或临时占用城市道路作业的情况，需经市政工程行政主管部门和公安交通管理部门批准，方可建设或按照规定占用，掘路施工时存在有交通事故的安全风险，有以下安全注意事项：

（1）做好交通组织方案，避免交通事故的发生。在施工点前方设置面向驶来的车辆方向的警示标示牌、施工标志。同时设置限速和停车让行等交通标志。必要时，在路口设置专人监护、持旗子看守。

（2）施工区域需设置标准围栏等进行围蔽，同时在施工场地起始、中间和结束位置，宜设置高亮度的闪光灯。

（3）夜间施工时，所在路段应按照规定设置红色警示灯。施工人员应佩戴反光标志，防止交通事故的发生。

16. 在城市道路为什么不应使用大型机械开挖沟槽？如何开展在城市道路上的沟槽开挖工作？

答：城市道路红线范围内地下管线分布密集，大型机械不易控制，容易对其他地下管线设施或运行中的电缆造成损伤，因此不应使用大型机械开展开挖沟槽工作。

在安全措施可靠、监护到位的情况下，可采用小型机械设备对硬路面进行破碎。因特殊情况必须使用大型机械时，应履行相应的报批手续，制定详细的方案，按照要求严格进行现场安全技术交底，并加强现场监护。挖至土层时，应采用人工开挖。

17. 开挖过程中挖到电缆保护层后，有哪些安全注意事项？

答：开挖过程中发现挖到电缆保护层时，如继续挖掘容易造成电缆保护层损坏，进而导致电缆受到损伤。此时应设置有经验的人在场指导和监护，方可继续工作。同时切忌用机械或电动镐头挖掘，应采用人工方法小心挖掘，以防误伤电缆。

18. 当挖掘出电缆或接头盒时，如果下方需要继续挖空有哪些安全注意事项？

答：电缆或接头盒下方需要继续挖空时，电缆或接头盒将失去支撑，因自重造成电缆或接头盒两端受力弯曲，进而引发因电缆绝缘层、电缆接头受到损伤而导致电缆故障。因此，需采取悬吊的安全防护措施对电缆或接头盒进行保护。在悬吊过程中，有以下安全注意事项：

（1）悬吊电缆应使用带状绳索，严禁使用铁丝、铝丝等。

（2）悬吊电缆应每隔 1～1.5m 吊一道。如果悬吊间隔过大，同样会导致电缆受力过度导致损伤电缆。

（3）悬吊接头盒时应平放，不应使接头盒受到拉力。

（4）电缆接头无保护盒时，应在接头下采取垫上加长加宽木板的防护措施，才可悬吊。

19. 什么是非开挖技术？

答：非开挖技术是指通过导向、定向钻进等手段，在地表极小部分开挖的情况下（一般指入口和出口小面积开挖），敷设、更换和修复各种地下管线的施工新技术，对地表干扰小。非开挖技术主要包括水平定向钻进、顶管、微型隧道、爆管、冲击等方式。

20．非开挖施工时应采取哪些安全措施？

答： 与开挖施工相比，非开挖施工易破坏地下的电力、通信、自来水各种管线以及造成地面塌陷，因此，在非开挖施工时需要采取以下安全措施：

（1）非开挖施工前，应首先探明地下各种管线及设施的相对位置。

（2）非开挖的通道，应离开地下各种管线及设施足够的安全距离。

（3）形成通道时，应及时对施工区域进行灌浆等措施，保证电缆管道在合格的承力范围内，防止路基的沉降。

21．输送机敷设电缆时，输送速度过快有哪些危害？

答： 输送机敷设电缆时，输送速度过快容易造成：

（1）电缆容易脱出滑轮。

（2）侧压力过大损伤电缆外护套，如外护套起纹。

（3）使外护套和内部绝缘产生滑动，破坏电缆结构，如钢铠拉进绝缘。

22．电缆敷设在周期性震动的场所，应采用哪些措施能减少电缆承受附加应力或避免金属疲劳断裂？

答： 周期性震荡的场所敷设的电缆应采取以下措施减少电缆承受附加应力，避免金属疲劳断裂：

（1）在支持电缆部位设置有橡胶等弹性材料制成的衬垫；

（2）使电缆敷设成波浪状且留有伸缩节。

23．电力电缆有哪几种类型的屏蔽层？

答： 电缆屏蔽层是用来改善电场分布的一种措施，可以分为内半导电屏蔽层、外半导电屏蔽层和金属屏蔽层。

（1）内半导电屏蔽层：电力电缆导体由多根导丝绞合而成，它与绝缘层之间易形成气隙，并且导体表面不光滑，会造成电场集中。在导体表面加一层半导电材料的屏蔽层，它与被屏蔽的导体等电位，并与绝缘层良好接触，从而避免在导体与绝缘层之间发生局部放电，这一屏蔽层称为内半导电屏蔽层。

（2）外半导电屏蔽层：在绝缘外表面和护套接触处，也存在着间隙，电力电缆弯曲时，电力电缆绝缘表面易造成裂纹，这些都是引起局部放电的因素。在绝缘层表面加一层半导电材料的屏蔽层，它与被屏蔽的绝缘层有良好接触，并与金属护套等电位，从而避免在绝缘层与护套之间发生局部放电，这一屏蔽层称为外半导电屏蔽层。

（3）金属屏蔽层：在正常运行时，金属屏蔽层主要流通电容电流；当系统发生短路时，作为短路电流的通道，同时也起到屏蔽电场的作用；加强限制电场在绝缘层内的作用，使电场方向与绝缘半径方向一致，终止于金属屏蔽层（金属屏蔽层接地）。

24．影响电缆附件安全运行的主要因素有哪些？

答： 影响电缆附件安全运行的因素主要包括以下几个方面：

（1）电气绝缘性能，即绝缘材料的绝缘电阻、击穿强度、介电常数、介质损耗、热性能等。

（2）电缆的质量和电缆敷设时的影响。

（3）安装工艺影响，主要是工艺合理性以及安装人员的技术水平。

（4）环境影响，包括安装环境（湿度过大、灰尘过大）和运行环境（日晒、雨淋、污秽、气温变化等）。

25．三芯电缆金属护套是否会产生感应电压？

答：当交流电流流经电缆线芯时，与导体平行的金属护套中必然产生感应电压。三芯电缆金属护套感应电压相互抵消，在正常运行情况下金属护套各点的电位基本相等接近零电位。

26．什么是热缩式电缆附件？有什么特点？

答：热缩式电缆附件是用高分子聚合物为基料加工成绝缘管、应力管等在现场经装配加热紧锁在电缆绝缘线芯上的一种电缆附件，包括热缩电缆终端和中间接头。高分子聚合物在选定的温度下用辐射或化学方法交联成网状结构的体型分子，产生了能保持在这个温度时的几何形状，其后再经加热就能恢复到选定温度时的形态，即为"弹性记忆效应"。

热缩电缆附件适用面广，可用于严寒、潮湿、沿海以及工业污染地区，一套附件可适用于多个规格截面的电缆，安装简单灵活，尤其适用于多回路相连和窄小的配电柜。

27．什么是冷缩式电缆附件？有什么特点？

答：冷缩式电缆附件是用乙丙橡胶、硅橡胶等弹性较好的橡胶材料加工成管材，再将内径扩张并衬以螺旋状的塑料支撑条以保持扩张后内径的一种电缆附件，包括冷缩电缆终端和中间接头。冷缩式电缆附件的弹性记忆机理是依靠橡胶的物理机能，保持扩张后的机械内应力，直至抽去螺旋形支撑条，靠橡胶内应力的平衡紧贴在电缆芯上。

冷缩式电缆附件避免了加热用的明火带来的安全风险，具有电气性能优良、使用寿命长、抗电晕、耐腐蚀性、疏水性强等优点，一套规格可适用于多种电缆线径，是目前配电网中应用范围最广、最常用的电缆附件。

28．什么是预制式电缆附件？有什么特点？

答：预制式电缆附件以乙丙橡胶、硅橡胶、三元乙丙橡胶制作的整体预制件为主要绝缘部件的电缆附件，包括预制电缆终端和中间接头。

预制式电缆附件因为在制造厂一次注橡成型，具有产品质量稳定、性能可靠、安装简单省时等优点。但缺点是预制件的内径与电缆绝缘的外径必须相仿，而且电缆芯必须是正圆形。

29．电缆接头哪些部位容易发生电场畸变？

答：在金属护套或屏蔽层断开处易发生畸变。在制作电缆接头时必须将电缆的金属护套或屏蔽层切断，电场仍然遵守从高电位到低电位的原则，这就破坏了原电缆绝缘层内部的电场分布，引发电场在金属护套或屏蔽层断开处发生畸变，如图4-53所示。

30．制作电缆接头时有哪些改善局部电场分布的方法？

答：改善绝缘屏蔽层断开处的电场分布方法主要有几何法和参数法两种。

（1）几何法主要是利用几何锥形来改变电场集中处的电场强度并控制在规定的设计范围内，包括采用应力锥和反应力锥两种。其中采用应力锥是最常见，也是最可靠有效的改善局部电场分布的方法。

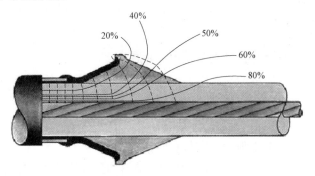

图 4-53　电缆头端部电场分布

（2）参数法是采用提高周围媒质的介电常数解决绝缘屏蔽层切断点电场集中分布的问题。10～35kV 交联聚乙烯电缆终端，可用高介电常数材料制成的应力管代替应力锥。理论上介电常数越高越好，但是介电常数过大引起的电容电流会产生热量进而导致应力管老化，所以应力管的应用要兼顾应力控制和体积电阻两项技术要求。此外，非线性电阻材料（FSD）是近年来发展起来的一种新型材料，也可用于解决电流绝缘屏蔽层切断点电场集中分布的问题。

31. 什么是应力锥？通过应力锥改善电场分布的原理是什么？

答：在电缆接头中，自金属护套边缘起绕包绝缘带（或者橡塑预制件），使得金属护套边缘到增绕绝缘外表之间，形成一个过渡锥面的构成件即应力锥。应力锥通过将绝缘屏蔽层的切断点进行延伸，使零电位形成喇叭状，改善了绝缘屏蔽层电场的分布，降低了局部放电产生的可能性，从而保证了电缆线路的安全运行，如图 4-54 所示。

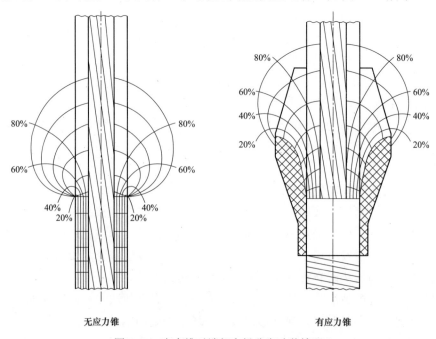

无应力锥　　　　　　　　　有应力锥

图 4-54　应力锥对端部电场分布改善情况

32．10kV 电缆附件施工人员有什么特殊的资质要求？

答：10kV 电缆附件制作安装施工一般应由经过培训、熟悉相关接头制作工艺、取得电缆附件制作资质认证并且在有效期内的专业技术人员进行。

33．10kV 电缆附件安装有哪些特殊的环境要求？

答：在进行 10kV 电缆附件安装时，需要注意以下要求：

（1）室外安装 10kV 电缆附件应避免在雨天、雾天、大风天气及湿度 70%以上的环境下进行。

（2）在尘土较多及重灰污染区，应搭临时帐篷。

（3）冬季施工，敷设前 24h 内平均环境温度且敷设时气温低于 0℃，应预先加热电缆。

34．10kV 电缆附件制作安装有哪些常用的工器具？其用途分别是什么？

答：10kV 电缆附件制作安装常用的工器具及用途见表 4-67。

表 4-67　　　　　　　　　　10kV 电缆附件制作安装常用的工器具及用途

序号	名称	用途
1	电缆剪	切割电缆本体
2	手锯	切割铠装层
3	电压钳（液压钳）	压接铜接管
4	电工刀	切割外护套、填充层
5	墙纸刀	切割填充层、半导电层、金属屏蔽层
6	尖嘴钳（克丝钳）	协助剥铠装层、屏蔽层、半导电层
7	切割刀	协助切割绝缘层
8	扳手、起子	拧螺丝
9	温湿度计	测量温度、湿度
10	液化气喷灯	加热热缩管（仅限热缩式附件使用）

35．10kV 热缩式附件安装时要注意哪些技术要点？

答：10kV 热缩式附件安装时技术要点如下：

（1）热缩附件弹性较小，运行中可能会发生因热胀冷缩使界面产生气隙。为防止水汽侵入，必须严格密封。

（2）热缩时，用火不宜太猛以免灼伤热缩材料。火焰与电缆呈 45°角，沿圆周方向均匀向前收缩。

（3）收缩终端手套时应从中间往两端收缩，收终端热缩管时应从下端往上收缩，收中间热缩管应从下端往上收缩，收中间热缩管时应从中间往两端收。

（4）收应力管时，应力管应与屏蔽层按施工工艺要求进行搭接。

36．使用携带型火炉或喷灯作业时有哪些安全注意事项？

答：使用携带型火炉或喷灯作业时安全注意事项如下：

（1）火焰具有导电性，使用携带型火炉或喷灯作业时，火焰与 10kV 及以下带电设备部分的安全距离应大于 1.5m。

（2）携带型火炉或喷灯点火时燃烧不稳定，会产生大量浓烟，直接在带电设备附近以及在电缆夹层、隧道、沟洞内对火炉或喷灯加油及点火，容易造成设备闪络、火灾或人员窒息，因此，应先选择相对安全的位置点火，待火焰调整正常后，再移至带电设备附近使用。

（3）在电缆沟盖板上或旁边进行动火工作时需采取现场放置防火石棉和适量灭火器材等防火措施，防止火星掉落电缆沟内造成电缆损坏或火灾事故。

（4）使用喷灯时，油桶内的油量应不超过油桶容积的 3/4。

37．10kV 冷缩式附件安装时要注意哪些技术要点？

答：10kV 冷缩式附件安装时技术要点有：

（1）安装前检查冷缩件，数量齐全，外观不允许有开裂现象，同时避免利器或尖锐物划伤冷缩件，安装前严禁抽取冷缩件的支撑骨架。

（2）严格按照安装说明书要求的工艺尺寸进行剥切，并做好临时标记。

（3）剥切钢铠层时，切割深度不能超过钢铠厚度的 2/3，切口应齐，不应有尖角、锐边，切割时防止伤到内层结构。

（4）安装地线时，地线接头应处理平整，不应留有尖角、毛刺，地线的密封段应做防潮处理。

（5）剥切铜屏蔽层时，切口应平齐，不得留有尖角。

（6）剥切外导电层时，切口应平齐，用清洁剂清洁绝缘层表面，不留残迹，切勿伤到主绝缘层。

（7）剥切主绝缘层时，不得伤到线芯。

（8）压接端子或连接管后，应去除尖角、毛刺，并清洗干净。

（9）用清洁剂清洗电缆绝缘层表面时，如果主绝缘层表面有划伤、凹坑或残留半导体层，用氧化锌绝缘砂带进行打磨处理。需要注意的是，切勿使清洁剂接触到外半导电层，不能用使用过的清洁布或纸擦拭绝缘。

（10）在外半导电层与绝缘层搭接处以及绝缘层表面涂抹硅脂时，涂抹应均匀，不宜过多。

（11）安装中间接头时，冷缩件骨架调伸出端应先套入较长的一端以便抽拉骨架。

38．制作环氧树脂电缆头和调配环氧树脂过程中，有哪些安全注意事项？

答：环氧树脂及环氧树脂胶黏剂本身无毒，但制作过程中添加的溶剂具有毒性。目前大多数环氧树脂涂料为溶剂型涂料，含有大量的可挥发有机化合物（VOC），有毒、易燃，对环境和人体危害较大。因此，在制作环氧树脂电缆头和调配环氧树脂过程中应注意以下安全事项：

（1）应戴口罩、防护眼镜和医用手套，施工现场应通风良好，操作者应站在上风处工作。

（2）当皮肤接触胺类固化剂时，应立即用水冲洗或先用酒精擦净再用水洗。

（3）作业时如发现头晕或疲劳，应立即离开作业地点，到室外呼吸新鲜空气。

（4）由于环氧树脂挥发出的气体是易燃的，工作前应做好防火措施，工作场所应通风，禁止明火。

39．移动电缆接头为什么应停电进行？如需带电移动应做好哪些安全措施？

答： 电缆接头处电缆承力能力薄弱且最易损坏的部位，移动电缆接头容易导致电缆接头处折损或绝缘损坏，存在触电风险，因此，移动电缆接头一般应停电进行。

如果因为特殊情况必须带电移动电缆接头，应做好以下安全措施：

（1）查看电缆运行年限、历年运行试验记录、检修情况、电缆接头的制作时间、材料和工艺等情况，综合分析判断是否可以移动以及可能导致的后果。

（2）制定防止电缆接头损坏或绝缘损坏的安全措施。

（3）若电缆绝缘老化、运行时间较长、电缆接头有损伤或存在缺陷时，禁止带电移动。

（4）移动电缆接头时，应有专人指挥有经验的施工人员缓慢平正移动，以避免移动电缆接头过程中电缆受力弯曲、接头受力不均导致的绝缘损坏，造成设备故障和人身伤害。

40．开断电缆前需做好哪些安全防护工作？

答： 首先与电缆图纸核对位置名称是否一致，使用专用仪器进行电缆鉴别，确定作业对象电缆停电后，用接地的带绝缘柄的铁钎或电缆试扎装置扎入电缆芯后方可作业。扶绝缘柄的人必须戴绝缘手套和护目镜并站在绝缘垫上，并采取防灼伤措施。随着装备技术水平的不断提高，具备条件的，应优先选择电动接地装置进行电缆接地作业。

41．电缆在哪些情况下需要采取防火阻燃措施？常见的措施有哪些？

答： 电力电缆设计规划中应同步进行防火阻燃设计，对易受外部影响着火的电缆密集场所或可能着火蔓延而酿成严重事故的电缆回路，必须按设计要求的防火阻燃措施施工。常见的防火阻燃措施如下：

（1）在电缆穿过竖井、墙壁、楼板或进入电气盘、柜的孔洞处，用防火堵料密实封堵。

（2）在重要的电缆沟和隧道中，按要求分段或用软质耐火材料设置阻火墙。

（3）对重要回路的电缆，可单独敷设于专门的沟道中或耐火封闭槽盒内，或对其施加防火涂料、防火包带。

（4）在电缆接头两侧及相邻电缆 2～3m 长的区段施加防火涂料或防火包带。必要时采用高强防爆耐火槽盒进行封闭。

（5）按设计采用耐火或阻燃型电缆。

（6）按设计设置报警和灭火装置。

（7）防火重点部位的出入口，应按设计要求设置防火门或防火卷帘。

（8）改、扩建工程施工中，对于贯穿已运行的电缆孔洞、阻火墙，应及时恢复封堵。

42．电缆着火应如何处理？

答：（1）立即切断电缆电源，及时通知消防人员到场协助处理。

（2）有自动灭火装置的场所，自动灭火装置应动作，否则手动启动灭火装置。无自动灭火装置时可使用卤代烷灭火器、二氧化碳灭火器或沙子进行灭火，禁止使用泡沫灭火器或水进行灭火。

（3）在电缆沟、隧道或夹层内的灭火人员必须正确佩戴压缩空气防毒面罩、胶皮手套，穿绝缘鞋。

（4）设法隔离火源，防止火蔓延至正常运行的设备，扩大事故。

（5）灭火人员禁止用手摸不接地的金属部件，禁止触动电缆托架和移动电缆。

43．在电缆线路工程现场验收时，有哪些要点需要注意？

答：电缆线路工程现场验收时需要注意以下几点：

（1）电缆规格应符合规定；排列整齐，无机械损伤；标志牌应装设齐全、正确、清晰。

（2）电缆的固定、弯曲半径、有关距离和单芯电力电缆的金属护层的接线、相序排列等应符合要求。

（3）电缆终端、电缆接头应固定牢靠，电缆接线端子与所接设备端子应接触良好。

（4）电缆线路所有应接地的接点应与接地极接触良好，接地电阻值应符合设计要求。

（5）电缆终端的相色应正确，电缆支架等的金属部件防腐层应完好，电缆管口应封堵密实。

（6）电缆沟内应无杂物，盖板齐全；隧道内应无杂物，照明、通风、排水等设施应符合设计要求。

（7）直埋电缆路径标志，应与实际路径相符，路径标志应清晰、牢固。

（8）水底电缆线路两岸，禁锚区内的标志和夜间照明装置应符合设计要求。

（9）防火措施应符合设计，且施工质量合格。

44．电缆线路工程交接验收时应提交哪些资料和技术文件？

答：电缆线路工程交接验收时应提交的资料和技术文件有：

（1）电缆线路路径的协议文件。

（2）设计资料图纸、电缆清册、变更设计的证明文件和竣工图。

（3）直埋电缆线路的敷设位置图，比例宜为 1:500，地下管线密集的地段不应小于 1:100，在管线稀少、地形简单的地段可为 1:1000；平行敷设的电缆线路，宜合用一张图纸。图上必须标明各线路的相对位置，并有标明地下管线的剖面图。

（4）制造厂提供的产品说明书、试验记录、合格证件及安装图纸等技术文件。

（5）电缆线路的原始记录，包括电缆的型号、规格及其实际敷设总长度及分段长度，电缆终端和接头的型式及安装日期；电缆终端和接头中填充的绝缘材料名称、型号。

（6）电缆线路的施工记录，包括隐蔽工程隐蔽前的检查记录或签证、电缆敷设记录、质量检验及评定记录。

（7）试验记录。

45．10kV 电缆有哪些常见的试验项目？

答：常见的 10kV 电缆试验项目包括：检查电缆线路两端的相位、电缆外护套绝缘电阻试验、主绝缘绝缘电阻试验、主绝缘交流耐压试验、接地电阻试验、电缆振荡波试验、介损试验等。

46．10kV 橡塑电缆交接试验通常包含哪些项目？

答：一般情况下 10kV 橡塑电缆交接试验时应做检查电缆线路两端的相位、主绝缘及外护层绝缘电阻试验、交流耐压试验三项。在某些特殊情况下，需辅以其他试验项目对状态进行分析判定。

47．电缆试验前，如未对电缆充分放电会造成哪些危害？

答：电缆等效电容较大，即使停电后也存在残余负荷。如未充分放电就进行电缆耐压试验，一方面可能会造成试验接线人员触电伤害；另一方面充电电流与吸收电流会减小，导致绝缘电阻虚假增大和吸收比偏小。

48．电缆试验时未经工作许可人许可（或调度人员许可），擅自拆除接地线有什么危害？

答：拆除接地线会改变原有的安全措施，容易造成人员受感应电或者突然来电的伤害，因此，拆除接地线应先征得工作许可人的许可（根据调度指令装设的接地线，应征得调度员许可）后才能拆除。当试验工作完毕后，应立即恢复被拆除的接地线，确保安全措施的完整。

49．电缆线路投运时为什么需要核相？若相序不符，会带来哪些危害？

答：在电力系统中，相序与并列运行、电机旋转方向等直接相关，因此，核相对于双电源系统、有备用电源的重要用户，以及有关联的电缆运行系统等有重要意义。若相序不符，会产生以下危害：

（1）10kV 线路需要合环转电时，会因相位不符导致无法合环。

（2）由电缆线路送电至用户而相位有两相接错时，会使用户的电动机倒转。当三相全部接错后，会导致有双路电源的用户无法并用双电源；对只有一个电源的用户，则当其申请备用电源后，会产生无法做备用的后果。

（3）由电缆线路送电至变压器时，低电网无法并列运行。

50．常见的核对相位的方法有哪些？

答：常见的核对相位的方法有：

（1）绝缘电阻表法。将电缆的一端接地，在另外一端用绝缘电阻表分布检查三相对地电阻。当电阻为 0 时，即为同一相位，反复三次即可确定 A、B、C 相，这种方法要测三次。

（2）电压表指示法。在电缆的一端两相之间加 2～4 节电池，例如，A 相接正，B 相接负，另一端接入直流电压表或万用表。如有直流电压指示，则接正为 A，接负为 B，这种方法最少要测一次。

（3）数字式相序显示器测试，这种方法仅需一次测量即可。

51．电缆线路绝缘电阻测试的目的是什么？

答：电缆线路敷设完成后，检查电缆主体绝缘是否良好、敷设过程中是否存在电缆绝缘层被破坏的情况，须对电缆线路进行绝缘电阻测试。电缆的绝缘电阻与绝缘材料的电阻率和电缆的结构尺寸有关，其测量值与电缆长度的关系最大。绝缘电阻在一定程度上可反映出电缆绝缘的好坏，对低压电缆可以直接通过绝缘电阻的测量来判断电缆的好坏。电缆线路绝缘电阻测试合格是开展电力电缆现场交接交流耐压试验以及电线路参数测试的一个先决条件。

52．如何确定橡塑电缆内衬层和外护套是否破损受潮？

答：直埋橡塑电缆的外护套，特别是聚氯乙烯外护套，受地下水的长期浸泡或受到外力破坏而又未完全破损时，其绝缘电阻均有可能下降至规定值以下，因此，当外护套或内衬层破损进水后，用绝缘电阻表测量，每千米绝缘电阻值低于 0.5MΩ 时，用万用表"正""负"表笔轮换测量铠装层对地或铠装层对铜屏蔽层的绝缘电阻，此时在测量回路内，由于形成的原电池与万用表内干电池相串联，当极性组合使电压相加时，测得的电阻值较小、反之，测得的电阻值较大。因此，在上述 2 次测得的电阻值相差较大时，表明已形成原电池就可判断外护套和内衬层已破损进水。随着装备技术水平的不断提升，可优先考虑介质损耗角正切值等试验替代。

53. 测量橡塑电缆绝缘电阻时有哪些安全注意事项？

答： 测量橡塑电缆绝缘电阻时安全注意事项如下：

（1）绝缘电阻表一般应选用量程为 2500V，必要时可采用 5000V 挡位测量。

（2）测量前，应检查绝缘电阻表是否完好。开路时，表计显示为"∞"；短接时，表计显示为"0"。

（3）测量前被试电缆要充分放电并接地。将电缆线芯及金属护套接地，放电时间应不小于 2min。

（4）测量前，应将电缆终端头表面擦拭干净。试验连接软线应绝缘良好，需悬空，不可乱放置于地上。

（5）测量前，应与工作负责人协调，不允许有交叉作业，应检查试验接线牢固。

（6）测量时试验人员需精力集中，与带电部位保持足够的安全距离。试验人员应分工明确，互相配合，测量过程中要高声呼唱。

（7）测量时，被试电缆另一端应设专人值守，并保持通信设备畅通。

（8）测量结束后，应先用绝缘杆或戴绝缘手套将线路端子（L）连接线与被试电缆断开，然后对被试导体对地充分放电。电缆线路越长，绝缘状态越好，则接地时间要长一些。

54. 对测量的绝缘电阻结果进行判断分析时应注意哪些要点？

答：（1）所测电缆的绝缘电阻经换算后宜大于 1000MΩ/km，吸收比应不小于 1.3。若不满足上述标准，应进一步进行分析，查明原因。

（2）电缆的绝缘电阻随湿度的增大而减小，反之则增大。

（3）同一条电缆的三相之间绝缘电阻应相差不大。当发现绝缘电阻低或相间绝缘电阻不平衡时，应仔细分析，判断是否因绝缘表面泄漏大引起，必要时应做屏蔽，消除表面泄漏的影响。

55. 测量的绝缘电阻数值能否作为鉴定或报废电缆的依据？

答： 电缆线芯的温度除受周围环境的影响以外，还与停止进行前电缆的载流量和停电时间的长短等因素有关，所以很难准确地按温度系数进行换算，并通过与过去所测绝缘电阻值进行比较来判断电缆的好坏和绝缘性能的变化情况。因此，测量的绝缘电阻的数值，只能用来作为判断绝缘状态的参考数据，不能作为鉴定或报废电缆的依据。

56. 为什么交联聚乙烯等橡塑电缆一般不宜采用直流耐压试验？

答： 交联聚乙烯等橡塑电缆一般不宜采用直流耐压试验的原因是：

（1）直流耐压试验不仅不能发现交联聚乙烯电缆绝缘中的水树枝等绝缘缺陷，而且试验后电缆内部会残存大量的电荷，这些残余电荷会形成残余直流电压，需要很长时间才能释放。电缆如果在直流残余电荷未完全释放之前投运，在电缆投运后残余直流电压会与额定电压叠加，有可能造成电缆击穿。

（2）交联聚乙烯电缆在交、直流电压下的电场分布不同。因为交联聚乙烯电缆在生产时可能混入杂质，所以在直流高压下，交联聚乙烯电缆绝缘层中的电场分布不同于理想的圆柱体结构，很不均匀。另外直流耐压试验时，会有电子注入聚合物介质内部，形成空间电荷，使该处的电场强度降低，从而难于发现绝缘的缺陷。

（3）现场进行直流耐压试验时，发生闪络或击穿会对其他正常的电缆和接头的绝缘造成损害。因为击穿后，直流高压不会马上消失，必须要电弧电流达到一定程度时才会消失。如果进行变频谐振交流耐压试验，击穿时就会失去诸振，高压立即消失。

（4）直流高压具有累积效应，加速绝缘老化，缩短使用寿命。橡塑绝缘电缆绝缘易产生水树枝，一旦产生水树枝，在直流电压下会迅速转变为电树枝，并形成放电，加速了绝缘劣化，以至于运行后在工频电压作用下形成击穿。

（5）直流耐压试验标准太低，直流试验电压绝大多数在 $4U_0$ 以下（U_0 指电缆导体对地或对金属屏蔽层之间的额定工作电压），不宜发现水树枝等缺陷。

（6）直流耐压试验不能模拟橡塑电缆的实际运行工况，在很多情况下，直流耐压试验无法像交流耐压试验那样可以迅速地检测出交联电缆存在机械损伤等明显缺陷。

57．对橡塑绝缘电缆进行谐振交流耐压试验有哪些优点？

答：对橡塑绝缘电缆进行谐振交流耐压试验的优点主要有：

（1）谐振交流耐压试验对橡塑绝缘电缆的绝缘状况考核最为严格。

（2）所需电源容量大大减小。串联谐振电源是利用谐振电抗器和被试品电容谐振产生高电压和大电流的。在整个系统中，电源只需要提供系统中有功消耗的部分，因此，试验所需的电源功率只有试验容量的 $1/Q$（Q 为产生谐振时整个系统的品质因数）。

（3）设备的重量和体积大大减少。串联谐振电源中，不但省去了笨重的大功率调压装置和普通的大功率工频试验变压器。

（4）改善输出电压的波形。谐振电源是谐振式滤波电路，能改善输出电压的波形变，获得很好的正弦波形，有效地防止了谐波峰值对试品的误击穿。

（5）防止大的短路电流烧伤故障点。在串联谐振状态，当试品的绝缘弱点被击穿时，电路立即脱谐，回路电流迅速下降为正常试验电流的 $1/Q$。而并联谐振或者试验变压器方式做耐压试验时，击穿电流立即上升几十倍，两者相比，短路电流与击穿电流相差数百倍。因此，串联谐振能有效地找到绝缘弱点，又不存在大的短路电流烧伤故障点的隐患。

（6）不会出现任何恢复过电压。试品发生击穿时，因失去谐振条件，高电压也立即消失，电弧即刻熄灭，且恢复电压的再建立过程很长，很容易再次达到闪络电压前断开电源，这种电压的恢复过程是一种能量积累的间歇振荡过程，其过程长，而且不会出现任何恢复过电压。

58．对橡塑绝缘电缆进行谐振交流耐压试验有哪些缺点？投入运行后宜配合哪些监测手段进行状态监测？

答：橡塑电缆的交流耐压试验，只要绝缘不发生闪络、击穿就判为合格，这样发现不了绝缘的发展性缺陷。投入运行后配合开展电缆绝缘的变频介质损耗测量、离线或在线的局部放电试验、热成像测温或电缆温度的在线监测。

59．电缆交流耐压试验前，应做哪些准备工作？

答：电缆交流耐压试验前需要做以下准备工作：

（1）了解被试设备现场情况及试验条件。勘察现场试验条件，查阅相关技术资料，包括电缆出厂数据和历年试验数据等，掌握电缆运行情况，有无缺陷。

（2）试验仪器、设备的准备。试验所用仪器仪表包括变频串联谐振耐压装置、测试线绝缘电阻表、温（湿）度计、接地线、放电棒，工器具及材料包括万用表、电源盘（带漏电保护器）、安全带、安全帽、绝缘手套、电工常用工具、试验场地周围所设安全围栏、标示牌等。

（3）办理工作票并做好试验现场安全和技术措施。工作负责人向试验人员交代工作内容、现场安全措施、作业现场危险点及应对措施等，明确人员分工及试验程序。作业人员必须经过专业及安全培训，并经考试合格。

60．电缆是否需要进行接地电阻测试？测试接地电阻的意义是什么？

答：电缆在运行过程中，电缆本体金属屏蔽、外护套以及电缆支架等电缆部件或附件，都需采取合适、可靠的接地方式进行接地，才能保障电缆的安全运行。由于施工过程中工艺不合格、长期运行过程中地网锈蚀严重等因素，可能会出现接地不可靠的现象发生，进而导致悬浮电位过高、电压致热等情况发生，严重威胁电缆的安全可靠运行，因此，测量电缆线路的接地电阻有着非常重要的意义。

61．什么是电缆局部放电？导致电缆产生局部放电的原因主要有哪些？

答：电缆的局部放电（简称"局放"）是指由于电缆绝缘内部存在薄弱点或在生产过程中造成的缺陷而产生的发生在电极之间但并未贯穿电极的放电，在高电场强度作用下发生局部重复击穿和熄灭的现象。

电缆产生局放的主要原因是当电介质不均匀时，在某些区域电场强度达到击穿场强而产生放电，其他区域仍然保持绝缘的特性。其主要原因有以下几个：

（1）绝缘本身质量问题。当电缆的主绝缘存在缺陷如气隙、杂质等，就会出现局部场强高于平均场强，该区域就会发生局放现象。

（2）绝缘老化。绝缘老化导致绝缘性能下降，甚至会出现空隙皱纹，进而发生局放现象。

（3）外力破坏。在电缆运输敷设过程中，电缆承受外部机械应力如震动、牵引等造成局部开裂，使绝缘结果产生间隙。例如，在管线施工过程中，电缆绝缘层、屏蔽层因电缆过度弯曲而损坏，或是电缆附件制作过程中，剥切时过度切割或刀痕太深，进而发生局放现象。

62．电缆的局部放电可以分为哪几类？

答：电缆局部放电类型主要分为内部气隙放电、沿面放电、尖端放电和悬浮放电。

（1）内部气隙放电。当介质内部或介质与电极的交界面之间的气隙或缝隙中的场强大于击穿电压，则会发生放电，这种放电称为内部气隙放电。

（2）沿面放电。当不同材质交界面接触不够紧密时，其表面场强达到击穿电压时，沿着绝缘介质表面产生的放电现象称为沿面放电。该现象经常会出现在电缆终端或中间接头。

（3）尖端放电。电缆导体出现尖端或者毛刺，随着场强增大导致尖端电荷特别密集，最终引发放电现象称为尖端放电，属于一种电晕放电。

（4）悬浮放电。电缆导体和附件周围存在其他金属场，随着电场强度增大导致金属产生对地电位，从而引发放电现象称为悬浮放电。

63. 什么是电缆振荡波局部放电测试？

答：电缆振荡波试验方法是利用电缆等值电容与电感线圈的串联谐振，使振荡电压在多次极性变换过程中电缆缺陷处会激发出局部放电信号，通过高频耦合器测量该信号从而达到检测目的。振荡波检测技术对于交联聚乙烯电缆本体、终端和中间接头部位发生的局部放电缺陷有良好的检测效果。

64. 在进行电缆振荡波试验时，有哪些技术要求和注意事项？

答：（1）检测对象及环境的温度宜在 $-10\sim+40℃$ 范围内；空气相对湿度不宜大于 90%，不应在有雷、雨、雾、雪环境下作业，应避免强电磁信号干扰。

（2）试验电压的波形连续 8 个周期内的电压峰值衰减不应大于 50%；试验电压的频率应介于 $20\sim500Hz$；试验电压的波形为连续两个半波、峰值呈指数规律衰减的近似正弦波；在整个试验过程中，试验电压的测量值应保持在规定电压值的 3%以内。

（3）被测电缆本体及附件应当绝缘良好，存在故障的电缆不能进行测试。被测电缆的两端应与电网的其他设备断开连接，避雷器、电压互感器等附件需要拆除，电缆终端处的三相间需留有足够的安全距离。

（4）已投运的交联聚乙烯绝缘电缆最高试验电压 $1.7U_0$，接头局部放电超过 500pC、本体超过 300pC 应归为异常状态；终端超过 5000pC 时，应在带电情况下采用超声波、红外等手段进行状态监测。

65. 造成电缆故障的原因主要有哪些？

答：电缆的生产制造、敷设安装、附件制作，以及运行维护过程中的疏忽均可能导致电缆发生故障。在配网中，导致电缆发生故障的原因主要有以下几种：

（1）外力损伤。机械损伤是指电缆受到直接的外力损坏造成的损伤。

（2）绝缘受潮。绝缘受潮主要是由于终端头或中间接头结构不密封或安装不良而导致进水。

（3）绝缘老化。绝缘老化是指浸渍剂在电热作用下化学分解成蜡状物等，产生气隙，发生游离，使介质损耗增大，导致局部发热，引起绝缘击穿。

（4）过电压。过电压指雷击或其他过电压使电缆击穿。

（5）护层腐蚀。护层腐蚀指由于地下酸碱腐蚀、杂散电流的影响，使电缆铅包外皮受腐蚀出现麻点、开裂或穿孔，造成故障。

（6）长期过负荷。长期过负荷运行会使电缆各部位发热、过载，出现电缆热击穿及过热导致电缆线芯烧断等故障。

（7）制造和施工工艺问题。

66. 导致交联聚乙烯电缆绝缘老化最后发生击穿的主要原因是什么？有哪几种类型？

答： 经过大量的交联聚乙烯电缆的运行经验和研究工作表明，树枝老化是导致交联聚乙烯电缆绝缘老化最后发生击穿的主要原因。根据产生的原因，树枝可分为电树枝、电化树枝和水树枝。

67. 电缆故障测寻一般有哪些步骤？

答： 电缆故障测寻一般分为故障性质判断、故障测距、电缆路径的探测和故障定点四个步骤，测寻流程如图 4-55 所示。

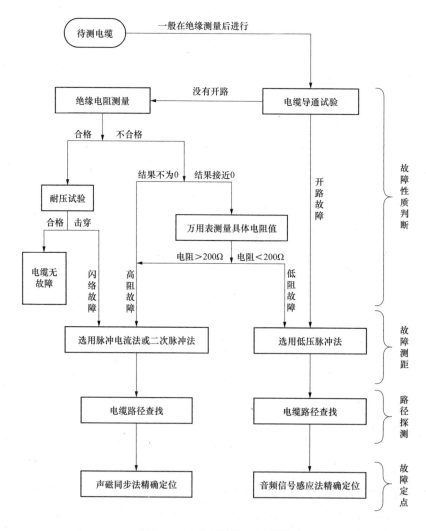

图 4-55　电缆故障测寻流程图

68. 电缆线路故障按照故障性质分类有哪些？

答： 电缆线路故障按照故障性质分类有：

（1）接地故障。电缆单相或者多相接地，又可分为低阻接地和高阻接地。发生在电缆本体较多，一般是由于外力破坏导致。

（2）短路故障。电缆相间短路或者相间短路并接地，多发生在电缆中间接头或终端头。

（3）开路故障（断线故障）。电缆单相或者多相断线，一般是被故障电流烧断或者机械外力拉断，形成完全断线或不完全断线。

（4）闪络性故障。一般为试验击穿故障，多发生在中间接头和终端头。

（5）混合型故障。同时具有上述两种及以上性质的故障。

69．电缆故障有哪些常见的测距方法？各自有什么特点和适用范围？

答：常见的电缆故障测距方法有电桥法、低压脉冲法、脉冲电压法、脉冲电流法和二次脉冲法。

（1）电桥法是通过直流电桥测量电缆故障点距离的方法，包括电阻电桥和电容电桥两种，适用于具备完好相的单点低阻故障点的测距。

（2）低压脉冲法是利用脉冲反射原理测量电缆故障点距离的一种方法，适用于对电缆断线、低阻短路和低阻接地故障进行测距。同时低压脉冲法还可用于测量电缆全长、校验波速度以及初步判断及定位电缆中间接头、T形接头等。

（3）脉冲电压法是利用故障点绝缘瞬时击穿产生的电压脉冲信号测量电缆故障点距离的方法。脉冲电压法测试速度快，但安全性差、脉冲电压波形比较难分辨，已基本不用。

（4）脉冲电流法是利用故障点绝缘瞬时击穿产生的电流脉冲信号测量电缆故障点距离的方法。脉冲电流法不需要事先将高阻故障烧穿，测试速度快，接线安全简单，脉冲电流波形容易分辨，被广泛采用。

（5）二次脉冲法是利用两次脉冲反射测试过程测量电缆故障点距离的方法，主要用于高阻故障和闪络故障。二次脉冲法波形直观，操作简单，容易分辨故障点。

70．电缆路径或鉴别电缆的常见方法有哪些？

答：在对电缆故障进行测距以后，要根据电缆路径的走向，找出故障点的大致位置。由于有些电缆是直埋式或者埋设在沟道内，如果图纸资料丢失或不全，很难识别出电缆走向，另外地下管道中往往是多条电缆并行排列，也需要从多条电缆中分辨出故障电缆，这就需要专业仪器探测电缆路径和鉴别电缆。

常见的电缆路径探测方法有音频感应法和脉冲磁场法。音频感应法是向被测电缆施加音频信号电流，利用接收线圈在地面上接收磁场信号，随着接收线圈的移动判断电缆路径。脉冲磁场法是向电缆芯和地之间施加冲击高压脉冲，利用接收线圈在地面上接收脉冲磁场信号，当接收线圈由电缆一侧移到另一侧时，测量到的脉冲磁场的初始极性相反，故可识别出要寻找的电缆。

71．电缆故障定点有哪些方法？各自有什么特点？

答：电缆故障测距时都难免会有误差，一般很难根据测距结果从地面上直接找到故障点，因此，还需要进一步的故障精确定点。比较常用的方法有冲击放电声测法、声磁信号同步接收定点法、音频感应法和跨步电压法。

（1）冲击放电声测法（简称声测法）是用直流高压信号发生器对故障电缆芯定时放电，在故障点处会形成机械振动和放电声音，此时在地面可用拾音器接收并根据放电声音量的大修进行精确定位。声测法适用于低阻故障，对金属性接地的故障定位效果不佳。另外声测法容易受到周边环境的干扰，导致无法辨别故障点。

（2）声磁信号同步接收定点法（简称声磁同步法）是向电缆施加冲击直流高压使故障点放电，在放电瞬间电缆金属护套与大地构成的回路中形成感应环流，从而在电缆周围产生脉冲磁场。用感应接收仪器沿电缆路径接收脉冲磁场信号和故障点发出的放电声信号，当仪器探头检测到的声、磁两种信号时间间隔最小点时，即为故障点。声磁同步法比声测法的抗干扰性能好，应用十分广泛。

（3）音频信号法是在故障电缆芯上输入音频信号，由于电缆线芯的扭绞效应，在电缆故障点前接收到的感应信号起伏幅度比在故障点后强得多，从而对故障点进行定位。音频信号法适用于金属性接地故障和相间短路故障。

（4）跨步电压法是通过对故障相和大地之间施加直流高压脉冲信号，在故障点附近用电压表检测发电时两点间跨步电压突变的大小和方向来定位故障点的方法。该方法比较适合查找直埋电缆外皮破损的开放性故障，不适宜查找封闭性故障或非直埋电缆的故障。

72. 电缆故障精确定点时应注意哪些问题？

答：电缆故障精确定点时需要注意的问题有：

（1）对于高阻故障的定点，由于故障的阻抗较高，探测时施加的冲击电压较高，故障点才会发生闪络放电，故放电声和由此而产生的冲击振动波一般说来都比较大，较便于收听、分析和辨别。

（2）对于低阻故障的定点，由于这类故障电阻小，故障点的放电间隙也小，致使施加的冲击高压在不是很高的情况下，故障点便发生闪络放电。这时因闪络放电而产生的冲击振动波也小，再加上现场其他因素的干扰，放电声往往不易分辨甚至听不到放电声。这时可通过控制冲击电压的高低，并加大贮能电容器的电容量，增强放电强度，从而获得较强、较大的放电声，便于收听、分析和判断故障点的精确位置。

（3）对于开路故障的定点，是在故障相的一端加冲击高压，而故障相的另一端用另外两相和电缆铅包连接后充分接地，然后利用定点仪在粗测范围内进行定点。因开路故障类似于高阻故障，其定点方法与高阻故障的定点方法相同。

（4）如果故障点就在测试端附近，这时故障点的放电声会被球隙的放电声淹没，因而不易被测听到。当遇到这种情况时，可以将球间隙放到远离测试端的另一端，通过已知的正常相对故障相加电压，从而达到故障相闪络放电的目的。这时因串入回路的球间隙远离测试端，故障点的放电声就比较容易测听到。

73. 在开展电缆故障查找工作时，有哪些安全注意事项？

答：在开展电缆故障查找工作时，有以下安全注意事项：

（1）作业前，需检查工器具和相关设备齐全、规范并在合格试验周期内。

（2）工作负责人和许可人需检查现场安全措施和工作票一致，遮栏、标示牌等应正确、清楚。

（3）作业人员需清楚工作范围、周围带电部位、本项工作程序步骤、安全风险点及控制措施等事项。

（4）接临时电源时，应戴绝缘手套且两人一组开展。临时电源应配电流动作保护装置。

（5）在做直流高压或冲击高压测试时，确保一切设备有良好接地，被试电缆另一端须安排专人看护。

（6）在电缆故障声测定点时，禁止直接用手触摸电缆外皮或冒烟小洞，以免触电。一定要了解粗测出的故障点附近是否堆积有易燃易爆的化学药品等，避免加压时故障点对地放电产生火花引起火灾。

第九节　高低压配电网作业

1. 配电作业现场应具备哪些基本条件？

答： 配电作业现场应具备的基本条件有：

（1）作业现场的生产条件和安全设施等应符合有关标准、规范的要求，工作人员的劳动防护用品应合格、齐备。

（2）经常有人工作的场所及施工车辆上宜配备急救箱，存放急救用品，并应指定专人经常检查、补充或更换。

（3）现场使用的安全工器具应合格并符合有关要求。

（4）各类作业人员应被告知其作业现场和工作岗位存在的危险因素、防范措施及事故紧急处理措施。

2. 配电柱上断路器的常见故障因素有哪些？

答： 配电柱上断路器的常见故障因素有：

（1）异物短路。树木过高树枝搭接到配电柱上断路器上、杂物飘落到配电柱上断路器上都可能造成短路烧坏。

（2）设备老化。设备老化是配网设备故障的最常见原因，设备投运时间过长后，电气性能和机械性能都有所下降。

（3）小动物因素。小动物爬上配电柱上断路器容易造成相间短路从而使设备烧坏。

3. 配电柱上断路器本体缺陷常见有哪些？

答： 配电柱上断路器本体缺陷常见有：

（1）瓷件受损；

（2）外壳锈蚀；

（3）套管破损、裂纹；

（4）分合位置指示不正确；

（5）灭弧室断口工频耐压值下降；

（6）真空度下降；

（7）SF_6气体泄漏；

（8）SF_6气体压力不正常。

4. 配电柱上断路器操动机构缺陷常见有哪些?

答：配电柱上断路器操动机构缺陷常见有：

（1）操动机构传输不灵活，分合不到位；

（2）操动机构拒合；

（3）操动机构拒分。

5. 配电柱上断路器附件缺陷常见有哪些?

答：配电柱上开关附件缺陷常见有：

（1）连接部分过热；

（2）底座、支架松动；

（3）引线接头连接不牢；

（4）接地引下线破损、接地电阻不合格；

（5）线间和对地距离不足；

（6）标示牌掉落。

6. 配电柱上断路器常见缺陷处理原则或方法有哪些?

答：配电柱上开关常见缺陷处理原则或方法详见表 4-68。

表 4-68　　　　　　　　　配电柱上断路器常见缺陷处理原则或方法表

序号	缺陷描述	缺陷处理原则或方法
1	套管破损、裂纹	检查外观，发现后及时更换
2	10kV 柱上 SF_6 断路器 SF_6 气压不正常	根据压力表或密度继电器检测气体泄漏，SF_6 充气压力一般为 0.04～0.1MPa，用 SF_6 气体作为绝缘和防凝露介质的开关，年漏气率应不大于 3%
3	真空断路器真空度下降	真空管内的真空度应保持 1×10^{-8}～1.33×10^{-3}Pa 范围内。 （1）根据观察颜色（真空度降低则变为橙红色）及停电进行耐压试验鉴别是否下降。 （2）真空度下降的原因：主要有材料气密情况不良；波纹管密封质量不良；断路器或开关调试后冲击力过大
4	断路器拒分、拒合	（1）检查电器回路有无断线、短路等现象。 （2）检查机械回路有无卡塞。 （3）检查辅助开关是否正确转换
5	断路器分、合闸不到位	（1）检查辅助开关转换正确性。 （2）检查分闸或合闸弹簧是否损伤。 （3）检查操动机构中其他连扳及构件是否处于正确对应状态
6	断路器干式电流互感器故障	（1）停电后进行常规试验。 （2）进行局部放电测量，在 1.1 倍相电压的局部放量应不大于 10pC
7	接地引下线破损、接地电阻不合格	停电后进行修复，对接地电阻不合格者应重新外引接地体

序号	缺陷描述	缺陷处理原则或方法
8	断路器或开关支架有脱落现象	应作为紧急缺陷停电处理
9	操动机构不灵活、锈蚀	添加润滑剂
10	柱上断路器引接线接头发热	通过红外线检测实际温度，然后再判断处理

7. 配电环网柜电缆终端头更换的主要步骤有哪些？

答： 配电环网柜电缆终端头更换的主要步骤有以下几点：

（1）与调度联系许可后，先拉开环网柜各进出线断路器（双电源用户需拉开用户进线断路器）。

（2）操作人员戴绝缘手套，经验电后在已拉开的各进、出线断路器侧装设接地线。

（3）操作人员持专用操作杆拉开所需更换三相终端后，进行电缆终端头更换工作。

（4）操作人员持专用操作杆插上已更换电缆终端头。

（5）拆除环网柜各进、出线断路器侧接地线。

（6）合上各回路开关。

8. 配电环网柜常见故障有哪些类型及原因？

答： 配电环网柜常见故障的类型及原因有：

（1）电缆搭接处故障：由于电缆头本身质量以及施工工艺不过关，以及大截面电缆在安装后逐渐释放应力，造成电缆搭接处故障。

（2）电缆支持绝缘子处及母线桩头处放电故障：电缆室支持绝缘子或母线桩头由于处在潮湿等恶劣环境下发生沿面放电甚至击穿。

（3）TV、TA 故障：带有配网自动化接口的环网柜往往配有 TV、TA，以提供开关的操作电源和配网自动化所需的负荷电流等数据信息，本体质量差是导致此类故障的主要原因。

（4）避雷器故障：环网柜中配套的一些避雷器击穿、爆炸，造成电缆室内相间短路或者电缆头对环网柜外壳放电。

（5）操作机构故障：潮湿地区的环网柜由于长期不进行操作，机构弹簧、控制回路开关的辅助触点等容易锈蚀，引起机构失灵。

（6）二次回路故障：二次回路线（操作电源）由于触电接触不良或者其他原因造成二次回路线烧毁。

（7）气室故障：由于 SF_6 气室泄漏，造成气室内断口刀闸相间短路故障。

（8）熔断器、负荷开关故障：目前环网柜中主要采用熔断器、负荷开关的组合来对中小容量配电变压器进行保护，熔断器在熔断时顶针不能正常触发机构跳闸造成故障扩大。

9. 降低配电环网柜电缆支持绝缘子处和母线桩头处放电故障的措施有哪些？

答： 降低配电环网柜电缆支持绝缘子处和母线桩头处放电故障的措施主要有：

（1）保证加热器等除湿装置 220V 电源的可靠供给。尽量从公用变压器处敷设专用电源线至环网柜，或者在设计时预留站用变装置，由此提供稳定可靠的低压电源。

（2）加热器等除湿装置加装故障报警，其任何一个负载或传感器损坏或开路，相应报警灯应显示，并能回传报警。

（3）由于户外环网柜长期运行在室外，环境相当恶劣。建议环网柜的外壳采用不锈钢材料制作，必须要有通风顺畅的通风口和卸压装置。

10．在施工过程中降低配电环网柜气室故障的措施有哪些？

答：气室故障的主要情况为密封 SF_6 气室由于各种原因发生 SF_6 气体泄漏，造成气室内 SF_6 气体密度不够，导致开关在正常运行时或操作中气室内部动静触头间发生放电短路故障。

气室发生泄漏的主要位置在电缆桩头处，电缆桩头由于受力较大，当电缆安装中存在外加应力或电缆没有牢固固定时，电缆桩头处长时间承受外力的影响，造成气室与电缆桩头处出现裂纹，进而导致 SF_6 气体泄漏。因此，气室故障也是电缆安装施工不良的另一种表现形式。

规范电缆施工作业是预防此类故障的主要手段。另外，为了防止气室内 SF_6 气体泄漏，建议在环网开关面板上加装 SF_6 气压仪和低气压闭锁功能，避免运行人员在操作时由于开关不能正常灭弧而导致事故。

11．降低配电环网柜熔断器—负荷开关故障的措施有哪些？

答：环网柜中熔断器—负荷开关组合柜的动作原理为：当环网柜出线下级发生短路故障时，熔断器熔断后撞击器弹出，撞击通过连杆、连板等传动件来使负荷开关动作。由于连杆、连板等传动件之间配合不精密，自由行程过大，存在传递不到位的情况，因此在熔断器保护动作后，撞击器不能使负荷开关正常分闸。这种故障严重时将造成熔断器内电弧燃弧时间过长，在熔断器内积聚大量能量，最终导致熔断器的爆炸。

常见的应对措施有：

（1）对熔断器—负荷开关的配置需加强选型管理。熔断器—负荷开关内的熔断器在选择上首先要按照环网柜生产厂家的使用说明书进行选型，关键的参数是负荷开关的转移电流。

（2）合理选择撞击器。

1）应选择撞击行程大于联动机构动作行程的熔断器；

2）对于传动件为塑料等非刚性材料且不能采用火药式撞击器的熔断器，应使用弹簧式撞击器的熔断器。

（3）按照使用环境对熔断器的选择进行校验。

1）根据熔断器生产厂家的使用说明书来确定安装环境条件对熔断器的影响；

2）根据 IEC 标准，熔断器在环境温度为 $-25 \sim 0℃$ 之间能正常工作，当环境温度低于 $-25℃$ 时熔断器的机械性能将受影响，当环境温度高于 $+40℃$ 时，每升高 1℃熔断器的额定电流应降低 1%使用。

3）避免熔断器过载使用。

12. 配电环网柜停电检修的风险类型、作业步骤及预控措施有哪些?

答: 配电环网柜检修的风险类型、作业步骤及预控措施详见表 4-69。

表 4-69 　　　　配电环网柜停电检修的风险类型、作业步骤及预控措施表

风险类型	作业步骤	预 控 措 施
触电	接地线检查	在户外开关柜开启后,要检查开关柜外接地是否良好
	开关操作	开关操作前应该检查开关进线及各开关带电状态(带电显示器不亮)、开关母线和进线电缆带电显示器不亮,检查气压表应该在正常区域(绿色),确保开关柜处于停电状态
	电缆插拔头检查	检查电缆插拔头外屏蔽层颜色一致(黑色)、接地线接地牢固、开关柜保持在接地状态(可靠接地)
物体打击	操作开关	开关手动操作时应该检查操作手柄位置,开关操作时操作手柄应按照关、合方向旋转约 70°,在旋转方向终点前不应有障碍物,以免撞到手
	电缆插拔头检查	电缆插拔头检查如果需要拆开检查,在拆卸时候要在固定螺母拆卸后拔出后,采用转拉方式拔出电缆插拔头
设备损坏	开关操作	开关机构内部设计有五防结构,应检查操作顺序和辅助指示

13. 配电变压器发生什么异常时,应立即停运?

答: 配电变压器发生以下异常时,应立即停运:

(1)变压器声响明显增大,内部有异响。

(2)严重漏油或喷油,使油面下降到低于油位计指示限度。

(3)套管有严重的破损和放电现象。

(4)变压器冒烟着火。

(5)当变压器附近的设备着火、爆炸或发生其他情况,对变压器构成严重威胁时。

(6)超过规定时限的过载变压器应立即停运。

14. 配电变压器在投运时有哪些常见的异常现象?

答: 配电变压器在投运时常见的异常现象有:

(1)变压器声音不正常,如发出"吱吱"或"噼啪"等异常响声。

(2)高、低压接线柱烧坏,高、低压套管有严重破损和闪络痕迹。

(3)在正常冷却情况下,变压器温度失常且不断上升。

(4)油色变化异常,油内出现炭质。

(5)变压器油箱及散热管变形、漏油、渗油等。

15. 配电变压器对运行电压有什么要求?电压过高有什么危害?

答: 运行变压器中的电压不得超过分接头电压的 5%,过高会影响变压器的正常运行和使用寿命。电压过高主要有以下危害:

(1)造成铁芯饱和、励磁电流增大。

(2)铁损增加。

(3)使铁芯发热,加速绝缘老化。

16．油浸式配电变压器缺油运行有什么后果？

答：油浸式配电变压器缺油运行的后果主要有：

（1）无法对油位和油色进行监视。

（2）增大油和空气接触面，使油氧化、受潮，降低油绝缘性能。

（3）影响绕组匝间、绕组对地间的绝缘强度，易造成绝缘击穿。

（4）使变压器冷却异常，油温升高，绝缘易老化。

17．台架配电变压器安装有什么要求？

答：台架配电变压器安装要求有：

（1）底座安装高度离地至少 2.5m 以上。

（2）变压器台架水平倾斜不大于台架根开的 1%。

（3）一、二次引线排列整齐、绑扎牢固。

（4）油枕、油位正常，外壳干净。

（5）接地可靠、接地电阻值符合规定。

（6）套管、压线、螺栓等部件齐全。

（7）呼吸孔道通畅。

18．配电变压器台架安装有哪些安全注意事项？

答：变压器的台架安装中高空作业占的比例相当大，例如，套管的安装，油枕、有载分接开关的安装，冷却器的安装，放气管的安装及喷漆作业等，因此，安全措施必须考虑周密。主要安全注意事项有：

（1）有坠落危险时，必须设置脚手架。脚手架所使用的木杆、钢管要有足够的强度，绑扎或金具连接牢固可靠。

（2）脚手架宽必须在 40cm 以上，踏板材料之间的间隙在 3cm 以下，踏板两端绑扎牢固。

（3）踏板两端及有坠下危险的地方，必须有围栏、拉杆、遮蔽等，所用材料必须牢固，没有损伤及腐朽，拉杆的高度 75cm 以上。

（4）大风（5 级以上）、大雨及大雪等恶劣天气不允许作业。

（5）严格遵守高空作业要求。

19．10kV 电流互感器、电压互感器更换作业内容有哪些？主要有哪些危险点及控制措施？

答：10kV 电流互感器、电压互感器更换作业内容、危险点及控制措施详见表 4-70。

表 4-70 危险点及控制措施表

作业内容	危险点及控制措施
互感器两侧引下线拆、装	在拆、装引下线时容易伤人，建议戴好手套和正确使用工具
互感器二次回路接线拆除和恢复	在恢复二次接线时注意不要造成短路或开路，在二次拆线时应做好标记和记录，接线时认真校对。注意低压交流电源或直流电源反馈造成触电。此时应首先确定有无电压后方可开始工作，在确定无电压后，必须取下熔断器

续表

作业内容	危险点及控制措施
互感器拆除和安装	（1）由于作业空间窄小，此时应注意碰伤头部和手脚。为此在工作中必须戴好安全帽，并听从统一指挥，注意作业配合和动作呼应。 （2）在搬运互感器过程中容易压伤手、脚，因此在搬、放互感器时应注意手、脚不得在重物下部
互感器保护、计量试验	在互感器保护、计量试验时，切记误碰被试验设备，以免造成触电事故，此时应注意与试验工作无关的人员，不得靠近被试验设备

20．电能表的安装要求主要有哪些？

答： 电能表的安装要求主要有：

（1）计费电能表及其附件应装在专用的密闭表箱内。

（2）专用计量柜表板的厚度不小于10mm，牢固地安装在可靠及干燥的计量柜内。

（3）独立安装的表箱箱顶离地高度为 1.7～2m，电能表（表底端离地尺寸）安装高度距地面为 0.8～1.8m。

（4）电能表与试验接线盒之间的垂直间距不小于150mm，并列安装的电能表及负控最小间距不应小于80mm，低压互感器之间的间距不小于80mm。

（5）挂表的底板或万能表架到观察窗的距离不大于175mm。

（6）电能表进出线应进行穿管，进出线孔应封堵或做防水处理。

21．电能表施工工艺要求有哪些？

答： 电能表的施工要按图施工、接线正确；电气连接可靠、接触良好；配线整齐美观；导线无损伤、绝缘良好。施工工艺要求主要有：

（1）间接接入式电能表采用单股铜芯绝缘导线，电压线不小于2.5mm²，电流线不小于4mm²。

（2）电能表端钮盒的接线端子，应以"一孔一线""孔线对应"为原则，禁止在电能表端钮盒端子孔内同时连接两根导线。（注意螺丝刀和线头，切勿划伤手指或者手臂）

（3）导线插入电度表时，应将导线剥去绝缘层一段，插入接线盒内应有足够长度，确保不压皮不漏铜。（戴手套接线时注意手套不能太松，以免夹入线孔）

（4）确保两只螺钉全部接触，然后将两只螺钉全部紧固。

（5）接线应注意互感器的极性端符号。接线时宜分相接线，即按相色（黑红绿黄）逐相接入，再进行核对。

（6）电流互感器接线时应注意前后接线时的极性端，易在剥线时做好标记（切记做标记，具体方法不做要求）。

（7）互感器接线必须采用线耳连接，不得缠绕或者夹线连接，同时注意线耳旋转方向。

22．电能表的现场安装注意事项主要有哪些？

答： 电能表的现场安装注意事项主要有：

（1）工作负责人填写安全措施卡或安全技术交底单。工作负责人应严格检查安全措施的实施情况，在现场向工作人员交代工作任务、讲解安全措施，指明危险点，及工作要求和其他注意事项。

（2）进入工作现场，必须按规定着装，必须正确佩戴安全帽。

（3）严禁工作人员在工作中移动、跨越或拆除遮栏。

（4）在工作时应看清带电间隔，并与带电设备保持足够的安全距离。

（5）电能计量装置、相位伏安表（在送电前检测接线是否正确）等在运输中应有可靠、有效的防护措施，如防振、防尘、防雨措施等；搬运时应轻拿轻放，经过剧烈震动或撞击后的电能计量器具应重新检定。

23. 电能表安装后需要检查的内容主要有哪些？

答：电能表安装后需要检查的内容主要有：

（1）接线检查所有装置的接线是否符合图纸要求。

（2）电能表安装完成后应根据安装接线图使用万用表或对线器进行接线检查，切记在不带电的条件下进行，用对线的方式检查电能表进出线接线端子之间连接是否良好。

（3）电阻的测试，该测试必须在停电的状态下进行。（断开电源）具体方法为：解开互感器，使用万用表测量表前表后的电阻，正常值应近似零；对正负极、正极对计量柜的正常电阻值应在数 10Ω 以上。

（4）核对电能表信息，检查施工工艺、对应的相线与零线对应接线是否正确无误。

（5）检查无误后，重新接好线，并装好表盖及接线盒盖。

24. 电能表的接线有哪些常见的问题？

答：电能表的接线常见的问题有：

（1）未按要求进行分相分色。

（2）使用的导线截面积不符合要求。

（3）布线凌乱，无标识。

（4）使用的导线过长等。

25. 电能表的互感器安装有哪些常见的问题？

答：电能表的互感器安装常见的问题有：

（1）互感器固定不牢固。

（2）互感器外壳没接地。

26. 电能表的试验接线盒安装有哪些常见的问题？

答：电能表的试验接线盒安装常见的问题有：

（1）导线金属部分外露。

（2）接线盒连接片连接错误。

（3）连接螺丝松动。

（4）TA 没有使用的二次端子要短接接地。

27. 负控终端安装地点选择需要注意哪些事项？

答：负控终端安装地点选择需要注意的事项有：

（1）选择终端位置时应首先用场强仪（或手机）测试网络信号强度能否满足要求。

（2）终端安装位置应综合考虑，以保证表计接线、控制接线、交流采样接线均较短。

（3）遮蔽雨雪与强光。如所连接表计在计量柜屏内，则安装于屏内表计相邻处；如所连接表计在室外计量表箱内，则安装在计量表箱内；如室外表箱空间不够，需另加装负控终端安装箱（也可加装相应尺寸电表箱）；也可将终端安装于配电室内，放脉冲线、RS-485 线至室外表箱处。

（4）终端安装处离高压部分应满足安全距离。

28．负控终端接线一般要求有哪些？

答：负控终端接线一般要求有：

（1）接至终端的各种接线一般应从地沟引至终端下面，再通过穿线塑料管，从终端箱底部穿线孔进入终端，再接入相应的端子上。（如终端安装于计量柜屏内，可不穿管）。

（2）接线线缆应在两端用导线号头作相应标记（或标签贴纸）。

（3）一般脉冲线，电源线各自用一根穿线 PVC 管，遥信线和遥控线根据导线的数量确定穿线 PVC 管的数量，但遥信线和遥控线不要混穿同一根穿线 PVC 管。

（4）脉冲信号、RS-485 信号的输入线应采用多芯屏蔽线，并将屏蔽层良好接地，注意脉冲信号、RS-485 信号有正负极性之分。遥信线和遥控线不能采用同一根多芯电线。

（5）各种接线接入终端安装箱后应用压线板固定牢固。

（6）脉冲线、RS-485 信号线及遥信输入线应尽量远离交流电源线及其他干扰源，在与其他强电电源线平行时，应保持 60mm 以上的间距。

（7）一孔一线，不允许一孔多线。

（8）使用规定线径的单股铜芯线。

（9）必须使用多股线时，应使用冷压头或上锡。

（10）导线颜色应遵循行业习惯。

（11）RS-485 连接多块电能表时，应使用手拉手接法。

29．负控终端天线选择有哪些注意事项？

答：负控终端天线选择注意事项如下：

（1）安装前应确认信号强度。

（2）信号良好时，推荐使用内置天线。

（3）在有电磁屏蔽场合使用时，应使用外置天线（标配 3m 馈线）。

（4）多余天线应盘成环状后固定于安全地方，折角不宜过大。

（5）环境信号较差场所（如地下室）应联系当地通信公司解决。

30．使用中的电流互感器二次回路若开路，会产生什么后果？

答：使用中的电流互感器二次回路若开路，将产生如下后果：

（1）使用中的电流互感器二次回路一旦开路，一次电流全部用于激磁，铁芯磁通密度急剧增加，不仅可能使铁芯过热、烧坏线圈，还会在铁芯中产生剩磁，使电流互感器性能变坏，误差增大。

（2）由于磁通密度急剧增大，使铁芯饱和而致磁通波形平坦，使电流互感器的二次侧产生相当高的电压，对一、二次绕组绝缘造成破坏、对人身及仪器设备造成极大威胁，甚至对电力系统造成破坏。

31．带实际负荷检查电能表接线是否正确的步骤是什么？

答： 带实际负荷检查电能表接线是否正确的主要步骤有：

（1）用电压表测量相、线电压是否正确，用电流表测量各相电流值。

（2）用相序表测量电压是否为正相序。

（3）用相位表或功率表或其他仪器测量各相电流的相位角。

（4）根据测得数据在六角图上画出各电流、电压的相量图。

（5）根据实际负荷的潮流和性质，分析各相电流是否应处在六角图上的区间。

32．什么是电流互感器的减极性及为什么要测量互感器的大小极性？

答： 电流互感器的极性是指其一次电流和二次电流方向的关系。当一次电流由首端 L1 流入，从尾端 L2 流出，感应的二次电流从首端 K1 流出，从尾端 K2 流入，它们在铁芯中产生的磁通方向相同，这时电流互感器为减极性。测量电流互感器的大小极性，是为了防止接线错误、继电保护误动作、计量不准确。

33．使用电流互感器时应注意什么？

答： 使用电流互感器时应注意以下事项：

（1）变比要适当（应保证其在正常运行中的实际负荷电流达到额定值的 60% 左右，至少不小于 30%。）。实际二次负荷在 25%～100% 额定二次负荷范围内，且额定二次负荷的功率因数应为 0.8～1.0，以确保测量准确。

（2）接线时要确保电流互感器一、二次侧极性正确。互感器二次回路的连接导线应采用铜质单芯绝缘线。对电流二次回路，连接导线截面积应按电流互感器的额定二次负荷计算确定，至少应不小于 $4mm^2$。

（3）在运行的电流互感器二次回路上工作时，严禁使其开路；若需更换、校验仪表时，先将其前面的回路短接，严禁用铜丝缠绕和在电流互感器到短路点之间的回路上进行任何工作。

（4）电流互感器二次侧应有一端永久、可靠的接地点，不得断开该接地点。

34．低压开关分闸有哪些方式及原因？

答： 低压开关分闸有保护分闸、机械分闸和电气分闸三种方式。

（1）保护分闸可能的原因是：过载、短路、接地故障、三相不平衡、控制器误发信号等。

（2）机械分闸可能的原因是机械按钮。

（3）电气分闸可能的原因是消防、遥控、温控、欠压等。

35．低压开关无法合闸该如何处理？

答： 低压开关无法合闸的处理步骤有：

（1）检查断路器是否摇进到位，检查摇进摇出操作孔是否关闭。

（2）检查保护控制器按钮是否弹出。注意部分断路器按钮弹出时不明显，需手动确认，检查线路无故障后才能合闸。

（3）检查三合二闭锁是否起作用。如检查相联络的断路器是否同时处于合闸或检修状态，检查合闸是否需要钥匙。

（4）检查与发电开关的闭锁是否起作用。

（5）检查二次回路是否带电。检查二次回路熔丝是否熔断，或低压断路器是否跳闸，避免因二次回路失电导致失压线圈脱扣。

（6）检查失压线圈，如有故障应拆除。

36. 低压断路器无法摇进该如何处理？

答：低压断路器无法摇进的处理步骤如下：

（1）检查开关是否处于分闸状态；

（2）检查是否存在机械闭锁；

（3）检查安全挡板是否卡住导轨。

37. 低压柜二次回路验收的注意事项有哪些？

答：低压柜二次回路验收的注意事项有：

（1）严格按照图纸进行接线，确保功能有效。

（2）框架式断路器应配置接地保护。

（3）要保留低压柜、断路器二次图纸及使用说明书。

（4）送电后应核对低压侧相位，确保联络变压器之间低压侧相位一致。

（5）送电时应测试分合闸、闭锁功能完好。

（6）二次线标识、指示灯标识应清晰。

（7）二次线路应设置独立线槽。

（8）做好断路器整定验收。

38. 低压欠压脱扣器的作用有哪些？

答：低压欠压脱扣器的作用有：

（1）作为实现闭锁的零配件避免设备因低电压而损坏。

（2）根据 GB 14048.1—2012《低压开关设备和控制设备 第 1 部分：总则》当外施电源电压低于欠电压继电器或脱扣器的额定电压的 35% 时，欠电压继电器或脱扣器应防止电器闭合。当电源电压等于或高于其额定电压的 85% 时，欠电压继电器和脱扣器应保证电器能闭合。

（3）断路器正常运行时，欠压脱扣器线圈带电，顶针吸进去；当线圈电压下降至动作值时，顶针突出，使得断路器分闸且无法合闸。

（4）脱扣器是在欠压时动作，与分合闸电磁铁不同。

39. 低压系统出现短路故障的主要原因有哪些？

答：低压系统出现短路故障的主要原因有：

（1）安装不合规格，多股导线未捻紧、涮锡、压接不紧、有毛刺。

（2）相线、零线压接松动，两线距离过近，遇到某些外力使其相碰造成相对地短路或相间短路。

（3）恶劣天气，如大风使绝缘支持物损坏，导线相互碰撞、摩擦，致使导线绝缘损坏，出现短路；电气设备防水设施损坏，雨水进入电气设备造成短路。

（4）电气设备所处环境中有大量导电尘埃（如电碳厂加工车间空气中有大量碳粉），如果防尘设施不当或损坏，导电尘埃落在电气设备中，造成短路故障。

（5）人为因素，如土建施工时将导线、闸箱、配电盘等临时移位，处理不当。施工时误碰架空线或挖土时挖伤土中电缆等。

第十节 配电网试验

1. 电气设备的试验是如何分类的？

答：电气设备试验一般可分为出厂试验（包括例行试验、型式试验和特殊试验）、交接验收试验、预防性试验、诊断性试验等。按照试验的性质和要求，电气试验可分为绝缘试验和特性试验两大类，其中绝缘试验又可分为破坏性和非破坏性两大类。

2. 什么是电气设备的绝缘水平？

答：电气设备耐受电压能力的大小称为绝缘水平，应保证电气设备的绝缘在最大工作电压的持续作用下和过电压（雷电冲击、操作冲击）短时作用下均能安全稳定运行。

3. 什么是绝缘材料？常见的绝缘材料有哪些类型？

答：绝缘材料又称电介质，是用于防止导电元件相互之间导通的材料。常见的绝缘材料按物态可分为以下三类：

（1）气体电介质，包括空气、SF_6、真空等。

（2）液体电介质，包括绝缘油、硅油等。

（3）固体电介质，包括瓷、橡胶、玻璃、塑料、绝缘纸等。

4. 影响电介质绝缘强度的因素有哪些？

答：影响电介质绝缘强度的因素有：

（1）电压的影响。除了与所加电压的高低有关外，还与电压的波形、极性、频率和作用压上升的速度等有关。

（2）温度的影响。过高的温度会使绝缘强度下降甚至发生热老化、热击穿。

（3）机械力的影响。如机械负荷、电动力和机械振动使绝缘结构受到损坏，从而使绝缘强度下降。

（4）化学的影响。包括化学气体、液体的侵蚀作用会使绝缘受到损坏。

（5）环境的影响。如日光、风、雨、露、雪、尘埃等的作用会使绝缘产生老化、受潮、闪络等。

5. 电气设备绝缘常见的缺陷有哪些？

答：在制造、运行、检修、安装、贮运等过程中，由于各种因素的作用，电气设备的绝缘往往存在以下两类缺陷：一类是集中性缺陷，具有范围较小但危害较大的特点。例如，局部受潮、绝缘内部存在气泡、机械损伤裂纹等。这类缺陷在强电场作用下，其缺陷范围很容易扩大，是造成设备绝缘事故的主要因素。另一类是分布性缺陷，例如，整体受潮、整体发热、绝缘油变质等。这类缺陷是由于受潮、过热、长时间过负荷或过电压导致的电气设备整体绝缘性能下降。

6．电气设备放电有哪几种形式？

答： 根据是否贯通两极间的绝缘放电的形式可以分为局部放电和击穿两种。

（1）局部放电是导体间绝缘介质内部发生的局部击穿现象该放电形式可能发生在绝缘介质内部，也可能发生在邻近导体，例如，发生在固体绝缘空穴中、液体绝缘的气泡中、不同介质特性的绝缘层间、金属表面的棱边和尖刺、尖端放电等。

（2）击穿是在绝缘内部或表面产生破坏性放电的现象，包括火花放电和电弧放电。其中，根据击穿放电的成因可以分为电击穿、热击穿和化学击穿；根据击穿放电的特征可以分为沿面放电、爬电、闪络等。

7．电气设备绝缘产生局部放电的主要原因有哪些？

答： 电气设备绝缘产生局部放电的原因有很多，其中主要原因如下：

（1）固体绝缘介质中残存有气泡、裂缝，杂质没有清理干净。

（2）液体绝缘有悬浮颗粒、气泡（气体）或含有微量水分。

（3）金属导体或半导体电极附近及边缘有毛刺或突起。

（4）电气设备结构设计有缺陷、生产工艺处理不当。

（5）电气设备制造过程中绝缘件残存有气泡、水分及其他杂质等。

8．什么是电介质击穿？可以分为哪几类？

答： 当施加于电介质上的电压超过某临界值时，通过电介质的电流剧增，使电介质发生破坏或分解，直至电介质丧失固有的绝缘性能，形成贯通导电通道，这种现象叫作电介质击穿。其中电介质发生击穿时的临界电压值，称为击穿电压。电介质击穿可以分为气体电介质的击穿、液体电介质的击穿和固体电介质的击穿。

9．气体电介质被击穿的原理是什么？提高气体击穿电压的方法有哪些？

答： 加在电介质的电压超过气体的饱和电流阶段后，进入电子碰撞游离阶段，带电质点（主要是电子）在电场中获得巨大能量，从而使气体分子碰裂游离成正离子和电子。新形成的电子又在电场中积累能量去碰撞其他分子，使其游离，如此循环便形成电子崩。电子崩向阳极发展，最后形成一个具有高电导的通道，导致气体被击穿。提高气体击穿电压的方法是提高气压或真空度。

10．液体电介质被击穿的原理是什么？提高液体击穿电压的方法有哪些？

答： 液体电介质或多或少总会有杂质，在电场的作用下，液体电介质中的杂质聚集到两极之间，由于它们的介电常数可能远远大于液体电介质，将被吸向电场较集中的区域，可能顺着电场方向形成"小桥"。"小桥"的电导和介电常数都比液体电介质大，使"小桥"及其周围的电场更为集中，降低了液体电介质的击穿电压，最后导致被击穿。因此，通过去除杂质或在靠近强电场电极附件加装屏障可以大大提高液体电介质的击穿电压。

11．固体电介质的击穿有哪几种形式？分别有什么特点？

答： 固体电介质的击穿大致可分为电击穿、热击穿和电化学击穿三种形式。

（1）电击穿。在强电场的作用下，当电介质的带电质点剧烈运动，发生碰撞游离的连锁反应时就产生电子崩。当电场强度足够高时，就会发生电击穿，此种电击穿是属于电子游离性质的击穿。一般情况下，电击穿的击穿电压是随着电介质的厚度呈线性地增加，而与加压时的温度无关。电击穿作用时间很短，一般以微秒计，其击穿电压较高，而击穿场强与电场均匀程度关系很大。

（2）热击穿。在强电场作用下，由于电介质内部介质损耗而产生的热量，如果无法及时散出去就会导致电介质内部温度升高。当温度上升时，绝缘电阻变小，又会使电流进一步增大，损耗发热也增大，导致温度不断上升，进一步引起介质分解、碳化等。最终导致分子结构破坏而击穿，称为热击穿。热击穿电压是随温度增加而下降的。电介质厚度增加，散热条件变坏，击穿强度也随之下降。热击穿除与温度和时间有关外，还与频率和电化学击穿有关。因为电化学过程也引起绝缘劣化和介损增加，从而导致发热增加。因此，可以认为电化学击穿是某些热击穿的前奏。

（3）电化学击穿。在强电场作用下，电介质内部包含的气泡首先发生碰撞游离而放电，杂质（如水分）也因受电场加热而汽化并产生气泡，使气泡放电进一步发展，导致整个电介质击穿。在有机介质内部（如油浸纸、橡胶等），气泡内持续的局部放电会产生游离生成物，如臭氧及碳水等化合物，从而引起介质逐渐变质和劣化。电化学击穿与介质的电压作用时间、温度、电场均匀程度、累积效应、受潮、机械负荷等多种因素有关。

实际上，电介质击穿往往是上述三种击穿形式同时存在的。一般地说，$\tan\delta$ 大、耐热性差的电介质，处于工作温度高、散热又不好的条件下，热击穿的概率就大些。至于单纯的电击穿，只有在非常纯净和均匀的电介质中才有可能，或者电压非常高而作用的时间又非常短，如在雷电和操作波冲击电压下的击穿，基本属于电击穿。固体电介质的电击穿强度要比热击穿高，而放电击穿强度则决定于电介质中的气泡和杂质，因此，固体电介质由电化学引起击穿时，击穿强度不但低，而且分散性较大。

12．什么是交接试验？交接试验有什么意义？

答：新安装的电气设备必须经过试验合格，才能办理竣工验收手续，电气设备安装竣工后的验收试验称为交接试验。交接试验对于检查制造单位生产的电气设备的质量是否合格，检查电气设备运输、保管、安装过程中是否损坏，判断设备是否能投入运行，为使用部门以后的运行监督和检修提供参考技术数据等方面具有重要意义。

13．交接试验的参考依据是什么？

答：目前交接试验的主要参考依据是《电气装置安装工程电气设备交接试验标准》（GB 50150—2016）。另外，电气设备的某些参数和特性的测定，除按该标准执行外，还应参考设备制造厂出厂技术文件的有关规定和设计部门的有关图纸要求进行。

值得注意的是，伴随着电力工业的发展和试验设备、方法的不断改进，相应的交接试验标准也会不断更新，需要试验从业人员持续关注。

14．什么是预防性试验？预防性试验有什么意义？

答：为了发现运行中设备的隐患，预防发生事故或设备损坏，对设备进行的检查、试验或监测（也包括取油样或气样进行的试验），称为预防性试验。电气设备在运行过程中可能长期承受来自化学、湿度、机械、电力等方面因素的作用，特别是安装在室外的电力设备，受环境影响较大，致使电气设备的绝缘成为薄弱环节而容易损坏、使某些电气特性发生变化而影响正常运行。通过预防性试验，可以尽早发现绝缘缺陷和薄弱环节，掌握电气特性的现状及其变化情况，改进绝缘维护减少绝缘损坏事故，延长设备使用寿命，配合检修人员进行分解试验，提高检修质量和设备的可靠性，有利于电网系统的安全运行。

15．预防性试验的参考依据是什么？

答：电气设备预防性试验的依据可以参考《电气设备预防性试验规程》（DL/T 596—2021）。在供电企业实际执行过程中，试验人员应以企业标准作为主要参考依据，例如，南方电网管辖区域内的电气设备进行预防性试验时，应同时参考南方电网相关检修试验规程。在遇到特殊情况需要改变试验项目、周期或要求时，需经上级技术管理部门批规程准方可实施。值得注意的是，伴随着电力工业的发展和试验设备、方法的不断改进，相应的预防性试验标准也会不断更新，需要试验从业人员持续关注。

16．待试电气设备应具备什么条件才可进行试验？

答：待试电气设备应具备以下条件：

（1）新安装的待试电气设备应符合相应规程所规定的工艺和技术要求，并经验收合格。

（2）待试电气设备应初步具备运行条件，不能再因土建或其他工作对其造成可能的损坏。

（3）经试验合格的电气设备，便可等待投入运行，此后不允许进行任何影响其运行性能的工作，因此被试设备必须是在短期内就要投入运行的设备。

（4）对严重受潮待测设备，需经干燥处理后才能进行试验。

17．电气试验常用的安全工器具有哪些？

答：电气试验常用的安全工器具有：绝缘垫、绝缘棒、绝缘手套、绝缘靴、绝缘梯、验电器、放电棒、安全围栏、接地线。

18．开展试验前应做哪些准备工作？

答：开展试验前准备工作如下：

（1）试验前应清楚待试设备的安装位置，周围环境、型号和规格。如果是对非新投运设备进行试验，还应了解待试设备运行历史及是否曾发生故障或存在缺陷。

（2）查阅制造厂关于待试设备的说明书和历史试验报告。

（3）组织正确的试验方案。试验方案的内容包括：试验目的、试验项目、试验标准、试验仪器、操作方法和步骤、注意事项、安全措施、试验人员分工等。

（4）针对试验中可能出现的安全风险，制定预控措施。

（5）选择合适的试验设备和仪表，准备好试验用记录表格。

19．对电气设备试验结果进行分析判断有哪些方法？

答：对电气设备的试验结果，采用的分析判断方法如下：

（1）和试验标准对照。一般情况下，如果各项试验结果均能满足相关交接试验标准或预防性试验规程，则可判定试验合格，可投入运行。

（2）如果电气设备个别试验项目的结果达不到要求或老旧设备没有标准可供参考

时，可按下面的方法进行分析：

1）与历次试验结果进行比较。如果在运行中没有发现什么异常，则试验结果应大致相同，尤其是试验结果应比较接近上次试验结果，若两次试验结果相差过大，又超过标准很多，且检查试验方法、接线和测量表计没有问题的话，则说明被试设备存在缺陷。

2）同一设备相间比较。同一设备三相之间的状况，应是比较接近的，如果有一相试验结果与其他两相显著不同，则可能是该相有问题。

3）同类型设备比较。同类型设备的绝缘及结构相同，性能也应相近。在条件相近的情况下进行试验，若试验结果相差很大，可能存在缺陷。

20．从事电气设备试验工作的人员应具备哪些基本条件？

答：从事电气设备试验人员应具备的基本条件主要有：

（1）试验人员应对包括国标、企标在内的相关试验规程非常熟悉，应并认真执行。同时，还应通过相关企业的安规考试并严格遵守相应的安全工作规程。

（2）试验人员应了解相关电气设备的型式、用途、结构及原理，了解各种绝缘材料的性能、各种绝缘结构的用途；熟悉配电网接线及运行方式。

（3）试验人员应了解相关试验设备的型式、用途、结构及原理，能正确地掌握各种试验方法，正确地选择和使用试验仪表和仪器，明确各项试验的注意事项。

（4）试验人员应善于处理试验中的各项具体问题。在交接试验项目的选择上应尽量全面，以防带有严重绝缘缺陷的设备投入运行。在预防性的试验中，如果受停电时间限制，还应考虑以最少的试验项目，能有效地反映出绝缘状况的变化或运行中发生的绝缘缺陷。遇有特殊情况，应能结合实际，具体确定有关试验方法、周期和标准方面的问题。

（5）试验人员应具备对试验结果的分析判断能力。试验结果是分析判断的依据，正确运用试验标准判断电气设备的特性和绝缘的优劣，估计出绝缘缺陷发展趋势和严重程度是非常重要的。一般情况下，如果各项试验结果都能满足相关规程的规定，则可以认为电气设备是完好的，可以投入运行。如果个别项目达不到要求，或者老旧设备没有标准可供参考时，应能通过比较分析，找出问题的所在。

（6）试验人员应认真分析电气设备绝缘的事故。经过预防性试验的电气设备，虽然能发现大部分绝缘缺陷，但是限于所用试验方法的灵敏度和绝缘缺陷的性质，一些隐形缺陷的存在，还会引发运行的异常和事故，试验人员要对运行中的异常情况和事故进行调查分析、找出原因，提出解决的对策。

（7）试验人员应注意资料的积累和管理。技术资料是掌握设备性能、分析绝缘劣化趋势、总结运行经验和检修经验的依据，对每种设备都应建立台账，包括制造厂说明书、交接试验记录和历次试验报告。

21．开展高压试验工作，试验工作班成员应怎样构成才能满足安全要求？

答：高压试验经常在高电压下进行，若操作不当可能危及人身、设备和仪器的安全，所以组成试验工作班构成应满足以下要求：

（1）高压试验应至少两人才可进行，其中一人应负责监护，其他人负责操作。

（2）高压试验的工作负责人应由技术等级高、现场经验足，最好由是从事高压试验专业三年以上的人员担任。

22．开展试验工作前，试验负责人应向工作班成员交代哪些安全注意事项？

答：试验工作开始前，试验负责人应向全体试验人员详细交代试验的停电范围、工作内容（待试设备名称、试验项目、试验方法等）、人员分工、邻近间隔的带电部位、应使用的安全工器具等。

23．高压试验的试验装置、仪器仪表的选择和使用应满足哪些安全要求？

答：高压试验的试验装置和仪器仪表应按照要求定期进行检测试验。高压试验前应检查试验装置和测量仪器完好，并选用相应电压等级的试验装置和仪器仪表。

24．高压试验对天气有什么要求？

答：电气设备现场试验时，特别是户外设备试验对天气条件有严格要求。现行大多数规程规定，进行绝缘试验时，应在良好的天气进行，其中环境温度不低于 5℃，空气相对湿度一般不高于80%。在进行与温湿度相关试验时，应同时记录被试品的温度以及环境的温湿度。

25．因试验需解开设备接头时，有哪些安全注意事项？

答：因试验需要解开一、二次设备的接头时，为防止在恢复时发生错接、漏接，在解开前需做好标记。在恢复时应核对标记，连接后还需进行检查、确认。

26．试验装置、试验引线的选择和使用需满足哪些安全要求？

答：（1）试验装置的金属外壳应可靠接地，避免试验装置发生故障（如外壳带电），危及试验人员的人身安全。

（2）宜采用专用高压试验线，具备导电性能好，质地应当柔软、耐弯曲疲劳、韧性优良，颜色鲜明等特点。例如，采用不同颜色且鲜明的试验引线便于试验人员检查试验接线是否正确，还可防止将试验线留在设备上。

（3）在确保设备安全距离的前提下，缩短试验引线可使试验区范围得到有效控制，减小对周围作业人员的触电风险，同时也能减小杂散电容对试验数据的影响。

（4）根据需要选用能承受试验电压的绝缘物支持试验线，试验引线和被试设备的连接应可靠，防止试验过程中引线掉落。

27．在进行高压试验前有哪些安全注意事项？

答：在进行高压试验前，有以下安全注意事项：

（1）高压试验现场应设围栏，向外悬挂"止步，高压危险!"标示牌，并设置专人看守，防止其他人员靠近。被试设备其他所有各端也应装设围栏，悬挂"止步，高压危险!"标示牌，分别设置专人看守，看守人未接到试验完毕的通知不得离开。

（2）围栏与被试设备的距离应符合所加电压的安全距离（10kV 及以下：0.7m；20kV：1.0m），同时，应根据试验过程中最高试验电压，确认工作范围内安全距离。

（3）为防止试验连接线错误，导致被试设备损坏或试验数据不准确，试验加压前应检查所有接线正确、可靠。

（4）试验时应使用专用的短路线进行短接，严禁将熔丝、细铜丝作为短路线。

（5）试验加压前应检查表计倍率正确、量程合适、所有仪表指示均在初始状态、调压器在零位，以保证试验数据正确，防止仪器仪表损坏。

（6）试验前，对容性被试设备应进行充分放电。

（7）加压前，所有人员应撤离到被试设备所施加电压的安全距离之外，经试验负责人确认许可后方可加压。

28. 在进行高压试验过程中有哪些安全注意事项？

答：在进行高压试验过程中，有以下安全注意事项：

（1）试验人员在加压过程中应集中注意力，按照分工监视仪器仪表和被试设备是否正常。

（2）加压过程中应有人监护并随着电压的升高进行呼唱，一方面以保证试验人员之间的相互配合和提醒；另一方面试验人员可根据呼唱的数据判断该设备情况，以便采取措施处理突发的异常情况。

（3）操作人员应穿绝缘鞋或站在绝缘垫上，与地电位隔离，避免仪器或设备故障对人身造成伤害。

（4）变更试验连接线时，应先断开试验装置的电源，戴绝缘手套持相应电压等级的放电棒对升压设备高压部分和被试设备进行充分放电。放电后用接地线将试验设备高压端短路接地。

29. 在高压试验结束后有哪些安全注意事项？

答：在高压试验结束后，有以下安全注意事项：

（1）试验结束时，应先断开试验装置的电源，戴绝缘手套持相应电压等级的放电棒对升压设备高压部分和被试设备进行充分放电。放电后用接地线将升压设备高压部分短路接地。

（2）为防止试验人员将需要自行装设的接地线、短路线留在设备上，杜绝因此而引发的设备短路事故，试验结束时，试验人员应核对装设的试验专用接地线和短路线等，进行全部拆除。

（3）试验负责人要对被试设备是否有遗留试验接地线和短路线、工器具、杂物等进行复查。

（4）待被试设备及接线恢复到试验前状态后，应清理工作现场，作业人员撤出现场。

30. 10kV 配电网常见的电气设备及相应的试验项目有哪些？

答：10kV 配电网常见的电气设备及相应的试验项目见表 4-71。

表 4-71　　　　　　　　10kV 配电网常见的电气设备及相应的试验项目

序号	电气设备	试验项目
1	配电变压器	直流电阻试验、变比试验、绝缘电阻试验、交流耐压试验
2	电流、电压互感器	直流电阻试验、极性及变比试验、绝缘电阻试验、交流耐压试验、励磁特性试验
3	环网柜	开关机械特性试验、回路电阻试验、绝缘电阻试验、交流耐压试验；母线的绝缘电阻试验、交流耐压试验
4	隔离开关	回路电阻试验、绝缘电阻试验、交流耐压试验

续表

序号	电气设备	试验项目
5	电力电缆	绝缘电阻试验、交流耐压试验、两端相位检查
6	避雷器	绝缘电阻试验、直流 1mA 电压 U_{1mA} 及 $0.75U_{1mA}$ 下的泄漏电流
7	绝缘子	绝缘电阻试验、交流耐压试验
8	接地装置	接地电阻试验

31. 什么是绝缘电阻、吸收比和极化指数？

答：电力设备中的绝缘材料（电介质）并不是绝对的不导电。在直流电压作用下，电介质中有微弱电流经过。根据电介质材料的性质、构成及结构等的不同，这部分电流可视为由电导电流（泄漏电流）、电容电流和吸收电流组成。经过一段时间后电容电流和吸收电流趋近于 0，此时施加在被试设备上的直流电压和流过设备的电导电流之比，即为绝缘电阻。当绝缘受潮或有缺陷时，电流的吸收现象不明显，一般将测试 60s 时的绝缘电阻和 15s 时的绝缘电阻之比称为吸收比，吸收比可初步判断被试设备的受潮情况，吸收比与温湿度有关。对于吸收过程较长的大容量设备，有时用吸收比尚不足以反映电介质的电流吸收全过程，为了更好判断绝缘是否受潮，可采用测试 10min 和测试 1min 时的绝缘电阻比值进行衡量，该比值称为极化指数。

32. 影响绝缘电阻测量的因素有哪些？

答：影响绝缘电阻测量的因素有：

（1）温度。温度升高，绝缘介质中的极化加剧，绝缘介质的电导增加，绝缘电阻降低。

（2）湿度。湿度增大，绝缘表面易吸附潮气形成水膜，表面泄漏电流增大，影响测量准确性。

（3）放电时间。测量绝缘电阻后应充分放电，放电时间应大于充电时间，以免被试品中的残余电荷流经绝缘电阻表中的电流线圈，影响测量的准确性。

（4）试品表面污秽。大气中的污秽物在运行电气设备的绝缘外表层形成了设备绝缘表面的污秽层，其成分复杂，可分为两类物质：可溶于水的导电性物质，以及不溶于水的吸水性物质。正常时，对绝缘的介电性能影响不大。当空气相对湿度较大时，空气中的水分或污秽层被润湿，可溶性导电物质在溶解后使绝缘体表面污秽层的电导率急剧增加，其不溶性的吸水性物质保持水分，起到促进污秽层电导率增大的作用，在外加电压的作用下绝缘体表面泄漏电流随之大幅度加，使得其绝缘特性明显降低。

（5）正确地选用相应试验电压等级的绝缘电阻表。

33. 电力设备进行交流耐压试验有什么意义？

答：交流耐压试验是鉴定电力设备绝缘强度最有效和最直接的方法。电力设备在运行中，绝缘长期受到电场、温度和机械振动的作用会逐渐发生劣化，其中包括整体劣化和部分劣化，形成缺陷。不同的试验方法各有所长，均能分别发现一些缺陷，反映出绝缘的状况，但其他试验方法的试验电压往往都低于电力设备的工作电压，作为安全运行的保证还不够。直流耐压试验虽然试验电压比较高，能发现一些绝缘的弱点，但是由于电力设备的绝缘大多数都是组合电介质，在直流电压的作用下，其电压是按电阻分布的，所以使用直流做试验就不一定能够发现交流电力设备在交流电场下的弱点。交流耐压试验符合电力设备在运行中所承受的电气状况，但是由于交流耐压试验所采用的试验电压比运行电压高得多，过高的电压会使绝缘介质损耗增大、发热、放电，会加速绝缘缺陷的发展，从某种意义上讲，交流耐压试验是破坏性试验。

34．交流耐压试验一般有哪几种？

答： 交流耐压试验可以分为工频耐压试验、感应耐压试验、变频谐振交流耐压试验和 0.1Hz 超低频耐压试验。

35．在进行交流耐压试验时有哪些安全注意事项？

答： 在进行交流耐压试验时安全注意事项如下：

（1）试验前，应了解被试设备的试验电压、其他试验项目的试验结果。若被测试品有缺陷及异常，应在消除后再进行交流耐压试验。

（2）对于电容性被试设备，根据其电容量及试验电压估算试验电流大小，判断试验变压器容量是否足够，并考虑过电流保护的整定值（一般应整定为被试设备电容电流的 1.3～1.5 倍）。

（3）试验现场应围好遮栏或围绳，挂好标示牌，并派专人监护。被测试品应断开与其他设备的连线，并保持足够的安全距离，距离不够时应考虑加设绝缘挡板或采取其他防护。

（4）试验前，被测试品表面应擦拭干净，将被测试品的外壳和非被相可靠接地。

（5）接好试验接线后，应由有经验的人员检查，确认无误后方可准备升压。

（6）加压前，首先要检查调压器是否在零位。调压器在零位方可升压，升压时应相互呼唱。

（7）升压过程中不仅要监视电压表的变化，还应监视电流表的变化。升压时，要均匀升压，不能太快。升至规定试验电压时，开始计算时间，时间到后，缓慢均匀降下电压。不允许不降压就先跳开电源开关，以免损坏设备。

（8）试验中若发现表针摆动或被测试品有异常声响、冒烟、冒火等，应立即降下电压，拉开电源，在高压侧挂上接地线后，再查明原因。

（9）交流耐压试验前后均应测量被测试品的绝缘电阻。

36．进行交流耐压试验时，有哪些仪表指示异常情况？

答： 进行交流耐压试验时，有以下仪表指示异常情况：

（1）若给调压器加上电源，电压表就有指示，可能是调压器不在零位。若此时电流表也出现异常读数，调压器输出侧可能有短路和类似短路的情况，如接地棒忘记摘除等。

（2）调节调压器，电压表无指示，可能是自耦调压器碳刷接触不良，或电压表回路不通。

（3）若随着调压器往上调节，电流增大，电压基本不变或有下降趋势，可能是被试设备容量较大或试验变压器容量不够或调压器容量不够，可改用大容量的试验变压器或调压器。

（4）试验过程中，电流表的指示突然上升或突然下降，电压表指示突然下降，都是被试设备击穿的象征。

37．进行交流耐压试验时，如何对放电或击穿时的声音进行分析？

答：（1）在升压或耐压阶段，发生很像金属碰撞的清脆响亮的"当当"的放电声，这是由于油隙距离不够或者是电场畸变（如变压器引线没有进到套管均压球里去，圆弧的半径太小等）造成油隙一类绝缘结构击穿发出的。当重复试验时，放电电压下降不明显。

（2）放电声音也是很清脆的"当当"声，但比前一种小，仪表摆动不大，在重复试验时放电现象消失，这种现象是被测试品油中气泡放电所致。

（3）放电的声音如果是"咔——""吱——喽"，或者是很沉闷的响声，电流表的指示立即超过最大偏转指示，这往往是固体绝缘爬电引起的。

（4）加压过程中，被试设备内部有如炒豆般的响声，电流表指示却很稳定，这可能是悬浮的金属件对地放电引起的。如变压器铁芯没有通过金属片与夹件连接，而是在电场中悬浮，当静电感应并产生一定的电压时，铁芯对接地的夹件放电。

（5）在试验过程中，若由于空气湿度或被测试品表面脏污等的影响，引起表面滑闪放电，不应视被试设备为不合格，而应对被试设备表面进行清擦、烘干等处理，然后再进行试验判断其合格与否。若被测试品表面瓷套釉层绝缘损坏、老化或有裂纹，应视为不合格。

38．进行交流耐压试验时，被试设备是合格的，试验后却发现被击穿了可能是什么原因导致的？

答：进行交流耐压试验时，被试设备是合格的，无明显异常，试验后却发现绝缘击穿，通常由于试验后没有降压就直接切断电源造成的。

第十一节　电气测量作业

1．什么是电气测量作业？

答：电气测量作业是指把被测的电量或磁量直接或间接地与测量单位的同类物理量（或者可以推算出被测量的异类物理量）进行比较的过程。

2．电气测量作业的对象分为哪几种类型？

答：电气测量（又称为电磁测量）根据测量对象不同可分为电测量和磁测量。其中电测量对象包括：电流、电压、功率、电能、频率、电阻、电感、电容以及时间常数等；磁测量对象主要指磁场以及物质在磁场磁化下的各种磁特性，例如，磁场强度、磁通、磁感应强度、磁势、磁导率、磁滞和涡流损耗等的测量。

3．电气测量的方法有哪些？

答：电气测量的方法有：直接测量、间接测量和组合测量。

（1）直接测量指仪表读出值就是被测的电磁量，例如，用电流表测量电流，用电压表测量电压。

（2）间接测量指要利用某种中间量与被测量之间的函数关系，先测出中间量，再算出被测量。例如，用伏安法测电阻。

（3）组合测量指被测量与中间量的函数式中还有其他未知数，须通过改变测量条件，得出不同条件下的关系方程组，然后解联立方程组求出被测量的数值。

4. 电气测量作业常用的仪器仪表有哪些？

答：电气测量作业常用的仪器仪表有：万用表、钳形电流表、绝缘电阻表、接地电阻表、核相仪、局放测试仪等，如图 4-56 所示。

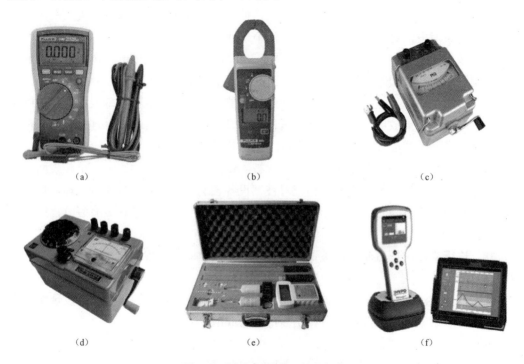

(a)   (b)   (c)

(d)   (e)   (f)

图 4-56　电气测量常见仪器仪表

（a）万用表；（b）钳形电流表；（c）绝缘电阻表；（d）接地电阻表；（e）核相仪；（f）局放测试仪

5. 电气测量仪表的准确度有什么要求？

答：电气测量仪表的准确度分为：0.1、0.2、0.5、1.0、1.5、2.5、4.0 共 7 级，电气测量仪表的准确度不应低于表 4-72 中的规定值。

表 4-72　　　　　　　　　　　　电气测量仪表的准确度

电测量装置类型	准确度
指针式交流仪表	2.5 级
指针式直流仪表	1.5 级
数字式仪表	0.5 级

6．配电网中涉及电气测量的作业主要有哪些？

答：在配电网中涉及电气测量的作业主要有：电压测量、电流测量、绝缘电阻测量、接地电阻测量、核相、带电局放测试等。

7．电气测量作业的基本要求主要有哪些？

答：电气测量作业的基本要求主要有：

（1）电气测量作业，至少应由两人进行，一人操作，另一人监护。夜间测量工作，应有足够的照明。

（2）电气测量作业，应按要求使用对应电压等级的安全工器具。

（3）电气测量作业，人体与高压带电部位的距离不得小于规定的作业安全距离。

（4）非金属外壳的仪器，应与地绝缘，金属外壳的仪器和仪用变压器外壳应接地，雷雨天气时不应进行线路测量工作。

8．什么是万用表？

答：万用表（包括数字式和机械式）又称多用表、三用表，是现场电气测量工作经常使用的多用途仪表，万用表具有多功能、多量程的测量，一般可以测量直流电压、直流电流、交流电压和电阻。有的还可以测量交流电流、电感、电容、音频电平等。万用表由于具有用途广泛、操作简单以及携带方便等优点，因而是电工最常用的测量仪表。

9．使用万用表主要有哪些注意事项？

答：使用万用表测量的注意事项主要有：

（1）正确选用对应的功能挡位，使用万用表前要明确测量的项目及大概数值（如直流、交流、电压、电流、电阻），然后把表的切换开关拔好，如对测量的数值不清，应先放到最大量程。

（2）测电阻时应先断开被测回路电源，每次测量前必须将两个测量线短接调零，再进行测量。

（3）严禁在电阻挡、二极管或电流挡时，接入电压信号。

（4）使用完后应将表计切换开关放在 OFF 挡位置或交流电压最高挡。

（5）长期不使用时，要关闭电源，将电池取出来，避免因电池漏液腐蚀表内的零器件。

10．什么是钳形电流表？

答：钳形电流表又称钳表，是一种用于测量正在运行线路电流的仪表，使用时无需断开电源和线路即可直接测量运行中电气设备的工作电流，便于及时了解设备的工作状况。

11．使用钳形电流表主要有哪些注意事项？

答：使用钳形电流表的注意事项主要有：

（1）根据被测线路的电压等级及电流大小选择钳表，钳形电流表的额定电压不能低于被测线路的电压，钳形电流表的最大量程应大于被测线路的电流，每次换挡前应将钳形电流表退出被测导线。

（2）测量前应检查钳形电流表的量程转换开关及钳口开合是否灵活，钳口的接合面是否紧密和干净。

（3）每次只能测量一根导线的电流，不能将多相导线同时钳入钳口内测量。

（4）测量时，尽量将被测导线置于钳口中间，以减少测量误差。

（5）测量低压熔断器和水平排列低压母线电流时，测量前应将各相熔断器和母线用绝缘材料加以包护隔离，以免引起相间短路，同时应注意不得触及其他带电部分。

（6）在测量高压电缆各相电流时，电缆头线间距离应在 300mm 以上，且绝缘好、测量方便的，方可进行。当有一相接地时，不应测量。

（7）钳形电流表使用完毕后，应把量程开关转至最大量程的位置。

12．为什么不能在未退出钳形电流表的状态下切换钳形电流表量程？

答：如果在未退出钳形电流表的状态下转换钳形电流表量程开关，钳形电流表量程开关换挡瞬间，铁芯上的二次绕组被瞬间切断，而此时由于铁芯处于磁化状态，故在二次绕组上会产生一个很高的脉冲电压，此脉冲电压会导致钳表内的测量线路损坏，严重的甚至会危及人身安全。所以不能在未退出钳形电流表的状态下转换钳形电流表量程开关。

13．什么是绝缘电阻表？为什么在使用绝缘电阻表测量时要求较高的电压等级？

答：绝缘电阻表又称兆欧表、摇表、梅格表、高阻表等，是一种用来测量绝缘电阻的仪表（绝缘电阻表有手摇式和数字式两种）。使用绝缘电阻表测量时要求的电压较高，一是保证测量的灵敏度和精度，测量电流不能太小，而被测电阻又很大，所以必须提高电压；二是兼起直流耐压的作用，以便发现绝缘薄弱的环节。

14．使用绝缘电阻表测量主要有哪些注意事项？

答：使用绝缘电阻表测量的注意事项主要有：

（1）绝缘电阻表应按被测电气设备或线路的电压等级选用，一般额定电压在 500V 以下的可选用 500V 或 1000V 的绝缘电阻表，若选用过高电压的绝缘电阻表可能会损坏被测设备的绝缘。高压设备或线路应选用 2500V 的绝缘电阻表，特殊要求的需选用 5000V 绝缘电阻表。

（2）测试前先将绝缘电阻表进行一次开路试验和短路试验，检查绝缘电阻表是否良好。

（3）使用时应将绝缘电阻表水平放置。试验接线应该接牢，应尽量短而且悬空，不能拖地或接触设备仪器的外壳。

（4）测量设备绝缘电阻时，应将被测设备从各方面断开，验明无电压，确实证明设备无人工作后，方可进行。在测量中不应让他人接近被测量设备。在测量绝缘前后，应将被测量设备对地放电，以免残余电荷影响测量的准确性。

（5）在带电设备附近测量绝缘电阻时，测量人员和绝缘电阻表安放位置应保持安全距离，以免绝缘电阻表引线或引线支持物触碰带电部分。移动引线时，应注意监护，防止工作人员触电。测量结束时先断开测量线，再停止摇动绝缘电阻表手柄或关断绝缘电阻表电源。

（6）绝缘电阻表的引线必须使用绝缘良好的单根多股软线，两根引线不能绞缠，应分开单独连接，以免影响测量结果。

（7）指针或示数平稳或达到规定时间后再读取测量数值，同时记录时间。

15．使用绝缘电阻表测量大容量试品的绝缘电阻时，测量完毕为什么必须先从试品上取下测量引线后才能停止测量？

答： 因为在测量过程中，绝缘电阻表电压始终高于被试品的电压，被试品电容逐渐被充电。而当测量结束前，被试品电容已储存有足够的能量，若此时突然停止，则因被试品电压高于绝缘电阻表电压，势必对绝缘电阻表放电，还有可能烧坏绝缘电阻表。因此，必须先从试品上取下测量引线后再慢慢停止测量。

16．为什么测量设备绝缘电阻，在测量前、后要对被测设备进行放电？

答： 测量设备绝缘电阻，在测量前、后要对被测设备进行放电原因如下：

（1）测量电气设备绝缘电阻时，首先应完全断开被测设备电源，验电无电后，用接地线放电。放电的目的是将停电设备中残留的电荷放掉，以免残留的电荷损坏绝缘电阻表和使人体触电，危及人员的安全或损坏绝缘电阻表。

（2）当设备进行绝缘电阻测量时，绝缘电阻表是一只直流发电机，输出电压通常低压的有 500V（高压的有 2500V、5000V），这时设备中充有直流电荷，测量完毕必须将这些剩余电荷放掉，避免人身触电。

17．测量绝缘电阻为什么不能用万用表的欧姆挡？

答： 因为万用表测电阻所用的电源电压比较低，在低电压下呈现的绝缘电阻不能反映在高电压作用下的绝缘电阻的真正数值，因此，绝缘电阻需要用带高电压电源的绝缘电阻表测量。

18．什么是接地电阻表？

答： 接地电阻表又叫接地电阻测量仪，是一种专门用于直接测量保护接地、工作接地、防过电压接地、防静电接地及防雷接地等接地装置的接地电阻值的仪表，即接地装置流过工频电流时所呈现的电阻，包括接地线和接地体本身的电阻、接地体与大地的电阻之间的接触电阻、两接地体之间大地的电阻或接地体到无限远处的大地电阻。

19．测量接地电阻有哪几种方法？

答： 测量接地电阻常用方法有接地电阻表法和电流—电压法等。

（1）接地电阻表法具有操作简单，携带方便等特点。但它只适用于测量单个接地体和集中接地体的接地电阻。如果用于测量接地网的接地电阻由于受地网电位影响，会产生较大的误差。

（2）电流—电压法施加的交流电压较高，产生的电流较大，受地网电位的影响较小，可以较为准确地测量接地网的接地电阻。

20．测量接地电阻时主要有哪些注意事项？

答： 测量接地电阻时的注意事项主要有：

（1）测量杆塔、配电变压器和避雷器的接地电阻，可在线路和设备带电的情况下进行。解开或恢复配电变压器和避雷器接地引线时，应戴绝缘手套。不应直接接触与地电位断开的接地引线。

（2）接地电阻表不准开路摇动手把，否则将损坏接地电阻表。

（3）测量时测量探针应选择土壤较好的地段。由于土壤湿度对接地电阻的影响很大，因此，刚下过雨后，不宜测量接地电阻。

（4）使用接地电阻表测量接地电阻应设法消除接地体上的零序电流的干扰和引线互感对测量结果的干扰。

（5）测量接地电阻时，应重复测量三至四次取算术平均值作为实测的接地电阻值。

21．为什么测量接地电阻时，要求测量线分别为 20m 和 40m？

答：目的是减少测量误差，提高测量准确度。测量接地电阻时，要求测量的是接地极与电位为零的远方接地极之间的电阻，所谓远方是指一段距离，在此距离下，两个接地极的电阻基本为零，经实验得出，20m 以外距离符合此要求。如果线距缩短，测量误差会逐渐加大。

22．变压器其接地装置的接地电阻有什么规定？

答：总容量 100kVA 及以上的变压器其接地装置的接地电阻不应大于 4Ω，每个重复接地装置的接地电阻不应大于 10Ω；总容量为 100kVA 以下的变压器，其接地装置的接地电阻不应大于 10Ω。

23．什么情况下不能测量设备的接地电阻？

答：以下情况不能测量设备的接地电阻：

（1）高压配电线路有系统接地故障时，不应测量接地网的接地电阻。

（2）雷电天气不应测量杆塔、配电变压器和避雷器的接地电阻。

24．什么是核相作业？

答：核相是指在电力系统电气操作中用仪表或其他手段核对两电源或环网线路相位、相序是否相同。也就是在实际电力的运行中，对相位差的测量。判断线路能否合环或并列。避免因相位或相序不同的交流电源并列或合环，产生很大的电流，造成发电机或电气设备的损坏。

25．核相作业主要有哪些注意事项？

答：核相作业注意事项主要有：

（1）核相前作业人员应检查高压核相杆的试验合格，作业人员穿绝缘靴、全棉长袖工作服、戴绝缘手套。

（2）10kV 核相时作业人员与高压带电部位的距离不得小于 0.7m 的作业安全距离，使用相应电压等级的核相仪表，并逐相进行。

（3）室外核相如遇大风、雷雨、大雾天气应禁止作业。

（4）二次侧核相时，应防止二次侧短路或接地。

26．什么是带电局放测试仪？

答：带电局放测试仪是可以对带电设备进行局部放电量检测的一种局部放电（PD）测试仪器。使用该仪器，可以识别开关柜及其配件的放电活动能有效完成高背景噪声下开关柜局部放电的快速检测。监测设备的局部放电现象能够提前获悉即将发生的绝缘失效，其分析管理软件，能够自动生成中文检测报告及局放趋势图，建立区域内开关设备的局放数据库，从而判断设备是否存在缺陷，进而对设备进行有效的故障排查。

27．使用带电局放测试仪主要有哪些注意事项？

答：使用带电局放测试仪的注意事项主要有：

（1）使用局放测试仪开展测试工作前，应先检查局放测试仪是否正常工作。

（2）局放测试仪仅适合用于铠装设备的接地外表面以及电缆、开关柜的接地、中性接头测试。无论任何情况，局放测试仪或局放传感器都不可以连接正在测试的高压装置的高压端。

（3）仪器、局放传感器、操作员和高压组件之间要一直保持安全距离。进入有六氟化硫设备的配电站、开关站前，应先打开门通风，然后方可进入；防止因安全措施不足、走错间隔或误碰带电部分导致的触电伤亡。

第十二节　高　处　作　业

1．什么是高处作业？

答：高处作业是指以一定位置为基准的高处进行的作业，GB/T 3608—2008 《高处作业分级》规定：凡在坠落高度基准面 2m 以上（含 2m）有可能坠落的高处进行的作业，都称为高处作业。

2．如何对高处作业进行定级？

答：高处作业在 2～5m 时，称为一级高处作业；高处作业在 5～15m 时，称为二级高处作业；高处作业在 15～30m 时，称为三级高处作业；高处作业在 30m 以上时，称为特级高处作业。

3．在不同的环境下，高空作业有哪些安全注意事项？

答：在不同环境下，高空作业主要有以下注意事项：

（1）低温或高温环境下进行高处作业时，应采取保暖和防暑降温措施，作业时间不宜过长。在气温低于−10℃进行露天高处作业时，施工场所附近应设取暖休息室，取暖设施应符合防火规定。在气温高于 35℃进行露天高处作业时，施工集中区域应设凉棚并配备适当的防暑降温设施和饮料。在霜冻或雨雪天气进行露天高处作业时，应采取防滑措施。

（2）在 6 级及以上的大风以及暴雨、雷电、冰雹、大雾、沙尘暴等恶劣天气下，应停止露天高处作业。特殊情况下，确需在恶劣天气进行抢修时，应制定必要的安全措施，并经本单位批准后方可进行。

4．高处作业对工作人员有什么要求？

答：高处作业人员应满足以下要求：

（1）患有精神病、癫痫病及经县级或二级甲等及以上医疗机构鉴定患有高血压、心脏病等不宜从事高处作业的人员，不应参加高处作业。

（2）凡发现工作人员有饮酒、精神不振时，禁止登高作业。

（3）高处作业人员应按规定每年进行一次体检，高处作业人员年度体检结果不合格

297

者，严禁参加高处作业。

（4）高处作业人员除需通过必备的安全资格考试外，还需具备高处作业操作证，这是从事登高架设作业或高处安装、维护、拆除作业工作人员必须考取的特种作业操作证。

5. 高空作业有哪些安全注意事项？

答： 高空作业的安全注意事项主要有：

（1）凡高空作业施工的，应使用脚手架、平台、梯子、防护围挡、挡脚板、安全带和安全网等，作业前应认真检查所用的安全设备是否牢固、可靠。

（2）作业人员必须按规定正确佩戴和使用安全帽、安全带等防护用品，高空作业所用工具、材料严禁投掷。

（3）安全带应高挂低用，防止摆动和碰撞，安全带上的各种部件不得任意拆掉。安全带外观有破损或发现异味时，应停止使用。

6. 高处作业时，作业人员有哪些安全注意事项？

答： 高处作业时，作业人员主要有以下安全注意事项：

（1）高处作业人员不应坐在平台或孔洞的边缘，不应骑坐在栏杆上，不应躺在走道板上或安全网内休息；不应站在栏杆外作业或凭借栏杆起吊物品。在屋顶、坝顶、陡坡、悬崖、吊桥以及其他危险的边沿进行工作，临空一面应装设安全网或防护栏杆，否则工作人员应使用安全带。

（2）在没有脚手架或者在没有栏杆的脚手架上工作，且高度超过 1.5m 时，应使用安全带。

（3）初次参加工作人员或杆上作业培训的人员，上下杆塔应使用防坠落功能的差速保护器，并派专人监护，作业前准备相应的应急处置装备，防止出现高空坠落的意外事故。

（4）高处作业使用的脚手架应经验收合格后方可使用。上下脚手架应走斜道或梯子，作业人员不准沿脚手杆或栏杆等攀爬。

7. 常用的登高工具有哪些？

答： 常用的登高工具主要包括：绝缘梯、脚扣、升降板、绝缘检修平台、刚性导轨自锁器、柔性导轨自锁器、速差式防坠器、快装绝缘脚手架等。

8. 在高空作业时，安全带的使用有哪些安全注意事项？

答： 在高空作业时安全带使用有以下安全注意事项：

（1）在没有脚手架或者在没有栏杆的脚手架上工作，且高度超过 1.5m 时，应使用有后备保护绳的双背带式或全身式安全带。安全带和保护绳应分挂在杆塔不同部位的牢固构件上。后备保护绳不应对接使用。当后备保护绳超过 3m 时，应使用缓冲器。

（2）砍剪树木的高处作业应按要求使用安全带，安全带不准系在待砍剪树枝的断口附近或以上。

（3）安全带应采用高挂低用的方式，不应系挂在移动、锋利或不牢固的物件上。攀登杆塔和转移位置时不应失去安全带的保护。作业过程中，应随时检查安全带是否挂牢。

（4）在导（地）线上作业时应采取防止坠落的后备保护措施。在相分裂导线上工作，安全带可挂在一根子导线上，后备保护绳应挂在整组相（极）导线上。

9. 使用脚扣进行高处作业的安全注意事项有哪些？

答：使用脚扣进行高处作业的安全注意事项有如下几点：

（1）应按电杆的规格选择合适的脚扣，并认真检查脚扣各部分是否牢固。

（2）在登杆作业前应对脚扣进行外观检查，冲击试验等。

（3）使用脚扣进行登杆作业时，上、下杆的每一步必须使脚扣环完全套入并可靠地扣住电杆，才能移动身体。

（4）登高、作业过程中不得失去安全带的保护。

10. 使用登高板进行高处作业的安全注意事项有哪些？

答：使用登高板进行高处作业的安全注意事项有以下几点：

（1）登高板的金属部分有变形和损伤的不应使用。

（2）登高板的绳损伤的不应使用。

（3）检查电杆是否有伤痕、裂缝，电杆的倾斜度情况，确定选择登杆的位置。

（4）登杆前应对登高板做人体冲击试登，判断登高板是否有变形和损伤。

11. 高处作业使用梯子主要有哪些注意事项？

答：高处作业使用梯子时，主要的注意事项有：

（1）梯子应坚固完整，有防滑措施。梯子的支柱能承受作业人员及所携带的工具、材料攀登时的总质量。作业中使用梯子时，应设专人扶持或绑扎牢固。

（2）高处作业使用的硬质梯子横档应嵌在支柱上，梯阶的距离不应大于40cm，并在距梯顶1m处设限高标志，人体不能进入限高标志内作业。

（3）使用单梯工作时，梯与地面的斜角度为60°左右。使用软梯、挂梯作业或用梯头进行移动作业时，软梯、挂梯或梯头上只准一人工作。

（4）作业人员到达梯头上进行工作和梯头开始移动前，应将梯头的挂钩口可靠封闭。

（5）梯子不宜绑接使用。人字梯应有限制开度的措施。人在梯子上时，禁止移动梯子。

12. 常用的高空作业车有哪些？

答：常用的高空作业车按升降机构的形式，一般可分为伸缩臂式（直臂式）、折叠臂式（曲臂式）、垂直升降式和混合式四种基本形式。

13. 使用高空作业车等设备时，主要的安全注意事项有哪些？

答：具备高空车作业条件的，宜采用高空车进行辅助作业。利用高空作业车、带电作业车、高处作业平台等进行高处作业时，高处作业平台应处于稳定状态，需要移动车辆时，作业平台上不得载人。

14. 杆塔上作业防高空落物措施有哪些？

答：杆塔上作业防高空落物措施有如下几点：

（1）杆塔上作业应使用工具袋，较大的工具应固定在牢固的构件上，不准随便乱放。

（2）上下传递物件应用绳索拴牢传递，禁止上下抛掷。

（3）高空使用工具应采取防止坠落的措施。

（4）杆塔上作业应避免交叉作业，上下交叉作业或多人在一处作业时，应相互照应、密切配合。

（5）进入工作现场应戴安全帽，在进行高处作业时，除有关人员外，不准他人在工作地点的垂直下方及坠物可能落到的地方通行或逗留，防止落物伤人。

（6）如在栅格式平台上工作，应采取铺设木板等防止工具和器材掉落的有效隔离措施。

（7）高处作业区周围的孔洞、沟道等应设盖板、安全网或围栏并有固定其位置的措施，同时应设置安全标志，夜间还应设红灯示警。

第十三节 有限空间作业

1. 什么是有限空间及有限空间作业？常见的有限空间作业主要有哪些？

答：有限空间是指封闭或者部分封闭，与外界相对隔离，出入口较为狭窄，人员不能长时间在内工作，自然通风不良，易造成有毒有害、易燃易爆物质积聚或者氧含量不足的空间。

有限空间作业是指人员进入有限空间实施作业。

常见的有限空间作业主要有以下几种：

（1）清除、清理作业，如进入污水井进行疏通，进入发酵池进行清理等。

（2）设备设施的安装、更换、维修等作业，如进入地下管沟敷设线缆、进入污水调节池更换设备等。

（3）涂装、防腐、防水、焊接等作业，如在储罐内进行防腐作业、在船舱内进行焊接作业等。

（4）巡查、检修等作业，如进入检查井、热力管沟进行巡检等。

2. 有限空间有哪些特点？

答：有限空间一般具备以下特点：

（1）空间有限，与外界相对隔离。有限空间是一个有形的，与外界相对隔离的空间。有限空间既可以是全部封闭的，如各种检查井、反应釜，也可以是部分封闭的，如敞口的污水处理池等。

（2）进出口受限或进出不便，但人员能够进入开展有关工作。有限空间限于本身的体积、形状和构造，进出口一般与常规的人员进出通道不同，大多较为狭小，如图4-57所示，如直径80cm的井口或直径60cm的人孔，或进出口的设置不便于人员进出，如各种敞口池。虽然进出口受限或进出不便，但人员可以进入其中开展工作。如果开口尺寸或空间体积不足以让人进入，则不属于有限空间，如仅设有观察孔的储罐、安装在墙上的配电箱等。

（3）未按固定工作场所设计，人员只是在必要时进入有限空间进行临时性工作，如图4-58所示。有限空间在设计上未按照固定工作场所的相应标准和规范，考虑采光、照明、通风和新风量等要求，建成后内部的气体环境不能确保符合安全要求，人员只是在必要时进入进行临时性工作。

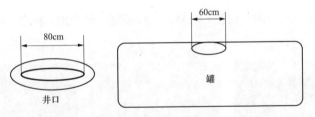

图 4-57 有限空间进出口受限但人员可以进入

图 4-58 有限空间未按固定工作场所设计

（4）通风不良，易造成有毒有害、易燃易爆物质积聚或氧含量不足。有限空间因全部封闭或部分封闭、进出口受限且未按固定工作场所设计，内部通风不良，容易造成有毒有害、易燃易爆物质积聚或氧含量不足，产生中毒、燃爆和缺氧风险。

3. 有限空间一般分为哪几分类？

答：有限空间一般分为地下有限空间、地上有限空间和密闭设备 3 类。

（1）地下有限空间，如地下室、地下仓库、地下工程、地下管沟、暗沟、隧道、涵洞、地坑、深基坑、废井、地窖、检查井室、沼气池、化粪池、污水处理池等，如图 4-59 所示。

图 4-59 地下有限空间

（a）污水井；（b）地窖；（b）化粪池；（d）电力电缆井；（e）深基坑和地下管沟；（f）污水处理池

（2）地上有限空间，如酒糟池、发酵池、腌渍池、纸浆池、粮仓、料仓等，如图 4-60 所示。

  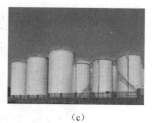

（a）　　　　　　　　　（b）　　　　　　　　　（c）

图 4-60　地上有限空间

（a）发酵池；（b）料仓；（b）粮仓

（3）密闭设备，如船舱、贮（槽）罐、车载槽罐、反应塔（釜）、窑炉、炉膛、烟道、管道及锅炉等，如图 4-61 所示。

（a）　　　　　　　　　（b）　　　　　　　　　（c）

图 4-61　密闭设备

（a）贮罐；（b）反应塔；（b）锅炉

4．有限空间作业分类有哪些？

答： 按作业频次划分，有限空间作业可分为经常性作业和偶发性作业。

（1）经常性作业指有限空间作业是单位的主要作业类型，作业量大、作业频次高。例如，从事水、电、气、热等市政运行领域施工、运维、巡检等作业的单位，有限空间作业就属于单位的经常性作业。

（2）偶发性作业指有限空间作业仅是单位偶尔涉及的作业类型，作业量小、作业频次低。例如，工业生产领域的单位对炉、釜、塔、罐、管道等有限空间进行清洗、维修，餐饮、住宿等单位对污水井、化粪池进行疏通、清掏等有限空间作业就属于单位的偶发性作业。

按作业主体划分，有限空间作业可分为自行作业和发包作业。

（1）自行作业指由本单位人员实施的有限空间作业。

（2）发包作业指将作业进行发包，由承包单位实施的有限空间作业。

5．常见的有限空间作业类型有哪些？

答： 常见的有限空间作业主要有：

（1）清除、清理作业；

（2）设备设施的安装、更换、维修等作业；

（3）涂装、防腐、防水、焊接等作业；

（4）巡查、检修等作业。

6. 有限空间现场作业六项严禁的内容？

答：有限空间现场作业六项严禁内容如下：

（1）严禁未经过许可进入有限空间作业；

（2）严禁未进行通风、气体检测进入有限空间作业；

（3）严禁有限空间作业不设具备资格的地上监护人；

（4）严禁使用纯氧进行通风换气；

（5）严禁在有限空间内使用燃油（气）发电机等设备；

（6）严禁有限空间内发生人员伤亡盲目施救。

7. 配电网设备作业中哪些工作属于有限空间作业？

答：配电网设备作业中，需要进入电缆井、电缆沟、电缆隧道等有限空间的作业属于有限空间作业。具体有：

（1）配电网设备设施的安装、更换、维修等需要进入地下管沟的作业，如进入地下管沟敷设线缆等。

（2）有限空间内配电网设备设施涂装、防腐、焊接等作业，如在电缆隧道内进行防腐作业、焊接作业等。

（3）有限空间内配电网设备巡查、检修等作业，如进入电缆井、沟对电缆进行巡视检查、试验等。

8. 配电网有限空间作业可能存在哪些安全风险？

答：配电网作业有限空间可能存在的主要安全风险包括中毒、缺氧窒息、燃爆，以及淹溺、高处坠落、触电、物体打击、机械伤害、灼烫、坍塌、掩埋、高温高湿等。在某些环境下，上述风险可能共存，并具有隐蔽性和突发性。

9. 有限空间作业的主要危害因素有哪些？

答：有限空间作业的主要危害因素有：

（1）有毒气体危害。聚积于有限空间的常见有害气体有硫化氢、一氧化碳、甲烷、沼气等，当人体吸入后，易导致中毒。

（2）缺氧危害。空气不流通的有限空间，被比重大的气体（如二氧化碳）挤占，氧气含量低，施工人员进入后，可由于缺氧而窒息。

（3）火灾爆炸危害。当有限空间存在的甲烷或沼气等易燃气体，或在其内进行涂漆、喷漆、使用易燃易爆溶剂等，如遇焊接、切割等作业产生的火花时，可能导致火灾甚至爆炸。

（4）生物病原体危害。电缆井、电缆沟、电缆隧道因积水等原因，其内的各类有害细菌、病毒、钩端螺旋体等生物病原体，经皮肤进入人体致病。

（5）物理因素危害。过冷、过热、潮湿的有限空间有可能对施工人员造成危害；湿滑的表面有导致施工人员摔伤的危险。

（6）交通意外。有限空间的出入点位于街道马路上时，施工人员有被车辆撞到的可能，行人有跌入有限空间的危险。

10．地下建（构）筑物有限空间危险有害因素有哪些？

答：地下建（构）筑物有限空间危险、有害因素包括：

（1）设备设施与设备设施之间、设备设施内外之间空气通道相互隔断，导致作业空间通风不畅，照明不良，通信不畅。

（2）活动空间较小，工作场地狭窄，易导致工作人员出入困难，相互联系不便，不利于工作监护和实施救援。

（3）湿度和热度等物理危害因素较高，作业人员能量消耗大，易于疲劳。

（4）存在可燃性气体、蒸气和气溶胶的浓度高于爆炸下限（LEL）的10%；空气中爆炸性粉尘浓度达到或高于爆炸下限；空气中存在缺氧或富氧环境；空气中有害物质的浓度高于职业接触限值，引发中毒和窒息、火灾和爆炸事故。

（5）存在触电、高处坠落、物体打击、机械伤害等危险有害因素。

11．有限空间作业发生中毒风险的原因是什么？

答：有限空间内存在或积聚有毒气体，作业人员吸入后会引起化学性中毒，甚至死亡。配网有限空间作业中有毒气体可能的来源包括：有机物分解产生的有毒气体，进行焊接、涂装等作业时产生的有毒气体，相连或相近设备、管道中有毒物质的泄漏等。有毒气体主要通过呼吸道进入人体，再经血液循环，对人体的呼吸、神经、血液等系统及肝脏、肺、肾脏等脏器造成严重损伤。引发有限空间作业中毒风险的典型物质有：硫化氢、一氧化碳、苯和苯系物、氰化氢、磷化氢等。

12．有限空间作业发生缺氧窒息风险的原因是什么？

答：有限空间内缺氧主要有两种情形：一是由于生物的呼吸作用或物质的氧化作用，有限空间内的氧气被消耗导致缺氧；二是有限空间内存在二氧化碳、甲烷、氮气、氩气、水蒸气和六氟化硫等单纯性窒息气体，排挤氧空间，使空气中氧含量降低，造成缺氧。引发有限空间作业缺氧风险的典型物质有二氧化碳、甲烷、氮气、氩气等。

13．有限空间作业有哪些因素会有爆燃风险？

答：有限空间中积聚的易燃易爆物质与空气混合形成爆炸性混合物，若混合物浓度达到其爆炸极限，遇明火、化学反应放热、撞击或摩擦火花、电气火花、静电火花等点火源时，就会发生燃爆事故。有限空间作业中常见的易燃易爆物质有甲烷、氢气等可燃性气体以及铝粉、玉米淀粉、煤粉等可燃性粉尘。

14．有限空间作业哪些因素会产生触电风险？

答：地下隧道内敷设的电缆，由于地下环境潮湿，多年运行，绝缘老化而漏电；电缆浸泡于水中，由于受井下水的酸性侵蚀及渗透作用，也会使绝缘因受潮而漏电。有限空间作业过程中使用电钻、电焊等带电设备可能存在触电的危险。

15．有限空间作业哪些因素会产生淹溺风险？

答：作业过程中突然涌入大量液体，以及作业人员因发生中毒、窒息、受伤或不慎跌入液体中，都可能造成人员淹溺。发生淹溺后人体常见的表现有：面部和全身青紫、烦躁不安、抽筋、呼吸困难、吐带血的泡沫痰、昏迷、意识丧失、呼吸心搏停止。

16. 有限空间作业发生物体打击和机械伤害风险有哪些？

答：有限空间外部或上方物体掉入有限空间内，以及有限空间内部物体掉落，可能对作业人员造成人身伤害。有限空间作业过程中可能涉及机械运行，如未实施有效关停，人员可能因机械的意外启动而遭受伤害，造成外伤性骨折、出血、休克、昏迷，严重的会直接导致死亡。

17. 作业有限空间内高温高湿作业产生哪些安全风险？

答：作业人员长时间在温度过高、湿度很大的环境中作业，可能会导致人体机能严重下降。高温高湿环境可使作业人员感到热、渴、烦、头晕、心慌、无力、疲倦等不适感，甚至导致人员发生热衰竭、失去知觉或死亡。

18. 在沟道或井下等有限空间作业时，对于环境温度有什么要求？

答：在沟道或井下等有限空间的温度超过 50℃时，不应进行作业，温度在 40～50℃时，应根据身体条件轮流工作和休息。若有必要在 50℃以上进行短时间作业时，应制定具体的安全措施并经分管生产的负责人批准。

19. 对于中毒、缺氧窒息和气体燃爆风险防范最有效检测方法是什么？其判断依据是什么？

答：对于中毒、缺氧窒息和气体燃爆风险，使用气体检测报警仪进行针对性的检测是最直接有效的方法。检测后，各类气体浓度评判标准如下：

（1）有毒气体浓度应低于《工作场所有害因素职业接触限值　第 1 部分：化学有害因素》（GBZ 2.1—2019）规定的最高容许浓度或短时间接触容许浓度，无上述两种浓度值的，应低于时间加权平均容许浓度。

（2）氧气含量（体积分数）应在 19.5%～23.5%。

（3）可燃气体浓度应低于爆炸下限的 10%。

20. 有限空间作业除气体危害外，对于其他安全风险有哪些注意事项？

答：对于有限空间作业其他安全风险应注意以下注意事项：

（1）对淹溺风险，应重点考虑有限空间内是否存在较深的积水，作业期间是否可能遇到强降雨等极端天导致水位上涨。

（2）对高处坠落风险，应重点考虑有限空间深度是否超过 2m，是否在其内进行高于基准面 2m 的作业。

（3）对物体打击风险，应重点考虑有限空间作业，是否需要进行工具、物料传送。

（4）对机械伤害，应重点考虑有限空间内的机械设备是否可能意外启动或防护措施失效。

（5）对触电风险，应重点考虑有限空间内运行的电缆是否存在绝缘老化、绝缘破损问题，作业使用的临时电气设备、电源线路是否存在老化破损。

（6）对灼烫风险，应重点考虑有限空间内是否有高温物体或酸碱类化学品、放射性物质等。

（7）对坍塌风险，应重点考虑处于在建状态的有限空间边坡、护坡、支护设施是否出现松动，或有限空间周边是否有严重影响其结构安全的建（构）物等。

（8）对掩埋风险，应重点考虑有限空间内是存在泥沙等可流动固体。

（9）配网作业有限空间作业对高温高湿风险，应重点考虑有限空间内是否温度过高、湿度过大等。

21. 有限空间作业需要采取哪些安全措施？

答：配备满足作业要求的气体检测仪、通风设备、通信设备、照明设备、安全绳或安全梯等。进入有限空间前，必须先进行通风 20～30min，经气体检测装置检测合格后，才可批准开工。在施工过程中，人员上下必须有可靠的安全保障措施，上下通信必须保持畅顺并设置专职监护人员。

22. 有限空间作业最常用的检测仪器是什么？

答：最常用的检查仪器是便携式气体检测报警仪，它可连续实时监测并显示被测气体浓度，当达到设定报警值时可实时报警。按传感器数量划分，便携式气体检测报警仪可分为单一式；按采样方式划分，便携式气体检测报警仪可分为扩散式和泵吸式，如图 4-62 所示。

单一式气体检测报警仪内置单一传感器，只能检测一种气体。

复合式气体检测报警仪内置多个传感器，可检测多种气体。有限空间作业主要使用复合式气体检测报警仪。

扩散式气体检测报警仪利用被测气体自然扩散到达检测仪的传感器进行检测，因此，无法进行远距离采样，一般适合作业人员随身携带进入有限空间，在作业过程中实时检测周边气体浓度。泵吸式气体检测报警仪采用一体化吸气泵或者外置吸气泵，通过采气管将远距离的气体吸入检测仪中进行检测。作业前应在有限空间外使用泵吸式气体检测报警仪进行检测。

（a）

（b）

（c）

图 4-62　便携式气体检测报警仪

（a）单一式、扩散式气体检测报警仪；（b）复合式、扩散式气体检测报警仪；（c）复合式、泵吸式气体检测报警仪

23. 选用便携式气体检测报警仪时有哪些注意事项？

答：选用便携式气体检测报警仪时有以下注意事项：

（1）便携式气体检测报警仪应符合《作业场所环境气体检测报警仪　通用技术要

求》（GB 12358—2006）的规定，其检测范围、检测和报警精度应满足工作要求。

（2）便携式气体检测报警仪应每年至少检定或校准 1 次，量值准确方可使用。

（3）仪器外观检查合格后，在洁净空气下开机，确认"零点"正常后再进行检测；若数据异常，应先进行手动"调零"。

（4）使用泵吸式气体检测报警仪时，应确保采样泵、采样管处于完好状态。

（5）使用后，在洁净环境中待数据回归"零点"后关机。

24．有限空间作业对人员配置、警示标志有什么要求？

答：在沟道和井下等有限空间作业时，应在周围设置遮栏和警示标志。工作现场不应少于 2 人，地面上应有人担任监护。如人员撤离，沟道、井坑、孔洞的盖板和安全设施应及时恢复，或在其周围设置临时围栏并装设照明等显著标志。

25．有限空间作业安全防护设备设施有哪些？

答：有限空间作业安全防护设备设施有便携式气体检测报警仪、呼吸防护用品、坠落防护用品、其他个体防护用品、安全器具五类。

26．有限空间作业现场或作业场所通风要求有哪些？

答：进入有限空间作业现场或作业场所作业前，必须打开所有人孔、手孔、料孔、风门、烟门等进行自然通风，必要时可采取机械通风。采用管道通风时，通风前必须对管道内介质和风源进行分析确认，不准向有限空间内充氧气或富氧空气。作业前 30min 内，必须对有限空间内气体进行采样分析，用直读式气体检测仪检测空间内的含氧量、易燃易爆气体浓度、有毒气体含量，分析合格后才能许可作业。

27．有限空间作业呼吸防护用品有哪些？

答：根据呼吸防护方法，呼吸防护用品可分为隔绝式和过滤式两大类。

（1）隔绝式呼吸防护用品。隔绝式呼吸防护用品能使佩戴者呼吸器官与作业环境隔绝，靠本身携带的气源或者通过导气管引入作业环境以外的洁净气源供佩戴者呼吸。常见的隔绝式呼吸防护用品有长管呼吸器，如图 4-63 和图 4-64 所示；正压式空气呼吸器，如图 4-65 所示；隔绝式紧急逃生呼吸器如图 4-66 所示。

（2）过滤式呼吸防护用品：过滤式呼吸防护用品能把使用者从作业环境吸入的气体通过净化部件的吸附、吸收、催化或过滤等作用，去除其中有害物质后作为气源供使用者呼吸。常见的过滤式呼吸防护用品有防尘口罩和防毒面具等。

图 4-63　电动送风长管呼吸器

图 4-64　长管呼吸器

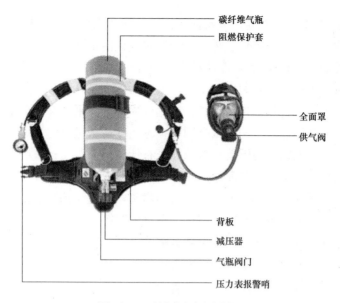

图 4-65　正压式空气呼吸器

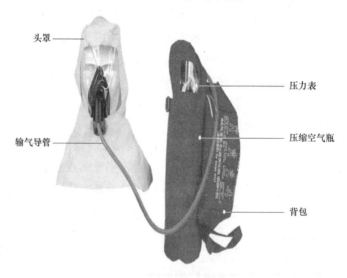

图 4-66　隔绝式紧急逃生呼吸器

28．在选用过滤式呼吸防护用品时应充分考虑哪些问题？

答： 在选用过滤式呼吸防护用品时应充分考虑其局限性，主要有：

（1）过滤式呼吸防护用品不能在缺氧环境中使用；

（2）现有的过滤元件不能防护全部有毒有害物质；

（3）过滤元件容量有限，防护时间会随有毒有害物质浓度的升高而缩短，有毒有害物质浓度过高时甚至可能瞬时穿透过滤元件。

29．有限空间作业常用通风设备是什么？使用时应注意什么？

答： 有限空间作业通风设备主要是移动式风机，移动式风机是对有限空间进行强制通风的设备，通常有送风和排风两种通风方式。使用时应注意：

（1）移动式风机应与风管配合使用。

（2）使用前应检查风管有无破损，风机叶片是否完好，电线有无裸露，插头有无松动，风机能否正常运转。

30．有限空间作业的照明设备、通信、消防设备使用有哪些要求？

答：有限空间作业的照明设备、通信、消防设备使用有下列要求：

（1）当有限空间内照度不足时，应使用照明设备。有限空间内使用照明灯具电压不大于 24V，在积水、结露等潮湿环境的有限空间和金属容器中作业时，照明灯具电压应不大于 12V。

（2）当作业现场无法通过目视、喊话等方式进行沟通时，应使用对讲机等通信设备，便于现场作业人员之间的沟通。

（3）有限空间作业防火要求。完全密闭有限空间为缺氧环境，不建议使用消防灭火器，开放有限空间涉及动火作业应按要求配备灭火器。

31．有限空间作业监护人员应注意哪些事项？

答：进入有限空间前，监护人应会同作业人员检查安全措施，统一联系信号，并在入口处挂"正在工作"标示牌；作业期间监护人员不行脱离岗位；准确掌握进入有限空间作业人员的数量与身份；作业过程中，如发生安全措施失效、作业条件、工作范围等异常变化或其他突发事件时，应立即取消作业；高风险的有限空间作业应增加监护人员，并随时与有限空间外人员取得联系。监护人不能安全有效履行监护职责时，应通知作业人员撤离。

32．有限空间作业时哪些异常情况应紧急撤离有限空间？

答：作业期间发生下列情况之一时，作业人员应立即中止作业，撤离有限空间：

（1）作业人员出现身体不适。

（2）安全防护设备或个体防护用品失效。

（3）气体检测报警仪报警。

（4）监护人员或作业现场负责人下达撤离命令。

（5）其他可能危及安全的情况。

33．有限空间作业完毕后应注意做好哪些内容？

答：工作完毕后工作负责人应清点人员和工具，查明确实无人和工具留在井下、沟内或容器内后，方可将盖板或其他防护装置恢复。

34．如何做好有限空间作业管控？

答：对所涉及的有限空间开展风险辨识，根据辨识结果建立管理台账、作业方案以及应急预案，对有限空间作业人员开展技能培训，定期开展应急演练，作业现场应配置合格的个人防护用品和应急物品，有限空间相关通风、监测等设施应定期检验和维护，加强有限空间作业的到位管控等。

35．有限空间作业救援方式有哪些？分别有什么特点？

答：当作业过程中出现异常情况时，作业人员在还具有自主意识的情况下，应采取积极主动的自救措施。作业人员可使用隔绝式紧急逃生呼吸器等救援逃生设备，提高自救成功效率。如果作业人员自救逃生失败，应根据实际情况采取非进入式救援或进入式救援方式。

（1）非进入式救援。非进入式救援是指救援人员在有限空间外，借助相关设备与器材，安全快速地将有限空间内受困人员移出有限空间的一种救援方式。非进入式救援是一种相对安全的应急救援方式，但需至少同时满足以下两个条件：

1）有限空间内受困人员佩戴了全身式安全带，且通过安全绳索与有限空间外的挂点可靠连接。

2）有限空间内受困人员所处位置与有限空间进出口之间通畅、无障碍物阻挡。

（2）进入式救援。当受困人员未佩戴全身式安全带，也无安全绳与有限空间外部挂点连接，或因受困人员所处位置无法实施非进入式救援时，就需要救援人员进入有限空间内实施救援。进入式救援是一种风险很大的救援方式，一旦救援人员防护不当，极易出现伤亡扩大。

实施进入式救援，要求救援人员必须采取科学的防护措施，确保自身防护安全、有效。同时，救援人员应经过专门的有限空间救援培训和演练，能够熟练使用防护用品和救援设备设施，并确保能在自身安全的前提下成功施救。若救援人员未得到足够防护，不能保障自身安全，不得进入有限空间实施救援。

36．有限空间作业救援注意事项有哪些？

答： 有限空间作业救援应注意以下事项：

（1）一旦发生有限空间作业事故，作业现场负责人应及时向本单位报告事故情况，在分析事发有限空间环境危害控制情况、应急救援装备配置情况以及现场救援能力等因素的基础上，判断可否采取自主救援以及采取何种救援方式。

（2）若现场具备自主救援条件，应根据实际情况采取非进入式或进入式救援，并确保救援人员人身安全；若现场不具备自主救援条件，应及时拨打119和120，依靠专业救援力量开展救援工作，严禁强行施救。

（3）受困人员脱离有限空间后，应迅速被转移至安全、空气新鲜处，进行正确、有效的现场救护，以挽救人员生命，减轻伤害。

37．有限空间作业应准备哪些安全急救工器具？

答： 有限空间作业应准备以下主要安全急救工器具：

（1）有限空间作业应配置救援吊救设施系统。

（2）救援用呼吸器（SCBA）。

（3）成套吊救绳索。

（4）紧急逃生救助设备。

（5）灭火器。

（6）防爆照明灯。

（7）防护服等。

38．接收到有限空间作业人员气体中毒求救信号后应该采取哪些措施？

答： 接收到作业人员求救信号后，确认人员受伤情况，拨打急救电话。不得盲目施救，在保证自身安全的情况下，佩戴正压式呼吸器，吊救设施及时将人员拉离空间，将人员撤离至远离有限空间的安全环境，保持空气流通。

39．有限空间作业如工作人员发生气体中毒意外应如何急救？

答：有限空间作业如工作人员发生意外，应采取下列方法进行急救：

（1）窒息性气体中毒救援应迅速将患者移离中毒现场至空气新鲜处，立即吸氧并保持呼吸道通畅。心跳及呼吸停止者，应立即施行人工呼吸和体外心脏按压术，直至送达医院。

（2）凡硫化氢、一氧化碳、氰化氢等有毒气体中毒者，切忌对其口对口人工呼吸（二氧化碳等窒息性气体除外），以防施救者中毒；宜采用胸廓按压式人工呼吸。

40．有限空间作业的应急救援措施有哪些？

答：有限空间作业的应急救援措施有下面要求：

（1）建立旁站安全监督制度，凡有限空间作业，必须指定经过安全培训，具有一定应急施救能力的专门人员进行旁站，实施安全监督。必要时应配备应急联络器材，以便发现情况，及时处置。

（2）作业人员出现身体不适、头痛、头晕、刺激或操作反常现象时，必须停止作业，按动报警器并立即离开有限空间。

（3）配备合适的起重设备，如吊重装置，三脚式起重架，配合安全带、安全绳作救援之用。

（4）配备足够及状态良好的应变急救器材，如合格的呼吸器具，心肺复苏器、防爆照明灯、手持式报警器等。

（5）如未佩戴呼吸器和安全绳，其他人员千万不要入内进行救护，以免伤及施救人员。

（6）进行应急救援预案演练，以测试预案和装具的适用性和合理性。

（7）要对员工进行安全生产法规、规章制度、应急救援知识和伤员急救常识培训，以提高他们对安全生产工作的认识，掌握安全防范、应急救援、伤员救护知识，切实保障有限空间的作业安全。

41．进入安装 SF_6 电气设备的配电室应采取哪些安全措施？

答：进入安装 SF_6 电气设备的配电室，必须先进行通风，开启配电室通风装置，经过充分的排风后，人员才准进入。不得单独或随意进入配电室进行巡视，不准一人进入 SF_6 电气设备的配电室从事检修工作。工作人员如有感觉头痛、头晕、呕吐等身体不适迹象，应立即撤离配电室至户外通风地方。

42．进入安装 SF_6 电气设备的配电室后遭遇气体泄漏时应做何种防护？发生人员中毒应如何急救？

答：进入安装 SF_6 电气设备的配电室后遭遇气体泄漏时需配合自给式呼吸器。一旦吸入，应迅速脱离现场至空气新鲜处，保持呼吸道通畅。如呼吸困难，应给予输氧；如呼吸停止，应立即进行人工呼吸。不论何种情况，在做完紧急处理后立即到专业医院就医。应对泄漏处理，迅速撤离泄漏污染区人员至上风处，并进行隔离，严格限制出入。建议应急处理人员戴自给式正压呼吸器，穿一般作业工作服。尽可能切断泄漏源。合理通风，加速扩散。漏气容器要妥善处理，修复、检验后再用。

第十四节 水 域 作 业

1. 配电网水域作业有哪些？

答： 配电网水域作业有潜水作业及水面作业两种，包括检修水下电缆、台风洪涝期间涉水作业、河段或湖泊区域配网线路巡视与维护等工作。

2. 水域作业有哪些基本要求？

答： 水域作业人员应具备水域作业安全知识，并掌握本岗位的安全操作技能。作业船舶应配备合格、齐备的安全设施、作业机具、安全工器具和劳动防护用品。

3. 水域作业主要有哪些安全风险？

答： 水域作业时，因人的不当行为、物的不安全状态或者水域作业环境不良，存在人员淹溺、触电、高处坠落、物体打击等安全风险。

4. 水面作业主要有哪些安全注意事项？

答：（1）出航前，作业单位应根据任务要求，确定水面作业人数。水面作业应保证两人以上参加，严禁一人单独水上作业或船舶超员作业。

（2）水面作业时人员应穿着救生衣。

（3）水面作业期间，作业人员不应在拉紧的缆索、锚链附近及起重物下停留，不应坐在船舷、栏杆、链索上。在高空或舷外作业时，应系好安全带。航行或风浪大时，不宜进行高空及舷外作业。

（4）水面定点作业期间，作业船舶白天应悬挂作业标志，夜间应开启锚泊灯，并注意瞭望观察。

5. 海底电缆管道保护区范围如何规定？

答：（1）沿海宽阔海域为海底电缆管道两侧各 500m。

（2）海湾等狭窄海域为海底电缆管道两侧各 100m。

（3）海港区内为海底电缆管道两侧各 50m。

6. 海底电缆管道保护区内禁止开展哪些作业？

答： 禁止在海底电缆管道保护区内从事挖砂、钻探、打桩、抛锚、拖锚、底拖捕捞、张网、养殖或者其他可能破坏海底电缆管道安全的海上作业。

7. 徒步涉水巡视主要有哪些安全注意事项？

答： 涉水徒步行走需配备由绝缘材料制作的探棍，行走过程中需利用探棍对行进路线进行探查，以防坑洞和沙井盖缺失等危险，尽量远离电箱、广告牌、路灯等设备。水浸巡视期间，工作人员禁止擅自开启直接封闭带电部分的高压设备柜门、箱盖、封板等，禁止触碰设备裸露带电部位。在水浸的区域，当水深接近或超过绝缘靴时，应穿绝缘水裤。不得涉水通过不明深浅的水浸的区域，并严禁游泳通过。

8. 潜水作业有哪些安全注意事项？

答： 潜水作业些安全注意事项如下：

（1）潜水作业前潜水员应首先掌握水下作业内容、施工水域的环境、工作部位的水深、流速、流向等，对潜水员进行技术交底，并严格执行相关的安全操作规定。潜水员下潜前应对潜水设备进行检查，确认良好后方可进行作业。供给潜水员呼吸用的气源纯度，必须符合国家有关规定。

（2）潜水作业点的水面上不得进行起吊作业或有船只通过。潜水员下潜或上升时，供气软管、信号绳应分开严禁相互缠绕；潜水员不得在水下障碍物内随意穿越；水下作业面高低悬殊较大时，供气软管和信号绳应适量收紧；信号绳和供气软管放出、收回的速度，应与潜水员下潜或上升的速度保持一致。

（3）深水潜水作业时间应根据潜水水域的深度合理计算制定。深水潜水时应配备潜水减压舱及必要的潜水减压设备；潜水员的头盔面罩应加防护罩，压铅、潜水鞋、下潜导绳的坠砣应加重，供气软管、信号绳应作拉力试验；潜水工作船应抛锚在潜水作业点上游；下潜员应使用安全带，套在下潜导绳上下潜或上升；在水底，不得抛开导向绳，应减少用气量，行走时应面向上游。

9．水域电缆故障原因主要有哪些？

答： 水域电缆的故障可以归为 3 类：自然因素、人为因素和其他。在自然因素造成的故障中有因浪、涌、流及海底、河床地质不良引起电缆的磨损和拉断以及海水腐蚀和生物侵蚀等。在人为因素造成的故障中有因渔业活动和水域其他作业的船只活动引起电缆的磨损、拖拽和其他故障。

10．水域电缆故障修复有哪些基本要求？

答： 与水域电缆铺设工程相比较，水域电缆的打捞、修理是一项艰巨复杂的工作，涉及海洋、潜水、光电性能检测等多个专业，尤其在深海，大长度、深埋设的水域电缆修复工程中，实施难度和要求更高。除了要求施工单位有一定的技术能力和装备外，还必须具备丰富的水域打捞作业经验。

11．水域电缆故障修复内容主要有哪些？

答： 水域电缆修复内容主要有：水域电缆故障点位置确认、水域电缆及其故障点水域位置的确认、水域电缆的打捞、接头制作、接头盒和备用水域电缆的敷设。

12．水域敷设电缆主要有哪些安全注意事项？

答： 水域敷设电缆的安全注意事项主要有：

（1）电缆宜敷设在河床稳定、流速较缓、岸边不易被冲刷、海底无石山或沉船等障碍、少有沉锚和拖网渔船活动的水域。

（2）电缆不宜敷设在码头、渡口、水工构筑物附近且不宜敷设在疏浚挖泥区和规划筑港地带。

（3）水平电缆不得悬空于水中，应埋置于水底。在通航水道等需防范外部机械力损伤的水域，电缆应埋置于水底适当深度的沟槽中，并应加以稳固覆盖保护。浅水区埋深不宜小于 0.5m，深水航道的埋深不宜小于 2m。

（4）水下电缆严禁交叉、重叠，相邻的电缆应保持足够的安全间距。

13．救生衣使用有哪些基本要求？

答： 救生衣使用前，先对其进行检查，以确保外罩无缝洞、装置无损坏。救生衣要先穿好再充气，且步骤为伸进左臂、伸进右臂、合上扣具、调紧织带。穿戴救生衣时还应注意，腰部带子绕过一周后再扎紧，待穿好后应检查是否束牢。

第十五节 焊接及切割作业

1．什么是焊接？

答：焊接是通过加热或加压，或两者并用，用或不用填充材料，使工件达到结合的一种加工工艺方法称为焊接。工件可以用各种同类或不同类的金属、非金属材料（塑料、石墨、陶瓷、玻璃等），也可以用一种金属与一种非金属材料。金属的焊接在现代工业中具有广泛的应用，狭义地讲，焊接通常就是指金属材料的焊接。

2．焊接作业的方法分为哪几类？

答：按照焊接过程中金属所处的状态及工艺的特点，可以将焊接的方法分为熔焊、压力焊和钎焊三大类。最常用的是熔焊，即焊接过程中，将焊件接头加热至熔化状态，不加压力完成焊接的方法称为熔焊，熔焊的方法有电弧焊、气焊、电渣焊等。

3．焊接及切割作业有哪些基本要求？

答：焊接及切割作业有哪些基本要求有：

（1）在动火区域内进行焊接或切割等动火作业前，应执行动火作业的有关规定办理相关手续。

（2）在风力超过 5 级及雨雪天气时，不可露天进行焊接或切割工作。如必须进行时，应采取防风、防雨雪的措施。

（3）进行焊接与切割作业前，应检查使用的机具、气瓶等合格完整，作业人员应穿戴专用劳动防护用品；作业点周围 5m 内的易燃易爆物应清除干净，动火点采取必要的防火隔离措施，备有足够的灭火器材，现场的通排风应良好。

4．焊接作业主要有哪些注意事项？

答：焊接作业主要注意事项有：

（1）禁止在带有液压、气压或带电的设备上焊接。在特殊情况下需在带压和带电的设备上进行焊接时，应采取安全措施，并经本单位分管生产的负责人批准。对承重构架进行焊接，应经过有关技术部门的许可。

（2）禁止在油漆未干的结构或其他物体上焊接。

（3）电焊机的外壳应可靠接地，电焊机露天放置应选择干燥场所，并加防雨罩。

（4）电焊机一次侧、二次侧的电源线及焊钳必须绝缘良好；二次侧出线端接触点连接螺栓应拧紧。

（5）电焊机倒换接头、转移作业地点、发生故障或电焊工离开工作场所时，必须切断电源。

（6）电焊工作结束后必须切断电源，检查工作场所及其周围，确认无起火危险后方可离开。

5. 焊接及切割作业人员需要具备什么条件？

答：焊接及切割作业人员需要具备以下条件：

（1）焊接与切割作业属特种作业工种，作业人员必须持政府部门颁发的相关《特种作业操作证》上岗。

（2）作业人员必须具备对特种作业人员所要求的基本条件，并懂得将要实施操作时可能产生的危害以及适用于控制危害条件的程序。

（3）作业人员必须懂得正确安全地使用设备，使之不会对生命及财产构成危害。

作业人员只有在规定的安全条件得到满足，并得到现场管理及监督者准许的前提下，才可实施焊接或切割操作。

6. 焊接及切割作业主要的风险点有哪些？

答：焊接及切割作业主要的风险点有：触电、火灾爆炸、灼伤（烫伤）、高处坠落、物体打击、中毒窒息等。

7. 焊接及切割作业常用的防护用具有哪些？

答：焊接及切割作业常用的防护用具有：手把面罩或套头面罩、电焊手套、橡胶绝缘鞋、清除焊渣用的白光眼镜、防护工作服、披肩、斗篷及套袖、劳保鞋等。

8. 什么情况下不能进行气焊（割）、电焊作业？

答：以下情况不能进行气焊（割）、电焊作业：

（1）非焊、割工不能进行焊、割作业。

（2）重点要害部门及重要场所未经消防安全部门批准，未落实安全措施的，不能进行焊、割作业。

（3）不了解焊、割地点及周围情况（如该处是否能动用明火、有无易燃、易爆物品等）的，不能进行焊、割作业。

（4）不了解焊、割件内部是否有易燃、易爆危险性的，不能进行焊、割作业。

（5）盛装过易燃、易爆液体、气体的容器（如钢瓶、油箱、槽车、贮罐等），未经过彻底置换、清洗，不能进行焊、割作业。

（6）用可燃材料（如塑料、软木等）作保温层、冷却层、隔音、隔热的部位或火星能飞溅到的地方，在未采取切实可靠的安全措施之前，不能进行焊、割作业。

（7）有压力或密封的导管、容器等，不能进行焊、割作业。

（8）焊、割部位附近还有易燃、易爆物品，在未作清理、未采取有效的安全措施之前，不能进行焊、割作业。

（9）未经消防、安全部门批准，在禁火区内，不能进行焊、割作业。

（10）附近有与明火作业相抵触的工种在作业（如油漆等）时，不能进行焊、割作业。

9. 高处焊接作业主要有哪些注意事项？

答：高处焊接作业注意事项主要有：

（1）高处焊接作业应遵守高处作业的有关规定。

（2）电焊作业或其他有火花、熔融源等的场所使用的安全带或安全绳应有隔热防磨套。

（3）作业前应对熔渣有可能落入范围内的易燃易爆物进行清除，或采取可靠的隔离、防护措施。

（4）严禁携带电焊导线或气焊软管登高或从高处跨越，使用绳索提吊电焊导线或气焊软管时应切断工作电源或气源，地面应有人监护和配合。

10．焊接作业前为什么要进行预热？

答：焊前对焊件整体或焊接区域局部进行加热的工艺手段称为预热。预热的主要目的是降低焊接接头的冷却速度，预热能够降低冷却速度，但又不影响在高温停留的时间，这是十分理想的。对于焊接强度级别较高、有淬硬倾向的钢材、导热性能特别良好的材料、厚度较大的焊件，以及当焊接区域周围环境温度太低时，焊前往往需要对焊件进行预热。

11．为什么要对焊接区域进行保护？

答：对焊接区域进行保护的目的是防止空气侵入熔滴和熔池，减少焊缝金属中的氮、氧含量。保护的方式有下列三种：

（1）气体保护，气体保护焊时采用保护气体（CO_2、H_2、Ar）将焊接区域与空气隔离起来。

（2）渣保护，在熔池金属表面覆盖一层熔渣使其与空气分开隔离，如电渣焊、埋弧焊。

（3）气—渣联合保护，利用保护气体和熔渣同时对熔化金属进行保护，如手弧焊。

12．焊接作业预防触电的措施主要有哪些？

答：焊接作业预防触电的措施主要有：

（1）正确穿戴专用的劳动防护用品。

（2）电焊机要有防止过载的热保护装置，电焊机一次线和二次线的接线柱端口都必须有良好的防护罩，一次侧、二次侧的电源线绝缘良好，不能有裸露现象。

（3）焊钳的质量必须符合安全要求，其绝缘电阻不得小于 $1M\Omega$。

（4）电焊机的使用坚持"一机一闸一保护"的原则，即每台电焊机必须配备一个开关和漏电保护器。

（5）在不良的环境下施焊，使用"一垫一套"防止触电，即在焊工脚下加绝缘垫；停止焊接时，取下焊条，在焊钳上套上绝缘套。

13．焊接技术在配电网作业中主要有哪些应用？

答：焊接技术在配电网作业中的应用主要有：电杆焊接、接地电网与接地体焊接、箱式变压器、环网柜等金属外壳设备基础接地体焊接。

14．接地体（线）焊接的搭接长度有什么要求？

答：接地体（线）焊接的搭接长度要求有：

（1）扁钢为其宽度的2倍，且至少3个棱边焊接。

（2）圆钢为其直径的6倍。

（3）圆钢与扁钢连接时，其长度为圆钢直径的6倍。

（4）扁钢与钢管、扁钢与角钢焊接时，为了连接可靠，除应在其接触部位两侧进行焊接外，并应焊以由钢带弯成的弧形（或直角形）卡子或直接由钢带本身弯成弧形（或直角形）与钢管（或角钢）焊接。

15. 什么是切割？

答：切割是一种物理动作。广义的切割是指利用工具，如用机床、火焰等对物体进行加工，使物体在压力或高温的作用下断开。

16. 切割作业的方法分为哪几类？

答：按照金属切割过程中加热方法的不同可以把切割方法分为火焰切割（气割）、电弧切割和冷切割三类。最常用的是火焰切割（气割），火焰切割（气割）是指利用可燃气体与氧气混合，通过割炬的预热嘴喷出并且燃烧形成预热火焰加热金属，待金属预热到燃烧温度时，即从割嘴的中心孔射出切割氧使金属燃烧熔化，熔化的金属被切割氧吹掉，形成割口，移动割炬，割口延伸，即分离金属。

17. 切割作业使用的气瓶有哪些要求？

答：切割作业使用的气瓶要求有：

（1）气瓶不得靠近热源或在烈日下曝晒。乙炔气瓶使用时必须直立放置，禁止卧放使用。

（2）禁止敲击、碰撞乙炔气瓶。气瓶必须装设专用减压器，不同气体的减压器严禁换用或替用。

（3）使用中的氧气瓶和乙炔气瓶应垂直固定放置，氧气瓶和乙炔气瓶的距离不得小于 5m；气瓶的放置地点不得靠近热源，应距明火 10m 以外。

（4）禁止将氧气瓶与乙炔气瓶、易燃物品或装有可燃气体的容器放在一起运送。

18. 气割主要包含哪些过程？

答：气割是利用气体火焰的热能将工件切割处预热到燃点后，喷出高速切割氧流，使金属燃烧并放出热量而实现切割的方法。

气割过程有三个阶段：

（1）预热。气割开始时，利用气体火焰（氧乙炔焰或氧丙烷焰）将工件待切割处预热到该种金属材料的燃烧温度——燃点（对于碳钢约为 1100～1150℃）。

（2）燃烧。喷出高速切割氧流，使已达燃点的金属在氧流中激烈燃烧，生成氧化物。

（3）吹渣。金属燃烧生成的氧化物被氧流吹掉，形成切口，使金属分离，完成切割过程。

19. 氧气切割需要满足哪些条件？

答：氧气切割需要满足的条件有：

（1）金属燃烧生成氧化物的熔点应低于金属熔点，且流动性要好。

（2）金属的燃点应比熔点低。

（3）金属在氧流中燃烧时能放出大量的热量，且金属本身的导热性要低。

符合上述气割条件的金属有纯铁、低碳钢、中碳钢、低合金钢以及钛。其他常用的金属材料如铸铁、不锈钢、铝和铜等由于不满足以上三个条件，不能使用氧气切割。

20. 气割作业对软管有什么要求？

答：氧气软管与乙炔软管禁止混用；软管连接处应用专用卡子卡紧或用软金属丝扎

紧，氧气、乙炔气软管禁止沾染油脂。软管不得横跨交通要道或将重物压在其上。软管产生鼓包、裂纹、漏气等现象应切除或更换，不应采用贴补或包缠等方法处理。

21．气割作业时软管着火该怎么处理？

答： 气焊切割作业时，乙炔软管着火，应先将火焰熄灭，然后停止供气；氧气软管着火时，应先关闭供气阀门，停止供气后再处理着火软管；不得使用弯折软管的方法处理。

22．在狭窄或封闭空间进行焊接及切割作业时主要有哪些注意事项？

答： 在狭窄或封闭空间进行焊接及切割作业时注意事项主要有：

（1）在狭窄通风不良的地沟、坑道、管道、容器、半封闭地段进行气焊、气割作业时，应在地面上进行测试焊炬或割炬的混合气，并点好火，禁止在工作地点调试和点火，焊炬或割炬都应随人进出。

（2）在封闭容器、罐、桶、舱室中进行气焊、气割时，应先打开上述工作物的孔、洞，使其内部空气流通，在未进行良好的通风，未对封闭空间进行毒气、可燃气、有害气、氧量含量等测试之前禁止人员进入。

（3）工作暂停和完毕时，焊炬、侧炬和胶管都应随人进出，禁止放在工作地点。

第十六节 动 火 作 业

1．什么是动火作业？

答： 动火作业是指在易燃易爆场所等禁火区，使用喷灯、电钻、电焊、砂轮等进行融化、焊接、切割等可能直接或间接产生火焰、火花、炽热表面等明火的临时性作业。

2．电力行业常见的动火作业场景主要有哪些？

答： 电力行业常见的动火作业场景主要有：接地网焊接、变压器底座焊接、铁构架、钢架基础等涉及钢材的焊接、切割、打磨等工作，如图 4-67 所示。

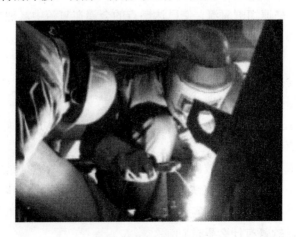

图 4-67　焊接场景

3．动火作业安全管理主要措施有哪些？

答：动火作业安全管理实行动火区域级别管理和动火工作票组织措施管理。

（1）动火作业实行作业审批制度，现场应配备现场管理和安全管理人员；

（2）动火作业区域必须远离容易引燃的物品（诸如危险化学品、木材、纸张、包装材料、油脂等）；

（3）动火作业区域必须予以明确标明，并且应有必要的警告标志；

（4）为防止电弧的辐射及飞溅伤害，应采用不燃或耐火屏板（或屏罩）隔离保护操作人员；

（5）动火作业区域有关操作必须在足够的通风条件下进行；

（6）作业现场必须配置足够的灭火设备。

4．哪些情况禁止开展动火作业？

答：以下情况禁止动火作业：

（1）压力容器或管道未泄压前；

（2）存放易燃易爆物品的容器未清洗干净或未进行有效置换前；

（3）喷漆、喷砂的工作现场；

（4）遇有火险异常情况未查明原因和消除前。

5．动火作业的基本安全原则有哪些？

答：安全动火作业的基本原则有：

（1）各类动火应严格执行安全消防相关技术要求，做到"三不动火"和"十不焊割"。"三不动火"即没有批准的动火许可证不动火、安全监护人不在作业现场不动火、防火措施不落实不动火。"十不焊割"即无电气焊操作证；不了解焊割材料内部结构及内部情况；不了解周围情况；盛装可燃液体、气体的容器、管道未进行清洗、通风，检测达不到要求；压力容器未采取泄压措施；动火处所可燃物未清除干净；与动火点相连的管道、阀门或相邻层孔洞未采取封堵隔断安全措施；周围有易燃易爆物品未作处理或安全距离达不到要求；与其他作业相抵触时；明知有危险且影响外单位安全时，不准进行电气焊作业。

（2）在危险性较大的场所，凡是可动可不动火的一律不动；凡能拆卸的一律拆下来，移到安全区域动火。

（3）凡在储存、输送可燃物料的设备、容器、管道上动火，应首先切断物料来源，加好盲板、关闭阀门，经彻底吹扫、清洗、置换后打开人孔，通风换气，并经分析合格后，才可动火。

（4）动火操作人和安全监护人在接到动火许可证后,应逐项检查防火措施落实情况,防火措施不落实或监护人不在场，操作人有权拒绝动火。

（5）生产设备（装置）进行大、中修时，因动火工作量大，应彻底清除易燃易爆等危险物质，并加盲板隔离。

（6）动火作业场所一律禁止吸烟，吸烟者必须到指定地点吸烟。

6．动火作业主要危害及控制措施有哪些？

答：动火作业主要危害及控制措施见表4-73。

表 4-73　　　　　　　　动火作业主要危害及控制措施

序号	工作步骤	危害因素	主要危险	控制措施
1	作业前准备	动火作业证手续不全	发生火灾	按规定办理动火作业证
		周围有可燃物	燃烧爆炸	应采取防火措施
2	作业过程中	高处动火作业时不系安全带	高空坠落伤人	严格检查高空不系安全带，按相关制度处理违反者将按规定进行处理
		高处动火作业时不采取防护措施	火花溅落引起火灾爆炸事故	加强动火前检查采取防护措施
		焊渣飞溅	烫伤人员	戴好劳保手套
		焊光强烈	眼睛伤害	戴防护眼镜
		切割作业后切割物件落下、温度高	烫手、脚、伤人、经济损失	切割作业时，要戴好手套、穿工作服、由专人看护
		气割作业个人劳保护品穿戴不齐全	烫伤	加强作业前检查，违者及时纠正
3	作业结束后	火源隐患检查	发生火灾	对周围现场进行检查，在确认无任何火源隐患的情况下，方可离开现场

7．动火区域的级别是如何划分的？

答：动火区域分为以下两级：

（1）一级动火区，是指火灾危险性很大，发生火灾时后果很严重的部位、场所或设备。一级动火区包括：油区和油库围墙内；油管道及与油系统相连的设备，油箱（除此之外的部位列为二级动火区域）；危险品仓库内；变压器等注油设备、蓄电池室（铅酸）；其他需要纳入一级动火区管理的部位。

（2）二级动火区，是指一级动火区以外的所有防火重点部位、场所或设备及禁火区域。二级动火区包括：油管道支架及支架上的其他管道；动火地点有可能火花飞溅落至易燃易爆物体附近；电缆沟道（竖井）内、隧道内、电缆夹层；调度室、控制室、通信机房、电子设备间、计算机房、档案室；其他需要纳入二级动火区管理的部位。

8．什么是动火工作票？

答：动火票是工作票的一种，在办理工作票的基础上，如果需要动火（如进行焊接作业），需要到隔离办开具动火票。动火工作票分为一级动火工作票和二级动火工作票。

9．动火工作票应如何选用？

答：根据不同的动火作业场所，选用以下不同的动火工作票：

（1）一级动火区动火作业，应填用一级动火工作票；

（2）二级动火区动火作业，应填用二级动火工作票。

动火工作票不应代替电气工作票。一级动火工作票的有效期为24h，二级动火工作票的有效期为120h。动火作业超过有效期，应重新办理动火工作票。

10．动火工作票所列人员基本要求主要有哪些？

答：动火工作票所列人员基本要求主要有：

（1）动火工作票所列人员，均应具备必要的动火安全相关知识和基本技能，按其岗位和工作性质应接受相关专业培训合格，并取得本单位（动火单位或设备运维单位）的相关岗位资格。

（2）动火工作负责人，宜具备电气工作票工作负责人资格。动火作业作为电气工作票的附加工作时，电气工作票负责人不应担任动火工作负责人。

（3）动火工作许可人，应由动火区域具备电气工作票工作许可人资格的运维单位人员担任，若无相应工作许可人员，应由动火场所管理部门相关人员担任。

（4）动火执行人，应具备国家有关部门颁发的有效特种作业人员资格证书。

11. 动火工作票所列人员主要安全责任有哪些？

答：（1）动火工作负责人安全责任如下：

1）正确安全地组织动火工作。

2）检查应做的安全措施并使其完善。

3）向有关人员布置动火工作，交代防火安全措施，进行安全教育。

4）始终监督现场动火工作。

5）办理动火工作票及相应的开工和终结手续。

6）动火工作间断、终结时检查现场有无残留火种。

（2）动火工作签发人安全责任如下：

1）审查动火工作的必要性。

2）审查动火工作的安全性。

3）审查动火工作票上所填安全措施是否正确完备。

4）审查动火工作是否满足安全要求。

5）检查动火工作现场是否安全。

（3）动火工作审批人安全责任如下：

1）审查动火工作的必要性。

2）审查动火工作的安全性。

3）审查工作是否满足安全要求。

4）检查动火工作现场是否安全。

（4）动火工作许可人安全责任如下：

1）检查所列安全措施是否正确完备，是否符合现场条件。

2）核实动火设备与运行设备是否确已隔离。

3）向动火工作负责人交代现场运维环节所做的安全措施。

（5）动火工作监护人安全责任如下：

1）检查动火现场是否配备必要的、足够的消防设施。

2）检查现场消防安全措施是否完善和正确。

3）组织测定动火部位（现场）可燃气体、易燃液体的可燃。蒸气含量是否合格。

4）始终监视现场动火作业的动态，发现失火及时组织扑救。

5）动火工作间断、终结时检查现场有无残留火种。

（6）动火执行人安全责任如下：

1）动火前应收到经审核批准且允许动火作业的动火工作票。

2）按本工种规定的防火安全要求做好安全措施。

3）全面了解动火工作任务和要求，并在规定的范围内执行动火。

4）动火工作间断、终结时清理现场并检查有无残留火种。

12. 如何填写、签发及审批动火工作票？

答：（1）动火工作票由动火工作负责人填写。

（2）动火工作票实行"双签发"及审批流程：

1）动火单位签发人和动火区域管理部门同时签发。

2）一级动火工作票由申请动火部门负责人或技术负责人签发，厂（局）安监部门负责人、消防管理负责人审核，厂（局）分管生产的负责人或总工程师批准，必要时还应报当地地方公安消防部门批准。

3）二级动火工作票由申请动火作业班组班长或班组技术员签发，动火区域运维单位安全监察部门审批。

（3）动火工作票签发人不得兼任动火工作负责人，动火工作票审批人、动火工作监护人不得签发动火工作票。

13. 动火工作许可主要注意事项有哪些？

答：动火工作许可人应注意，在动火作业现场确认并完成以下许可手续后方可动火作业：

（1）工作许可人、工作负责人到现场检查确认双方应采取的安全措施已做完并签字。

（2）确认配备的消防设施和采取的消防措施已符合要求。可燃性、易爆气体含量或粉尘浓度测定合格。

（3）一级动火在首次动火时，各级审批人和动火工作票签发人均应到达现场检查防火安全措施正确完备，测定可燃气体、易燃液体的可燃蒸气含量或粉尘浓度应符合要求，并在动火监护人监护下做明火试验，确无问题。

14. 动火工作应如何监护？

答：动火作业全程应设有专人监护。动火作业前，应清除动火现场及周围的易燃物品，或采取其他有效的防火安全措施，配备足够适用的消防器材。一级动火时，动火部门负责人、消防（专职）人员应始终在现场监护。

15. 动火工作执行中有哪些主要注意事项？

答：动火工作执行主要注意事项有：

（1）动火执行人、动火工作监护人同时离开作业现场，间断时间超过 30min，继续动火前，动火执行人、动火工作监护人应重新确认安全条件。

（2）一、二级动火工作在次日动火前应重新检查防火安全措施，并测定可燃气体、易燃液体的可燃蒸汽含量，合格方可重新动火。

（3）一级动火作业过程中，应每隔 2～4h 测定一次现场可燃气体、易燃液体的可燃蒸汽含量是否合格，当发现不合格或异常升高时应立即停止动火，在未查明原因或未排除险情前不得重新动火。

（4）一级动火作业，间断时间超过 2h，继续动火前，应重新测定可燃气体、易燃液体的可燃蒸气含量，合格后方可重新动火。

16．动火工作终结需要做好哪些安全注意事项？

答：动火工作终结主要需做好的安全注意事项有：动火作业完毕后，动火执行人、动火工作监护人、动火工作负责人和工作许可人，应检查现场有无残留火种、是否清洁等。确认无问题后，动火工作方告终结。动火作业间断或终结后，应清理现场，确认无残留火种后，方可离开。

17．动火作业结束后应开展的主要工作哪些？

答：动火作业结束后应开展的主要工作有：施工人员要进行详细检查，不得留有火种。监火人应将用火作业票收回，并对用火作业现场进行无火种的确认。

18．动火作业常见的相关安全数据有哪些？

答：动火作业的常见安全数据有：

（1）乙炔瓶、氧气瓶之间的间距为 5m。

（2）乙炔瓶、氧气瓶与动火点之间的间距为 10m。

（3）静电接地桩接地电阻不大于 10Ω。

（4）设备管道动火前测爆、测氧分析数据：可燃性气体爆炸极限大于 4%，检测合格指标小于 0.5%；可燃性气体爆炸极限小于 4%，检测合格指标小于 0.2%；氧含量检测合格指标为：19.5%～23.5%。

（5）动火点周围下水井、地沟、地漏、电缆沟清除易燃物并封闭的最小半径为 15m。

19．动火作业现场发生火灾的常见原因有哪些？

答：在动火作业现场，发生火灾的原因很多，常见的有：

（1）没有严格执行动火作业工作票制度；

（2）在动火现场未配备充足的消防器材；

（3）动火前没有将现场可燃物品清理干净；

（4）未对附近可能存在的可燃气体管沟进行妥善处理或隔离；

（5）利用与生产设备相连的金属构件作为电焊地线；

（6）动火现场以及周边未设置安全监管人员。

20．动火作业主要禁令有哪些？

答：动火作业禁令主要有：

（1）未经批准，禁止动火；

（2）未与生产系统可靠隔绝，禁止动火；

（3）未清洗，置换不合格，禁止动火；

（4）未消除周围易燃物，禁止动火；

（5）不按时作动火分析，禁止动火；

（6）没有消防措施及安全操作规程，禁止动火。

21．对容器管道设备进行动火作业，为什么要进行置换检测？

答：容器及管道在动火前，都有可能残留有易燃易爆介质，如果不进行置换，彻底清理残留有易燃易爆介质，一旦动火，必然引起着火爆炸，这时动火现场非常危险的。因此容器及管道在动火前，不但设备要置换，空间气体亦要检测，确认动火不会发生着火爆炸，方可开展动火作业。

22．动火作业主要安全注意事项有哪些？

答：动火作业的主要安全注意事项有：

（1）动火作业必须符合国家有关法律法规及标准要求，遵守公司相关的安全生产管理制度和操作规程；焊割工必须具有特种作业人员操作证。实施动火作业的必须实施动火审批，办理动火作业工作票。

（2）动火作业必须有人监护。监护人要坚守岗位，发现异常情况应立即通知动火人停止动火作业，动火作业完成后，应会同有关人员清理现场，清除残火，确认无遗留火种后方可离开现场。

（3）动火作业前，操作者必须对现场安全确认，明确高温熔渣、火星及其他火种可能或潜在喷溅的区域，该区域周围10m范围内严禁存在任何可燃品（爆炸物、纸箱、塑料、木头、油类、棉布及其他可燃物等），确保动火区域保持整洁，无易燃可燃品。对确实无条件移走的可燃品、动火时可能影响或损害无条件移走的设备、工具时，操作者必须用严密的铁板、石棉瓦、防火屏等将动火区域与外部区域、火种与需保护的设备有效的隔离、隔绝，现场备好灭火器材和水源，必要时可不定期将现场洒水浸湿。

（4）高处进行动火作业，火星所及的范围内应彻底清除易燃易爆物品；其下部地面如有可燃物、空洞、阴井、地沟、水封等，应检查并采取措施，以防火花溅落引起火灾爆炸事故。

（5）五级风以上（含五级风）天气，应禁止露天动火作业。因生产需要确需动火作业时，动火作业应提级管理。

（6）动火作业现场应备好灭火器材、沙子和水源，必要时可不定期将现场洒水浸湿。严禁外来、无关非操作人员随便动用电焊、气割工具，一经发现立即制止。

（7）动火作业结束后，操作人员必须对周围现场进行安全确认，整理现场，在确认无任何火源隐患的情况下，方可离开现场。

第十七节　起重与运输

1．在起重工作前应做哪些准备工作？

答：在起重机作业前应做好以下准备工作：

（1）正确穿戴个人防护用品，高处作业还必须佩戴安全带和工具包。

（2）掌握作业现场环境，确定搬运路线，平整作业场地，清除周边障碍。作业现场要保证司索工和起重机司机能清楚地观察操作现场情况，如夜间施工，应保证充足的照明条件。

（3）检查作业场地的地面，应坚实，不得凹陷，松软地面应在支腿下垫上木板或枕木，支腿伸出垫好后，起重机应保持水平。

（4）对已使用的起重机和吊装工具进行安全检查，安全装置、警报装置、制动器等必须灵敏可靠。

（5）明确起重机、臂架和配重的可能移动（回转）范围，以及吊物坠落可能涉及的范围，都是危险区域，应加设围栏或警示标记。

（6）作业班组人员提前到位、到岗，做好起重作业前的安全检查。

（7）开好班前会，进行技术交底和工作交接，提出作业安全、文明操作要求，全面落实安全防范措施。

2．起重作业前，现场勘察应察看哪些主要内容？

答：现场勘察应察看施工作业现场周边有无影响作业的建构筑物、地下管线、邻近设备、交叉跨越及地形、地质、气象等作业现场条件以及其他影响作业的风险因素，并提出安全措施和注意事项。

3．起重机械按其功能和构造特点主要分为哪些种类？特点是什么？

答：起重机械主要分为轻小型起重设备、桥式类型起重机、臂架类型起重机和门式起重机四类，详见表4-74。

表4-74　　　　　　　　　　起重设备的分类

序号	起重机械分类	起重机械名称	特点	图例
1	轻小型起重设备	手拉葫芦、卷扬机	轻便，构造紧凑，动作简单，作业范围投影为点、线为主	
2	桥式起重机	梁式起重机、龙门起重机	运动方向具有向量性，既有垂直升降运动、水平搬运运动，同时大、小车能以不同速度构成合成运动	
3	臂架式起重机	固定式回转起重机、塔式起重机、汽车起重机、履带起重机	可在有限的空间范围内进行起重搬运作业，具有流动性、复杂性	

续表

序号	起重机械分类	起重机械名称	特点	图例
4	门式起重机	单主梁门式起重机、双主梁门式起重机、箱型或桁架式门式起重机	场地利用率高、作业范围大、适应面广、通用性强	

4. 起重机应装设哪些安全装置？用途是什么？

答：起重机应依据相关规范装设有过卷扬限制器、过负荷限制器、运行极限位置限制器、行程限制器、联锁保护装置、水平仪等安全装置，其用途见表4-75。

表4-75 起重机安全装置及用途

序号	安全装置	用途
1	过卷扬限制器	保证吊钩起升到极限位置时，能自动发出报警信号或切断动力源停止起升，以防过卷
2	过负荷限制器	防止因起重物重量估计不对或违反规程超负荷使用时，避免可能发生的铜绳折断、机械损坏的事故
3	运行极限位置限制器	保障起重机在运行到极限位置时，自动切断前进的动力源并停止运行
4	行程限制器	限制起重机的倾翻力矩，防止起重机因超力矩而发生倾翻事故
5	联锁保护装置	动臂支持停止器在撤去支撑作用前，使动臂变幅机构不能动作
6	水平仪	通过测出起重机地盘前后左右方向的水平度，用以控制支腿，使其保持水平状态

5. 吊钩出现哪些情况应及时报废？

答：吊钩出现下述情况之一时应报废：

（1）出现裂纹。

（2）危险断面磨损量大于基本尺寸的5%。

（3）吊钩变形超过基本尺寸的10%。

（4）扭转变形超过10%。

（5）危险断面或吊钩颈部产生塑性变形。

6. 使用起重链时应注意什么？

答：使用起重链时应注意起重链不得打扭，且不得拆成单股使用。如在使用中发生卡链，应将受力部位封固后方可进行检修。

7. 起重作业中绑扎要求有哪些？

答：起重作业中绑扎有以下要求：

（1）绑扎用钢丝绳吊索，卸扣的选用要留有一定的安全裕量，每次绑扎前必须进行严格的检查，如发现损坏应及时更换，严禁使用已达报废使用标准的钢丝绳和其他吊索具。

（2）用于绑扎的钢丝绳吊索不得用插接、打结或绳卡固定连接的方法缩短或加长。绑扎时锐角处应加防护衬垫。

（3）绑扎后的钢丝绳吊索提升重物时，各分支受力应均匀，支间夹角一般不应超过90°，最大时不得超过120°。

（4）采用穿套结锁法，应选用足够长的吊索，以确保挡套处角度不超过120°，且在挡套处不得向下施加损坏吊索的压紧力。

（5）吊索绕过吊重的曲率半径应不小于该绳径的2倍。

（6）绑扎吊运大型或薄壁物件时，应采取加固措施。

8．使用卸扣时应注意哪些安全注意事项？

答：使用卸扣时应注意以下安全注意事项：

（1）不得处于吊件的转角处，不得横向受力。

（2）销轴不得扣在能活动的绳套或索具内。

（3）当卸扣有裂纹、塑性变形、螺纹脱口、销轴和扣体断面磨损达原尺寸的3%～5%时，不得使用；卸扣上的缺陷不允许补焊。

（4）禁止用普通材料的螺栓取代卸扣销轴。

9．起重机安全操作的一般要求有哪些？

答：起重机安全操作有以下一般要求：

（1）司机接班时，应对限制器、吊钩、钢丝绳和安全装置进行检查，发现性能不正常时，应在操作前排除。

（2）起重机行驶前，必须鸣铃或报警，操作中接近人时，亦应给予断续铃声或报警。

（3）操作应按指挥信号进行，对紧急停车信号，不论何人发出，都应立即执行。

（4）当起重机上或其周围确认无人时，才可以闭合主电源，当电源电路装置上加锁或有标牌时，应由有关人员除掉后才可闭合主电源。

（5）闭合主电源前，应使所有控制器手柄置于零位。

（6）工作中突然断电时，应将所有控制器手柄置于零位。

（7）在轨道上露天作业的起重机，当工作结束时，应将起重机锚固定。

10．起重作业的"四必须"指什么？

答：起重作业的"四必须"指的是：

（1）所吊重物接近或达到额定重量时，必须进行小高度、短行程试吊，以检查限制器性能。

（2）无下降极限位置限制器的起重机，吊钩在最低位置时，卷筒上的钢丝绳必须保持设计规定的安全余留圈数。

（3）起重作业时，起重机各部位、吊具、辅具、所吊重物，钢丝绳与电线及其他设施必须保持足够的安全距离。

（4）移动式起重机工作前，必须按规程要求平整好作业场地基础，牢固好支腿。

11．起重作业的"九不得"指什么？

答：起重作业的"九不得"指的是：

（1）不得利用极限位置限制器停车。

（2）非紧急情况不得利用打反车进行制动。

（3）不得在起重作业过程中进行检查和维修。

（4）不得带载调整起升、变幅机构的制动器。

（5）不得带载增大作业幅度或随便增大工作幅度。

（6）吊物不得从头顶上方通过。

（7）吊物和起重臂下不得站人或同行。

（8）任何人不得随同被吊重物或设备、吊装机械升降。

（9）不得带禁忌疾病或带异常情绪违章作业。

12．起重作业的"十不吊"指什么？

答：起重作业的"十不吊"指的是：

（1）超载或被吊物重量不清不吊。

（2）指挥信号不明确不吊。

（3）捆绑、吊挂不牢或不平衡不吊。

（4）被吊物上有人或浮置物不吊。

（5）结构或零部件有影响安全的缺陷或损伤不吊。

（6）斜拉歪吊和埋入地下物不吊。

（7）单根钢丝不吊。

（8）工作场地光线昏暗，无法看清场地、被吊物和指挥信号不吊。

（9）重物棱角处与捆绑钢丝绳之间未加衬垫不吊。

（10）易燃易爆物品不吊。

13．有哪些起重指挥作业信号？对紧急停止信号的使用有什么规定？

答：起重机指挥信号是起重作业的通用安全语言，是起重作业中的指挥命令。指挥人员所使用的信号有：手势信号、旗语信号和哨笛信号。

吊装作业时，必须分工明确、坚守岗位，并按规定的联络信号，统一指挥。对紧急停止信号，无论何人发出，都必须立即执行。两人以上从事起重作业，必须有一人任起重指挥，现场其他起重作业人员或辅助作业人员必须服从起重指挥统一领导。但在发生紧急危险情况时，任何人都可以发出符合要求的停止避险信号。

14．起重作业出现什么情况必须停机检查、检修？

答：起重机出现异常情况都与其零部件的严重磨损、变形、老化等有关，所以遇到以下情况必须停机检查、检修：

（1）起重机在起吊重物时刹车，出现较大的或异常的下滑。

（2）在变幅时，出现臂架异常摆动。

（3）在旋转时，出现异常的晃动。

（4）吊运重物运行时，出现制动后滑行距离太大。

（5）起重机运转时，出现异常声响、异常噪声、冲击振动等情况。

15. 在什么情况下不应进行起重作业？

答：在以下情况下不应进行起重作业：

（1）起重机结构或零部件（如吊钩、吊具、钢丝绳、限制器、安全防护装置等）有影响安全工作的缺陷和损伤。

（2）吊物超载、吊物质量不清。

（3）吊物被埋置或冻结在地下、被其他物体挤压。

（4）吊物绑扎不牢、吊挂不稳、被吊重物棱角与吊索之间未加衬垫。

（5）被吊物上有人或浮置物。

（6）作业场地昏暗，无法看清场地、吊物情况或指挥信号。

16. 起重作业完毕后应做好哪些安全措施？

答：起重作业完毕后应做到以下安全措施：

（1）应将所有吊挂的吊具、吊物落下，吊钩升至接近上极限位置的高度。

（2）将起重机开到指定位置固定停放，拉好手刹，锁好电锁，关好车门安全停放。

（3）露天作业的起重机应采取可靠的防风措施，如锚定措施、锁紧装置等。

（4）对起重机进行检查，将工作中发生的问题及检查情况记录，按规定交接程序和交接项目做好交接班工作，包括起重机生产作业情况、机械运行保养情况、事故隐患及故障处理情况等。发现问题，应查明情况，协商处理，重大问题需向有关部门报告。

17. 对夜间起重作业场所的照明有何要求？如照明环境不合要求，可能造成什么后果？

答：夜间起重作业现场应提供视觉适宜的采光和照明。照明装置不得直接照射作业区。如果照明不足或光线过强，可能造成频闪现象、眩目现象和阴影区，以及采用彩色光源，容易使作业者产生视觉疲劳、视错觉和视觉误差，诱发起重作业人员的误操作，从而引发安全事故。

18. 在厂站带电区域或邻近带电体进行起重作业时有哪些注意事项？

答：在厂站带电区域或邻近带电体进行起重作业时应注意以下注意事项：

（1）针对现场实际情况选择合适的起重机械。

（2）工作负责人应专门对起重机械操作人员进行电力相关安全知识培训和交代作业安全注意事项。

（3）作业全程，设备运维单位应安排专人在现场旁站监督。

（4）起重机械应安装接地装置，接地线应用多股软铜线，截面不应小于 $16mm^2$，并满足接地短路容量的要求。

19. 遇到哪些情况需制定专门的起重作业安全技术措施？

答：凡属下列情况之一，应制定专门的起重作业安全技术措施，并经设备运维单位审批，作业时应有专门技术负责人在场指导：

（1）重量达到起重设备额定负荷的90%及以上。

（2）两台及以上起重设备抬吊同一物件。

（3）起吊重要设备、精密物件、不易吊装的大件或在复杂场所进行大件吊装。

（4）遇到爆炸品、危险品必须起吊时。

20．起重机检测检验的目的和内容有哪些？

答：为了对起重机的安全使用性能做出全面、正确的评价，常采用各种不同的检验方法用以查清起重机的安全状况，及时发现起重机的缺陷和隐患，以便及时采取措施消除这些缺陷和隐患。当由于各种原因导致起重机安全事故发生后，对损坏的起重机进行事故的技术鉴定也需要进行检测检验。

起重机检测检验的内容主要包括外部检验、内部检验及全面检验等多种检验。

21．如何划分起重机的技术性能和安全保护装置的试验周期？

答：起重机的技术性能和安全保护装置的试验周期应按以下规定划分：

（1）正常工作的起重机，每两年进行一次。

（2）经过大修、新安装及改造过的起重机，交付使用前。

（3）闲置时间超过一年的起重机，重新使用前。

（4）经过恶劣气候或重大事故后，可能使强度、刚度、构件的稳定性、机构的重要性能受到损害的起重机使用前。

22．在起重作业过程中应遵守哪些规定？

答：在起重作业过程中应遵守以下规定：

（1）操作应按指挥信号进行，对紧急停车信号，不论何人发出，都应立即执行。

（2）所吊重物接近或达到额定起重量时，吊运前应检查制动器，并用小高度、短行程试吊，确认无问题后再平稳地吊运。

（3）起重机运行中，发生机件损坏等故障，应放下所吊物件，拉下闸刀开关，报告领导组织检修，不得在运行中进行维修。

（4）起重机运行中，遇到突然停电时，应把所有控制器手柄扳至零位挡。吊钩上吊物件时，应在重物下方的危险范围，做好围蔽及标示，禁止人员从吊物下面通过。

（5）任何人不得在起重机的轨道上站立或行走，特殊情况需在轨道上进行作业时，应与起重机的操作人员取得联系，起重机应停止运行。

（6）禁止作业人员利用吊钩来上升或下降。

（7）禁止用起重机起吊埋在地下的物件。

（8）遇有雷雨天、大雾、照明不足、指挥人员看不清工作地点或操作人员未获得有效指挥时，不应进行起重工作。

23．移动式起重机停放与行驶应注意哪些安全事项？

答：移动式起重机停放与行驶应注意以下安全事项：

（1）移动式起重机停放，其车轮、支腿或履带的前端或外侧与沟、坑边缘的距离不得小于沟、坑深度的 1.2 倍，否则应采取防倾、防坍塌措施。

（2）行驶时，应将臂杆放在支架上，吊钩挂在挂钩上并将钢丝绳收紧，车上操作室禁止坐人。

（3）汽车起重机不允许在起重臂没有完全收回的情况下行驶。履带起重机和轮胎起重机一定要在允许的起重量范围内吊重行驶，运行通过的路面要平整坚实，行走速度要缓慢均匀，按道路情况要及时换挡，不要急刹车和急转向，以避免吊重物摆动，同时，吊臂应置于行驶方向的前方。

（4）履带起重机具有长度较大的水平起重臂时，一定要将其置于履带的纵向，并保持在前进方向上。

（5）行驶时，起重臂角度过大会产生摇摆，因此，超重臂仰角应限于 30°～70°，避免出现后倾危险。

24. 移动式起重机作业过程应注意哪些安全事项？

答：移动式起重机作业过程应注意以下安全事项：

（1）移动式起重机作业前，应将支腿支在坚实的地面上，必要时使用枕木或钢板增加接触面积。

（2）机身倾斜度不应超过制造厂的规定。

（3）不应在暗沟、地下管线等上面作业。

（4）作业完毕后，应先将臂杆放在支架上，然后方可起腿。

25. 移动式起重机邻近带电设备作业时应注意哪些安全事项？

答：移动式起重机邻近带电设备作业时应注意以下安全事项：

（1）工作负责人应专门对起重机械操作人员进行电力相关安全知识培训和交代作业安全注意事项。

（2）起重臂不应跨越带电设备或线路进行作业。

（3）长期或频繁地靠近架空线路或其他带电体作业时，应采取隔离防护措施。

（4）作业全程，设备运维单位应安排专人在现场旁站监督。

26. 在邻近带电体处吊装作业时，起重机与带电体的距离有哪些要求？

答：起重臂不应跨越带电设备或线路进行作业。在邻近带电体处吊装作业时，起重机臂架、吊具、辅具、钢丝绳及吊物等与带电体的距离不得小于表 4-76 中的规定。

表 4-76　　　　　　　　　　起重机械及吊件与带电体的安全距离

电压等级（kV）		1～10	35～60	110	220	500	±50 及以下	±400	±500	±800
最小安全距离（m）	净空	—	4.00	5.00	6.00	8.50	—	—	—	—
	垂直方向	3.00	—	—	—	—	5.00	8.50	10.00	13.00
	水平方向	1.50	—	—	—	—	4.00	8.00	10.00	13.00

注　1. 数据按海拔 1000m 校正。

　　2. 表中未列电压等级按高一挡电压等级的安全距离执行。

27. 什么是人工运输？人工运输和装卸时有哪些注意事项？

答：人工运输是指采用人工方式运输线路物料，包括单人挑、多人抬运、滚运或拖运，以及辅以畜力、板车、马车）等运输方式。

人工运输和装卸时应注意以下事项：

（1）在山地陡坡或凹凸不平之处进行人工运输，应预先制定运输方案，采取必要的安全措施。

（2）山区抬运笨重物件或钢筋混凝土电杆的道路，其宽度不宜小于 1.2m，坡度不宜大于 1:4。

（3）人力运输用的工器具应牢固可靠，每次使用前应进行检查。

（4）用跳板或圆木装卸滚动物件时，应用绳索控制物件，物件滚落前方严禁有人。

（5）雨雪后抬运物件时，应有防滑措施。

28．非机动车运输应注意哪些事项？

答：非机动车运输有以下注意事项：

（1）装车前应对车辆进行检查，车轮和刹车装置必须完好。

（2）下坡时应控制车速，不得任其滑行。

（3）货运索道严禁载人。

29．用管子滚动搬运应注意哪些事项？

答：用管子滚动搬运应注意以下事项：

（1）应由专人负责指挥。

（2）管子承受重物后两端各露出约 30cm，以便调节转向，手动调节管子时，应注意防止手指压伤。

（3）上坡时应用木楔垫牢管子，以防管子滚下。

（4）上下坡时均应对重物采取防止下滑的措施。

30．运输油浸式电力变压器时有哪些安全注意事项？

答：运输油浸式电力变压器时有以下安全事项：

（1）变压器内部结构应在经过正常铁路、公路及水路运输后相互位置不变，紧固件不得松动。变压器的组、部件如套管、散热器（管）和阀门等结构及布置位置，应不妨碍吊装、运输及运输中紧固定位。

（2）变压器整体运输时，应保护变压器的所有组、部件如套管、阀门及散热器（管）等不损坏和不受潮。

（3）成套拆卸的组件和零件（如测温装置等）运输时应保证经过运输、储存直到安装前不得损伤和受潮。

31．运输杆塔时有哪些安全注意事项？

答：运输杆塔时应注意以下安全注意事项：

（1）要注意观察重心是否平稳。

（2）装卸过程中应采用两支点法，轻起轻放，严禁抛掷，严防撞击。

（3）运输过程中同样应采用堆放支点法放置支承点，应将其妥善固定，防止构件在运输和堆放过程中出现变形。

（4）若发现钢丝绳纽结、变形、断丝、断股、严重锈蚀和已磨损或浸湿松开的麻绳，则严禁使用。

（5）电杆由高处滚向低处，必须采取牵制措施，严禁自由滚落。

32．运输电力电缆时有哪些安全注意事项？

答：运输电力电缆时应注意以下安全注意事项：

（1）电力电缆盘必须放稳，并用合适方法固定，避免强烈振动、倾倒、受潮、腐蚀。

（2）不得使电力电缆及电力电缆盘受到损伤，严禁将电力电缆盘直接由车上推下，电力电缆盘不应平放运输、平放储存。

（3）运输或滚动电力电缆盘前，必须保证电力电缆盘牢固，不得损伤。严禁从高处扔下装有电力电缆的电力电缆盘，严禁机械损伤电力电缆。滚动时必须顺着电力电缆盘的箭头指示或电力电缆的缠紧方向。

（4）运输中禁止从高处扔下装有电缆的绝缘电缆盘，严禁机械损伤绝缘电缆。

（5）在搬运及滚动电缆盘时，应确保电缆盘结构牢固，滚动方向正确，使用符合安全要求的工器具进行电缆盘转角度移动。

33．运输绝缘工具时应注意哪些注意事项？

答：在运输过程中，绝缘工具应装在专用工具袋、工具箱或专用工具车内，以防受潮和损伤。绝缘工具在运输中应防止受潮、淋雨、暴晒等，内包装运输袋可采用塑料袋，外包装运输袋可采用帆布袋或专用皮（帆布）箱。

34．搬运配电电力设备时有哪些安全注意事项？

答：搬运配电电力设备时应注意以下安全注意事项：

（1）应视设备轻重和形状大小，配备合适工具。

（2）需垫好衬木，不规则物件要加支撑，保持平衡。

（3）应注意周围环境，防止设备碰伤周围人员。

（4）工作中，禁止用手直接校正已被重物张紧的绳子、钢丝绳和链条上的扣结。在松解吊索具时，应先检查设备是否排放稳妥。

35．机动车装运超长、超高或重大物件应遵守哪些规定？

答：机动车装运超长、超高或重大物件应遵守以下规定：

（1）物件重心与车厢承重中心应基本一致。

（2）易滚动的物件顺其滚动方向必须用木楔卡牢并捆绑牢固。

（3）采用超长架装载超长物件时，在其尾部应设置警告的标示；超长架与车厢固定，物件与超长架及车厢必须捆绑牢固。

（4）押运人员应加强途中检查，防止捆绑松动。通过山区或弯道时，防止超长部位与山坡或行道树碰剐。

附录A 应急处置

心肺复苏操作步骤见表 A-1。

表 A-1 心肺复苏操作步骤

步骤	具体操作
1. 症状识别	（1）现场风险评估。确认现场及周边环境安全，避免二次伤害的发生。 （2）判断伤员意识。拍打患者肩部并大声呼叫（例如，先生怎么了），观察患者有无应答。 （3）判断生命体征。听呼吸看胸廓，观察患者有无呼吸和胸廓起伏；在喉结旁两横指或颈部正中旁三横指处，用食指和中指两指触摸颈动脉，观察有无搏动。以上操作要在 10s 内完成。如发现患者出现意识丧失，且无呼吸无脉搏，应立即进行心肺复苏
2. 拨打120急救	（1）遇到这种情况不要慌张，立即进行以下处理。大声呼喊旁人帮忙拨打急救电话 120，并设法取得 AED（自动体外除颤器）； （2）若旁边无人时，需先对患者行心肺复苏术，与此同时拨打急救电话 120，电话可开免提，以避免影响心肺复苏术的操作
3. 实施步骤及注意事项	（1）胸外按压。 1）放置患者于平整硬地面。将患者放置于平整硬地面上，呈仰卧位，其目的是保证进行胸外按压时，有足够按压深度。 2）跪立在患者一侧，两膝分开，与肩同宽。 3）开始胸外按压。找准正确按压点，保证按压力量、速度和深度。 ①找准正确按压点：找准患者两乳头连线的中点部位（胸骨中下段），右手（或左手）掌根紧贴患者胸部中点，双手交叉重叠，右手（或左手）五指翘起，双臂伸直。 ②保证按压力量、速度和深度：利用上身力量，用力按压 30 次，速度至少保证 100～120 次/min，按压深度至少 5～6cm。按压过程中，掌根部不可离开胸壁，以免引起按压位置波动，而发生肋骨骨折。 （2）开放气道。按压胸部后，开放气道及清理口鼻分泌物。 1）仰头抬/举颏法开放气道：用一只手置在患者前额，并向下压迫，另一只手放在颏部（下巴），并向上提起，头部后仰，使双侧鼻孔朝正上方即可。 2）清理口腔分泌物：将患者头偏向一侧，看患者口腔是否有分泌物，并进行清理；如有活动假牙，需摘除。 （3）人工呼吸。进行口对口人工呼吸前，一定要保证自身安全，在患者口部放置呼吸膜进行隔离，若无呼吸膜，可以用纱布、手帕、一次性口罩等透气性强的物品代替，但不能用卫生纸巾这类遇水即碎物品代替。用手捏住患者鼻翼两侧，用嘴完全包裹住患者嘴部，吹气两次。每次吹气时，需注意观察胸廓起伏，保证有效吹气，并松开紧捏患者鼻翼的手指；每次吹气，应持续 1～2s，不宜时间过长，也不可吹气量过大
4. AED使用	（1）当取得 AED（自动体外除颤器）后，打开 AED 电源，按照 AED 语音提示，进行操作； （2）根据电极片片上的标示，将一个贴在右胸上部，另一个贴在左侧乳头外缘（可根据 AED 上的图片指示贴）； （3）离开患者并按下心电分析键，如提示室颤，按下电击按钮； （4）如一次除颤后未恢复有效心率，立即进行 5 个循环心肺复苏，直至专业医护人员赶到

注 以上步骤按照 30:2 的比例，重复进行胸外按压和人工呼吸，直到医护人员赶到；30 次胸外按压和 2 次人工呼吸为一个循环，每 5 个循环检查一次患者呼吸、脉搏是否恢复，直到医护人员到场。当进行一定时间感到疲累时，及时换人持续进行，确保按压深度及力度。

有人触电时，确定潜在的事故或紧急情况下对其进行控制，为防止或减少人员伤亡和财产损失，产生不利影响特制定以下措施，具体见表 A-2。

表 A-2   高 压 触 电 应 急 措 施

序号	应 急 措 施
1	第一发现人首先切断电源，将触电者和带电部位分开。若触电者触电后未脱离电源，立即电话通知有关部门拉闸停电并拨打急救电话120，或穿戴绝缘手套、绝缘靴，使用相应等级的绝缘工具协助触电者脱离电源。触电者脱离电源后迅速检查其伤情，在救护车到来之前，对触电者进行紧急救护
2	及时报告本单位负责人，将触电者抬到平整场地，进行心肺复苏。在触电者未脱离电源前，切勿直接接触触电者，切勿用潮湿物体搬动触电者，切勿使用金属物质或潮湿的工具拨动带电体或触电者
3	若触电者昏迷无呼吸脉搏，应立即进行心肺复苏，步骤如下：开放气道、胸外按压、人工呼吸（胸外按压和人工呼吸次数比例为15:2），直至医院救护人员到来
4	拨打120急救电话，请求急救，并由专人负责对120急救车的引导工作
5	观察、检查与触电相邻部位的电器，设备等是否存在隐患
6	协助120急救人员，做些力所能及的工作

注　1. 在救护触电者期间择机报告上级。

　　2. 若触电者有皮肤灼伤，用剪刀小心剪开灼伤处衣物，在灼伤部位覆盖消毒纱布或清洁布，并用绷带或布条包扎。

有人触电时，确定潜在的事故或紧急情况下对其进行控制，为防止或减少人员伤亡和财产损失，产生不利影响特制定表 A-3 的措施。

表 A-3   低 压 触 电 应 急 措 施

序号	应 急 措 施
1	立即切断电源，若无法及时找到电源或因其他原因无法断电，可用干燥的木棍、橡胶、塑料制品等绝缘物体使触电者脱离带电体，或站在木凳、塑料凳等绝缘物体上设法使触电者脱离带电体
2	立即电话通知有关部门拉闸停电并拨打急救电话120，请求急救，并由专人负责对120急救车的引导工作
3	触电者脱离电源后迅速检查其伤情，在救护车到来之前，对触电者进行紧急救护
4	及时报告本单位负责人，将触电者抬到平整场地，进行心肺复苏。在触电者未脱离电源前，切勿直接接触触电者，切勿用潮湿物体搬动触电者，切勿使用金属物质或潮湿的工具拨动带电体或触电者
5	若触电者昏迷无呼吸脉搏，应立即进行心肺复苏，步骤如下：开放气道、胸外按压、人工呼吸（胸外按压和人工呼吸次数比例为15:2），直至医院救护人员到来
6	若触电者有皮肤灼伤，用剪刀小心剪开灼伤处衣物，在灼伤部位覆盖消毒纱布或清洁布，并用绷带或布条包扎，勿涂抹药膏

注　1. 在救护触电者期间择机报告上级。

　　2. 若触电者有皮肤灼伤，用剪刀小心剪开灼伤处衣物，在灼伤部位覆盖消毒纱布或清洁布，并用绷带或布条包扎。

高处坠落应急措施见表 A-4。

表 A-4 高 处 坠 落 应 急 措 施

流程	应 急 措 施
1. 事故快报	及时报告上级现场情况。当发生高空坠落事故时，现场的第一发现人立即报告管理人员，说明发生事故地点、伤亡人数，并全力组织人员进行救护
	立即拨打 120 求救，并说明受伤人数、事故发生地点及现场人员受伤等基本情况。在救护车到来之前，对伤者进行紧急救护
	指定专人对接 120 急救人员，减少时间消耗，避免延误抢救时间
2. 现场应急救护	应急人员到事故发生现场，排除事故发生地隐患，减少事故导致的次生灾害
	若伤者清醒，能够站起或移动身体，使其躺下用平托法转移到担架（或硬质平板）上，并送往医院做进一步检查（某些内脏损伤的症状具有延后性）
	若伤者失血，应立即采取包扎、止血急救措施，防止伤者因大量失血造成休克、昏迷
	若伤者出现颅脑损伤，用消毒纱布或清洁布等覆盖伤口，并用绷带或布条包扎。昏迷的必须维持其呼吸道通畅，清除口腔内异物，使之平卧，并使面部偏向一侧，以防舌根下坠或呕吐物流入造成窒息
	若伤者昏迷无呼吸脉搏，应立即进行心肺复苏：开放气道、胸外按压、人工呼吸（胸外按压和人工呼吸次数比例为 15:2），直至医院救护人员到来
	严禁随意搬动伤者，禁止一人抬肩一人抬腿的搬运法，防止拉伤脊椎造成永久伤害，导致或加重伤情

注 1. 若无呼吸脉搏，先观察创口，若出血量大，优先包扎止血，否则优先进行心肺复苏。
　　2. 平托法即在伤者一侧将小臂伸入伤者身下，并有人分别托住头、肩、腰、胯、腿等部位，同时用力，将伤者平稳托起，再平稳放在担架上。
　　3. 在救护伤者期间择机报告上级。

物体打击应急措施见表 A-5。

表 A-5 物 体 打 击 应 急 措 施

流程	应 急 措 施
1. 事故快报	及时报告上级现场情况。当发生物体打击人身伤亡事故时，现场的第一发现人立即报告管理人员，说明发生事故地点、伤亡人数，并全力组织人员进行救护
	立即拨打 120 求救，并说明受伤人数、事故发生地点及现场人员受伤等基本情况。在救护车到来之前，对伤者进行紧急救护
	指定专人对接 120 急救人员，减少时间消耗，避免延误抢救时间
2. 现场应急救护	应急人员到事故发生现场，排除事故发生地隐患，减少事故导致的次生灾害
	若伤者清醒，能够站起或移动身体，使其躺下用平托法转移到担架（或硬质平板）上，并送往医院做进一步检查（某些内脏损伤的症状具有延后性）
	若伤者失血，应立即采取包扎、止血急救措施，防止伤者因大量失血造成休克、昏迷
	若伤者出现颅脑损伤，用消毒纱布或清洁布等覆盖伤口，并用绷带或布条包扎。昏迷的必须维持其呼吸道通畅，清除口腔内异物，使之平卧，并使面部偏向一侧，以防舌根下坠或呕吐物流入造成窒息
	若伤者昏迷无呼吸脉搏，应立即进行心肺复苏：开放气道、胸外按压、人工呼吸（胸外按压和人工呼吸次数比例为 15:2），直至医院救护人员到来
	严禁随意搬动伤者，禁止一人抬肩一人抬腿的搬运法，防止拉伤脊椎造成永久伤害，导或加重伤情

注 1. 若无呼吸脉搏，先观察创口，若出血量大，优先包扎止血，否则优先进行心肺复苏。
　　2. 平托法即在伤者一侧将小臂伸入伤者身下，并有人分别托住头、肩、腰、胯、腿等部位，同时用力，将伤者平稳托起，再平稳放在担架上。
　　3. 在救护伤者期间择机报告上级。

高温中暑应急措施见表 A-6。

表 A-6　　　　　　　　高温中暑应急措施

流程	应 急 措 施
1. 事故快报	及时报告上级现场情况。当发生高温中暑人身伤亡事故时，现场的第一发现人立即报告管理人员，并说明发生事故地点、伤亡人数，并全力组织人员进行救护
	立即拨打 120 求救，并说明受伤人数、事故发生地点及现场人员受伤等基本情况。在救护车到来之前，对伤者进行紧急救护
	指定专人对接 120 急救人员，减少时间消耗，避免延误抢救时间
2. 现场应急救护	应急人员到事故发生现场，排除事故发生地隐患，减少事故导致的次生灾害
	尽快脱离高温环境，将中暑患者转移至阴凉处
	使患者平躺休息，垫高双脚增加脑部血液供应。若患者有呕吐现象，应使其侧卧以防止呕吐物堵塞呼吸道
	解开患者衣物（应考虑性别差异和尊重隐私），使用扇风和冷水反复擦拭皮肤等方式进行降温。若患者持续高温或中暑症状不见改善，应尽快送至医院治疗
	给患者补充淡盐水，或饮用含盐饮料以补充水和电解质（切勿大量饮用白开水，否则可能导致水中毒）

注　水中毒即出现中暑症状时，人身体已通过汗液排出大量的钠，若短时间内大量饮用淡水，会进一步稀释血液中的钠，导致低钠血症，水分渗入细胞使之膨胀水肿，若脑细胞发生水肿，颅内压增高，有可能会造成脑组织受损，出现头晕眼花、呕吐、虚弱无力、心跳加快等症状，严重者会发生痉挛、昏迷甚至危及生命。

溺水应急措施见表 A-7。

表 A-7　　　　　　　　溺 水 应 急 措 施

流程	应 急 措 施
1. 事故快报	及时报告上级现场情况。当发生溺水人身伤亡事故时，现场的第一发现人立即报告管理人员，并说明发生事故地点、伤亡人数，并全力组织人员进行救护
	立即拨打 120 求救，并说明受伤人数、事故发生地点及现场人员受伤等基本情况。在救护车到来之前，对伤者进行紧急救护
	指定专人对接 120 急救人员，减少时间消耗，避免延误抢救时间
2. 现场应急救护	（1）溺水自救。 1）保持冷静，不要在水中挣扎，争取将头部露出水面大声呼救，如头部不能露出水面，将手臂伸出水面挥舞，吸引周围人员注意来营救。 2）采用仰体卧位（又称"浮泳"），头后仰，四肢在水中伸展并以掌心向下压水增加浮力；嘴向上，尽量使口鼻露出水面呼吸，全身放松，呼气要浅，吸气要深（深吸气时人体比重可降至比水略轻而浮出水面）；保持用嘴换气，避免呛水，尽可能保存体力，争取更多获救时间
	（2）溺水救人。 1）迅速向溺水者抛掷救生圈、木板等漂浮物，或递给溺水者木棍、绳索等助其脱险（不会游泳者严禁直接下水救人）。 2）下水救援时，为防止被溺水者抓、抱，应绕至溺水者背后，用手托其腋下，使其口鼻露出水面，采用侧泳或仰泳方式拖运溺水者上岸。 3）上岸后若溺水者有呼吸、脉搏，立即进行控水：清除溺水者口鼻异物，保持呼吸道通畅，并使其保持稳定侧卧位，使口鼻能够自动排出液体。 4）若溺水者昏迷无呼吸、脉搏，立即拨打急救电话120，在救护车到来之前，对伤者进行紧急救护（如人手充裕，可在救护的同时安排人员拨打急救电话）

续表

流程	应 急 措 施
2. 现场应急救护	5）清理其口鼻异物并进行心肺复苏：开放气道、胸外按压、人工呼吸（胸外按压和人工呼吸次数比例为 15:2）

注　溺水者死因往往不是呛水太多，而是反射性窒息（即干性溺水，落水后因冷水刺激或精神紧张等原因导致喉头痉挛，没有呼吸动作，空气和水都无法进入），所以若溺水者无呼吸、脉搏，立即进行心肺复苏，无需控水。

灼伤现场应急措施见表 A-8。

表 A-8　　　　　　　　　　灼伤现场应急措施

流程	应 急 措 施
1. 事故快报	及时报告上级现场情况。当发生灼伤事故时，现场的第一发现人立即报告管理人员，并说明发生事故地点、人员伤亡情况，并全力组织人员进行救护
	立即拨打 120 求救，并说明受伤人数、事故发生地点及现场人员受伤等基本情况。在救护车到来之前，对伤者进行紧急救护
	指定专人对接 120 急救人员，减少时间消耗，避免延误抢救时间
2. 现场应急救护	发生灼烫事故后，迅速将烫伤人脱离危险区进行冷疗伤，面积较少的烫伤应用大量冷水清洗，大面积烫伤的要立即拨打 120 送到医院紧急救治
	发生灼烫事故后，如小面积烫伤，应马上用清洁的冷水冲洗 30min 以上，用烫伤膏涂抹在伤口上，同时送医院治疗。如大面积烫伤，应马上用清洁的冷水冲洗 30min 以上，同时，要立即拨打 120 急救，或派车将受伤人员送往医院救治
	衣服着火应迅速脱去燃烧的衣服，或就地打滚压灭火焰或用水浇，切记站立喊叫或奔跑呼救，避免面部和呼吸道灼伤
	高温物料烫伤时，应立即清除身体部位附着的物料，必要时脱去衣服，然后冷水清洗，如果贴身衣服与伤口粘连在一起时，切勿强行撕脱，以免伤口加重，可用剪刀先剪开，然后将衣服慢慢地脱去
	当皮肤严重灼伤时，必须先将其身上的衣服和鞋袜小心脱下，最好用剪刀一块块剪下。由于灼伤部位一般都很脏，容易化脓溃烂，长期不能治愈，因此，救护人员的手不得接触伤者的灼伤部位，不得在灼伤部位涂抹油膏、油脂或其他护肤油。保留水泡皮，也不要撕去腐皮，在现场附近，可用干净敷料或布类保护创面，避免转途中再污染、再损伤。同时应初步估计烧伤面积和深度
	动用最便捷的交通工具，及时把伤者送往医院抢救，运送途中应尽量减少颠簸。同时，密切注意伤者的呼吸、脉搏、血压及伤口的情况

注　1. 对烫伤严重的应禁止大量饮水防止休克。
　　2. 对呼吸道损伤的应保持呼吸畅通，解除气道阻塞。
　　3. 在救援过程中发生中毒、休克的人员，应立即将伤者撤离到通风良好的安全地带。
　　4. 如果受伤人员呼吸和心脏均停止时，应立即采取人工呼吸。
　　5. 在医务人员未接替抢救之前，现场抢救不得放弃现场抢救。

火灾逃生应急措施见表 A-9。

表 A-9　　　　　　　　　　火 灾 逃 生 应 急 措 施

流程	应 急 措 施
1. 事故快报	及时报告上级现场情况。当发生火灾事故时，现场的第一发现人立即拨打火警电话 119 报警并报告上级，并说明发生事故地点、人员伤亡情况，并全力组织人员进行救护
	指定专人对接 119 应急救援人员，减少时间消耗，避免延误抢救时间

续表

流程	应 急 措 施
2. 现场 应急救护	发现火情后立即启动附近火灾报警装置，发出火警信号
	火势较小，尝试利用就近的灭火器材（消防设施）尽快扑灭
	灭火要点： （1）电器、电路和电气设备着火，先切断电源再灭火。 （2）精密仪器着火宜采用二氧化碳灭火器灭火。 （3）燃气灶、液化气罐着火，先关闭阀门再灭火；若阀门损坏，用棉被、衣物浸水后覆盖灭火；切不可将着火的液化气罐放倒地上，否则可能发生爆炸。 （4）炒菜油锅着火，关闭燃气阀门或切断电磁炉等电器电源，使用锅盖覆盖，或用棉被、衣物浸水后覆盖灭火，切不可浇水灭火，否则可能发生爆燃
	火势较大、无法控制、无法判明或发展较快时，迅速逃离至安全地带，并逃生时应佩戴消防自救呼吸器或用湿毛巾捂住口鼻，同时压低身姿，按安全出口指示沿墙体谨慎前行，逃生过程禁乘电梯，不要贸然跳楼

注 报警时要说明火灾地点、火势大小、燃烧物及大约数量和范围、有无人员被困、报警人姓名及电话号码。

食物中毒应急措施见表 A-10。

表 A-10　　　　　　　食 物 中 毒 应 急 措 施

流程	应 急 措 施
1. 事故 快报	及时报告上级现场情况。当发生食物中毒时，现场的第一发现人立即拨打 120 急救电话并报告上级，并说明发生事故地点、人员伤亡情况，并全力组织人员进行救护
	指定专人对接 120 应急救援人员，减少时间消耗，避免延误抢救时间
2. 现场 应急救护	立即停止食用可疑食品，进行紧急救护
	大量饮用洁净水来稀释毒素
	若患者意识清醒，可用筷子或手指向其喉咙深处刺激咽后壁、舌根进行催吐，服用鲜生姜汁或者较浓的盐开水也可起到催吐作用
	若患者昏迷并有呕吐现象，应使其侧卧以防止呕吐物堵塞呼吸道
	若患者出现抽搐、痉挛症状，用手帕缠好筷子塞入口中，防止咬破舌头
	若患者进食可疑食品超过两小时且精神状态仍较好，可服用适量泻药进行导泻

注 1. 报告上级并及时送患者就医，用塑料袋留存呕吐物或大便，一并带去医院检查。
　　2. 对可疑食品进行封存、隔离，向当地疾病预防控制机构和市场监督管理部门报告。

电梯事故应急措施见表 A-11。

表 A-11　　　　　　　电 梯 事 故 应 急 措 施

事故情形	应 急 措 施
1. 电梯 运行速度 不正常	立即按下低于当前楼层的所有楼层按钮，预防电梯失控下坠
	将背部紧贴电梯内壁，双腿微弯并提起脚尖，以缓冲电梯失控后造成的纵向冲击，保护脊椎
	若电梯内有扶手，握紧扶手固定身体位置；若电梯内没有扶手，双手抱颈保护颈椎
2. 受困 电梯内	保持冷静，勿轻易强行开门爬出，以防爬出过程中电梯突然开动造成伤害
	立即通过电梯内警铃、对讲机或手机与外界联系寻求救援
	若无法联系外界，则大声呼救或间歇性拍打电梯门进行求救

事故情形	应 急 措 施
3. 电梯门夹人	稳定被夹人员情绪，并立即联系物管人员使用电梯钥匙开门，同时寻找大小合适的坚硬物体插入夹缝，防止被夹空间继续缩小
	若电梯钥匙无效，寻找撬棍、铁管、大扳手等结实工具尝试扩张被夹处来解救被夹人员
	及时拨打急救电话 120 和火警电话 119 寻求救援和帮助
4. 电梯运行中发生火灾	立即在就近楼层停靠，迅速逃离
	及时拨打火警电话 119 报警

道路交通安全救助措施见表 A-12。

表 A-12　　　　　　　　　　　道路交通安全救助措施

事故情形	救 助 措 施
车辆自燃着火	立即靠边停车，熄火，开启双闪灯，设置警告标志
	若车辆仅冒烟无明火，可将引擎盖打开，使用干粉或二氧化碳灭火器灭火，灭火过程人员应站在上风向，避免吸入粉尘或二氧化碳气体
	若火势较大，则禁止打开引擎盖，人员立即撤离至安全位置，同时拨打火警电话 119，并报告上级
	指定专人对接 119 应急救援人员，减少时间消耗，避免延误抢救时间
车辆涉水	严禁盲目涉水，安全涉水深度应低于车轮半高
	切至低速挡，利用发动机输出大扭矩越过水中可能的障碍
	低速通过，避免推起过高水墙灌入车内；与其他涉水的大型车辆拉开距离，防止它们产生水浪过大涌入车内
	涉水过程应稳住油门不松，若熄火切勿再次点火，尽快将车辆拖至安全地带
	过水后，可在低速行驶时多次轻踩刹车，利用摩擦产生热能及时排除刹车片水分；有必要的停车检查车况，重点检查发动机舱电路和空气滤芯是否进水
车辆制动失灵	手动挡车辆立即挂至低速挡，自动挡车辆则切换到模拟手动挡并降挡或切换到上坡/下坡挡（根据车辆不同叫法有所差异，具体可查看车辆说明书），并慢拉手刹利用发动机和手刹的阻力制动进行减速
	车速较高时切勿猛拉手刹以防侧滑甩尾导致翻车
	将车辆驶入应急车道，车辆停稳后拉紧手刹防止车辆滑动发生二次险情
	可以将车辆缓慢靠近路基、绿化带、墙壁、树木等坚实物体，利用车体剐蹭进行辅助减速，或驶入沙地、泥地、浅水池等柔软路面进行减速
	避让障碍物时，要遵循"先避人，后避物"的原则
交通事故	立即停车，开启双闪灯，设置警告标志
	若无人员伤亡，拍照留存证据后将车辆移至路边，勿阻碍其他车辆通行
	若有人员伤亡，优先救护伤者，保护现场，并拨打急救电话 120、交通事故报警电话 122 和保险理赔电话
	报告上级

暴恐应急措施见表 A-13。

表 A-13 暴 恐 应 急 措 施

流程	应 急 措 施
现场 应急救护	不要惊慌，立即拨打电话 110 报警，并及时报告上级，立即丢弃妨碍逃生的负重逃离现场，逃离时不要拥挤推搡，若摔倒应设法靠近墙壁或其他坚固物体，防止发生踩踏挤伤
	被恐怖分子劫持时，沉着冷静，不反抗、不对视、不对话，在警察发起突袭瞬间，尽可能趴在地上，在警察掩护下脱离现场
	遭遇冷兵器袭击时，尽快逃离现场，可以利用建筑物、围栏、车体等隔离物躲避；无法躲避时尽量靠近人群，并联合他人利用随手能够拿到的木棍、拖把、椅子、灭火器等物品进行反抗自卫
	若遭遇枪击或炸弹袭击时，压低身姿逃离现场，无法及时逃离时立即蹲下、卧倒或借助立柱、大树干、建筑物外墙、汽车等质地坚硬物品或设施进行掩蔽
	若遭遇有毒气体袭击时，用湿布或将衣物沾湿捂住口鼻，尽量遮盖暴露的皮肤，并尽快转移至上风处，就近进入密闭性好的建筑物躲避，关闭门窗、堵住孔洞隙缝，关闭通风设备（包括空调、风扇、抽湿机、空气净化器等）
	若遭遇生物武器袭击时，利用随身物品遮掩身体和口鼻，迅速逃离污染源或污染区域，有条件的情况下要做好衣物和身体的更换、消毒和清洗，并及时就医

地震避难应急措施见表 A-14。

表 A-14 地 震 避 难 应 急 措 施

地震区域	应 急 措 施
高楼	1. 远离外墙、门窗、楼梯、阳台等位置，以及玻璃制品或含有大块玻璃部件的物件和家具 2. 选择厨房、卫生间等有水源的小空间，或承重墙根、墙角等易于形成三角空间的地方，背靠墙面蹲坐；或者在坚固桌子、床铺等家具下躲藏 3. 不要乘坐电梯，不要贸然跳楼逃生
平房	头顶保护物立即逃离房间，不要躲在墙边
	若来不及逃离，就躲在结实的桌子底下或床边，尽量利用棉被、枕头、厚棉衣等柔软物品或安全帽等保护头部
室外	寻找开阔区域躲避，不要乱跑，保护好头部，可以蹲下或趴下降低重心，以免地面晃动时站不稳摔倒
	勿靠近易坍塌、倾倒的建筑物或物体（如烟囱、水塔、高大树木、立交桥，特别是有玻璃、幕墙的建筑物，以及电线杆、路灯、广告牌、危房、围墙等危险物）
车内	平稳减速并靠边停车，减速过程勿急刹车，除非发现前方路面发生坍塌或有障碍
	停稳车辆后熄火并拉紧手刹，迅速下车寻找开阔区域躲避，车门非必要情况下不要上锁，以备灾后车辆无法正常启动时方便清障

有限空间作业意外应急措施见表 A-15。

表 A-15 有限空间作业意外应急措施

流程	应 急 措 施
1. 事故 快报	及时报告上级现场情况。当发生窒息人身伤亡事故时，现场的第一发现人立即报告管理人员，并说明发生事故地点、伤亡人数，并全力组织人员进行救护
	立即拨打 120 求救，并说明受伤人数、事故发生地点及现场人员受伤等基本情况。在救护车到来之前，对伤者进行紧急救护
	指定专人对接 120 急救人员，减少时间消耗，避免延误抢救时间

续表

流程	应 急 措 施
2. 现场应急救护	窒息性气体中毒救援应迅速将患者移离中毒现场至空气新鲜处，立即吸氧并保持呼吸道通畅
	心跳及呼吸停止者，应立即施行人工呼吸和体外心脏按压术，直至送达医院
	凡硫化氢、一氧化碳、氰化氢等有毒气体中毒者，切忌对其口对口人工呼吸（二氧化碳等窒息性气体除外），以防施救者中毒；宜采用胸廓按压式人工呼吸

注　接收到作业人员求教信号后，确认人员受伤情况，拨打急救电话。不得盲目施救，在保证自身安全的情况下，佩戴正压式呼吸器，吊救设施及时将人员拉离空间，将人员撤离至远离有限空间的安全环境，保持空气流通。

附录 B 现场作业督查要点

现场作业督查要点见表 B-1。

表 B-1　　　　　　　　　　　　现场作业督查要点

序号	检查步骤	检查项目	检 查 内 容
1	查阅资料	—	督查项目管理单位、监理单位、施工单位项目管理、人员到位、措施落实、安全检查等情况开展督查，是否发现问题并闭环管理，是否存在"老发现、老整改、老是整改不彻底"等现象，管理资料是否留有记录
2	现场观察	—	（1）根据资料查阅情况和对作业风险了解情况，现场组织是否合理、工作节奏是否有序、是否按施工方案要求逐步实施、整体工作环境是否安全。 （2）现场指挥、工作负责人、小组负责人、安全员等主要管理人员和现场监理人员是否按要求到位、是否有效管控现场。 （3）检查设备设施是否得到有效管理、状态是否安全，特种等作业人员是否具备资质，行为是否规范，工器具是否试验合格及性能良好，安全措施是否得到落实
3	现场询问	—	在不影响现场工作的前提下： （1）通过向现场主要管理人员询问现场组织、进度、安全管控总体情况。 （2）以"现场观察"发现的问题为导向，深入了解风险的控制措施落实情况，并通过现场观察的结果进行核查，挖掘管理性因素。 （3）抽查现场作业人员对风险控制措施的掌握情况，是否将安全注意事项、交底、防控措施落实到具体作业人员
4	人员管理	管理人员到位情况	（1）施工单位项目经理与投标组织架构不一致且未履行变更手续；分包单位现场负责人与报审架构不一致且未履行变更手续；监理单位项目总监理师与投标组织架构不一致且未履行变更手续。 （2）施工单位项目经理、分包单位现场负责人、监理单位项目总监理师长期不在现场，管理缺位。 （3）施工单位（含分包单位）现场技术负责人、安全员、质检员、监理单位现场监理人员现场缺位
5		持证上岗管理	（1）施工单位特殊工种人员未持有执业资格证书或证书失效，或者与岗位不对应。 （2）工作负责人、工作票签发人未通过"两种人"考试。 （3）作业人员未通过安全监管部门或项目管理部门或经授权业主项目部组织的安规考试，或者安规考试造假
6	施工机具与PPE管理（个人防护用品管理）	施工机具管理（非特种设备）	（1）运输索道、机动绞磨、卷扬机、起重机械、手拉葫芦、手扳葫芦、防扭钢丝绳、钢丝绳套、卡线器、紧线器等受力机具、工器具未按要求进行检验、校验。 （2）砂轮片、切割机、锯木机刀片等有裂纹、破损仍在使用。 （3）机械转动部分保护罩有破损或缺失。 （4）邻近带电设备施工时，现场处于使用状态的施工机械（具）和设备无人看护，对运行设备构成安全隐患
7		施工机具管理（特种设备）	（1）进场未报审、未定期进行检查、维护保养和检验（检测）。 （2）安装和拆卸单位不具备资质，安装、拆卸方案未经审查。 （3）未办理使用登记证
8		个人防护用品管理	（1）未按规定给作业人员配备合格的安全帽、安全带、劳保鞋等防护用品。 （2）个人防护用品未进行定期检验。 （3）施工人员未佩戴劳动防护用品或与作业任务不符。 （4）施工人员使用个人防护用品不规范

续表

序号	检查步骤	检查项目	检 查 内 容
9	作业过程现场控制	施工勘察管理	现场勘察应查明项目施工实施时，需要停电的范围、保留的带电部位、装设接地线的位置、邻近线路、交叉跨越、多电源、自备电源、地下管线设施和作业现场的条件、环境及其他影响作业的危险点，组织填写《现场勘察记录》（重点关注临近或交叉跨越高、低压带电设备或线路的风险是否辨识）
10		作业施工计划管理	（1）抽查信息系统施工计划风险定级的准确性，是否存在人为降低风险等级的情况。 （2）施工计划信息未规范填写，包括：①作业风险等级与实际不符；②作业内容不清晰；③电压等级错误；④作业类型填报错误等。 （3）正在作业的施工现场发现无施工计划，擅自增加工作任务、擅自扩大作业范围、擅自解锁的
11		施工方案管理	（1）施工作业前未编制施工方案或方案未通过审批。 （2）施工过程未按施工方案施工。 （3）施工方案完成后未经验收合格即进入下道程序。 （4）基建工程规定需要编制专项施工方案的专项施工内容未编制专项施工方案。 （5）危险性较大的分部分项工程未编制安全专项方案，未经企业技术负责人审批或未召开专家论证会（超过一定规模的危险性较大的分部分项工程施工方案须开展专家论证）
12		两票管理	（1）无票作业、无票操作。 （2）工作票、操作票未规范填写、使用。 （3）工作票（或现场实际）安全措施不满足工作任务及工作地点要求
13		安全技术交底（交代）	是否存在未对作业人员进行安全技术交底（交代）
14		安全"四步法"	是否存在未开站班会，或站班会安全技术交底等作与现场实际不符，安全控制措施未真正落实（现场询问施工现场人员，对安全交底内容是否清楚）
15		跨越、邻近带电设备作业	（1）跨越、邻近带电线路架线施工时未制定及落实"退重合闸"、防止导地线脱落、滑跑、反弹的后备保护措施。 （2）邻近带电线路架线施工时，导地线、牵引机未接地，邻近带电线路组塔时吊车未接地。 （3）同塔多回线路中部分线路停电的工作未采取防止误登杆塔、误进带电侧横担措施。 （4）现场作业人员、工器具、起重机械设备与带电线路（设备）不满足安全距离要求。 （5）跨越、邻近带电线路（设备）施工无专人监护；安全距离不满足要求时，未停电作业。 （6）在带电区域内或邻近带电导体附近，使用金属梯。 （7）施工作业存在感应电触电风险时，个人保安线、接地线松脱或未有效接地。 （8）低压配网线路交叉作业未开展停电且在交叉跨越时未落实防触电措施
16		杆塔组立与线路架设作业	（1）采用突然剪断导线、地线的做法松线；利用树木或外露岩石作牵引或制动等主要受力锚桩。 （2）杆塔组立前，未全面检查工器具；超载荷使用工器具；杆塔组立后，杆根未完全牢固或做好拉线即上杆作业。 （3）放线、撤线前未检查拉线、拉桩及杆根，不能适用时未加设临时拉线加固，转角杆无内角拉线；松动电杆的导、地线、拉线未先检查杆根，未打好临时拉线。

序号	检查步骤	检查项目	检 查 内 容
16	作业过程现场控制	杆塔组立与线路架设作业	（4）在邻近运行线路进行基础开挖施工时，未采取防止开挖对运行线路基础造成破坏的措施。 （5）铁塔组立时，地脚螺栓未及时加垫片，拧紧螺帽。 （6）放线、紧线与撤线作业时，工作人员站或跨在牵引线或架空线的垂直下方。 （7）杆塔组立过程中，使用丙纶绳或其他绳具替代钢丝绳作临时拉线
17		起重吊装作业	（1）起重吊装区域未设警戒线（围栏或隔离带）和悬挂警示标志。 （2）起重吊装作业未设专人指挥。 （3）绞磨或卷扬机放置不平稳，锚固不可靠。 （4）吊件或起重臂下方有人逗留或通过。 （5）在受力钢丝绳、索具、导线的内角侧有人。 （6）办公区、生活区等临建设施处于起重机倾覆影响范围内，安全距离不满足要求
18		脚手架及跨越架作业	（1）脚手架、跨越架搭设和拆除无施工方案，未按规定进行审核、审批。 （2）脚手架、跨越架未定期（每月一次）开展检查或记录缺失。 （3）脚手架、跨越架未经监理单位、使用单位验收合格，未挂牌即投入使用。 （4）脚手架、跨越架长时间停止使用或在强风（6级以上）、暴雨过后，未经检查合格就投入使用。 （5）脚手架未按规定搭设和拆除，未设置扫地杆、剪刀撑、抛撑、连墙件。 （6）脚手架的脚手板材质、规格不符合规范要求，铺板不严密、牢靠；架体外侧无封闭密目式安全网，网间不严密。 （7）临街或靠近带电设施的脚手架未采取封闭措施
19		爬梯作业	（1）移动式梯子超范围使用。 （2）使用无防滑措施梯子。 （3）使用移动式梯子时，无人扶持且无绑牢措施（即两种措施均未实施）。 （4）使用移动式梯子时，与地面的倾斜角过大或过小（一般60°左右）
20		夜间施工	（1）现场照明、通信设备不满足夜间施工要求。 （2）作业人员精神状态不满足夜间施工要求
21		危化品管理	（1）氧气瓶与乙炔气瓶同车运输。 （2）氧气瓶与乙炔瓶放置相距不足5m。 （3）氧气瓶或乙炔瓶距明火不足10m，未垂直放置、无防倾倒措施。 （4）使用中的乙炔瓶没有防回火装置。 （5）氧气软管与乙炔软管混用或有龟裂、鼓包、漏气
22	安全文明施工管理	安全文明施工	（1）现场成品保护差、安全文明状况差。 （2）检查发现的安全文明施工问题未按整改时间闭环。 （3）配电网工程现场未按规定设置"安全文明施工管理十条规范"标识。 （4）配电网工程现场未执行"安全文明施工管理十条规范"的相关内容
23		安全警示装置	（1）"楼梯口、电梯井口、预留洞口、通道口""尚未安装栏杆的阳台周边，无外架防护的层面周边，框架工程楼层周边，上下跑道及斜道的两侧边，卸料平台的侧边"、预留埋管（顶管）口未设置可靠防护安全围栏、盖板，未设置明显的标示牌、警示牌。 （2）在车行道、人行道上施工，未根据属地地区规定选用围蔽装置，或未在来车方向设置警示牌。 （3）施工作业人员在夜间作业或道路、地下洞室作业时未穿着符合规范的反光衣。 （4）施工区域未按规定设置夜间警示装置

续表

序号	检查步骤	检查项目	检 查 内 容
24		消防管理	（1）仓库、宿舍、加工场地、办公区、油务区、动火作业区及重要机械设备旁或山林、牧区，未配置相应的消防器材、设施。 （2）消防器材、设施无专人管理，未定期检查并填写记录。 （3）消防器材、设施过期或失效
25	安全文明施工管理	临时用电	（1）电源箱设置不符合"一机、一闸、一保护"要求。 （2）漏电保护器的选用与供电方式、作业环境等不一致、不匹配。 （3）未使用插头而直接用导线插入插座，或挂在隔离开关上供电。 （4）熔丝采用其他导体代替。 （5）电源箱和用电机具未接地或接地不规范。 （6）电源线的截面、绝缘、架设（敷设）、接线、隔离开关安装等不满足规范要求。 （7）施工用电设备的日常维护不到位

附录C 事故事件案例

通过对近年来人员伤亡电力事故事件的梳理，引起的原因主要有：现场安全措施不到位、个人安全意识不强、现场负责人违章指挥、安全制度刚性执行意识不强、作业准备不充分等情况。可能导致人身伤亡事故的原因见附表C-1。

附表 C-1　　　　　　　　　　可能导致人身伤亡事故的原因

主要原因		□现场安全措施不到位 □个人安全意识不强 □现场负责人违章指挥 □安全制度刚性执行意识不强 □作业准备不充分
次要原因	作业管理落实不到位	□工作无计划 □未办理相关手续 □抢修不履行许可手续 □高空作业未设专人监护
	作业准备不足	□施工准备工作不足（人员、物料、方案等） □设备运维单位现场勘察单审核把关不严 □擅自改变施工方案 □作业工具选用不当 □电杆基础不牢固，造成登杆作业人在登杆时倒杆 □设计针对性不强
	安全措施落实不到位	□没有采取防坠落措施的情况下，登高作业 □未做好个人防护措施；地线装设不规范 □单人进行倒闸操作，无人监护操作 □防范人身事故专项行动实效差
	安全制度落实不到位	□安全生产责任制落实存在死角 □安全管理制度细化不完善 □未对安全责任制落实情况进行检查 □安全管理要求传递不及时
	人员安全意识与技能水平不足	□安全意识淡薄，自我保护意识不强，习惯性违章长期存在 □岗位技能教育培训工作不到位 □安全认识不到位 □员工刚性执行制度的意识不强 □安全知识差 □技能不能满足施工的要求 □现场作业人员风险管控能力不足
	管理措施落实不到位	□主业单位应急抢修、防灾抗灾工作组织协调不到位 □对工程具体进度情况不掌握 □未认真审核施工方案或两票，导致安全措施不足 □未对安全措施布置落实情况进行检查 □管理人员未落实到位管控要求 □业主项目部对当日工作任务不掌握
	施工单位管理不到位	□施工单位人员无资质上岗，现场管理混乱 □施工人员安全知识匮乏，安全意识薄弱 □施工工艺不符合规范

除以上所列各项原因外，还有新设备验收未履行相关手续、投产把关不严、日常设

备运维不到位导致遗留隐患、网架规划设计欠妥致线路供电半径过大等，均是可能导致电力人身伤亡事故的因素之一。

将各直接事故原因导致人身伤亡事故举例分析见表 C-2～表 C-9。

表 C-2　　　　　　　　　　　某供电所人身触电死亡事故

事故事件名称	某供电所人身触电死亡事故
事故事件经过	某供电所所长黄某在未办理工作计划前提下安排陈某（副所长）、邢某和邓某开展某用户产权线路 T 接线计量装置故障报修工作。15 时 30 分，员工陈某、邢某、邓某某 3 人到达现场未办理停电工作票手续，没有装设接地线、没有悬挂"线路有人工作、禁止合闸"标示牌、没有安排人员看守的情况下，登杆进行计量装置更换作业。在安装好计量箱、电能表和接好二次线后，邓某某在杆上开始将计量箱的一次端接到线路上，先完成计量箱 A 相负荷侧的出线连接，准备接计量箱 A 相电源侧引线。16 时 58 分，当邓某某伸左手抓线路的引下线时，突然发生触电，悬挂于电杆上，触电死亡
原因分析	作业人员在未办理任何工作手续及做安全措施的情况下登杆进行作业，触电死亡
暴露问题	（1）员工执行安规及自我保护意识差。管理人员带头违反规程，违章指挥，工作人员自我保护安全意识不强、技能不足，风险辨识不清。 （2）故障报修未执行调度管理相关规定，工作人员在接到用户故障报修电话后，未上报当值调度员，工作无计划，未办理紧急抢修票或工作票，且未在抢修现场做好安全措施，擅自冒险作业。 （3）员工劳动纪律、员工职业道德教育等方面管理不到位，擅自承揽工程，考核管理制度标准不够完善，缺乏可操作性和有效性，流于形式

表 C-3　　　　　　　　　某供电局劳务派遣人员触电死亡事故

事故事件名称	某供电局劳务派遣人员触电死亡事故
事故事件经过	6 月 28 日 22 时 30 分，一辆货车将某配电变压器 400V 线路 29～30 号杆之间导线挂断。故障发生后，供电所值班负责人淳某及工作班成员范某赶到现场，将故障隔离，同时恢复了 29 号杆前端 400V 线路正常运行，并汇报供电所运维班班长李某，李某指示在 29 日白天进行该线路的检修恢复。 6 月 29 日 11 时 10 分，运维班班长李某安排范某担任工作负责人，工作班成员蒋某、俞某、韩某（死者，某劳务公司派遣到供电局劳务人员）对线路恢复处理。 13 时 23 分，工作班成员对 400V 线路做完安全措施，工作负责人范某向工作班组成员口头交代"29 号电杆上边有电，要注意"后，开始对导线进行恢复处理。 15 时 00 分，韩某爬上 29 号杆准备对上层横担上的 400V 主线进行引流线搭接，由于 29 号杆下方的通信线缠绕，脚扣不能固定，于是韩某向上攀爬。当韩某攀爬至上层横担与下层横担之间，双脚踩在下层横担上，安全带固定在电杆上后，转身准备对引流线搭接时，右手手肘触碰到上方跨越的 10kV 某馈线 A 相导线，触电后韩某身体横仰并且臀部坐落在横担上，造成 10kV 某馈线 A 相通过韩某右手手肘至臀部高阻接地。在发生触电后，现场工作人员误以为是配电变压器跌落式熔断器发生误合导致反送电触电，于是快速奔至配电变压器处，但发现跌落式熔断器是拉开状态。得知此情况后蒋某立即拿起绝缘棒快速击打 10kV 某馈线 A 相导线，但在此过程中由于 10kV 线路单相接地故障线路不跳闸，电源点不能隔离，约 2min 后，韩某右手从手肘处被电弧烧断掉落至地上，此时韩某身体才与 10kV 某馈线 A 相隔离。 15 时 03 分，高某打电话给 110kV 某变电站值班员黄某，告知"10kV 某馈线有人触电，请立即停电"。 15 时 30 分，10kV 某馈线 80～81 号杆之间转为检修状态，供电所胡某、朱某将韩某从 29 号杆上解救至地面。 15 时 33 分，医务人员确定韩某死亡

续表

原因分析	（1）韩某没有意识到与上方跨越的 10kV 某馈线安全距离不够，未采取任何措施，冒险作业，导致触电死亡，这也是造成本次事故的直接原因。 （2）某配电变压器 400V 线路与上方跨越的 10kV 某馈线距离仅为 0.42m，导致 29 号杆严重装置性违章。在线路建成投运验收时，供电所验收人员未发现该处严重装置性违章。日常运行维护中，对类似交叉跨越、安全距离不足的线路重大安全风险未能引起重视，麻痹大意，未对此类重大安全隐患提出整改意见，最终导致事故发生。 （3）本次检修工作运维班班长李某没有对作业现场进行勘察，导致作业前没有对 10kV 某馈线停电，作业高风险未得到控制。工作负责人在作业现场未认真召开站班会，没有进行工作布置及作业分工，以致现场工作人员分工不明确，现场高风险作业未能有效监护。现场作业未办理工作票，未履行工作许可手续
暴露问题	（1）人员安全意识淡薄、缺乏自我保护意识，在安排工作时，供电所所长、运维班班长均未对本次作业中的人身触电高风险引起警觉，没有组织对作业风险进行识别及管控。现场作业过程中，工作负责人范某对现场的重大安全风险警觉不够，未对工作班成员进行明确的安全技术交底，只是随便告知工作班成员"29 号电杆上边有电，要注意哈"，也未对该风险采取针对性防范措施，并且在作业过程中存在违章指挥作业的情况。 （2）工作班成员在作业过程中，虽然已经意识到 29 号杆上方线路带电，但是没有意识到该风险可能造成的后果，在对带电运行的 10kV 线路安全距离严重不足的情况下，仍然在 29 号杆上进行拖曳、紧线等作业，严重缺乏自我安全保护意识。 （3）安全教育培训流于形式，对各级下发的事故通报、安全工作要求、规章制度没有深入贯彻到每一位员工。没有结合本所本岗位的实际，查找身边的危险点，举一反三，进行风险分析和管控。 （4）对劳务派遣人员的管理不规范。韩某、蒋某实际岗位为抄表工，但参与了本次检修工作，暴露出供电所对劳务派遣人员的管理不规范。 （5）工程验收管理把关不严。供电局对某配电变压器 400V 线路 29 号杆的工程验收把关不严，导致与其上方交叉跨越的 10kV 带电线路距离只有 0.42m，不满足交叉跨越线路安全运行最小距离 2m 的要求，线路安全隐患未得到有效整改，最终导致此次事故发生

表 C-4　　　　　　　　　　某供电局施工单位人员触电死亡一般人身事故

事故事件名称	某供电局外施工单位人员触电死亡一般人身事故
事故事件经过	某变电站 10kV 供电线路工程（以下简称"10kV 某馈线 1"），项目建设单位为某供电局甲，施工单位为某电力工程公司乙，监理单位为某电力监理有限公司丙。 某年 10 月 26 日某供电局甲组织对 10kV 某馈线 1 进行竣工验收，提出该工程存在缺陷，不符合送电要求需要进行整改，某电力监理有限公司丙于 11 月 4 日向某电力工程公司乙下发了缺陷整改通知单。 12 月底，该供电局下辖供电所线路运行人员巡视发现，10kV 某馈线 2 号 32 杆导线耐张引流线夹存在放电缺陷，线夹已烧黑（缺陷产生原因为配合 10kV 某馈线 1 施工，由某电力工程公司乙改动了 10kV 某馈线 2，改动过程中因施工工艺不良导致该放电缺陷产生）。该供电所营业部主任林某（负责 10kV 某馈线 2 运维）遂将有关情况告知某电力工程公司乙联系人罗某某，希望施工单位尽快消除工程遗留隐患。 第二年 1 月 4 日 15 时 35 分，林某电话告知罗某某，另一电力工程公司丁申请在 1 月 6 日对 10kV 某馈线 2 停电施工，希望罗某某能在当日完成 10kV 某馈线 2 号 32 杆导线耐张引流线夹放电缺陷消缺。1 月 5 日 16 时 25 分，罗某某电话联系林某，希望林某帮助其办理工作票，林某没有同意并告知应由施工单位自行办理工作票。 1 月 6 日上午 8 时左右，罗某某开着工具车带着施工人员吉某某（死者）、王某某等三人到达 10kV 某馈线 2 号 32 杆（与 10kV 某馈线 1 号 15 杆同杆）处。8 时 23 分，罗某某打电话问林某是否停电，林某回复没有停电。8 时 36 分，林某电话调度咨询 10kV 某馈线 2 当日是否要停电，调度答复要停，某电力工程公司丁某还在办理停电手续。9 时 04 分，林某打电话罗某某，告知因为某电力工程公司丁某停电手续没有办理完成，停电时间尚未确定。罗某某带领施工队人员返回项目部，10 时 00 分，罗某某打电话林某，让林某在确定该线路是否全线停电（实际 10kV 某馈线 2 仅 21 号杆

事故事件经过	Z101 开关后段停电，变电站至 Z101 开关前段线路仍带电运行）、没有办理工作许可手续的情况下借施工停电机会对 10kV 某馈线 1 工程遗留问题进行整改。11 时 50 分左右，罗某某 3 人来到 10kV 某馈线 1 的 1 号杆附近（10kV 某馈线 1 号 1 杆与 10kV 某馈线 2 号 18 杆为同一基电杆），罗某某、王某某对 10kV 某馈线 1 号 1 杆后段线路工程遗留问题进行检查。吉某某（死者）在没有任务安排的情况下擅自登上 10kV 某馈线 1 号 1 耐张杆进行绑扎线更换，当罗某某、王某某发现时，吉某某（死者）已不慎触碰到同杆架设带电运行的 10kV 某馈线 2 导线触电。12 时左右，文昌市消防局救援车辆及人员赶到现场，经停电、验电、挂接地线及办理安全措施后将触电人员救下，但经法医鉴定后宣告吉某某（死者）已经死亡
原因分析	（1）吉某某（死者）安全意识淡薄，违反《电力安全工作规程》第 7.1.1 条，在不掌握线路运行情况、未办任何手续、未完成验电和接地等安全技术措施情况下，擅自登杆作业，误碰 10kV 某馈线 2 带电部位导致触电。这也是造成本次事故的直接原因。 （2）施工单位现场安全管理缺失，工作未办理工作票，搭票工作，工作任务、范围、工作负责人、监护人不明确，未能有效进行安全交底和交代。 （3）施工单位对项目的管理控制不到位，安全管理和监督不到位，安全生产管理规章制度执行不到位，对人员培训不到位等，导致施工人员不熟悉工作内容、不遵守电力工作安全规程而造成触电事故。这是造成本次事故的管理原因
暴露问题	（1）施工单位安全管理不到位，安全教育培训不到位，导致人员安全意识淡薄，安全技能水平低下，工作随意性大，习惯性违章现象严重。 （2）运行单位对外单位人员作业开展情况监管不力，未能有效监督施工单位办理工作票，执行工作许可手续做好安全交底工作

表 C-5　　　　　　　　**某供电局外包人员人身触电死亡事故**

事故事件名称	某供电局外包人员人身触电死亡事故
事故事件经过	5 月 10 日 18 时，某电力实业有限公司配电六班班长林某（劳务派遣），擅自将原计划 6 月 21 日进行的新建某馈线干线 3 号杆至支线 1 号杆线路的放线工作，调整至 5 月 11 日开展。 5 月 11 日 8 时 05 分，工作负责人刘某带领李某（死者）、邓某（死者）等 7 人开展放线工作。放线范围从新建某馈线干线 3 号杆到支线 1 号杆，其中干线 2 号杆至支线 1 号杆中间需跨越一条用户产权的 380V 带电绝缘低压线路。经刘某口述，原计划采取停电措施，后来发现用户表后无开关，考虑到停表前开关造成电表离线，供电所人员会来查看，引起停工，于是没有采取停电措施。刘某指挥现场施工人员在 380V 低压用户线路上套了一段约 0.67m 长的 PVC 管，采取人员登杆牵引过线的方式开展放线。 8 时 35 分，刘某用放线盘放线，李某、邓某在前面拉线，拉至某馈线干线 3 号杆到支线 1 号杆。导线到位后，刘某登上低压用户杆，负责过线。李某、邓某将在支线 1 号杆的导线转头拉至低压用户线下方，再从低压用户线 PVC 管的上方跨过。 9 时 17 分，在准备展放第二根导线时，放线盘故障，工作负责人刘某离开用户线路低压杆去查看放线盘，安排李某庭在杆上负责过线，李某负责拖拉导线，邓某负责递送导线。李某要求沿用第一根导线的方法施工，但李某将导线从配电变压器处经跨越的低压线下方拉过约 10m 处，未拉至 1 号杆，就转头拉至低压线下方，再从低压用户线 PVC 管的上方跨过。 9 时 20 分，因导线两头受力过大，李某庭脱手，导线跑线，直接碰触低压用户线绝缘驳接点处并放电，导致拉线的李某和邓某触电。工作负责人刘某、李某及其他工作人员在未切断低压带电线路电源，也未采取防自身触电的安全措施情况下，两次冒险徒手救人。 9 时 23 分，工作班成员叶某某拨打 120 急救电话，后经抢救无效，李某、邓某死亡

续表

原因分析	（1）施工人员违章作业，在操作 10kV 铝绞线跨越用户低压线时，人工上杆手动托送铝绞线拉线跨越，由于张力过大，脱手跑线，地面人员直接拉扯，划破绝缘的用户低压线驳接口绝缘胶布后，与用户低压线内带电导体触碰，造成人员触电死亡。这也是造成本次事故的直接原因。 （2）工作负责人有意规避监管，在发现用户低压线表后无开关的情况下，不办理工作票，不采取低压带电线路停电、验电、装设接地线，未采取搭设跨越架等基本安全措施，强行施工，野蛮作业。 （3）现场施工组织混乱，工作负责人、安全员未履行监护职责，直接参与具体施工作业，人员安排不合理，工作负责人离开风险较高的跨越带电线路架设现场，临时安排经验不足的人员上杆操作和指挥地面人员拉线。 （4）施工准备不足，架设施工组织资料缺失，未见现场勘查单，施工方案未见架线工作针对内容，无架线施工作业票、站班会及安全技术交底等材料。导线盘损坏，未提前处理，导致工作负责人临时处理导线卡涩
暴露问题	（1）劳务用工不规范，施工人员资质缺失，技能不满足安全要求。参与本工程的施工人员入网资质不合格，班组班长、工作负责人、登高作业人员等无特种作业证，未见施工单位组织的安规考试记录，未见技能培训记录。 （2）施工单位内部管理混乱，施工计划管理缺失，放任施工班组决定施工计划，施工计划审批流于形式，同一人报出的周计划与日计划不一致，内部层层审批把关不严，施工计划存在问题未能及时发现。施工人员管理松懈，让无资质人员参与施工。物资管理混乱，出入库手续流于形式。 （3）监理单位对施工进度计划监督缺失，对《施工方案》的审查流于形式。对施工过程的风险辨识及其控制措施的适宜性、充分性、有效性未审核到位。监理职责履行不到位。 （4）业主单位项目施工安全管理流于形式，对外施工单位的计划安排工作只"备案"，缺少实质性安全指导和安全把关。对项目现场安全风险管控不到位，对施工作业票等安全技术文件规范使用的监督、指导不足，对承包商日常违章处罚力度偏软

表 C-6 　　　　　　　　　　　　**某供电局人员触电死亡一般事故**

事故事件名称	某供电局人员触电死亡一般事故
事故事件经过	某供电局对某台区改造工程于 4 月 15 日开工，受超强台风影响中断，于 8 月再次进场施工。8 月 27 日 7 时 30 分，施工单位阳某带领班员张某（死者）等一行 5 人进行该台区低压线路展放工作。10 时 20 分左右，完成该台区低压线路展放后，现场负责人阳某为保护展放的低压线及便于接线，打算先将低压导线挂在计划拆除的副杆抱箍上，于是安排张某接展放的线路。在断开××变压器台高低压开关后，张某利用竹梯登上变压器台副杆，挂好安全带，接着开始拉线，在挂接导线过程中，张某突然向带电侧转身，由于右手摆动过大，误碰到变压器台架带电的高压 C 相引下线，造成触电，并挂在横担上。10 时 30 分，现场人员将张某从台架上移放至地面，经医生抢救无效死亡
原因分析	在 10kV 线路未停电的情况下，现场负责人阳某违章指挥张某冒险攀登某变台副杆挂接导线，因安全距离不足不慎触碰变压器台架带电的 C 相高压引下线，造成触电
暴露问题	（1）施工单位人员无资质上岗，现场管理混乱。施工单位使用未经过安全考试并合格的工人，施工队现场负责人阳某由施工队管理人员临时指定，不具备现场负责人资格。 （2）施工人员安全知识匮乏，安全意识薄弱。施工人员在明知 10kV 线路带电的情况下，依然冒险登杆作业，且未保持与带电线路足够的安全距离。 （3）施工单位未向线路运行单位办理工作票，擅自安排人员在带电变压器台架上作业，并越权操作高低压开关。 （4）某供电局对工程具体进度情况不掌握，未能及时监督与指导施工单位根据实际调整项目工程三级进度计划以及具体施工周工作计划，任由施工单位野蛮施工，存在"以包代管"现象

表 C-7 　　　　　　　　　　**某电力有限责任公司人身触电死亡事故**

名称	某电力有限责任公司人身触电死亡事故
事故事件经过	5月7日9时20分，某电力有限责任公司某供电所王某（某供电所当值值班员）接到10kV某馈线两用户反映缺相。 9时28分，工作负责人赵某、李某、丁某（死者）三人对10kV某馈线进行故障查找和抢修工作。9时50分，发现10kV某馈线31号杆（耐张及分支杆）主线A相引流线烧断。发现故障点后，赵某、李某、丁某三人将安全工器具、检修工具及抢修材料卸在工作现场（只卸了一组接地线，漏卸了二组接地线），赵某让李某、丁某在31号杆处等候，他到某开关站进行停电操作，并告知李某、丁某二人待停电后再进行抢修工作。途中赵某发现漏卸两组接地线，但担心线路缺相时间太长，没有将漏卸的两组接地线送回检修现场。 10时16分，赵某完成调度值班员李某下达的"将10kV某馈线由运行转检修"调度令。调度员李某令"在工作地点两侧，即10kV某馈线30号杆和32号杆分别验电并挂接地线方可开始工作"，10时17分，赵某用手机通知丁某："10kV某馈线已处检修状态，登杆验电挂地线后可以开始工作"，10时20分，丁某已登杆并准备挂地线，赵某再次打电话并要求李某转告丁某"接地线挂负荷侧"。但丁某仍在10kV某馈线31号杆小号侧（电源侧）验明线路三相无电压后装设三相短路接地线一组。随后将电源侧烧断的引流线剪断，开始对A相引流线进行搭接。10时36分，李某因在杆下监护位置受光线影响，转移监护位置，走了几米再监护时，发现丁某已仰在第三排横担上（工作是在第二排横担上），身上冒着烟，并听到有噼啪声。 10时37分，李某打电话分别告知张某、赵某、孙某。同时电话向120急救中心呼救。10时53分赵某赶到事故现场见丁某没反应，赶回供电所拿急救工具。11时30分左右，120急救人员现场认定丁某已死亡
原因分析	现场工作人员仅在10kV某馈线31号杆小号侧（电源侧）装设一组接地线，在31号杆大号侧和分支线上没有装设接地线，未对工作地点形成封闭接地。用户自备发电机反送电时，导致工作人员触电死亡
暴露问题	（1）员工刚性执行制度的意识不强。《电业安全工作规程（电力线路部分）》第4.3.1条规定"线路经过验明确无电压后，各工作班组应立即在工作地段两端挂地线，凡有可能送电到停电线路的分支线也要挂接地线"，未实施封闭接地。 （2）用户安全用电管理规定未得到落实。对未申报但已具备双电源（含自备电源）的用户未进行严格管理，也未对双电源用户（含自备电源）防止倒供电装置配置及运行情况进行检查，未健全相关档案。 （3）工作负责人履行安全职责不到位且违章操作，工作前未对工作班人员交代安全措施和安全注意事项，未提醒工作人员防范用户自备发电机倒送电风险，没有严格按照调度命令在30号和32号杆装设接地线的要求，只安排现场工作人员在负荷侧挂一组接地线；单人进行倒闸操作，无人监护操作。 （4）员工安全知识差。死者丁某《电力安全工作规程》考试不合格，从试卷反映该员工对最基本的"验电顺序"等安全知识都不掌握；虽经培训、补考合格，但此次事故暴露出死者安全知识仍有欠缺。 （5）调度人员对该线路实际情况不掌握。要求在10kV某馈线31号杆两侧的30、32号杆上挂接地线的命令不准确，没有要求在与31号杆相连接的分支线上接地线，且未核实临时安全措施的实际执行情况

表 C-8 　　　　　　　　　　**某供电局外施工单位人身死亡事故**

事故事件名称	某供电局外施工单位人身死亡事故
事故事件经过	11月10日，某供电局因受台风影响，发布Ⅱ级应急响应，组织对管辖片区开展抢修复电工作，为增加抢修力量基建部主任颜某某安排基建部专责陈某打听是否有其他施工队伍可以增援，陈某联系到外施工队伍负责人刘某并要求第二日到达抢修地点。刘某施工共21人到抢修地点后，颜某某询问了刘某是否做过10kV线路，是否有企业法人营业执照、是否具备电力设施许可证资质，得到了口头肯定回答后，就同意其参加该供电所的抢修复电工作。14日颜某某安排刘某施工队对10kV某馈线79～87号杆段开展抢修工作，拆除倒杆的导线金具等，并焊接了两基新杆，准备第二天组立。15日11时20分左右，刘某施工施工人员和挖土机司机用挖土机拔出电杆，未检查杆

事故事件经过	洞深度，就吊入了新杆。11 时 30 分左右，在回填土和夯实完毕，登杆作业人员彭某某没有检查杆埋深度是否合格，杆基是否牢固的情况下登杆，上到离地面约 5.6m 处取下挖土机吊环处的钢丝绳头，在下移身位后，用力松解系在电杆上的钢丝绳时，地面的工友和司机发现杆身晃动，立即大声呼叫"动了，动了！"，此时彭某某慌乱中用手试图解开安全带，但未能解开，只是在杆上挣扎中蹬掉了一只脚扣，身体下滑了约 1m，接着人随杆倒地，安全帽及头部被电杆压到边坡草地上。倒杆后在彭某某送达卫生院抢救，后转送医院抢救无效，医院鉴定彭某某 12 时 40 分死亡
原因分析	新组立的 10kV 某馈线 79 号杆埋杆深度未达到规程要求的 2.3m，电杆基础不牢固，造成登杆作业人在登杆时倒杆
暴露问题	（1）外施工队伍冒用资质，组织管理混乱。施工队伍人员不按工艺要求施工，违章指挥不具备登杆作业资格和最基本专业知识的人员登杆作业，工作负责人和专责安全员未全程监督施工现场，临时监护人也没有履行监护职责，现场作业过程缺乏技术监督和安全管控。 （2）应急抢修过程执行制度不严格。违反应急抢修队伍调配使用规定，现场安全监督职责履行不到位，工程质量的控制责任意识不强。 （3）供电局对灾后抢修工作组织协调不到位。对灾后抢修工作量与抢修队伍匹配能力评估不足。对分片抢修组织工作职责管理不到位。对现场实际抢修的阻工情况评估不充分。对应急抢修队伍资质的管理不规范

表 C-9　　　　　　　　　某供电局外施工单位人员触电死亡一般人身事故

事故事件名称	某供电局外施工单位人员触电死亡一般人身事故
事故事件经过	5 月 9 日晚，某地区出现大风、强降雨天气；10kV 某馈线跳闸重合闸不成功。20 时 21 分，某供电所黄某通知本所配电班长黎某组织故障巡线。21 时 30 分黎某收到某村群众反映某馈线线路挂有异物以及 10kV 某馈线小学支线断线，因天黑暴雨未到断线点进行查勘，同时汇报黄某。21 时 54 分，黄某向分局安全生产部申请抢修队伍。22 时 07 分，黄某接到抢修施工队某公司负责人魏某电话，黄某告知魏某故障点在某馈线分支线上，当天不具备抢修条件，约定次日早上一起查勘现场。22 时 15 分，10kV 某馈线除某分支 3 号杆后段外送电正常。 5 月 10 日 8 时 05 分，黄某、孟某（某供电所配电班人员）、魏某 3 人到达现场，发现 10kV 某馈线某分支#29 杆 T 接某小学支线的三相导线均断线。8 时 50 分左右，魏某回到驻地开展抢修前准备工作，并安排公司安全员杨某去分局办理工作票手续。9 时 20 分左右，魏某带领 5 名施工人员［吴某（技工）、温某（技工）、何某（技工）、尹某（辅工）、张某（死者，辅工，男，41 岁）］到达现场，并进行分工安排开展工作。吴某与张某（死者）验明断线无电压后，将 29 杆上 T 接某小学支线 C 相导线剪断；用吊绳跨过 10kV 某馈线将新施放的 B 相绝缘导线拉到 29 号杆上固定好；因施放过程中未采取防护措施，新导线与下方线路直接接触。魏某要求吴某、张某（死者）停工，等待 10kV 某馈线停电。9 时 42 分，孟某联系某闭所罗某，告知 10kV 某馈线需停电配合抢修，约好共同到现场核实。9 时 58 分左右，吴某没有注意到张某（死者）独自一人去清理挂搭在 10kV 某馈线上的断线。10 时 04 分，张某（死者）在拉拽断落在 10kV 某馈线上的裸导线时发生人身触电事故。魏某赶到现场用 10kV 绝缘操作杆挑开带电导线，以手试探发现张某（死者）无呼吸、无心跳，随即拨打了 120 急救电话（120 因堵车未到场）和 110 报警电话。11 时 30 分，某公安局人员到场，经法医鉴定，宣布张某死亡
原因分析	施工人员张某（死者）清理断落在带电的 10kV 某馈线绝缘导线上的某小学支线裸导线时，在带电绝缘线路未停电、断落裸导线未采取接地等措施的情况下，直接拉拽裸导线及磨损绝缘导线，带电绝缘导线外皮破损、绝缘击穿，发生人身触电

暴露问题	（1）施工单位作业前准备不足，风险辨识评估缺失。违反抢修工作流程，在未完善并确定施工方案的前提下，就盲目填写了工作票，工作票安全措施与施工方案安全措施不符。 （2）施工单位工作负责人违章指挥，安全意识淡薄。在明知 10kV 某馈线带电，未办理工作票手续、未落实安全措施、未经许可的情况下，一味抢工期、赶时间，匆忙组织人员开展工作，违章指挥、冒险作业、野蛮施工，事故发生前就已开展了跨越带电线路施放导线的工作。 （3）施工单位内部管理混乱，施工人员缺乏基本的安全技能。现场抢修工作前没有对所有作业人员进行有效的安全交底。 （4）供电所现场风险评估与控制缺失，应急措施不到位。是对现场已发现断线挂搭的 10kV 某馈线绝缘线带电的危害认识不足，未意识到人身触电的严重风险，以致未及时采取停电、派员值守现场、装设警示围栏隔离断线点等应急措施，也未要求抢修队伍采取相应安全措施，没有指定供电所专人对外委抢修现场进行安全监督。 （5）抢修工作流程、手续执行不规范。施工方案与工作票分离，在施工方案未完成的情况下，就安排抢修外包施工单位开始办理工作票；未执行《事故抢修管理业务指导书》流程要求的"现场拟定初步抢修方案和作业风险分析与控制措施"后方可办理工作票的流程规定。 （6）抢修外包工作监管缺失，过程管理缺失。没有制定针对抢修外包工作具体的规范流程，对分县局抢修外包工作存在现场监管缺失的情况不掌握，没有将配网抢修要加强现场监督和指导要求细化到个人；外包施工单位"两种人"资格考试考核管理缺失，仅对外包施工单位提出的人员进行考试及备案，未按要求公布"两种人"名单

参 考 文 献

[1] 胡毅，王力农，邹伟，安玉红．送配电带电作业的发展与标准制订 [C]．高电压技术，2003（04）．

[2] 齐振生，蓝耕，张锦秀，刘振海．《带电作业用绝缘斗臂车绝缘交接和预防性试验导则》编制说明 [C]．上海电力，2003（02）．

[3] 董飞，刘洋．浅谈配网带电作业中旁路电缆系统的应用 [J]．中国高新技术企业，2016（27）：54-55．

[4] 刘聪汉．多种旁路作业方法在配网不停电作业中的应用 [J]．广西电力学报，2018，14（6）：59-61．

[5] 李斌．新能源并网发电系统的关键技术和发展趋势 [J]．绿色环保建材，2018（11）：225+227．

[6] 王德明，张吉春，张莲瑛，等．配电变压器运行规程 [M]．北京：中国电力出版社，2019．

[7] 弦超，张粒子，舒隽，莫小燕．配电网检修计划优化模型 [J]．电力系统自动化，2007，31（1）：33-37．

[8] 田勇，田景林．6～10kV 开关柜事故统计分析与改进意见 [J]．东北电力技术，199（8）：5-10①．

[9] 朱德恒，谈克雄．电气设备状态监测与故障诊断技术的现状与展望 [J]．电力设备，2003，（6）：1-8．

[10] 包晓晖，林朝明，肖方顺，等．供配电实用技术 1000 问．北京：中国电力出版社，2015．

[11] 许庆海．电力安全基本技能．北京：中国电力出版社，2012．

[12] 电力行业职业技能鉴定指导中心．电力电缆．2 版．北京：中国电力出版社，2009．

[13] 电力行业职业技能鉴定指导中心．配电线路．2 版．北京：中国电力出版社，2008．

[14] 徐初雄．焊接工艺 500 问．北京：机械工业出版社，1997．

[15]《全国安全生产教育培训教材》编审委员会．低压电工作业（修订本）．徐州：中国矿业大学出版，2018．

[16] 朱兆华，郭其云，徐丙，等．起重作业安全技术问答 [M]．北京：化学工业出版社，2009．